Excel表格制作与数据处理

从入门到精通

赛贝尔资讯　编著

清华大学出版社

北　京

内 容 简 介

本书内容丰富、图文并茂、由浅入深，结合大量的实例，系统介绍了 Excel 在日常工作中管理表格应用与数据分析的各个方面内容，具有较强的实用性和可操作性。读者只要跟随教材中的讲解边学习边操作，即可轻松地掌握运用 Excel 解决日常办公中各种实际问题的具体方法，起到事半功倍的效果。

全书共分 13 章，前 7 章是 Excel 基础知识的讲解，分别是：工作表、数据输入与编辑、表格美化与打印、数据计算、数据整理与分析、图表、数据透视表等内容；后 6 章是 Excel 行业案例的讲解，分别是：日常行政管理分析表、日常费用报销与费用支出管理、员工档案管理与人事分析、员工考勤和加班管理、员工薪酬福利管理、企业产品进销存管理与分析等行业案例。

本书适合于 Excel 初中级读者，以及各行各业爱学习不爱加班的人群，也可作为各大中专院校的学习教材。

图书在版编目（CIP）数据

Excel 表格制作与数据处理从入门到精通 / 赛贝尔资讯编著 . —北京：清华大学出版社，2019
（2025.1重印 ）
  ISBN 978-7-302-50702-4

Ⅰ. ① E…　Ⅱ. ①赛…　Ⅲ. ①表处理软件　Ⅳ. ① TP391.13

中国版本图书馆 CIP 数据核字（2018）第 170587 号

责任编辑：贾小红
封面设计：魏润滋
版式设计：楠竹文化
责任校对：马军令
责任印制：沈　露

出版发行：清华大学出版社
　　　　网　　　址：https://www.tup.com.cn, https://www.wqxuetang.com
　　　　地　　　址：北京清华大学学研大厦 A 座　　　　邮　　编：100084
　　　　社 总 机：010-83470000　　　　　　　　　　邮　　购：010-62786544
　　　　投稿与读者服务：010-62776969, c-service@tup.tsinghua.edu.cn
　　　　质量反馈：010-62772015, zhiliang@tup.tsinghua.edu.cn
印 装 者：大厂回族自治县彩虹印刷有限公司
经　　销：全国新华书店
开　　本：170mm×230mm　　　　印　张：21　　　　字　数：578 千字
版　　次：2019 年 8 月第 1 版　　　　　　　　印　次：2025 年 1 月第11次印刷
定　　价：69.80 元

产品编号：080072-01

前◉言

首先，感谢您选择并阅读本书！

Excel 功能强大、操作简单、易学易用，已经被广泛应用于各行各业的办公当中。在日常工作中，我们无论是处理复杂、庞大的数据，还是进行精准的数据计算、分析等，几乎都离不开它。熟练应用 Excel 是目前所有办公人员必须掌握的技能之一。

一、本书的内容及特色

本书针对初、中级读者的学习特点，透彻讲解 Excel 基础知识，深入剖析各类行业案例，让读者在"学"与"用"的两个层面上融会贯通，真正掌握 Excel 精髓。本书内容及特色如下。

➢ **夯实基础，强调实用**。本书以全程图解的方式来讲解基础功能，可以为初、中级读者学习打下坚实基础。

➢ **应用案例，学以致用**。本书紧密结合行业应用实际问题，有针对性地讲解 Excel 在行业应用中的相关案例，便于读者直接拿来应用或举一反三。

➢ **层次分明，重点明确**。本书每节开始处都罗列了本节学习的"关键点""操作要点""应用场景"，并且对一些常常困扰读者的功能特性、操作技巧等会以"专家提醒"的形式进行突出讲解，这让读者在学习之前能明确本节的学习重点，学习之中能解决难点。

➢ **图文解析，易学易懂**。本书采用图文结合的讲解方式，读者在学习过程中能够直观、清晰地看到操作过程与操作效果，更易掌握与理解。

➢ **手机微课，随时可学**。275 节高清微课视频，扫描书中案例的二维码，即可在手机端学习对应微课视频和课后练一练作业，随时随地提升自己。

➢ **超值赠送，资源丰富**。随书学习资源包中还包含 1086 节高效办公技巧高清视频、115 节职场实用案例高清视频和 Word、Excel、PPT 实用技巧速查手册 3 部电子书，移动端存储，随时查阅。

➢ **电子资源，方便快捷**。读者可登录清华大学出版社网站（www.tup.com.cn），在对应图书页面下获取资源包的下载方式。也可扫描图书封底的"文泉云盘"二维码，获取其下载方式。

二、本书的读者对象

➢ 天天和数据、表格打交道，被各种数据弄懵圈的财务统计、行政办公人员

➢ 想提高效率又不知从何下手的资深销售人员

➢ 刚入职就想尽快搞定工作难题，并在领导面前露一手的职场小白

➢ 即将毕业，急需打造求职战斗力的学生一族

➢ 各行各业爱学习不爱加班的人群

三、本书的创作团队

本系列图书的创作团队是长期从事行政管理、HR 管理、营销管理、市场分析、财务管理和教育 / 培训的工作者，以及微软办公软件专家。本书所有写作素材都取材于企业工作中使用的真实数据报表，拿来就能用，能快速提升工作效率。

本书由赛贝尔资讯组织编写，尽管作者对书中知识点精益求精，但疏漏之处在所难免。如果读者朋友在学习过程中遇到一些难题或是有一些好的建议，欢迎加入我们的 QQ 群进行在线交流。

目◉录

第1章　Excel工作表基础操作

Excel 表格制作与数据处理从入门到精通

第4章　数据计算

第5章　数据整理与分析

第6章 用图表分析数据

第10章 企业员工档案管理与人事分析

第11章 企业员工考勤、加班管理

第12章　企业员工薪酬福利管理

第13章　企业产品进销存管理与分析

Excel 工作表基础操作

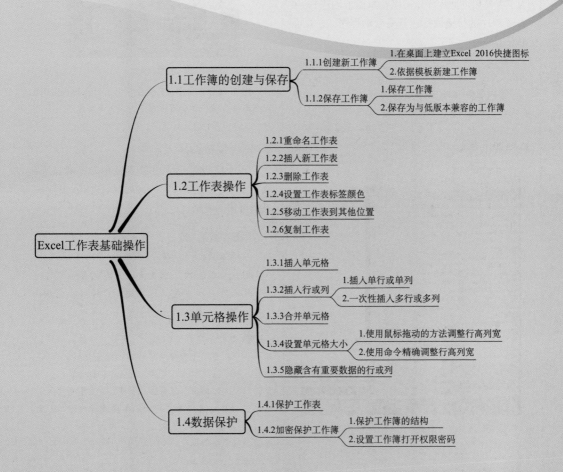

- 1.1工作簿的创建与保存
  - 1.1.1创建新工作簿
    - 1.在桌面上建立Excel 2016快捷图标
    - 2.依据模板新建工作簿
  - 1.1.2保存工作簿
    - 1.保存工作簿
    - 2.保存为与低版本兼容的工作簿
- 1.2工作表操作
  - 1.2.1重命名工作表
  - 1.2.2插入新工作表
  - 1.2.3删除工作表
  - 1.2.4设置工作表标签颜色
  - 1.2.5移动工作表到其他位置
  - 1.2.6复制工作表
- 1.3单元格操作
  - 1.3.1插入单元格
  - 1.3.2插入行或列
    - 1.插入单行或单列
    - 2.一次性插入多行或多列
  - 1.3.3合并单元格
  - 1.3.4设置单元格大小
    - 1.使用鼠标拖动的方法调整行高列宽
    - 2.使用命令精确调整行高列宽
  - 1.3.5隐藏含有重要数据的行或列
- 1.4数据保护
  - 1.4.1保护工作表
  - 1.4.2加密保护工作簿
    - 1.保护工作簿的结构
    - 2.设置工作簿打开权限密码

Excel工作表基础操作

1.1 工作簿的创建与保存

使用 Excel 程序进行表格制作与数据处理前，首先要学会如何新建工作簿和保存工作簿，这是学习使用 Excel 的第一步。

1.1.1 创建新工作簿

关 键 点：1. 工作簿的创建
　　　　　 2. 工作簿的保存
操作要点：双击程序图标；"开始"→"所有程序"→"Excel 2016"
应用场景：工作中使用 Excel 的地方都要新建工作簿

1. 在桌面上建立 Excel 2016 快捷图标

Excel 程序在日常办公中使用频率很高，安装后默认显示在"开始"→"所有程序"中。为了方便启动此程序，可以在桌面上创建 Excel 2016 程序的快捷图标，若要启动程序，在桌面上双击即可。

❶ 在桌面上单击左下角的"开始"按钮，在弹出的菜单中选择"所有程序"命令，展开所有程序。

❷ 将鼠标指向 Excel 2016 命令，然后单击鼠标右键，在弹出的快捷菜单中选择"发送到"→"桌面快捷方式"命令，如图 1-1 所示，即可在桌面上创建 Excel 2016 的快捷图标，如图 1-2 所示。

图 1-1

图 1-2

❸ 若想启动程序，只要在桌面上双击 Excel 2016 图标即可启动程序。启动程序的同时即创建了一个名为"工作簿 1"的工作簿。

2. 依据模板新建工作簿

若无法设计出满意的表格布局、格式等，或为了节约工作时间，可以尝试在内置模板中寻找可用的表格。

✎ 专家提醒

模板虽然能为创建表格提供很多便利，但也不是万能的，很多情况下我们只能够借用模板的设计方式，然后按自己的实际需要修改使用。

❶ 在打开空白工作簿后，选择"文件"→"新建"命令，可看到程序自动推荐的模板类型有个人、列表、教育以及预算日志等，单击相应标签进入找寻合适模板。如果没有想要的，也可在搜索框中输入关键字进行自定义搜索。例如，在搜索框内输入"财务"，再单击"开始搜索"按钮，如图 1-3 所示，进入模板搜索结果页面。

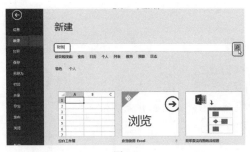

图 1-3

❷在右侧“分类”列表中选择“销售”命令，然后单击左侧销售模板中的“销量报告”，如图 1-4 所示，打开“销量报告”对话框，如图 1-5 所示。单击“创建”按钮即可创建指定报表，如图 1-6 所示。

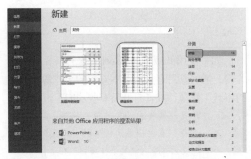

图 1-4

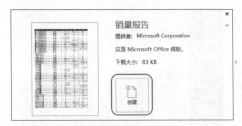

图 1-5

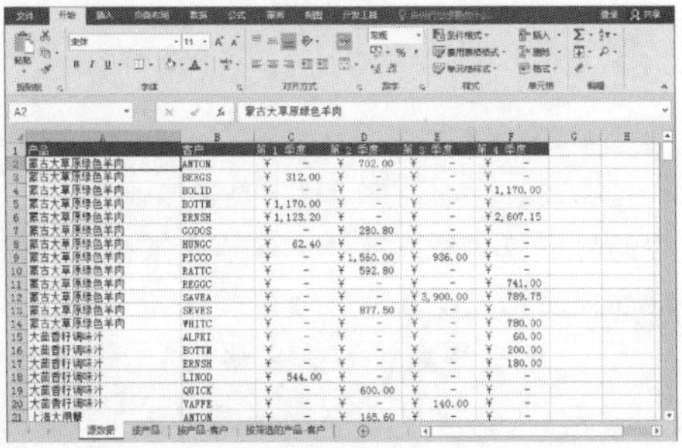

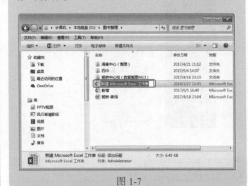

图 1-6

专家提醒

通过联机下载模板创建的工作簿，有些单元格中已经创建了计算公式，并设置了相关的格式。用户在使用时，可以对表格进行编辑和修改，以快速得到需要的表格。

练一练

直接在文件夹中创建新工作簿

安装 Excel 2016 程序后，在文件夹中右击，在弹出的快捷菜单中选择“新建”→“Microsoft Excel 工作表”命令，即可在这个文件夹中创建一个新的工作簿，如图 1-7 所示，此操作可以同时实现既新建又保存的操作。

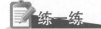

图 1-7

读书笔记

1.1.2 保存工作簿

关 键 点：1.将工作簿保存到目标位置
　　　　　　2.将工作簿保存为兼容格式
操作要点："文件" → "另存为" → "另存为" 对话框
应用场景：用 Excel 程序编辑数据时，如果直接关闭了程序，数据将无法保存。
　　　　　　为方便后期使用，建立工作簿后一般需要保存

1. 保存工作簿

❶ 创建并编辑工作簿后，选择"文件"→"另存为"命令，在右侧的窗口中单击"浏览"命令，如图 1-8 所示，打开"另存为"对话框。

❷ 在地址框中进入要保存到的文件夹位置（也可从左侧的树状目录中逐层进入），然后在"文件名"文本框中输入要保存的文件名，如图 1-9 所示。

图 1-8

图 1-9

❸ 再单击"保存"按钮即可将工作簿保存到指定位置中。后期需要打开此工作簿时，只要进入保存文件夹中，双击该文件即可。

📝 专家提醒

　　为工作簿设定好保存目录并保存后，如果再进行编辑或修改，直接单击文件左上角的"保存"按钮即可更新保存。因此建立工作簿后建议先保存，然后一边编辑一边更新保存。

2. 保存为与低版本兼容的工作簿

　　如果使用低版本的 Excel 程序打开保存的工作簿，需将其另存为低版本兼容的工作簿。否则打不开工作簿，或者打开后有些功能不可见。

❶ 打开要转换格式的工作簿，选择"文件"→"另存为"命令，在弹出的"另存为"对话框中单击"保存类型"设置框中右侧的下拉按钮，在下拉菜单中可选择"Excel 97-2003 工作簿"选项，如图 1-10 所示。

图 1-10

❷ 进行设置后，单击"保存"命令即可。

🔵 知识扩展

　　在"另存为"对话框中单击"保存类型"右侧的下拉铵钮，可对工作簿的保存类型进行多种设置，最为常用的有"Excel 97-2003 工作簿"（与早期版本兼容格式）、"启用宏的工作簿"（在使用 VBA 时必须启用）、"Excel 模板"几种。

练一练

将自己创建的表格保存为模板

自己创建好的表格也可以保存为模板，选择“文件”→“新建”命令，在右侧单击“个人”标签即可查看保存的模板，如图 1-11 所示，可与其他模板一样使用。

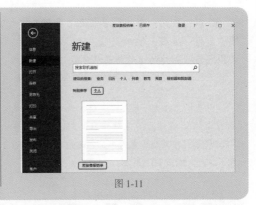

图 1-11

1.2 工作表操作

一个工作簿由多张工作表组成，其中，对工作表的基本操作包括：工作表的重命名；工作表的插入与删除；工作表标签颜色的设置；工作表的移动或复制等。

1.2.1 重命名工作表

关 键 点： 修改工作表默认名称

操作要点： 右击标签→“重命名”

应用场景： 根据工作表的实际内容重新对其命名，可直观判断出表格记录的内容属性

❶ 右击 Sheet1 工作表标签，在弹出的快捷菜单中选择“重命名”命令，如图 1-12 所示，即可进入文字编辑状态。

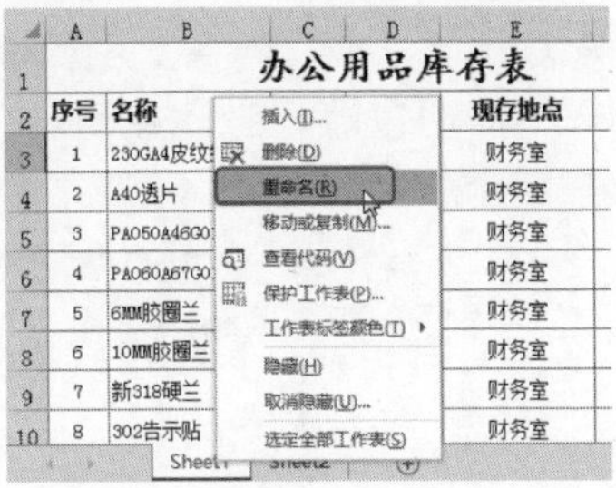

图 1-12

❷ 重新输入名称，如图 1-13 所示，在其他任意位置处单击鼠标即可完成重命名。

办公用品库存表

序号	名称	数量	单位	现存地点
1	230GA4皮纹纸	1	包	财务室
2	A40透片	1	包	财务室
3	PA050A46G01	10	本	财务室
4	PA060A67G01	10	本	财务室
5	6MM胶圈兰	1	合	财务室
6	10MM胶圈兰	1	合	财务室
7	新318硬兰	4	个	财务室
8	302告示贴	12	本	财务室

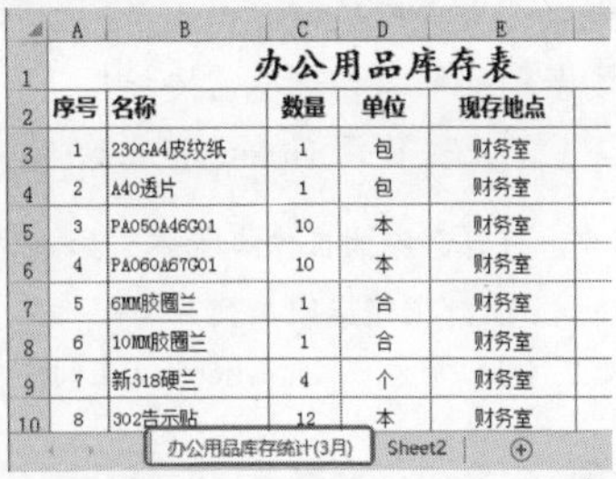

图 1-13

知识扩展

在想要重命名的工作表的标签上双击鼠标也可以进入文字编辑状态，应用此方法更快捷。

1.2.2　插入新工作表

关 键 点：在同一个工作簿中使用多个工作表分别管理不同数据

操作要点：单击 ⊕ 按钮

应用场景：新建的工作簿默认包含 1 个工作表，但有时需要在一张工作簿中使用多
个工作表来管理数据，如分月统计支出费用，此时需要添加新工作表

　　选中目标工作表（新工作表将在选中工作表的后面被添加），单击工作表标签右侧的 ⊕ 按钮，如图 1-14 所示，即可快速在选中工作表的后面添加一张新工作表，如图 1-15 所示。

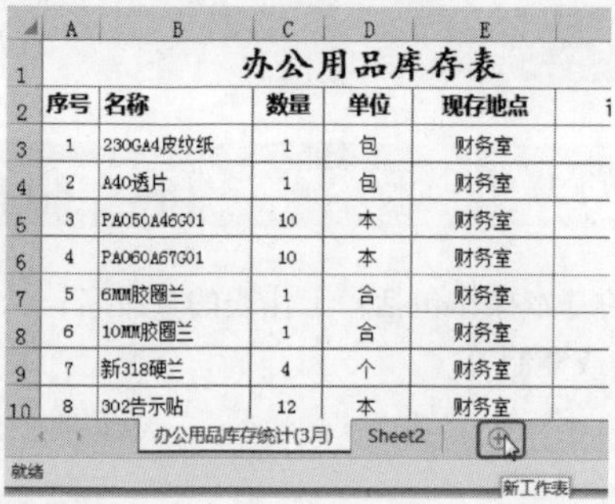

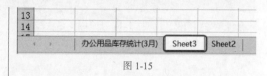

图 1-15

图 1-14

1.2.3　删除工作表

关 键 点：删除不需要的工作表

操作要点：右击标签→"删除"

应用场景：如果工作表不需要使用了，可以将其删除，删除工作表必须执行命令，
无法使用 Delete 键删除

❶右击需要删除的工作表标签，如"办公用品库存表（5月）"，在弹出的快捷菜单中选择"删除"命令，如图 1-16 所示，打开 Microsoft Excel 对话框。

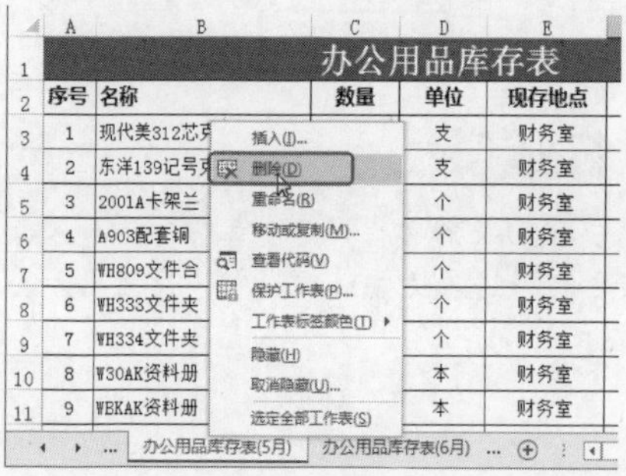

图 1-16

❷对话框会提示删除工作表及数据，单击"删除"按钮，如图 1-17 所示，即可将其删除。

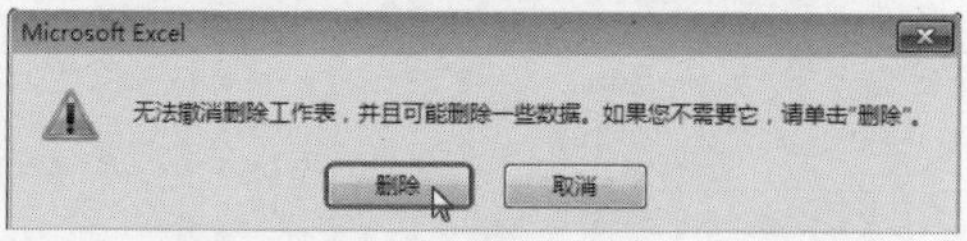

图 1-17

专家提醒

　　工作表的插入与删除操作是一次性操作，即无法通过"快速访问工具栏"中的"撤销"按钮或 Ctrl+Z 键进行恢复。因此在删除工作表前，应确保确实需要进行删除操作。

1.2.4 设置工作表标签颜色

关 键 点：对不同工作表设置不同颜色标签
操作要点：右击标签→"工作表标签颜色"
应用场景：为区分不同的工作表，可根据数据性质对工作表设置不同颜色，方便
　　　　　　对工作表的管理，提高工作效率

❶右击需要设置标签颜色的工作表标签，如
"办公用品库存表（6月）"，在弹出的快捷菜单中选
择"工作表标签颜色"命令，在弹出的颜色菜单中选
择合适的颜色，如橙色，如图1-18所示。

❷退出当前工作表，任意单击其他工作表标签
时可以看到设置好的颜色，如图1-19所示。

图 1-19

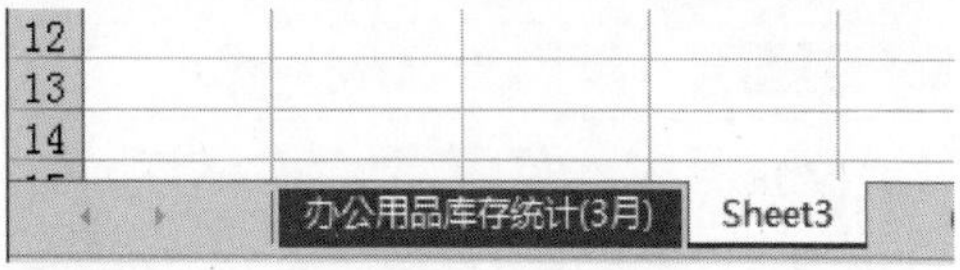

图 1-18

知识扩展

如果想要取消设置的工作表标签颜色，
可以在右键快捷菜单中选择"工作表标签颜
色"命令，在弹出的颜色菜单中选择"无颜
色"命令即可。

1.2.5 移动工作表到其他位置

关 键 点：多个工作表存在时调整位置
操作要点：右击→"移动或复制"→"移动或复制工作表"对话框
应用场景：如果工作簿中有多个工作表，将相同性质的工作表移到一起可以方便
　　　　　　管理

❶右击需要移动的工作表标签，在弹出的快捷
菜单中选择"移动或复制"命令，如图1-20所示，
打开"移动或复制工作表"对话框。

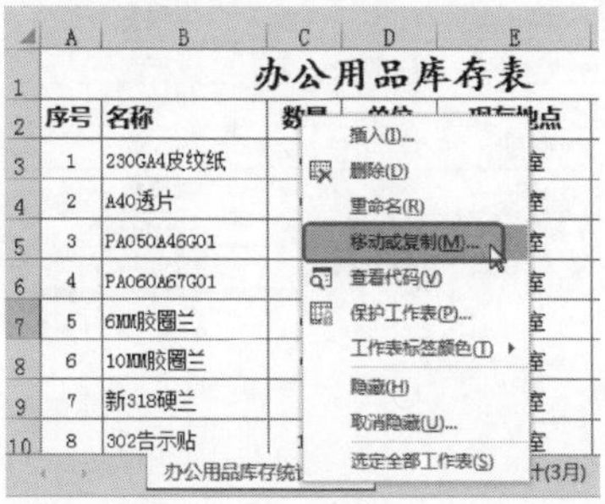

❷在"下列选定工作表之前"列表框中选择
"（移至最后）"，单击"确定"按钮，如图1-21所示，
返回到工作簿中，即可看到"办公用品库存统计（4
月）"移至工作簿最后，如图1-22所示。

图 1-20

图 1-21

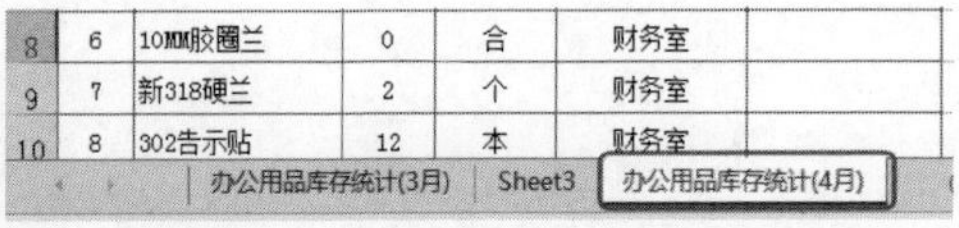

8	6	10MM胶圈兰	0	合	财务室
9	7	新318硬兰	2	个	财务室
10	8	302告示贴	12	本	财务室

| ◀ ▶ | 办公用品库存统计(3月) | Sheet3 | 办公用品库存统计(4月) |

图 1-22

知识扩展

在需要移动的工作表标签上按住鼠标左键,当鼠标变成 ⬚ 形状时,拖动鼠标至目标位置,即可移动工作表。这种方法更加方便和直观。

1.2.6 复制工作表

关 键 点: 复制使用工作表

操作要点: 右击→"移动或复制"→"移动或复制工作表"对话框

应用场景: 日常工作中经常要使用的一些结构相似的工作表,如各个月的销售报表、各个月份的加班统计表等。复制工作表进行框架或内容的微调即可投入作表,而不必完全新建工作表

❶ 右击需要复制的工作表标签,在弹出的快捷菜单中选择"移动或复制"命令,如图 1-23 所示,打开"移动或复制工作表"对话框。

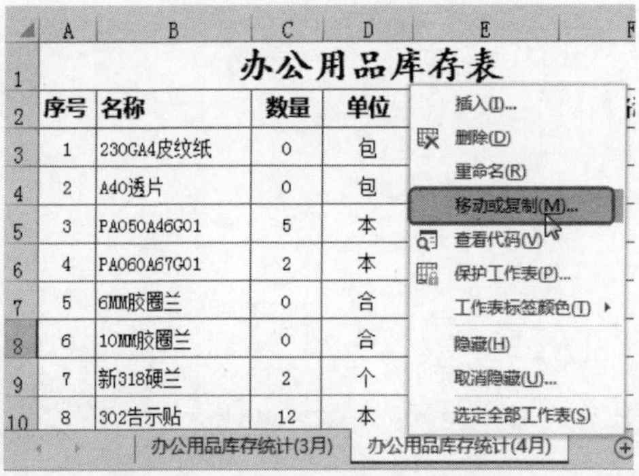

图 1-23

图 1-24

❷ 在"下列选定工作表之前"列表框中选择"(移至最后)",选中"建立副本"复选框,单击"确定"按钮,如图 1-24 所示。

❸ 返回到工作簿中,即可看到在工作簿最后添加了一个名为"办公用品库存统计(4月)(2)"的工作表,如图 1-25 所示。

❹ 重命名该工作表,如"办公用品库存统计(5月)",按实际需要对表格进行局部修改,按当月情况进行数据记录即可。

图 1-25 复

练一练

制工作表到其他工作簿中

复制工作表到其他工作簿有两个要点：

（1）两个工作簿必须同时打开状态。

（2）在"移动或复制工作表"对话框的"将选定工作表移至工作簿"下拉列表中选择想要移到的工作簿，如图1-26所示。

图 1-26

1.3 单元格操作

单元格是组成工作表的基本元素，对单元格的基本操作有插入单元格、插入行或列、合并单元格、设置单元格大小、隐藏含有重要数据的行或列等，这也是表格编辑过程中基本的操作。

1.3.1 插入单元格

关 键 点：指定单元格的下方或右方都可插入新单元格

操作要点：右击→"插入"→"插入"对话框→"活动单元格下移"/"活动单元格右移"

应用场景：因数据不完整，插入单元格补充数据

如图1-27所示，TCL彩电在输入产品的信息时漏输入了单价，而造成了下面所有产品的单价都是错位的。这时需要在C7单元格的上方插入一个单元格。随着新单元格的插入，原C7单元格及以下的所有的单价都自动下移。

❶ 选中C7单元格，右击，在弹出的快捷菜单中选择"插入"命令，如图1-28所示，打开"插入"

对话框，本例选中"活动单元格下移"单选按钮，如图1-29所示。

❷ 单击"确定"按钮，即可看到在C7单元格上方插入了空白单元格，如图1-30所示，然后输入TCL彩电单价即可。

图 1-27

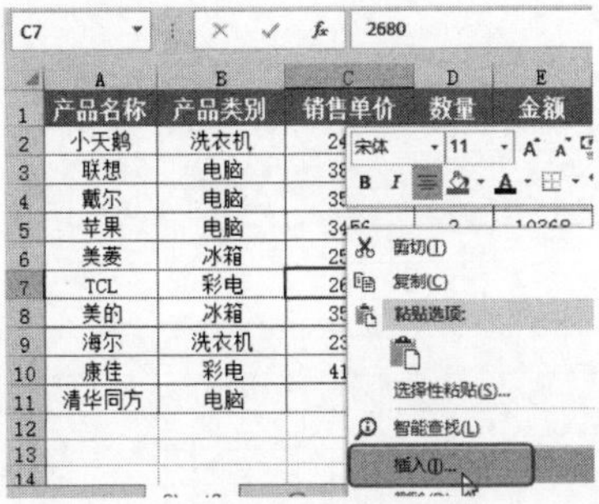

图 1-28

图 1-29

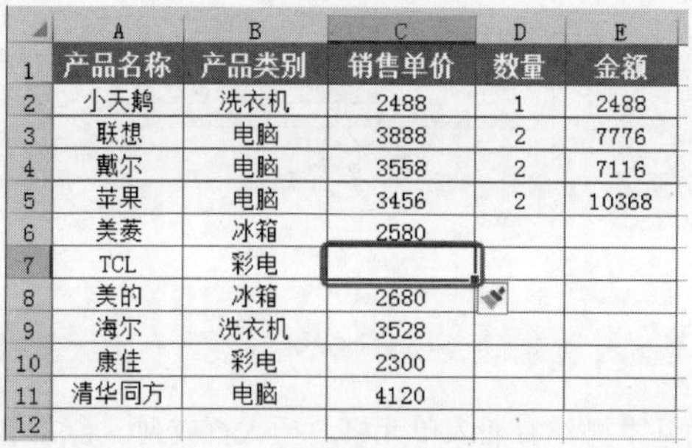

	A	B	C	D	E
1	产品名称	产品类别	销售单价	数量	金额
2	小天鹅	洗衣机	2488	1	2488
3	联想	电脑	3888	2	7776
4	戴尔	电脑	3558	2	7116
5	苹果	电脑	3456	2	10368
6	美菱	冰箱	2580		
7	TCL	彩电			
8	美的	冰箱	2680		
9	海尔	洗衣机	3528		
10	康佳	彩电	2300		
11	清华同方	电脑	4120		
12					

图 1-30

知识扩展

如果选择"活动单元格右移"则会在当前选中单元格的前面添加新单元格。

练 一 练

在某个单元格上方插入连续的3个单元格

在"办公用品费"上方还有 3 个项目，需要添加 3 个单元格，如图 1-31 所示。

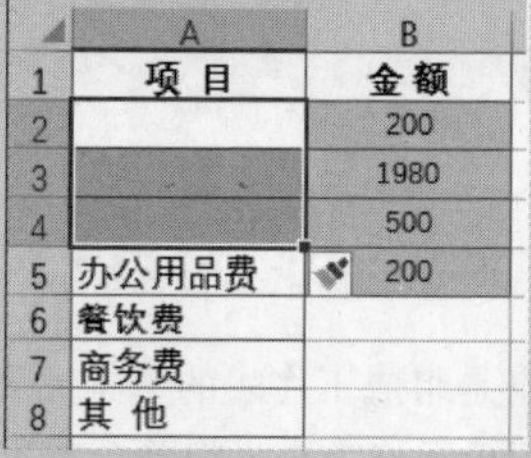

	A	B
1	项 目	金 额
2		200
3		1980
4		500
5	办公用品费	200
6	餐饮费	
7	商务费	
8	其 他	

图 1-31

1.3.2 插入行或列

关 键 点：插入行/列（多行/多列）

操作要点：右击→"插入"→"插入"对话框→"整行"/"整列"

应用场景：在规划表格框架时，经常会出现行或列不够使用的情况，这时就需要按实际情况插入新行或列补充数据

1. 插入单行或单列

在个人简历工作表中，受教育经历区域只有两行以供填写信息，如果需要预留 3 行来填写教育经历，则需要添加行，如图 1-32 所示。

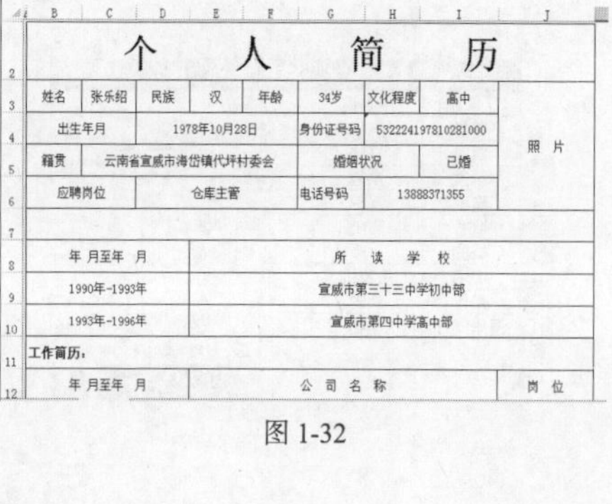

图 1-32

❶选择 B11 单元格，右击，在弹出的快捷菜单中选择"插入"命令，如图 1-33 所示，打开"插入"对话框。

图 1-33

❷选中"整行"单选按钮，单击"确定"按钮，如图 1-34 所示。

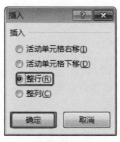

图 1-34

❸ 返回工作表，即可看到选中单元格区域上方添加了一行，如图 1-35 所示。

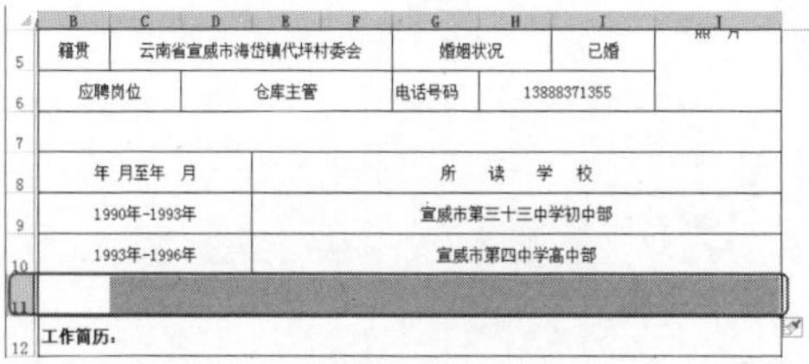

图 1-35

🔵 知识扩展

插入列的方式与插入行一样，只需要在"插入"对话框中选中"整列"单选按钮，单击"确定"按钮即可。

2. 一次性插入多行或多列

在输入产品信息时，需要添加几个新的产品类别，可以一次性插入多行。

❶ 选中 A4 ～ A6 连续的 3 个单元格，右击，在弹出的快捷菜单中选择"插入"命令，如图 1-36 所示，打开"插入"对话框。

图 1-36

❷ 选中"整行"单选按钮，单击"确定"按钮，如图 1-37 所示。

图 1-37

❸ 返回工作表，即可看到一次性添加了 3 行，如图 1-38 所示。

图 1-38

📝 专家提醒

一次性插入多行时，选中几行，在执行"插入"命令后就能插入几行。若选中连续的几行，插入的就是连续的几行；若选中的不是连续的几行，则在所有选中行的上方分别插入对应行数。

📋 练一练

一次性插入多个不连续的行

不连续的一些位置上需要补充新数据，即在需要的位置上一次性插入多个不连续空行，如图 1-39 所示。

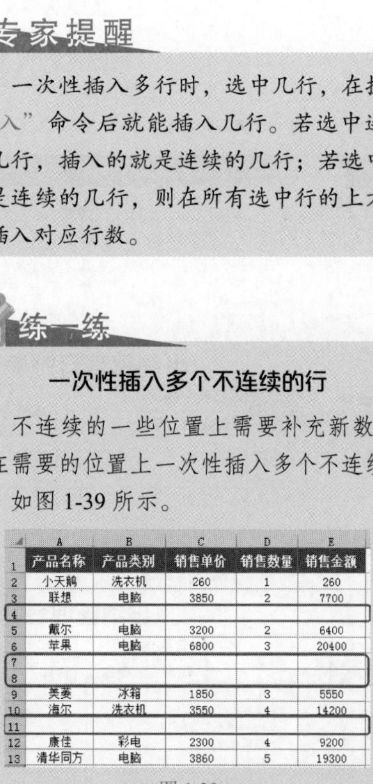

图 1-39

1.3.3 合并单元格

关 键 点： 将多个单元格合并成一个

操作要点： "开始"→"对齐方式"→"合并后居中"按钮

应用场景： Excel 表格编辑过程中，当出现一对多的关系时，经常需要使用到单元格的合并，尤其在编制用于打印的表单时更加常用

如图 1-40 所示的表格中，有多处单元格需要合并。下面以此为例讲解单元格的合并操作。

图 1-40

❶选择需要合并单元格的单元格区域（A2:B3），在"开始"选项卡的"对齐方式"组中单击"合并后居中"按钮，如图 1-41 所示。

❷单击"合并后居中"按钮后，即可看到A2:B3 单元格区域被合并为一个单元格，并且"摘要"数据显示在合并单元格居中位置，如图 1-42 所示。

图 1-41

图 1-42

❸按照相同的方法，合并需要合并的单元格，设置完成后效果如图 1-43 所示。

图 1-43

练一练

取消单元格的合并

如图 1-44 所示想对"销售额"进行排序，因为存在合并单元格无法进行。通过取消单元格的合并，可以实现数据的排序，如图 1-45 所示。

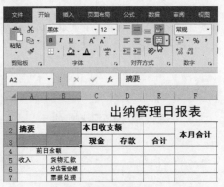

	A	B	C	D
1	编号	所属公司	姓名	销售额
2	1	上海分公司	李欣	39000
3	2		周钦伟	40000
4	3		杨旭伟	38800
5	4	南京分公司	周薇	33000
6	5		杨佳	50000
7	6		张智志	31100
8	7	济南分公司	王媛媛	33900
9	8		陈飞	32100
10	9		杨红	22900

图 1-44

	A	B	C	D
1	编号	所属公司	姓名	销售额
2	5		杨佳	50000
3	2		周钦伟	40000
4	1	上海分公司	李欣	39000
5	3		杨旭伟	38800
6	7	济南分公司	王媛媛	33900
7	4	南京分公司	周薇	33000
8	8		陈飞	32100
9	6		张智志	31100
10	9		杨红	22900

图 1-45

Excel 表格制作与数据处理从入门到精通

1.3.4 设置单元格大小

关 键 点：1. 拖动鼠标快速调整行高列宽
　　　　　　 2. 用对话框精确设置行高列宽
操作要点：准确定位行边线（列边线）、"开始"→"单元格"→"格式"按钮
应用场景：当单元格默认的行高和列宽不符合表格要求时，需要按实际需要调整

1. 使用鼠标拖动的方法调整行高列宽

用户可以直接拖动鼠标来调整行高列宽，这种方式比较直观、方便快捷。

❶ 将鼠标放置到第一行下框线区域，当鼠标变为 形状时，向下拖动鼠标，将其拖至指定高度，如图 1-46 所示。

❷ 将鼠标放置到 A 列右框线区域，当鼠标变为 形状时，向右拖动鼠标，将其拖至指定宽度，如图 1-47 所示，按照相同的方法可调整其他列的列宽。

图 1-46

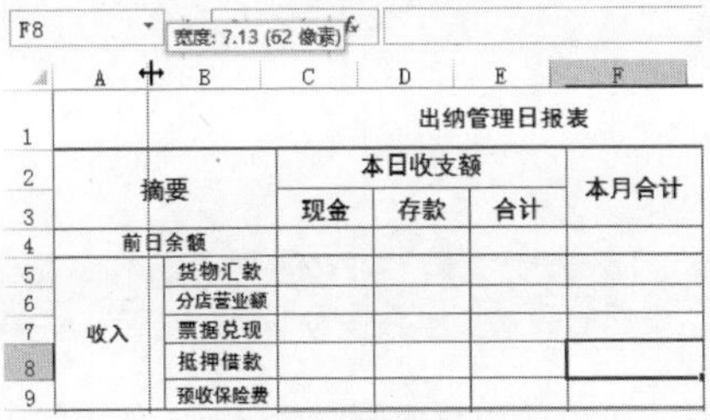

图 1-47

2. 使用命令精确调整行高列宽

要精确调整单元格的行高列宽，可以采用命令的方式。

❶ 选中需要调整行高的行（如 5～9 行），在"开始"选项卡的"单元格"组中单击"格式"下拉按钮，在下拉菜单中选择"行高"命令，如图 1-48 所示，打开"行高"对话框。

❷ 在"行高"文本框中输入要设置的行高，如

22，如图 1-49 所示。

图 1-48

图 1-49

❸ 单击"确定"按钮，返回工作表中，即可看到选中单元格区域行的高度已改变，如图 1-50 所示。

图 1-50

专家提醒

选中单行或单列时只需在行标或列标上单击即可；选中多行或多列，则在行标或列标上拖动选择即可；如果想选择不连续的行或列，则按住 Ctrl 键不放，在想选择的行标或列标上依次单击即可选中。

要想一次性调整多行行高或多列列宽，则在设置前按上面的方法准确选中目标，再进行拖动设置或是命令设置即可。

第 1 章 Excel工作表基础操作

13

1.3.5 隐藏含有重要数据的行或列

关 键 点： 隐藏行 / 列

操作要点： 右击→“隐藏”

应用场景： 工作表中包含有重要数据的行 / 列，或一些用于辅助计算的数据，在表格编辑后可以通过设置将它们隐藏

❶ 选中要隐藏的目标列，右击，在弹出的快捷菜单中选择“隐藏”命令，如图 1-51 所示。

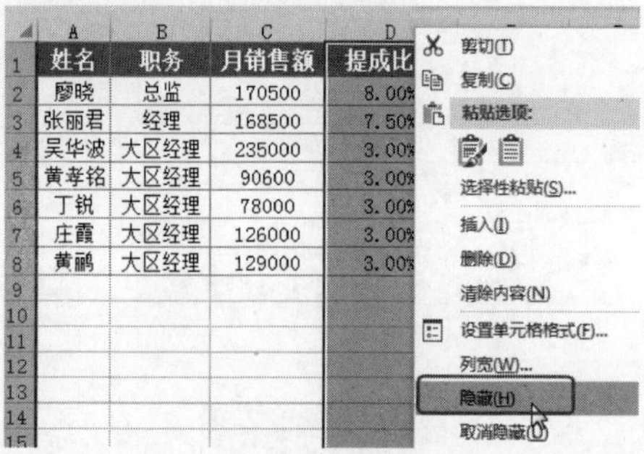

图 1-51

❷ 执行命令后即可隐藏选中的列，如图 1-52 所示。

	A	B	C	E
1	姓名	职务	月销售额	提成金额
2	廖晓	总监	170500	13640
3	张丽君	经理	168500	12637.5
4	吴华波	大区经理	235000	7050
5	黄孝铭	大区经理	90600	2718
6	丁锐	大区经理	78000	2340
7	庄霞	大区经理	126000	3780
8	黄鹂	大区经理	129000	3870

图 1-52

专家提醒

隐藏行与隐藏列的方法一样，只需选中要隐藏的行，执行“隐藏”命令即可。

练一练

取消隐藏的列

如图 1-53 所示图中 D 列被隐藏了，现在将隐藏的列恢复显示。

	A	B	C	E
1	姓名	职务	月销售额	提成金额
2	廖晓	总监	170500	13640
3	张丽君	经理	168500	12637.5
4	吴华波	大区经理	235000	7050
5	黄孝铭	大区经理	90600	2718
6	丁锐	大区经理	78000	2340
7	庄霞	大区经理	126000	3780
8	黄鹂	大区经理	129000	3870

图 1-53

1.4 数据保护

在完成表格的编辑后，为了避免其中数据遭到破坏，可以使用数据保护功能对工作表或工作簿进行保护，以提高数据安全性。

1.4.1 保护工作表

关 键 点： 对工作表设置密码防止被更改

操作要点： “审阅”→“更改”→“保护工作表”按钮

应用场景： 为防止他人更改工作表内容，对工作表设置权限禁止编辑

❶ 打开需要保护的工作表，在"审阅"选项卡的"更改"组中单击"保护工作表"按钮，如图1-54所示，打开"保护工作表"对话框。

图 1-54

❷ 取消选中"选定锁定单元格"和"选定未锁定单元格"复选框，在"取消工作表保护时使用的密码"文本框中输入密码，如图1-55所示。

图 1-55

❸ 单击"确定"按钮，打开"确认密码"对话框。在"重新输入密码"文本框中再次输入密码，如图1-56所示。

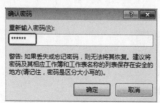

图 1-56

❹ 单击"确定"按钮，返回工作表中，此时若对工作表进行编辑，系统将弹出如图1-57所示的提示框，提示工作表已经受到保护。

图 1-57

知识扩展

如果想撤销对工作表的保护，则需要在"审阅"选项卡的"更改"组中单击"撤销工作表保护"按钮，然后输入所设置的保护密码即可撤销。（若不记得密码了，则无法撤销。）

练一练

保护工作表中的局部区域

如图1-58所示的图中，要求只对 D 列与 E 列的数据进行保护，不允许修改，而其他区域的数据可以修改。

操作提示：

（1）先要取消整张表格的单元格"锁定"状态，打开"设置单元格格式"对话框，在"保护"选项卡中设置。

（2）然后选中想要保护的那一部分单元格区域，恢复锁定状态（因为工作表保护只对锁定的单元格区域有效）。

（3）按保护工作表的步骤设置保护密码。

图 1-58

1.4.2 加密保护工作簿

关 键 点：为工作簿加密

操作要点："文件"→"信息"→"保护工作簿"；或"审阅"→"更改"→"保护工作簿"

应用场景：若整张工作簿的数据较为重要，可以通过为工作簿加密的办法进行保护，当不知道密码时就无法打开此工作簿

1. 保护工作簿的结构

对工作簿的结构进行保护，可以实现禁止对工作簿进行插入、删除、重命名以及移动和显示等操作。

❶ 在"审阅"选项卡的"更改"组中单击"保护工作簿"按钮，如图1-59所示，打开"保护结构和窗口"对话框。

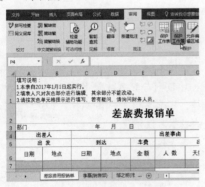

图 1-59

❷ 在"密码"文本框中输入密码，如图1-60所示。

图 1-60

❸ 单击"确定"按钮，打开"确认密码"对话框，在"重新输入密码"文本框中再次输入密码，如图1-61所示。

❹ 单击"确定"按钮，在工作簿中右击工作表标签，弹出快捷菜单，其中移动、复制、删除等命令显示灰色不可使用，如图1-62所示。

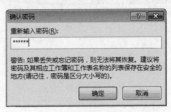

图 1-61

图 1-62

2. 设置工作簿打开权限密码

如果不希望他人打开某工作簿，可以对该工作簿进行加密。设置后，只有输入正确的密码才能打开该工作簿。

❶ 选择"文件"→"信息"命令，在右侧单击"保护工作簿"下拉按钮，在下拉菜单中选择"用密码进行加密"命令，如图1-63所示，打开"加密文档"对话框。

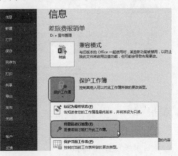

图 1-63

❷ 在"密码"文本框中输入密码，如图 1-64 所示。

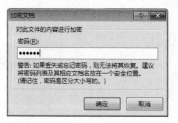

图 1-64

❸ 单击"确定"按钮，打开"确认密码"对话框。在"重新输入密码"文本框中再次输入密码，如图 1-65 所示。

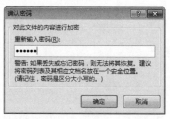

图 1-65

❹ 单击"确定"按钮完成设置。再次打开此工作簿时，系统将自动弹出"密码"对话框，提示需要输入密码才能打开此工作簿，如图 1-66 所示。

图 1-66

 知识扩展

如果要取消所设置的密码，则需要按前面相同的操作再次打开"加密文档"对话框，将其中的密码删除，单击"确定"按钮即可。

练一练

设置修改权限密码

如果工作簿不允许修改，但可以打开查看，可以只为工作簿设置修改权限密码。

操作提示：

在"另存为"对话框中单击"工具"下拉按钮，在下拉列表中选择"常规选项"命令，如图 1-67 所示，打开"常规选项"对话框。只在"修改权限密码"文本框中设置密码，如图 1-68 所示。

图 1-67

图 1-68

技高一筹

1. 自定义启动 Excel 时自动打开某个工作簿

如果某段时间工作中必须打开某个或某几个工作簿，则可以将这些工作簿设置为随 Excel 程序启动而启动，从而提高日常工作效率。

❶ 首先创建一个文件夹，将要随程序打开的工作簿都放到此文件夹中，如将要打开的工作簿保存在"F:\销售数据"这个目录中。

② 启动 Excel 2016 程序，选择"文件"→
"选项"命令，如图 1-69 所示，打开"Excel 选项"
对话框。

③ 选择"高级"选项卡，在右侧"常规"
栏下的"启动时打开此目录中的所有文件"文本
框中输入"F:\销售数据"，如图 1-70 所示。

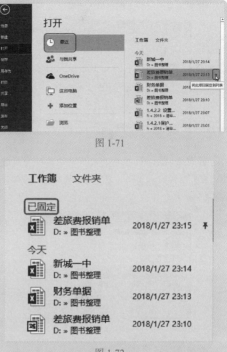

图 1-71

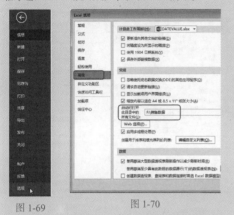

图 1-69　　　　　　　图 1-70

④ 单击"确定"按钮即可完成设置。再次
启动 Excel 程序时，"F:\销售数据"目录中的工作
簿都将自动打开。

2. 将最近常用的文件固定在最近使用列表

Office 程序中的 Word、Excel、
PowerPoint 软件都具有保存最近使用的文件
的功能，就是程序将近期打开的文档保存为
一个临时的列表。这个临时列表会随着新文
件的打开被自动替换，如果某段时间经常要
打开一个文档，则可以将其固定在最近使用
的列表中。

① 启动程序后，选择"文件"→"打开"
命令，在右侧的窗口中选择"最近"命令，右栏
将显示出最近使用文件的列表。

② 将鼠标指针指向要固定的文件名上，单
击右侧出现的"将此项目固定到列表"按钮，如
图 1-71 所示，即可固定此文件并显示到列表最上
方，如图 1-72 所示。

3. 设置默认的工作表数量

新建工作簿时默认的工作表只有一个，
如果工作中经常需要用到较多的工作表，可

图 1-72

以重新设置默认的工作表数量。设置后新建
工作簿将会自动包含指定个数的工作表。

选择"文件"→"选项"命令，打开
"Excel 选项"对话框，在"常规"选项卡中
设置"包含的工作表数"，为 4，如图 1-73 所
示，单击"确定"按钮，重启 Excel 时将自动
显示 4 张工作表。

图 1-73

4. 对受保护的工作表指定可编辑区域

如果工作簿中只有部分区域对使用者开放，其他区域禁止编辑，可以设置允许用户编辑的一个或者多个区域。

❶ 打开工作表，在"审阅"选项卡的"更改"组中单击"允许用户编辑区域"按钮，如图1-74所示，打开"允许用户编辑区域"对话框。

图 1-74

❷ 单击"新建"按钮，如图1-75所示，打开"新区域"对话框。

图 1-75

❸ 设置标题为"区域1"，引用单元格为B1:B34，如图1-76所示，注意要设置到准确的单元格地址。

图 1-76

❹ 单击"确定"按钮返回"允许用户编辑

区域"对话框，即可看到设置的区域。选中区域并单击下方的"保护工作表"按钮，如图1-77所示，打开"保护工作表"对话框。

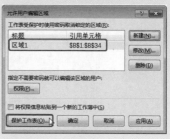

图 1-77

❺ 在"取消工作表保护时使用密码"文本框内输入密码，如图1-78所示。单击"确定"按钮完成设置。当对B1:B34单元格区域中的数据执行编辑时，将弹出"取消锁定区域"提示框，如图1-79所示。

❻ 输入正确的密码并单击"确定"按钮，即可实现在B1:B34单元格区域编辑。（其他区域都不允许编辑。）

图 1-78

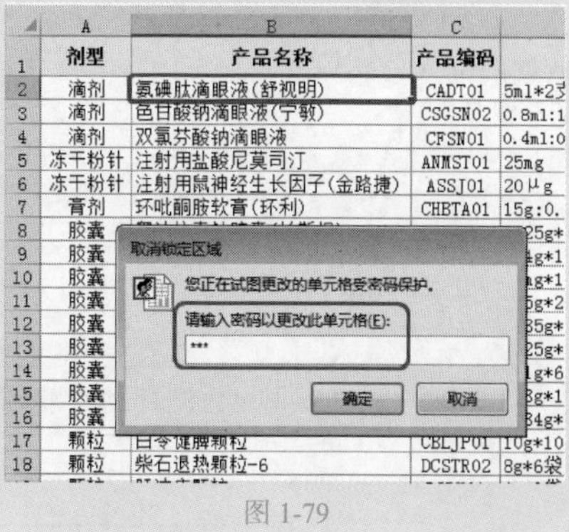

图 1-79

第
表格数据的输入与编辑
2
章

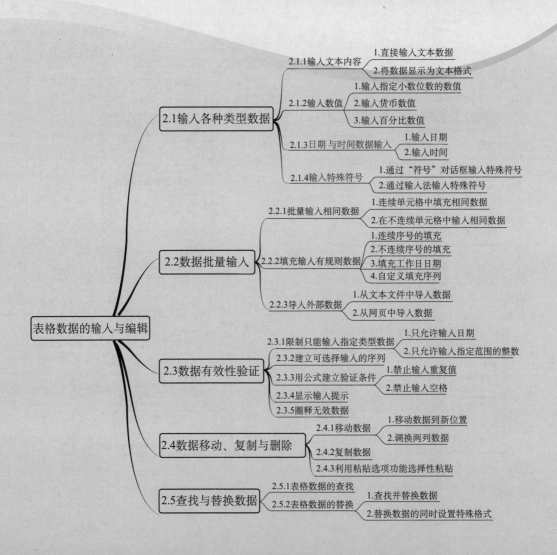

2.1 输入各种类型数据
- 2.1.1 输入文本内容
  - 1.直接输入文本数据
  - 2.将数据显示为文本格式
- 2.1.2 输入数值
  - 1.输入指定小数位数的数值
  - 2.输入货币数值
  - 3.输入百分比数值
- 2.1.3 日期与时间数据输入
  - 1.输入日期
  - 2.输入时间
- 2.1.4 输入特殊符号
  - 1.通过"符号"对话框输入特殊符号
  - 2.通过输入法输入特殊符号

2.2 数据批量输入
- 2.2.1 批量输入相同数据
  - 1.连续单元格中填充相同数据
  - 2.在不连续单元格中输入相同数据
- 2.2.2 填充输入有规则数据
  - 1.连续序号的填充
  - 2.不连续序号的填充
  - 3.填充工作日日期
  - 4.自定义填充序列
- 2.2.3 导入外部数据
  - 1.从文本文件中导入数据
  - 2.从网页中导入数据

表格数据的输入与编辑

2.3 数据有效性验证
- 2.3.1 限制只能输入指定类型数据
  - 1.只允许输入日期
  - 2.只允许输入指定范围的整数
- 2.3.2 建立可选择输入的序列
- 2.3.3 用公式建立验证条件
  - 1.禁止输入重复值
  - 2.禁止输入空格
- 2.3.4 显示输入提示
- 2.3.5 圈释无效数据

2.4 数据移动、复制与删除
- 2.4.1 移动数据
  - 1.移动数据到新位置
  - 2.调换两列数据
- 2.4.2 复制数据
- 2.4.3 利用粘贴选项功能选择性粘贴

2.5 查找与替换数据
- 2.5.1 表格数据的查找
- 2.5.2 表格数据的替换
  - 1.查找并替换数据
  - 2.替换数据的同时设置特殊格式

2.1 输入各种类型数据

创建表格后需要输入任意类型的数据，如文本型数据、数值型数据、日期型数据、时间型数据以及特殊符号等。不同类型数据的输入，其操作要点各不相同。

2.1.1 输入文本内容

关 键 点：设置数据为文本格式
操作要点："开始"→"数字"→"文本"
应用场景：数字作为数值前面的 0 会被省略掉，或一串数字无法正确显示，这时需将其设置为文本格式

1. 直接输入文本数据

打开工作表，输入文字与数字时，其默认格式都为"常规"，如图 2-1 所示输入的这些数据都是"常规"格式，并且也是文本数据。

图 2-1

知识扩展

区分文本数据与数值数据有一个最简易的办法，输入文本后会自动左对齐，输入数值后自动右对齐。

2. 将数据显示为文本格式

如果让输入的数字显示为"文本"格式，例如，在"序号"列中想显示的序号为 001、002……，如图 2-2 所示，如果直接输入，前面的 0 将自动省略，如图 2-3 所示，此时需要首先设置单元格的格式为"文本"然后再输入序号。

	A	B	C
1	序号	产品	瓦数
2	001	白炽灯	200
3		led灯带	2米
4		日光灯	100
5		白炽灯	80
6		白炽灯	100

图 2-2

	A	B	C
1	序号	产品	瓦数
2	1	白炽灯	200
3		led灯带	2米
4		日光灯	100
5		白炽灯	80
6		白炽灯	100

图 2-3

专家提醒

在这种情况下一定要遵循"先设置格式再输入"的原则。如果先输入以 0 开头的编号再去设置单元格的格式也无法恢复数字前面的 0。

❶ 选中要输入"序号"的单元格区域，切换到"开始"选项卡，在"数字"组中单击"数字格式"设置框右侧下拉按钮，在下拉列表中选择"文本"选项，如图 2-4 所示。

图 2-4

第 2 章 表格数据的输入与编辑

21

❷ 再输入以0开头的编号即可正确显示，如图2-5所示。

2	A 序号	B 产品	C 瓦数	D 产地	E 单价
3	001	白炽灯	200	南京	
4	002	led灯带	2米	广州	
5	003	日光灯	100	广州	
6	004	白炽灯	80	南京	
7	005	白炽灯	100	南京	
8	006	2d灯管	5	广州	
9	007	2d灯管	10	南京	
10	008	led灯带	5米	南京	

图 2-5

专家提醒

如果输入文字、字母等内容，默认作为文本来处理，无需特意设置单元格的格式为"文本"。但有些情况必须设置单元格的格式为"文本"格式，例如，输入以0开头的编号、一串数字表示的产品编码、身份证号码等，如果不设置单元格的格式为"文本"，数据将无法正确显示。

2.1.2 输入数值

关 键 点：1. 统一显示两位小数
2. 数字显示为货币样式
3. 转换为百分比数值

操作要点："开始"→"数字"→ ↘ →"设置单元格格式"对话框
应用场景：根据实际需要将数字设置为特定位数的小数、以货币值显示、显示百分比值等

1. 输入指定小数位数的数值

当输入数值包含小数位时，输入几位小数，单元格中就显示出几位小数，如果希望所有输入的数值都包含指定小数位数（如2位，不足2位的用0补齐），可以按如下方法设置。

❶ 选中要输入包含2位小数数值的单元格区域，在"开始"选项卡的"数字"组中单击"数字格式"设置框右侧下拉按钮，在打开的下拉列表中选择"数字"选项，如图2-7所示。

❷ 执行上述操作后，在设置了格式的单元格中输入数值时会自动显示为两位小数，如图2-8所示。

❸ 如果想对小数位进行增减，则可以在"数字"

练一练

输入完整的身份证编号

输入身份证编号，让它完整显示18位编码，而不是显示为科学计算的形式，如图2-6所示。

	A 姓名	B 学历	C 身份证号码
1			
2	何小希	本科	340222198602165426
3	周瑞	本科	340222199105065000
4	于青青	本科	340025197803170540
5	罗羽	硕士	340025198506100224
6	邓志诚	本科	340042198210160517
7	程飞	本科	340025198506100214
8	周城	大专	340025199103240657
9	张翔	本科	342701199002178573

图 2-6

组中单击 ⁺⁰⁰ 按钮增加小数位，或单击 ⁰⁰ 按钮减少小数位，如图2-9所示。

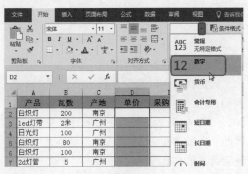

图 2-7

	A	B	C	D	E
1	产品	瓦数	产地	单价	采购盒数
2	白炽灯	200	南京	4.50	
3	led灯带	2米	广州	12.80	
4	日光灯	100	广州	8.80	
5	白炽灯	80	南京	2.00	
6	白炽灯	100	南京	3.20	
7	2d灯管	5	广州	12.50	
8	2d灯管	10	南京	18.20	

图 2-8

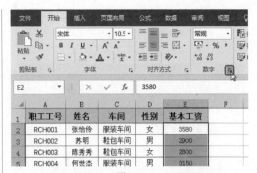

图 2-10

	A	B	C	D	E	F
1	产品	瓦数	产地	单价	采购盒数	
2	白炽灯	200	南京	4.500		
3	led灯带	2米	广州	12.800		
4	日光灯	100	广州	8.800		
5	白炽灯	80	南京	2.000		
6	白炽灯	100	南京	3.200		

图 2-9

知识扩展

"数字格式"设置框下拉列表中还有"货币""会计专用""百分比"等选项，这些格式默认包含两位小数，根据工作需求，可以通过 和 按钮增减小数位。

图 2-11

2. 输入货币数值

要让输入的数据显示为货币格式，可以按如下方法操作。

❶ 打开工作表，选中想显示为货币格式的数据区域，切换到"开始"选项卡，在"数字"组中单击 按钮，如图 2-10 所示，弹出"设置单元格格式"对话框。

❷ 在"分类"列表中选择"货币"选项，并设置小数位数，选择货币符号的样式，如图 2-11 所示。

❸ 单击"确定"按钮，则选中的单元格区域的数值格式更改为货币格式，如图 2-12 所示。

	A	B	C	D	E
1	职工工号	姓名	车间	性别	基本工资
2	RCH001	张怡伶	服装车间	女	¥3,580.00
3	RCH002	苏明	鞋包车间	男	¥2,900.00
4	RCH003	陈秀秀	鞋包车间	女	¥2,800.00
5	RCH004	何世杰	服装车间	男	¥3,150.00
6	RCH005	袁晓	鞋包车间	男	¥2,900.00
7	RCH006	夏兰兰	服装车间	女	¥2,700.00
8	RCH007	吴晶	鞋包车间	女	¥3,850.00
9	RCH008	蔡天放	服装车间	男	¥3,050.00
10	RCH009	崔小琴	鞋包车间	女	¥3,120.00
11	RCH010	袁元	服装车间	男	¥2,780.00

图 2-12

3. 输入百分比数值

百分比数据可以通过在数据后添加百分比符号的方式来直接输入，但如果大量的数据需要采用百分比的形式表达（如求取利润率），则可以按如下方法来实现。

❶ 选中要输入百分比数值的单元格区域或选中

已经存在数据且希望其显示为百分比格式的单元格区域，在"开始"选项卡的"数字"组中单击 按钮，如图 2-13 所示，打开"设置单元格格式"对话框。

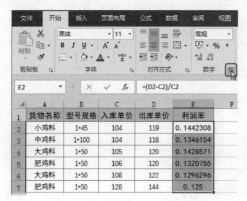

图 2-13

❷ 在"分类"列表中选择"百分比"选项，然后根据实际需要设置小数的位数，如图 2-14 所示。

图 2-14

❸ 单击"确定"按钮，可以看到选中的单元格区域中的数据显示为百分比值且包含 3 位小数，如图 2-15 所示。

2.1.3 日期与时间数据输入

关 键 点：1. 输入不同格式的日期
　　　　　2. 输入不同格式的时间

操作要点："开始"→"数字"→ →"设置单元格格式"对话框

应用场景：在单元格中输入日期和时间时，需要借助符号将数字相连接，或是将已输入的时间或日期转化成其他格式。为避免麻烦，可设置指定格式

	A	B	C	D	E
1	货物名称	型号规格	入库单价	出库单价	利润率
2	小鸡料	1*45	104	119	14.423%
3	中鸡料	1*100	104	118	13.462%
4	大鸡料	1*50	105	120	14.286%
5	肥鸡料	1*50	106	120	13.208%
6	大鸡料	1*50	108	122	12.963%
7	肥鸡料	1*50	128	144	12.500%

图 2-15

练一练

设置金额的货币格式

让数据显示货币格式并且负数用红色括号表示，如图 2-16 所示。

	A	B	C	D
1	项目	上年度	本年度	增减额(率)
2	销售收入	¥206,424.58	¥225,298.68	¥18,874.10
3	销售成本	¥82,698.00	¥96,628.02	¥13,930.02
4	销售费用	¥20,462.68	¥6,450.46	(¥14,012.22)
5	销售税金	¥4,952.89	¥2,222.65	(¥2,730.24)
6	销售成本率	¥0.68	¥0.83	¥0.15
7	销售费用率	¥0.10	¥0.06	(¥0.03)
8	销售税金率	¥0.05	¥0.03	(¥0.02)

图 2-16

1. 输入日期

日期型数据可以通过数字与 "-" 相间的方法（如 2018-4-2）或者数字与 "/" 相间（如 2018/4/2）的方法来直接输入，但如果需要对单元格区域中输入的默认时间格式进行设置（如将时间以英文日期格式显示出来），则可以按如下方法来实现。

❶ 选中需要输入日期数值的单元格区域或选中已经存在数据的单元格区域，在 "开始" 选项卡的 "数字" 组中单击 按钮，如图 2-17 所示，打开 "设置单元格格式" 对话框。

图 2-17

❷ 在 "分类" 列表中单击 "日期"，然后可以根据实际需要设置日期格式为 "14-Mar-12"，如图 2-18 所示。

图 2-18

❸ 单击 "确定" 按钮，则选中的单元格区域数值格式更改为指定日期格式，如图 2-19 所示。

2. 输入时间

在单元格中可以直接输入 "1:30" 样式的时间格式，但如果需要在单元格区域中以指定

	A	B	C	D	E	F
1	类型	货号	销售日期	销售员	销售数量	销售金额
2	D5D	A-01	1-Feb-18			
3	D4X	A-01	2-Feb-18			
4	D4C	A-02	3-Feb-18			
5	D3D	A-011	12-Feb-18			
6	D4D	A-011	13-Feb-18			
7	D4C	A-031	19-Feb-18			
8	D4X	A-03	20-Feb-18			
9	D4X	A-031	28-Feb-18			
10	D4X	A-031	20-Feb-18			
11	D4C	A-01	20-Feb-18			

图 2-19

样式的时间格式（如 00 时 30 分 28 秒）显示出来，则可以按如下方法来实现。

❶ 选中需要输入时间数值的单元格区域或选中已经存在数据的单元格区域，在 "开始" 选项卡的 "数字" 组中单击 按钮，如图 2-20 所示，打开 "设置单元格格式" 对话框。

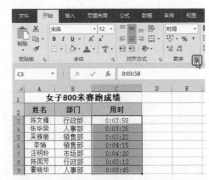

图 2-20

❷ 在 "分类" 列表中选择 "时间"，然后可以根据实际需要设置时间样式为 "13 时 30 分 55 秒"，如图 2-21 所示。

图 2-21

❸ 单击 "确定" 按钮，可以看到选中的单元格区域中的数据显示为指定样式的时间格式，如图 2-22 所示。

图 2-22

把日期转换为对应的星期数

在值班安排表中，除了显示出值班日期，还显示出值班日期对应的星期数，如图 2-23 所示。

	A	B	C	D
1	职工工号	姓名	值班日期	星期
2	RCH001	张怡伶	2018/2/10	星期六
3	RCH009	苏明	2018/2/9	星期五
4	RCH003	陈秀秀	2018/2/3	星期六
5	RCH011	何世杰	2018/2/12	星期一
6	RCH005	袁晓	2018/2/13	星期二
7	RCH007	夏兰兰	2018/2/19	星期一
8	RCH004	吴晶	2018/2/20	星期二
9	RCH008	蔡天放	2018/2/28	星期三
10	RCH012	崔小琴	2018/2/3	星期二
11	RCH010	袁元	2018/2/20	星期二

图 2-23

2.1.4 输入特殊符号

关 键 点：向表格中输入特殊符号
操作要点："插入" → "符号" → "符号" 对话框
应用场景：在特殊情况下需要在单元格中输入特殊符号，一方面起到特殊标注的作用，另一方面也能美化表格

1. 通过 "符号" 对话框插入特殊符号

"符号" 对话框中包含丰富的特殊符号，可以在此选择合适的符号进行插入。

❶ 将光标定位到要插入特殊符号的电话号码前，在 "插入" 选项卡的 "符号" 组单击 "符号" 按钮，如图 2-24 所示，打开 "符号" 对话框。

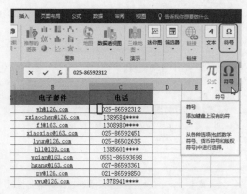

图 2-24

❷ 在 "字体" 设置框中选择 Wingdings，拖动右侧滑块找到需要添加的特殊符号并单击，如图 2-25 所示。

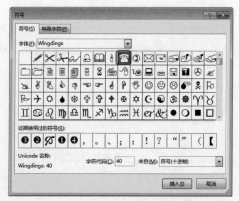

图 2-25

❸ 单击 "插入" 按钮，返回到工作表中，即可看到在电话号码前添加了特殊符号，全部添加后效果如图 2-26 所示。

Excel 表格制作与数据处理从入门到精通

26

	A	B	C
1	客户名称	电子邮件	电话
2	吴华	wh@126.com	☎025-86592312
3	张晓晨	zxiaochen@126.com	☎1309800****
4	方俊	fj@163.com	☎1308980****
5	莫晓晓	xiaoxiao@163.com	☎025-86592451
6	刘芸	lyun@126.com	☎025-86502635
7	胡丽丽	hll@139.com	☎1385601****
8	王茜	wqian@163.com	☎0551-86593698

图 2-26

图 2-27

📝 **专家提醒**

在插入多个特殊符号时，需要逐一进行插入，如果直接将插入的特殊符号复制到下一单元格中，则显示不出特殊符号样式。

2. 通过输入法输入特殊符号

某些输入法包含特定符号的输入，当在计算机上安装了输入法之后，可以使用输入法自带的特殊符号，下面以搜狗输入法为例介绍。

❶将光标定位到要插入特殊符号的电话号码前，右击搜狗输入法工具栏右侧的🔧按钮，在弹出的快捷菜单中将鼠标指向"表情&符号"，在弹出的子菜单中选择"特殊符号"命令，如图 2-27 所示，打开"符号集成"对话框。

❷在"搜索"文本框中输入"电话"，单击🔍按钮，如图 2-28 所示。

❸此时系统显示出"电话"特殊符号的搜索结果，单击需要添加的特殊符号，如图 2-29 所示，即可将特殊符号添加到单元格中。

图 2-28

图 2-29

📝 **专家提醒**

在插入特殊符号后，如果下次需要再次插入相同的符号，可以直接在"最近使用"标签中找到该特殊符号。

2.2 数据批量输入

在工作表中批量输入数据（如在连续的单元格中输入相同的数据、填充输入序号、填充输入连续日期等）是最常见的操作，可以方便用户一次性输入相同的或有规律的数据，提高工作效率。另外，本节还介绍了利用导入的方法以实现数据的批量输入。

2.2.1 批量输入相同数据

关键点：1. 一次性输入连续的相同数据
　　　　　2. 一次向不连续的单元格中输入相同数据
操作要点：填充柄填充、Ctrl+Enter 组合键填充
应用场景：在连续的单元格区域中或在不连续的单元格中批量输入相同的数据来有效提高工作效率

27

1. 连续单元格中填充相同数据

❶ 输入首个数据，如本例中在 C5 单元格中输入"策划部"，鼠标指针指向 C5 单元格右下角，出现黑色十字型（可称为填充柄），如图 2-30 所示。

❷ 按住鼠标左键不放向下拖动到目标位置，如图 2-31 所示。

❸ 释放鼠标即可实现数据填充，如图 2-32 所示。

	A	B	C
1	日期	工作安排	负责人员
2	2018/1/3	安排面试人员笔试	人事部门
3	2018/1/4	面试	人事部门
4	2018/1/5	员工分部门专业培训	各部门
5	2018/1/9	制动活动方案	策划部 ⊕
6	2018/1/10	活动方案的审核	
7	2018/1/11	活动阶段性准备	
8	2018/1/12	活动阶段性准备	
9	2018/1/13	活动阶段性准备	
10	2018/1/16	活动阶段性执行	全体人员

图 2-30

	B	C	D
	工作安排	负责人员	
	安排面试人员笔试	人事部门	
	面试	人事部门	
	员工分部门专业培训	各部门	
	制动活动方案	策划部	
	活动方案的审核		
	活动阶段性准备		
	活动阶段性准备		
	活动阶段性准备		
	活动阶段性执行	全体人员	策划部

图 2-31

	B	C
	工作安排	负责人员
	安排面试人员笔试	人事部门
	面试	人事部门
	员工分部门专业培训	各部门
	制动活动方案	策划部
	活动方案的审核	策划部
	活动阶段性准备	策划部
	活动阶段性准备	策划部
	活动阶段性准备	策划部
	活动阶段性执行	全体人员

图 2-32

专家提醒

选中一个包含填充源的单元格区域后，还可以直接按 Ctrl+D 组合键快速输入相同的数据。

2. 在不连续单元格中输入相同数据

❶ 按 Ctrl 键依次选中需要输入相同数据的单元格，然后松开 Ctrl 键，在最后一个选中的单元格中输入数据，如此处输入 0，如图 2-33 所示。

❷ 按 Ctrl+Enter 组合键，即可在选中的所有单元格中输入相同的数据 0，如图 2-34 所示。

	A	B	C	D	E
1	月份	1月	2月	3月	4月
2	王婷婷	58	99	43	43
3	李欣		25	43	35
4	卫慧	53	78		43
5	李兰允		34	48	12
6	秦芸	40		36	77
7	管会	20	44	36	
8	刘欣	52		45	20
9	李辉德	44	40	90	68
10	杨志辉	0	38	66	31

图 2-33

	A	B	C	D	E
1	月份	1月	2月	3月	4月
2	王婷婷	58	99	43	43
3	李欣	0	25	43	35
4	卫慧	53	78	0	43
5	李兰允	0	34	48	12
6	秦芸	40	0	36	77
7	管会	20	44	36	0
8	刘欣	52	0	45	20
9	李辉德	44	40	90	68
10	杨志辉	0	38	66	31

图 2-34

练一练

填充有递增属性的数据

如果想填充的数据具有递增属性，直接填充会自动递增，如图 2-35 所示。这种数据如果想填充为相同数据，如图 2-36 所示，有两种操作方法：

（1）利用填充柄填充时按住 Ctrl 键不放。

（2）使用"开始"选项卡的"编辑"组中的"填充"按钮进行填充。

	类型	货号	销售日期
3	D3D	A-011	12-Apr-14
4	D4C	A-02	3-Apr-14
5	D5C	A-031	19-Apr-14
6	D6C	A-01	30-Apr-14
7	D7C	A-011	13-Apr-14

图 2-35

	类型	货号
3	D3D	A-011
4	D4C	A-02
5	D4C	A-031
6	D4C	A-01
7	D4C	A-011

图 2-36

2.2.2 填充输入有规则数据

关 键 点：1. 填充序号
　　　　　2. 填充日期
　　　　　3. 自定义填充序列
操作要点：填充柄填充、"文件"→"选项"→"编辑自定义列表"
应用场景：通过填充功能可以实现一些有规则数据的输入，如序号的填充、日期填充等

1. 连续序号的填充

　　通过填充可以实现连续序号的输入，其操作如下。

❶ 在 A3 单元格中输入"001"。选中 A3 单元格，将鼠标指向 A3 单元格右下角，出现黑色"十"字型（可称为填充柄），如图 2-37 所示。

❷ 按住鼠标左键不放，向下拖动至目标，如图 2-38 所示。

图 2-37　　　　图 2-38

❸ 释放鼠标，拖动过的位置上即会完成序号的填充，如图 2-39 所示。

图 2-39

知识扩展

　　自动填充完成后，都会出现"自动填充选项"按钮，在此按钮的下拉菜单中，可以为填充选择不同的方式，如"仅填充格式""不带格式填充"等。另外，"自动填充选项"按钮下拉菜单中的选项内容取决于所填充的数据类型，如填充日期时会出现"按月填充""按工作日填充"等选项。

专家提醒

　　如果想填充序列，当输入的数据是日期或本身具有增序或减序特征时，直接填充即可；如果输入的数据是数字，需要按住 Ctrl 键再进行填充，或者在填充后从"自动填充选项"按钮的下拉菜单中选择"填充序列"。

2. 不连续序号的填充

　　通过填充功能可以实现不连续序号的输入，其关键操作在于填充源的输入，例如，本例中固定资产的第 1 个序号为 GD001、第 2 个序号为 GD004、第 3 个序号为 GD009，其他依次类推，即每个序号间隔 3，那么首先要输入前两个序号，然后再使用填充的方式批量输入。

❶ 首先在 A2 和 A3 单元格中分别输入前两个编号（GD001 与 GD004）。选中 A2:A3 单元格，将光标移至该单元格区域的右下角，至光标变成"十"字形状（✚），如图 2-40 所示。

❷ 按住鼠标左键不放，向下拖动至目标位置，如图 2-41 所示。

	A	B
1	编号	固定资产名称
2	GD001	办公楼
3	GD004	综合楼
4		厂房
5		挖掘机
6		铲土机
7		
8		
9		
10		

图 2-40

	A	B
1	编号	固定资产名称
2	GD001	办公楼
3	GD004	综合楼
4		厂房
5		挖掘机
6		铲土机
7		
8		
9		GD022
10		

图 2-41

❸ 松开鼠标左键，拖动过的位置上即会以 3 为间隔显示编号，如图 2-42 所示。

	A	B
1	编号	固定资产名称
2	GD001	办公楼
3	GD004	综合楼
4	GD007	厂房
5	GD010	挖掘机
6	GD013	铲土机
7	GD016	
8	GD019	
9	GD022	
10		

图 2-42

3. 填充工作日日期

在填充日期时，填充完单击"自动填充选项"按钮，可在菜单中选择按月填充、按工作日填充、按年填充等不同的填充方式。

❶ 在 A2 单元格输入值班日期，然后将鼠标放置在 A2 单元格右下角，当鼠标变成➕形状，按住鼠标向下拖动，如图 2-43 所示，到合适的位置释放鼠标即可看到日期递增序列。

❷ 单击"自动填充选项"按钮，在下拉菜单中选择"以工作日填充"，如图 2-44 所示，即可按照工作日日期填充，如图 2-45 所示。

	A	B
1	日期	值晚班员工
2	2018/1/4	张健竹
3		常娜娜
4		左强
5		李珊珊
6		许悦
7		冯义寻
8		刘志伟
9		王焱
10		张梦

图 2-43

	A	B	C
1	日期	值晚班员工	
2	2018/1/4		
3	2018/1/5	复制单元格(C)	
4	2018/1/6	填充序列(S)	
5	2018/1/7	仅填充格式(F)	
6	2018/1/8	不带格式填充(O)	
7	2018/1/9	以天数填充(D)	
8	2018/1/10	填充工作日(W)	
9	2018/1/11	以月填充(M)	
10	2018/1/12	以年填充(Y)	
11		快速填充(F)	

图 2-44

	A	B
1	日期	值晚班员工
2	2018/1/4	张健竹
3	2018/1/5	常娜娜
4	2018/1/8	左强
5	2018/1/9	李珊珊
6	2018/1/10	许悦
7	2018/1/11	冯义寻
8	2018/1/12	刘志伟
9	2018/1/15	王焱
10	2018/1/16	张梦

图 2-45

4. 自定义填充序列

程序中内置了一些可以自动填充的序列，如月份数、星期数、甲乙丙丁等，填充时，只要输入首个数据即可实现填充。除了程序内置的序列外，也可以将自己常用的数据序列建立为可填充序列，从而方便自己的输入工作。例如，在建立销售相关的报表时经常要输入公司销售员的姓名序列，则可以定义为可填充输入的序列。操作方法如下。

❶ 选择"文件"→"选项"命令，如图 2-46 所示。

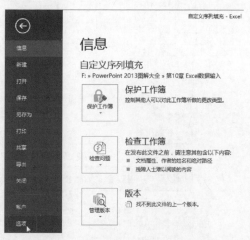

图 2-46

❷ 打开"Excel 选项"对话框，在左侧单击"高级"标签，在右侧"常规"栏中单击"编辑自定义列表"按钮，如图 2-47 所示。

❸ 打开"自定义序列"对话框，在"输入序列"

列表中输入员工姓名，单击"添加"按钮，如图 2-48 所示。

图 2-47

图 2-48

单击"添加"按钮后，设置的自定义填充序列会显示在"自定义序列"列表中，如果不再需要此自定义序列时，可以在列表中单击该序列，单击"删除"按钮即可。

❹依次单击"确定"按钮返回工作表中，在 B2

单元格中输入"张宇"（首个名称），如图 2-49 所示，拖动填充柄向下填充，即可按自定义的序列填充各个员工姓名，如图 2-50 所示。

	A	B	C	D
1	销售组	销售员	销售数量	销售金额
2	销售一组	张宇		
3	销售一组			
4	销售一组			
5	销售二组			
6	销售二组			

图 2-49

	A	B	C	D
1	销售组	销售员	销售数量	销售金额
2	销售一组	张宇		
3	销售一组	周延风		
4	销售一组	李亚敏		
5	销售二组	赵晓鸥		
6	销售二组	胡楠楠		
7	销售三组	张丽华		
8	销售三组	龚新元		
9				

图 2-50

 练一练

在连续单元格中填充相同的日期

填充日期时会默认逐日递增，要得到如图 2-51 所示的情况，该如何快速填充？

	A	B	C	D
1	销售日期	产品名称	销售数量	重量
2	2018/1/1	核桃	4	200克
3	2018/1/1	花生	5	500克
4	2018/1/1	碧根果	3	200克
5	2018/1/1	开心果	6	200克
6	2018/1/1	仁核桃	3	150克
7	2018/1/1	扁桃仁	2	150克
8	2018/1/2	丝瓜子	2	200克
9	2018/1/2	核桃	5	200克
10	2018/1/2	碧根果	10	200克

图 2-51

2.2.3 导入外部数据

关 键 点：1. 导入文本文件数据
　　　　　　2. 导入网站数据

操作要点："数据"→"获取外部数据"→"自文本"/"自网站"

应用场景：导入外部数据，如 Access 数据库数据、文本数据以及网站数据等，可减少手工输入的烦琐，提高工作效率

1. 从文本文件中导入数据

当所需要的数据保存在文本文件时，如图 2-52 所示，用户可以直接将文本文件中的数据导入到 Excel 表格中，并将其分隔到相应的单元格中，形成规范表格。

图 2-52

❶ 在"数据"选项卡的"获取外部数据源"组单击"自文本"按钮，如图 2-53 所示。

图 2-53

❷ 打开"导入文本文件"对话框，在计算机上找到需要导入的文本文件所在位置，如图 2-54 所示。

图 2-54

❸ 单击"导入"按钮，打开"文本导入向导 - 第 1 步，共 3 步"对话框，保持默认选项，如图 2-55 所示。

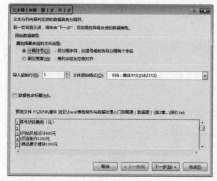

图 2-55

❹ 单击"下一步"按钮，打开"文本导入向导 - 第 2 步，共 3 步"对话框，选中"空格"复选框，如图 2-56 所示。

图 2-56

❺ 单击"完成"按钮，打开"导入数据"对话框，系统默认数据的放置位置为 A1 单元格，如图 2-57 所示。

图 2-57

❻ 单击"确定"按钮，即可看到将文本文件的内容导入到工作表指定位置，效果如图 2-58 所示。

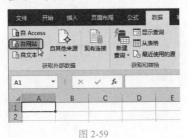

	A	B	C
1	序号	项目	费用（元）
2			
3	1	网站风格设计	500元
4	2	页面制作	1200元
5	3	商品展示模块	1000元
6	4	前台会员中心模块	800元
7	5	购物车模块	800元
8	6	在线支付模块	600元
9	7	订单处理模块	800元
10	8	运费计算模块	800元
11	9	新闻资讯模块	300元
12	10	在线帮助模块	300元
13	11	积分兑换模块	800元
14	12	即时通讯模块	200元

图 2-58

专家提醒

通常文本文件中的数据需要设置特定的格式，如通过空格作为分隔符，或者通过 Tab 键作为分隔符，当把文本文件导入到 Excel 中，才能通过相应的分隔符实现划分数据。如果文本文件无任何规律可循，程序也无法找到分割的依据，因此通常会造成导入数据混乱。

2. 从网页中导入数据

在日常工作中，可能需要在工作表中应用到一些网站上的数据，此时可以直接将网页中的数据导入到 Excel 表格中，下面介绍具体操作方法。

❶ 在"数据"选项卡的"获取外部数据源"组中单击"自网站"按钮，如图 2-59 所示，打开"新建 Web 查询"对话框。

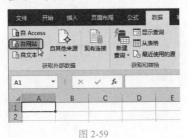

图 2-59

❷ 将需要导入的网址复制到"地址"文本框中，如图 2-60 所示，单击"导入"按钮，即可打开需要导入的网页。

❸ 单击需要导入数据前的▣按钮，使其更改为☑按钮，表示选中了这部分数据，如图 2-61 所示。

❹ 单击"导入"按钮，打开"导入数据"对话框，选中"新工作报表"单选按钮，如图 2-62 所示。

图 2-60

图 2-61

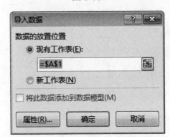

图 2-62

❺ 单击"确定"按钮，即可将网站中的数据导入到 Excel 表格，导入后效果如图 2-63 所示。

图 2-63

导入文本文件数据为规范表格

当前的文本文件如图 2-64 所示，练习将其转换为规范的 Excel 表格。

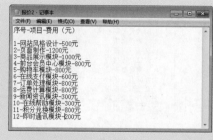

图 2-64

2.3 数据有效性验证

数据有效性验证是指让指定单元格中所输入的数据满足一定的要求，如只能输入指定范围的整数，只能输入日期，设置可选择输入序列，添加公式验证等，根据实际情况设置数据有效性后，可以有效防止在单元格中输入无效的数据。

2.3.1 限制只能输入指定类型数据

关 键 点：限制允许输入的数据类型
操作要点："数据"→"数据工具"→"数据验证"→"允许"
应用场景：对所输入的数据有限制，如只能是日期、整数、小数等，可设置为指定类型

1. 只允许输入日期

例如，某些单元格区域中只允许输入当月的日期，可以按如下方法设置数据验证。

❶ 选择需设置的单元格区域，在"数据"选项卡的"数据工具"组中单击"数据验证"按钮，如图 2-65 所示，打开"数据验证"对话框。

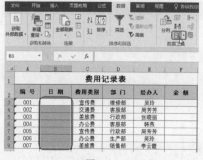

图 2-65

❷ 在"允许"下拉列表中选择"日期"，在"数据"下拉列表中选择"介于"，然后设置"开始日期"和"结束日期"，如图 2-66 所示。

图 2-66

❸ 单击"确定"按钮完成设置。当在单元格中输入程序无法识别为日期的数据时会弹出错误提示，如图 2-67 所示；当在单元格中输入不在指定区间的日期时也会弹出错误提示，如图 2-68 所示。

图 2-67

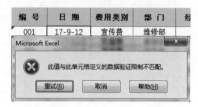

图 2-68

2. 只允许输入指定范围的整数

❶选择需设置的单元格区域,在"数据"选项卡"数据工具"组中单击"数据验证"按钮,如图 2-69 所示,打开"数据验证"对话框。

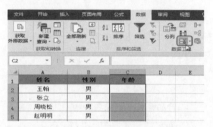

图 2-69

❷在"允许"下拉列表中选择"整数",在"数据"下拉列表中选择"介于",然后设置"最大值"和"最小值",如图 2-70 所示。

图 2-70

❸切换到"出错警告"选项卡,在"标题"文本框中输入警告标题,如图 2-71 所示。

❹单击"确定"按钮即可。当单元格数据不是介于 22 ~ 40 之间整数时,即会弹出警告提示框,如图 2-72 所示。

图 2-71

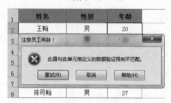

图 2-72

知识扩展

在"允许"下拉列表中还可以设置小数、时间、文本长度、自定义等类型,用户可根据需要选择相应选项进行设置。

练一练

只允许金额小于等于5000元的整数

如图 2-73 所示的表格中要求活动经费小于等于 5000元,当输入大于 5000 元的金额时弹出错误提示。

图 2-73

2.3.2 建立可选择输入的序列

关 键 点：把允许输入的数据建立为序列

操作要点："数据"→"数据工具"→"数据验证"→"允许"

应用场景：为避免手动输入的麻烦，可将数据建立为序列，通过下拉列表直接选择所需数据

❶ 选中 B2:B13 单元格区域，在"数据"选项卡的"数据工具"组中单击"数据验证"按钮，如图 2-74 所示，打开"数据验证"对话框。

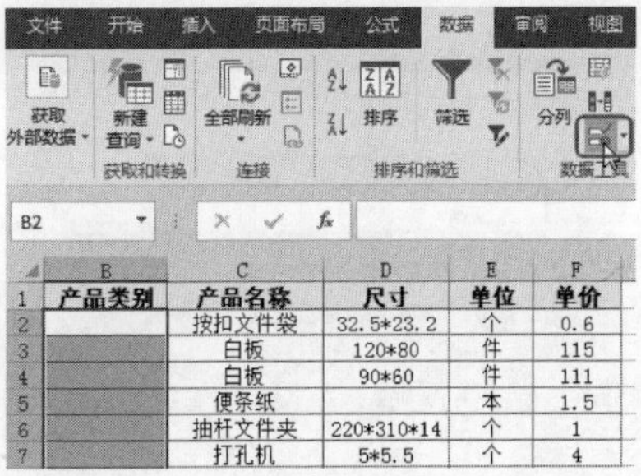

图 2-74

❷ 单击"允许"设置框右侧下拉按钮，在下拉列表中选择"序列"。接着在"来源"文本框中输入"白板系列，财务用品，文具管理，书写工具，纸张制品"（注意输入数据间注意使用半角逗号间隔），如图 2-75 所示。

知识扩展

如果序列中的选项过多，可以把数据来源输入到工作表中，然后单击"来源"文本框右侧的 按钮，回到工作表中去选择想作为序列的单元格区域。

图 2-75

❸ 单击"确定"按钮，返回到工作表中，单击 B2 单元格右侧下拉按钮，在下拉菜单中显示出可选择的序列如图 2-76 所示，选择相应的产品类别即可。

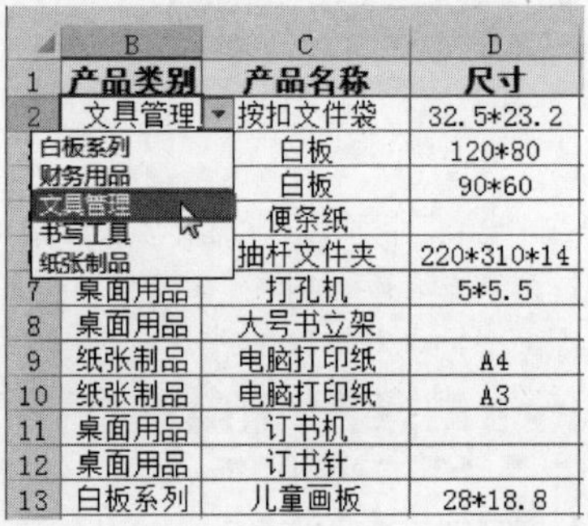

图 2-76

2.3.3 用公式建立验证条件

关 键 点：用公式建立更灵活的验证条件

操作要点："数据"→"数据工具"→"数据验证"→"允许"

应用场景：限制数据输入的长度、避免输入重复数值、避免求和数据超出限定数值、限制输入数据的长度等情况均可用公式建立验证条件

1. 禁止输入重复值

面对信息庞大的数据源表格，在录入数据时，难免出现重复输入数据的情况，这会给后期的数据整理及数据分析带来麻烦。因此对于不允许输入重复值的数据区域，可以事先设置禁止输入重复值。

❶ 选中 A2:A13 单元格区域，在"数据"选项卡的"数据工具"组中单击"数据验证"按钮，如图 2-77 所示。

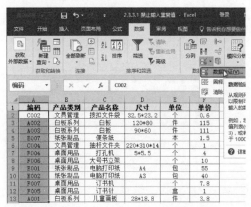

图 2-77

❷ 打开"数据验证"对话框，单击"允许"设置框右侧下拉按钮，在下拉列表中选择"自定义"，如图 2-78 所示。

图 2-78

❸ 接着在"公式"文本框中输入公式"=COUNTIF(A:A,A1)=1"，如图 2-79 所示。

❹ 单击"确定"按钮，返回到工作表中。在 A 列中输入的数据不能出现重复，一旦出现重复，则会弹出如图 2-80 所示的提示框。

图 2-79

图 2-80

📄 公式分析

COUNTIF 函数用于计算区域中满足指定条件的单元格个数。即依次判断所输入的数据在 A 列中出现的次数是否等于 1，如果等于 1 允许输入，否则不允许输入。

2. 禁止输入空格

对于需要后期处理的数据库表格，在输入数据时一般都要避免输入空格字符，因为这些无关字符可能会导致查找不到结果，计算时出错等情况发生。通过数据验证设置则可以实现禁止空格的输入。

❶ 选中目标数据区域，在"数据"选项卡的"数据工具"组中单击"数据验证"按钮，如图 2-81 所示。

图 2-81

❷打开"数据验证"对话框，单击"允许"设置框右侧下拉按钮，在下拉列表中选择"自定义"，然后在"公式"文本框中输入公式"=ISERROR(FIND("",A2))"，如图2-82所示。

图 2-82

❸单击"确定"按钮，返回到工作表中，当在A列中输入姓名时，只要输入了空格就会弹出警示并阻止输入，如图2-83所示。

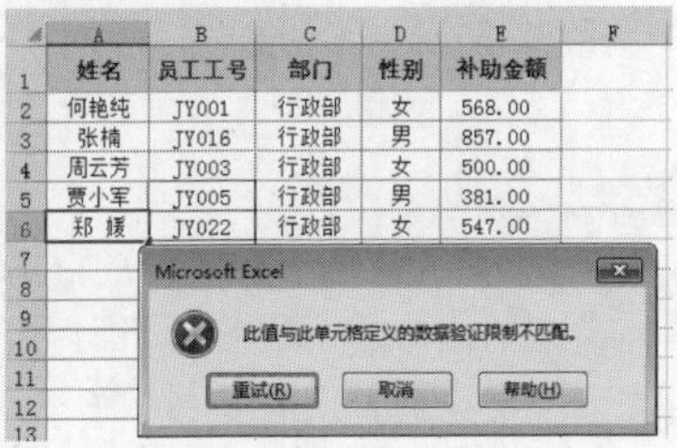

图 2-83

2.3.4 显示输入提示

关 键 点：鼠标指向时显示输入提醒
操作要点："数据"→"数据工具"→"数据验证"→"输入信息"
应用场景：如果有些单元格对可输入的数据有限制要求，可以为这块单元格区域添加输入提醒

❶选中想要设置的单元格区域（可以一次性选中不连续的单元格区域），在"数据"选项卡的"数据工具"组中单击"数据验证"按钮，如图2-85所示，打开"数据验证"对话框。

❷单击"输入信息"选项卡，在"标题"和"输入信息"文本框中输入要提示的信息，如图2-86所示。

❸单击"确定"按钮，返回到工作表中，此时当鼠标指向设置了数据验证的单元格时，系统会显示所设置的提示信息，如图2-87所示。

只允许输入小于10的数值

设置"允许"条件为整数时，则只能输入满足条件的整数；设置"允许"条件为小数时，则只能输入满足条件的小数。如果想实现的效果是小于某个数值的任意值（小数或整数均可），如图2-84所示，要求输入的值小于10，此时则需要用公式来建立验证条件。

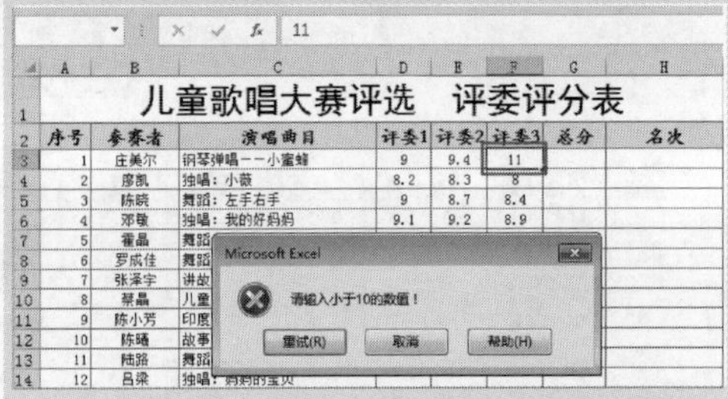

图 2-84

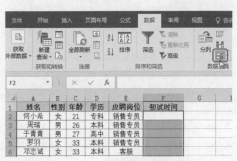

图 2-85

38

图 2-86

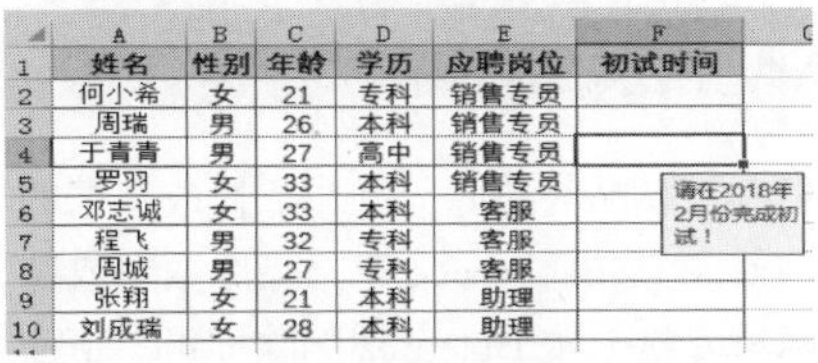

	A	B	C	D	E	F
1	姓名	性别	年龄	学历	应聘岗位	初试时间
2	何小希	女	21	专科	销售专员	
3	周瑞	男	26	本科	销售专员	
4	于青青	男	27	高中	销售专员	
5	罗羽	女	33	本科	销售专员	
6	邓志诚	男	33	本科	客服	
7	程飞	男	32	专科	客服	
8	周城	男	27	本科	客服	
9	张翔	女	21	本科	助理	
10	刘成瑞	女	28	本科	助理	

请在2018年2月份完成初试！

图 2-87

提示输入正确的日期格式

如图 2-88 所示，为"招聘开始时间"列设置提示信息。

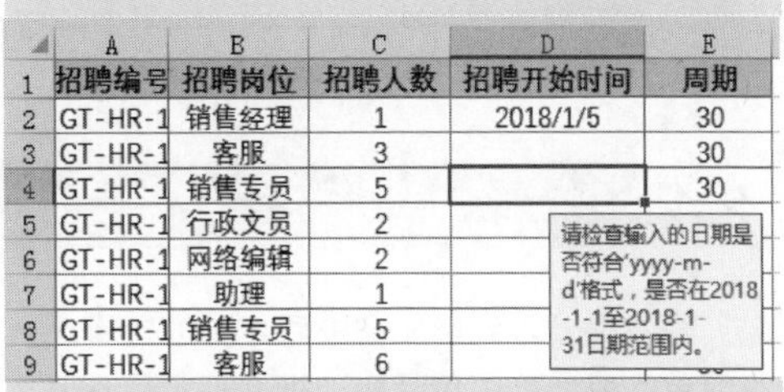

	A	B	C	D	E
1	招聘编号	招聘岗位	招聘人数	招聘开始时间	周期
2	GT-HR-1	销售经理	1	2018/1/5	30
3	GT-HR-1	客服	3		30
4	GT-HR-1	销售专员	5		30
5	GT-HR-1	行政文员	2		
6	GT-HR-1	网络编辑	2		
7	GT-HR-1	助理	1		
8	GT-HR-1	销售专员	5		
9	GT-HR-1	客服	6		

请检查输入的日期是否符合'yyyy-m-d'格式，是否在2018-1-1至2018-1-31日期范围内。

图 2-88

2.3.5 圈释无效数据

关 键 点：将无效的数据圈出来
操作要点："数据"→"数据工具"→"数据验证"→"圈释无效数据"
应用场景：为了便于查看和分析结果，可以将无效数据圈出来

例如，下面表格中要求将小于 70 的成绩直接圈释出来。

❶选中 D2:D11 单元格区域，在"数据"选项卡的"数据工具"组中单击"数据验证"按钮，如图 2-89 所示。

图 2-89

❷打开"数据验证"对话框，在"允许"下拉列表中选择"小数"，在"数据"下拉列表中选择"大于"，在"最小值"文本框中输入"70"，如图 2-90 所示。

❸单击"确定"按钮，返回到工作表中，再次

单击"数据验证"下拉按钮，在下拉菜单中选择"圈释无效数据"命令，如图 2-91 所示，系统自动将单元格区域小于 70 的数据圈释出来，效果如图 2-92 所示。

图 2-90

图 2-91

	A	B	C	D
1	员工姓名	笔试成绩	面试成绩	总成绩
2	张天鹏	70	60	65
3	顾俊	80	65	78
4	陈鑫	69	68	74.3
5	陈霞	59	67	63.8
6	李晓燕	67	79	79.1
7	王飞	72	68	69.6
8	张睿	78	60	67.2
9	王若云	80	62	71.2
10	陶康	43	70	59.2
11	古晨	82	65	71.8

图 2-92

专家提醒

● 圈释无效数据前必须要为已存在的数据设置数据验证条件，然后才能将不满足条件的数据圈释出来。

● 查看后，在"数据验证"下拉菜单中选择"清除验证标识圈"命令即可取消圈释无效数据。

2.4 数据的移动、复制与删除

将数据输入到单元格中后，可进行修改、移动、复制、粘贴与删除等操作。修改数据的操作很简单，只要选中单元格，把光标定位在其中，按 Delete 键或 Backspace 键删除原数据或部分数据，重新输入即可。删除数据的操作是，直接选中目标单元格，按 Delete 键删除即可。下面主要讲解数据的移动、复制与选择性粘贴。

2.4.1 移动数据

关 键 点：移到数据到其他位置
操作要点：鼠标拖动、右键菜单
应用场景：根据需要将数据移到新位置，或是调换行 / 列内容等

1. 移动数据到新位置

当需要将工作表中的数据移动到空白区域时，可以用鼠标拖动的方法实现。

选中需要移动数据的单元格区域，当鼠标指针变为"中"按钮时，按住鼠标左键不放拖动至目标位置，如图 2-93 所示，释放鼠标即可实现移动，如图 2-94 所示。

	A	B	C	D	E
1	产品名称	产品类别	销售单价	销售数量	销售金额
2	小天鹅	洗衣机	1260	3	3780
3	海尔	洗衣机	3550	5	17750
4					
5					
6	美菱	冰箱	1850	7	12950
7	康佳	彩电	2300	1	2300
8	清华同方	电脑	3860	9	34740
9	联想	电脑	3850	5	19250
10	戴尔	电脑	3200	2	6400
11	苹果	电脑	6800	4	27200

图 2-94

2. 调换两列数据

如图 2-95 所示，产品类别显示在 B 列，现在需要将其移动到 A 列，如图 2-96 所示。

❶ 选中 B1:B9 单元格区域并右击，在弹出的快捷菜单中选择"剪切"命令，如图 2-97 所示。

❷ 选中 A1:A9 单元格区域并右击，在弹出的快捷菜单中选择"插入剪切的单元格"命令，如图 2-98所示，即可将 B1:B9 单元格区域移动到 A1:A9 单元格区域。

	A	B	C	D	E
1	产品名称	产品类别	销售单价	销售数量	销售金额
2	小天鹅	洗衣机	1260	3	3780
3	海尔	洗衣机	3550	5	17750
4	戴尔	电脑	3200	2	6400
5	苹果	电脑	6800	4	27200
6	美菱	冰箱	1850	7	12950
7	康佳	彩电	2300	1	2300
8	清华同方	电脑	3860	9	34740
9	联想	电脑	3850	5	19250
10					
11					
12				A10:E11	

图 2-93

Excel 表格制作与数据处理从入门到精通

	A	B	C	D	E
1	产品名称	产品类别	销售单价	销售数量	销售金额
2	小天鹅	洗衣机	1260	3	3780
3	联想	电脑	3850	5	19250
4	戴尔	电脑	3200	2	6400
5	苹果	电脑	6800	4	27200
6	美菱	冰箱	1850	7	12950
7	海尔	洗衣机	3550	5	17750
8	康佳	彩电	2300	1	2300
9	清华同方	电脑	3860	9	34740

图 2-95

	A	B	C	D	E
1	产品类别	产品名称	销售单价	销售数量	销售金额
2	洗衣机	小天鹅	1260	3	3780
3	电脑	联想	3850	5	19250
4	电脑	戴尔	3200	2	6400
5	电脑	苹果	6800	4	27200
6	冰箱	美菱	1850	7	12950
7	洗衣机	海尔	3550	5	17750
8	彩电	康佳	2300	1	2300
9	电脑	清华同方	3860	9	34740

图 2-96

	A	B	C	D	E
1	产品名称	产品类别	销售单价	销售数量	销售金额
2	小天鹅	洗衣机	1260	3	3780
3	联想	电脑	3850	5	19250
4	戴尔	电脑			
5	苹果	电脑			
6	美菱	冰箱	1850		12950
7	海尔	洗衣机			17750
8	康佳	彩电			2300
9	清华同方	电脑			34740
10					
11					
12					
13					
14					

图 2-97

	A	B	C	D	E
1	产品名称	产品类别	销售单价	销售数量	销售金额
2	小天鹅	洗衣机	1260	3	3780
3	联想	等线 12			19250
4	戴尔				6400
5	苹果		6800		27200
6	美菱	剪切(T)		7	12950
7	海尔	复制(C)		5	17750
8	康佳	粘贴选项:		1	2300
9	清华同方			9	34740
10		选择性粘贴(S)...			
11		智能查找(U)			
12		插入剪切的单元格(E)			
13		插入(I)...			

图 2-98

练一练

配合快捷键快速调换两行数据

调换到行或列的数据可以使用剪切再粘贴的方法，也可以配合Shift键拖动实现。如图 2-99 所示要将第 5 行的数据调到第 4 行上面。

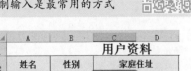

	A	B	C	D	E	F	G	H
1	日期	客户姓名	年龄	联系电话	职业	需求户型	接受价格	职业顾问
2	2018/1/1	程云	29	15855178596	销售经理	二居	45万	华新
3	2018/1/1	戴王蓉	32	13254685621	销售经理	二居	50万	黎明
4	2018/1/2	邓翠翠	30	13326563369	人事经理	二居	50万	张华
5	2018/1/1	冯如娇	27	18165722563	公司财务部	二居	60万	黎明
6	2018/1/2	胡夏	26	13685245412	个体户	三居	75万	华新
7	2018/1/2	霍振宇	28	15556253693	个体户	三居	75万	张华
8	2018/1/2	李曼	32	13965826954	房屋经理	三居	75万	黎明
9	2018/1/2	李明宇	27	18124656623	个体户	二居	60万	路飞
10	2018/1/3	卢晓磊	33	13025698541	银行职员	三居	75万	黎明

图 2-99

操作提示：

选中行后，鼠标指针指到行边线上，按 Shift 键将其拖动到目标位置。

2.4.2 复制数据

关 键 点：复制使用数据

操作要点：Ctrl+C 快捷键、Ctrl+V 快捷键

应用场景：在编辑数据时常会有重复数据出现，此时复制输入是最常用的方式

❶ 选中 C3 单元格，按 Ctrl+C 快捷键复制数据，如图 2-100 所示。

❷ 按 Ctrl 键依次选中 C6、C9、C10 单元格，按 Ctrl+V 快捷键即可粘贴 C3 单元格内容到选中单元格中，如图 2-101 所示。

	A	B	C	D
1			用户资料	
2	姓名	性别	家庭住址	
3	莫离	女	江苏	淮安
4	宋兰	女	安徽	六安
5	刘飞	男	安徽	阜阳

图 2-100

	A	B	C	D
1	用户资料			
2	姓名	性别	家庭住址	
3	莫鬲	女	江苏	淮安
4	宋兰	女	安徽	六安
5	刘飞	男	安徽	阜阳
6	陈冲	男	江苏	南京
7	张远	男	安徽	合肥
8	杜子明	男	安徽	巢湖
9	周雅	女	江苏	常州
10	杜云	男	江苏	盐城

图 2-101

练一练

复制不连续的数据

在如图 2-102 所示中，将所有需求户型为"三居"的数据记录复制到另一张工作表中去。

	A	B	C	D	E	F	G	H
1	日期	客户姓名	年龄	联系电话	职业	需求户型	接受价格	职业顾问
2	2018/1/1	程云	29	15855178596	销售经理	二居	45万	华新
3	2018/1/1	戴王新	32	13254685621	销售经理	三居	50万	黎明
4	2018/1/2	邓翠翠	30	13326563369	人事经理	二居	50万	张华
5	2018/1/1	何如新	27	18145722563	公司经理	二居	60万	黎明
6	2018/1/2	胡夏	26	13685245412	个体户	三居	75万	华新
7	2018/1/2	霍振宇	28	15556253693	个体户	三居	75万	张华
8	2018/1/2	李曼	32	13965826954	商震经理	三居	75万	黎明
9	2018/1/3	李明宇	27	18124566623	个体户	三居	60万	路飞
10	2018/1/3	卢晓磊	28	13025698541	银行职员	二居	75万	黎明

图 2-102

2.4.3 利用粘贴选项功能选择性粘贴

关键点：以各种不同的方式粘贴

操作要点："开始" → "剪贴板" → "粘贴"

应用场景：除此之外，还可以在粘贴时选择不同格式，以达到不同的粘贴目的，如实现只粘贴数值、只粘贴格式、粘贴时转置数据等

❶ 选中单元格区域，按 Ctrl+C 快捷键复制，选中 A7 单元格（要粘贴到的起始位置），在"开始"选项卡的"剪贴板"组中单击"粘贴"下拉按钮，在下拉列表中显示各个粘贴选项，如图 2-103 所示

图 2-103

图 2-104

❷ 在列表中单击"值"命令按钮，即可只粘贴原单元格区域的数据而去除所有格式，如图 2-104 所示。

❸ 在列表中单击"转置"命令按钮，即可将原数据行列项对调后进行粘贴，如图 2-105 所示。

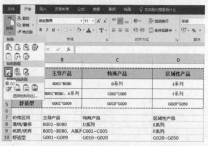

图 2-105

④ 在列表中单击单击"格式"命令按钮，即可只粘贴原数据的格式，如图2-106所示。

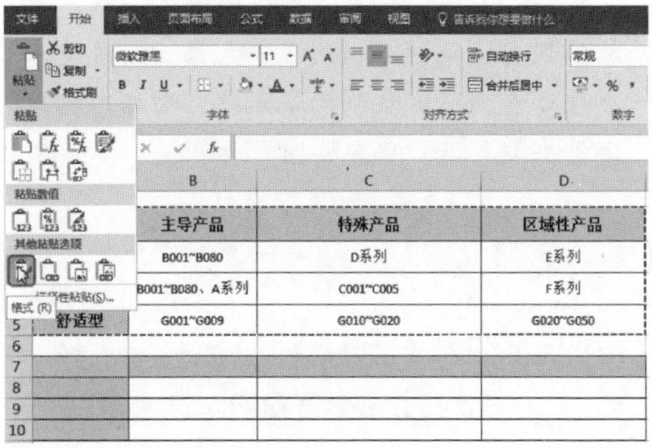

图 2-106

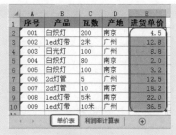

图 2-107

复制数据并保持二处相链接

如图2-107所示为产品的"单价表"，如图2-108所示为"利润率计算表"，要求保持两个表格的"进货单价"列的数据相链接，即当在"单价表"中更改某商品单价时，"利润率计算表"中的单价也可以自动更改。

	A	B	C	D	E	F	G
2	产品	瓦数	产地	进货单价	销售单价	销售数量	利润率
3	白炽灯	200	南京	4.5	6.2	95	
4	led灯带	2米	广州	12.8	15.5	125	
5	日光灯	100	广州	8.8	11.5	110	
6	白炽灯	80	南京	2.0	4.0	198	
7	白炽灯	100	南京	3.2	6.0	224	
8	2d灯管	5	广州	12.5	16.8	220	
9	2d灯管	10	南京	18.2	25.0	184	
10	led灯带	5米	南京	22.0	28.0	170	
11	led灯带	10米	广州	36.5	45.5	198	

单价表　利润率计算表

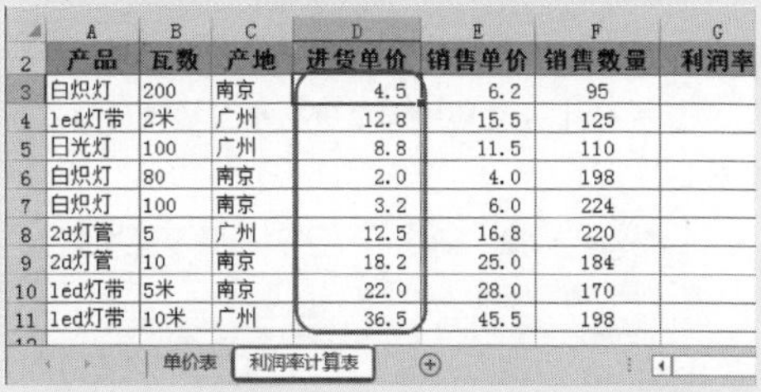

图 2-108

专家提醒

在粘贴选项中还有"粘贴链接"选项，使用此粘贴方式可以实现粘贴的数据保持与原有数据相链接。当原数据发生变化时，粘贴的数据也会自动更新。

2.5 查找与替换数据

在日常办公中，可能需要从庞大的数据中查找相关的记录或者对数据进行修改，如果采用手工的方法查找或修改，效率会很低，此时可以使用"查找和替换"功能。

2.5.1 表格数据的查找

关 键 点：从庞大数据表中快速找到目标数据
操作要点："开始"→"编辑"→"查找和选择"→"查找"；Ctrl+F 快捷键
应用场景：当表格中数据众多时，肉眼查找某个数据会很费时费力，此时可以使用查找工具快速将需要的数据查找出来

① 打开工作表，在"开始"选项卡的"编辑"组中单击"查找和选择"下拉按钮，在下拉菜单中选择"查找"命令（或直接按Ctrl+F快捷键），打开"查找和替换"对话框。在"查找内容"文本框中输入"崔娜"，单击"查找全部"按钮，如图2-109所示。

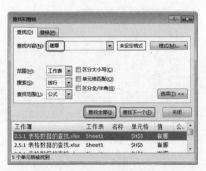

图 2-109

② 按 Ctrl+A 快捷键选中所有单元格找到的选项，如图 2-110 所示。

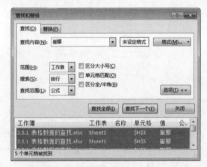

图 2-110

③ 关闭"查找全部"对话框，可以看到工作表中所有找到的单元格都被选中，如图 2-111 所示。

	A	B	C	D	E	F	G	H
1	日期	客户姓名	年龄	联系电话	职业	需求户型	接受价格	职业顾问
2	2018/1/1	程云	29	15855178596	销售经理	二居	45万	刘志飞
3	2018/1/1	戴玉新	32	13254685621	销售经理	三居	50万	崔娜
4	2018/1/2	邓翠翠	30	13326563369	人事经理	二居	50万	张华
5	2018/1/1	何如新	27	18145722563	公司经理	二居	60万	崔娜
6	2018/1/2	胡贾	26	13685245412	个体户	三居	75万	刘志飞
7	2018/1/2	霍辰宇	28	15556253693	个体户	三居	75万	张华
8	2018/1/2	李曼	32	13965826954	商厦经理	三居	75万	崔娜
9	2018/1/3	李明宇	27	18124565623	个体户	三居	60万	路飞
10	2018/1/3	卢晓磊	28	13025698541	银行职员	三居	75万	崔娜
11	2018/1/5	袁锋	31	15021306326	销售经理	三居	75万	刘志飞
12	2018/1/7	张凤	26	13026563230	企业主管	二居	75万	崔娜

图 2-111

2.5.2 表格数据的替换

关 键 点：1. 查找到数据并进行替换
2. 替换后的数据以特殊的格式显示

操作要点："开始"→"编辑"→"查找和选择"→"替换"；Ctrl+H 快捷键

应用场景：当复制使用往期表格或数据输入错误，需要对工作表中某些相同的数据进行修改时，可以直接使用替换功能实现快速查找并替换修改

专家提醒

在"查找和替换"对话框中依次单击"查找下一个"按钮，可以直接在工作表中跳转到查找到的数据所在单元格。如果要一次性查看到所有找到的单元格，则按本例方法单击"查找"全部按钮。

练 一 练

查找完成全匹配的内容

要进行查找时，只要单元格中的数据包含有所设置的查找关键字，就会作为符合要求的对象被找到。在如图 2-112 所示中，只要求找到"经理"，其他"销售经理""区域经理""人事经理"则都不作为查找对象。

	A	B	C	D	E	F	G
1	序号	姓名	应聘岗位	性别	年龄	学历	联系电话
2	1	钱磊	销售专员	男	32	本科	18155102855
3	2	谢雨欣	经理	女	28	大专	13056059893
4	3	王谦	经理	女	22	本科	15158551212
5	4	徐凌	会计	男	23	本科	18326921360
6	5	吴梦茹	销售经理	女	25	大专	15355212361
7	6	王莉	区域经理	女	27	本科	13652234562
8	7	陈治平	区域经理	男	29	本科	15855465681
9	8	李坤	人事经理	男	24	大专	15202523653
10	9	姜磊	渠道/分销专员	男	20	本科	13966853661
11	10	陈馨	销售专员	女	21	本科	13745627812
12	11	王维	经理	男	34	大专	13024567892

图 2-112

1. 查找并替换数据

例如，某食品厂车间生产产量预期表中，由于厂结构调整，现要将第三车间调整为综合车间，可以使用替换功能一次性替换。

❶ 按 Ctrl+H 快捷键，打开"查找和替换"对话框，在"查找内容"文本框中输入"第三车间"，在"替换为"文本框中输入"综合车间"，如图 2-113 所示。

图 2-113

❷ 单击"全部替换"按钮，即可弹出提示对话框，提示已完成 3 处替换，如图 2-114 所示。

图 2-114

❸ 单击"确定"按钮替换后结果如图 2-115 所示。

产品名称	生产数量	单位	生产车间
山楂片	20000	袋	第一车间
小米锅粑	24000	袋	第一车间
通心卷	16000	袋	第二车间
蚕豆	12000	袋	第二车间
鱼皮花生	30000	袋	第一车间
豆腐干	27000	袋	第一车间
薯条	25000	袋	综合车间
话梅	10000	袋	第一车间
沙琪玛	15000	袋	综合车间
早餐饼干	12000	袋	综合车间
蛋黄派	20000	袋	第一车间
巧克力豆	7000	袋	第二车间

图 2-115

2. 替换数据的同时设置特殊格式

在替换数据的同时，用户可以为替换的数据设置特殊的格式，从而让替换的结果更加便于查看核对。例如，下面的表格中要求将"第1车间"替换为"综合车间"，并以红色、加粗格式显示出来。

❶ 按 Ctrl+H 快捷键，打开"查找和替换"对话框，并单击"选项"按钮展开对话框。在"查找内容"文本框中输入"第1车间"，在"替换为"文本框中输入"综合车间"，单击"替换为"设置框右侧的"格式"下拉按钮，在下拉菜单中选择"格式"命令，如图 2-116 所示。

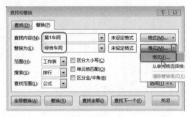

图 2-116

❷ 打开"替换格式"对话框，单击"字体"选项卡，在"字形"列表框中选择"加粗"，接着单击"颜色"下拉按钮，在下拉列表中选择"红色"，如图 2-117 所示。

图 2-117

❸ 设置完成后单击"确定"按钮，返回"查找和替换"对话框，即可在"预览"区域中看到设置的格式，如图 2-118 所示。

图 2-118

④ 单击"全部替换"按钮，即可在替换内容的同时为单元格数据设置红色、加粗格式，如图 2-119 所示。

2	产品代码	产品名称	生产数量	单位	生产车间
3	TK001	山楂片	20000	袋	综合车间
4	TK002	小米锅粑	24000	袋	第2车间
5	TK003	通心卷	16000	袋	第2车间
6	TK004	蚕豆	12000	袋	第2车间
7	TK005	咸干花生	10000	袋	第3车间
8	TK006	怪味胡豆	26000	袋	第3车间
9	TK007	豆腐干	27000	袋	综合车间
10	TK008	薯片	34000	袋	综合车间
11	TK009	薯条	25000	袋	综合车间
12	TK010	话梅	10000	袋	第2车间
13	TK011	沙琪玛	15000	袋	综合车间
14	TK012	早餐饼干	12000	袋	综合车间
15	TK013	蛋黄派	20000	袋	综合车间
16	TK014	巧克力豆	7000	袋	第2车间

图 2-119

 练一练

一次性替换整个工作簿中的错误

如图 2-120 所示图中，工作簿中有多张工作表，表格中所有"白炽灯"都误写成了"白织灯"，如何一次性替换错误内容？这时需要在"查找与替换"对话框中设置查找与替换的范围为"工作簿"（默认是当前工作表）。

2	产品	瓦数	产地	销售单价	销售数量	销售金额
3	白织灯	200	南京	6.2	105	652.05
4	led灯带	2米	广州	15.5	111	1720.5
5	日光灯	100	广州	11.5	254	2921
6	白织灯	80	南京	4.0	201	804
7	白织灯	100	南京	6.0	224	1344
8	2d灯管	5	广州	16.8	214	3595.2
9	2d灯管	10	南京	25.0	100	2500
10	led灯带	5米	南京	28.0	107	2996
11	led灯带	10米	广州	45.5	198	9009
12						

1月统计表 2月统计表 3月统计表 ⊕

图 2-120

 技高一筹

1. 忽略非空单元格批量输入数据

如果某一块单元格区域中存在部分数据，而其他空白区域都想输入相同的数据，此时可以按如下技巧操作实现忽略非空单元格批量输入数据。例如，当前表格如图 2-

121 所示，现在需要在空白的单元格中一次性输入"正常"文字。

	A	B
1	姓名	是否正常出勤
2	朱小龙	
3	张勤	迟到
4	周韵	
5	赵小超	
6	李文文	
7	张安静	迟到
8	徐勇	事假
9	朱晓霞	
10	王艳	
11	夏露	
12	尹晟	
13	杜鹃	病假
14	张恺	
15	胡琴	

图 2-121

① 选中 B2:B15 单元格区域，按 F5 功能键，打开"定位"对话框。

② 单击"定位条件"按钮，打开"定位条件"对话框，选中"空值"单选按钮，如图 2-122 所示。

图 2-122

③ 单击"确定"按钮，即可选中所有空单元格，如图 2-123 所示。然后输入"正常"文字，按 Ctrl+Enter 键即可一次性填充相同数据，如图 2-124 所示。

	A	B
1	姓名	是否正常出勤
2	朱小龙	
3	张勤	迟到
4	周韵	
5	赵小超	
6	李文文	
7	张安静	迟到
8	徐勇	事假
9	朱晓霞	
10	王艳	
11	夏露	
12	尹晟	

图 2-123

	A	B
1	姓名	是否正常出勤
2	朱小龙	正常
3	张勤	迟到
4	周韵	正常
5	赵小超	正常
6	李文文	正常
7	张安静	迟到
8	徐勇	事假
9	朱晓霞	正常
10	王艳	正常
11	夏露	正常
12	尹晟	正常

图 2-124

2. 让空白单元格自动填充上面的数据

如图 2-125 所示的表格中，"所在地区"列中数据非常多，对于重复的地区只输入了第一个。现在要求让 A 列中的空白单元格自动填充与上面单元格中相同的数据，即达到如图 2-126 所示的效果。

	A	B	C
1	所在地区	客户姓名	公司全称
2	北京	李子鸣	北京春洋商贸
3		周杰宇	北京乐购
4			
5	广东		
6			
7			
8			
9	上海		
10			
11			
12			
13	苏州		
14			
15	济南		
16			

图 2-125

	A	B	C
1	所在地区	客户姓名	公司全称
2	北京	李子鸣	北京春洋商贸
3	北京	周杰宇	北京乐购
4	北京		
5	广东		
6	广东		
7	广东		
8	广东		
9	上海		
10	上海		
11	上海		
12	上海		
13	苏州		
14	苏州		
15	济南		
16	济南		
17	济南		

图 2-126

❶ 选中 A 列单元格（如果数据不是很多，可以只选择部分单元格区域）。

❷ 选择"开始"→"编辑"→"查找和选择"命令，在弹出的下拉菜单中选择"定位条件"命令，打开"定位条件"对话框，选中"空值"单选按钮，如图 2-127 所示。

❸ 单击"确定"按钮，看到 A 列中所有空值单元格都被选中，如图 2-128 所示。

图 2-127

图 2-128

❹ 鼠标定位到编辑栏中，输入"=A2"，如图 2-42 所示。按 Ctrl+Enter 组合键即可完成数据的填充输入，达到如图 2-129 所示的效果。

SUM		× ✓ fx	=A2			
	A	B	C	D	E	F
1	所在地区	客户姓名	公司全称			
2	北京	李子鸣	北京春洋商贸			
3	=A2	周杰宇	北京乐购			
4						
5	广东					
6						
7						
8						
9	上海					
10						

图 2-129

3. 让时间按分钟数递增

表格中想每隔 10 分钟统计一次网站的点击数，因此想在"时间"列实现以 10 分钟递增的显示效果。但在输入首个时间进行填充时，默认的填充效果却以小时递增，如

图 2-130 所示。要解决此问题可以按如下方法操作。

	A	B	C
1	日期	时间	点击数
2	2016/5/1	8:00:00	452
3	2016/5/1	9:00:00	492
4	2016/5/1	10:00:00	514
5	2016/5/1	11:00:00	524
6	2016/5/1	12:00:00	535
7	2016/5/1	13:00:00	555
8	2016/5/1	14:00:00	567
9	2016/5/1	15:00:00	584

图 2-130

❶ 在 B2 单元格中输入起始时间 "8:00:00"，在 B3 单元格输入间隔 10 分钟后的时间 "8:10:00"，此操作的关键在于这两个填充源的设置。选中 B2:B3 单元格区域，当出现黑色 "十"字型时，向下拖动，如图 2-131 所示。

❷ 拖动至填充结束时，释放鼠标，即可得到按分钟数递增结果，如图 2-132 所示。

	A	B	C
1	日期	时间	点击数
2	2016/5/1	8:00:00	452
3	2016/5/1	8:10:00	492
4	2016/5/1		514
5	2016/5/1		524
6	2016/5/1		535
7	2016/5/1		555
8	2016/5/1		567
9	2016/5/1		584

图 2-131

	A	B	C
1	日期	时间	点击数
2	2016/5/1	8:00:00	452
3	2016/5/1	8:10:00	492
4	2016/5/1	8:20:00	514
5	2016/5/1	8:30:00	524
6	2016/5/1	8:40:00	535
7	2016/5/1	8:50:00	555
8	2016/5/1	9:00:00	567
9	2016/5/1	9:10:00	584

图 2-132

4. 将公式计算结果转换为数值

公式计算得出结果后，为方便数据使用，有时需要将计算结果转换为数值，从而更加方便移动使用。如图 2-133 所示表格的 C 列中包含公式。

❶ 选中 C2:C10 单元格区域，按 Ctrl+C 快

捷键复制，然后再按 Ctrl+V 快捷键粘贴。

❷ 单击粘贴区域右下角的 ⊞(Ctrl)▾ 按钮，打开下拉菜单，单击 ⅛ 命令按钮，如图 2-134 所示，即可只粘贴数值。

C2			fx	=IF(B2>3500,B2-3500,0)
	A	B	C	D	E
1	姓名	工资	应纳税所得额		
2	章丽	5565	2065		
3	刘玲燕	1800	0		
4	韩要荣	14900	11400		
5	侯淑媛	6680	3180		
6	孙丽萍	2200	0		
7	李平	15000	11500		
8	苏敏	4800	1300		
9	张文涛	5200	1700		
10	孙文胜	2800	0		

图 2-133

	A	B	C	D	E
1	姓名	工资	应纳税所得额		
2	章丽	5565	2065		
3	刘玲燕	1800	0		
4	韩要荣	14900	11400	粘贴	
5	侯淑媛	6680	3180		
6	孙丽萍	2200	0		
7	李平	15000	11500	粘贴数值	
8	苏敏	4800	1300		
9	张文涛	5200	1700	选择性粘贴选项 (V)	
10	孙文胜	2800	0		
11				⊞(Ctrl)▾	

图 2-134

5. 让数据区域同增（同减）同一数值

利用选择性粘贴可以对选中的单元格区域的值批量同时加或减某一个数值，从而实现简易的批量运算。在如图 2-135 所示的表格中，要求将成绩进行一次性加 10 的操作，并要求忽略空单元格，即空单元格仍然保持为空。

	A	B	C	D
1	姓名	语文	数学	英语
2	王维	85	92	88
3	吴潇	85		64
4	吴丽萍	90	95	84
5	蔡晓	67		89
6	周蓓倍	98	80	
7	章胜文		98	90
8	郝俊	90	87	76
9	王荣	87	67	

图 2-135

❶ 在空白单元格中输入 "10" 并选中该单元格，按 Ctrl+C 快捷键复制。

② 选中显示成绩的单元格区域，按 F5 键，打开"定位"对话框，单击"定位条件"按钮，打开"定位条件"对话框，选中"常量"单选按钮，如图 2-136 所示。

图 2-136

③ 单击"确定"按钮即可选中所有常量（空值除外），如图 2-137 所示。

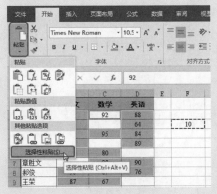

图 2-137

④ 在"开始"选项卡中的"剪贴板"选项组中单击"粘贴"按钮，在其下拉菜单中选择"选择性粘贴"命令，打开"选择性粘贴"对话框，如图 2-138 所示。

图 2-138

⑤ 在"运算"栏中选中"加"单选按钮，单击"确定"按钮，可以看到所有被选中的单元格同时进行了加 10 操作，如图 2-139 所示。

	A	B	C	D
1	姓名	语文	数学	英语
2	王维	95	102	98
3	吴潇	95		74
4	吴丽萍	100	105	94
5	蔡晓	77		99
6	周蓓倩	108	90	
7	章胜文		108	100
8	郝俊	100	97	86
9	王荣	97	77	

图 2-139

读书笔记

第3章

表格的美化设置及打印

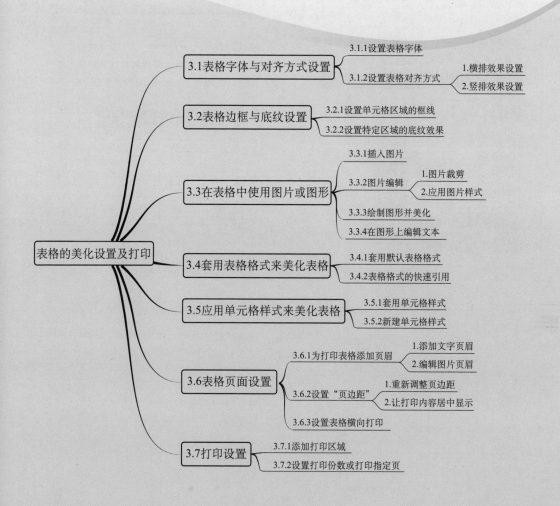

表格的美化设置及打印

- 3.1 表格字体与对齐方式设置
  - 3.1.1 设置表格字体
  - 3.1.2 设置表格对齐方式
    - 1.横排效果设置
    - 2.竖排效果设置
- 3.2 表格边框与底纹设置
  - 3.2.1 设置单元格区域的框线
  - 3.2.2 设置特定区域的底纹效果
- 3.3 在表格中使用图片或图形
  - 3.3.1 插入图片
  - 3.3.2 图片编辑
    - 1.图片裁剪
    - 2.应用图片样式
  - 3.3.3 绘制图形并美化
  - 3.3.4 在图形上编辑文本
- 3.4 套用表格格式来美化表格
  - 3.4.1 套用默认表格格式
  - 3.4.2 表格格式的快速引用
- 3.5 应用单元格样式来美化表格
  - 3.5.1 套用单元格样式
  - 3.5.2 新建单元格样式
- 3.6 表格页面设置
  - 3.6.1 为打印表格添加页眉
    - 1.添加文字页眉
    - 2.编辑图片页眉
  - 3.6.2 设置"页边距"
    - 1.重新调整页边距
    - 2.让打印内容居中显示
  - 3.6.3 设置表格横向打印
- 3.7 打印设置
  - 3.7.1 添加打印区域
  - 3.7.2 设置打印份数或打印指定页

3.1 表格字体与对齐方式设置

在工作表中输入数据时，默认输入的数据字体为宋体、11号大小，文字数据默认为左对齐，数值数据默认为右对齐，用户在表格中输入数据后，需要根据表格标题、行列标识和内容调整不同的字体格式，以及设置符合的对齐方式。

3.1.1 设置表格字体

关 键 点：设置喜欢的字体、字号
操作要点："开始"→"字体"组
应用场景：表格中数据默认输入是宋体字体、11号大小。根据需要可重新设置字体、字号、下画线、颜色、加粗等

❶选中标题所在单元格区域，单击"开始"选项卡，在"字体"组中单击"字体"下拉按钮，在下拉列表中选择需要的字体；单击"字号"下拉按钮，在下拉列表中选择字号；单击"字体颜色"下拉按钮 A ，在下拉列表中选择颜色；单击"加粗"按钮 B ，即可看到设置加粗后的标题，如图3-1所示。

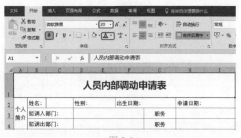

图 3-1

❷按相同的方法设置其他单元格中文字的格式，表格效果如图3-2所示。

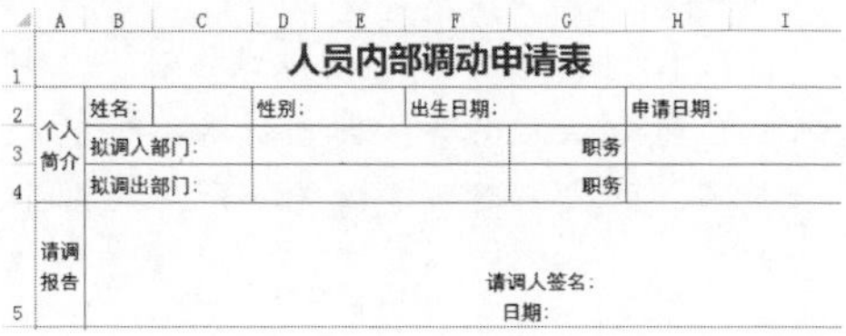

图 3-2

💡 **知识扩展**

也可以直接在"字体"组中单击"字体设置"按钮 ，在打开的"设置单元格格式"对话框中设置字体格式，如图3-3所示。在这里还可以设置下画线等其他特殊格式。

图 3-3

会计用双下画线效果

为标题设置如图 3-4 所示的会计专用双下画线效果。

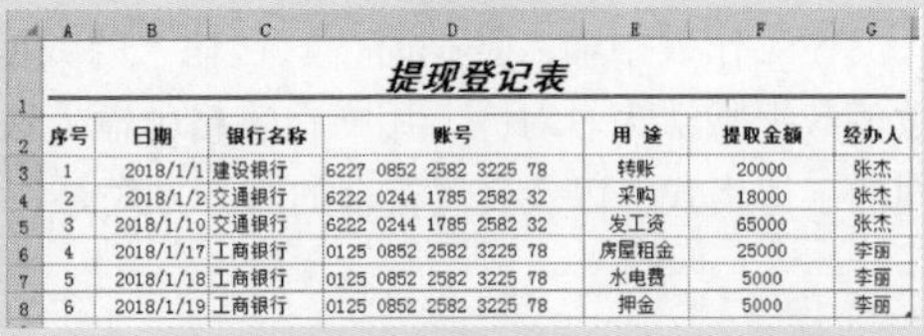

提现登记表						
序号	日期	银行名称	账号	用途	提取金额	经办人
1	2018/1/1	建设银行	6227 0852 2582 3225 78	转帐	20000	张杰
2	2018/1/2	交通银行	6222 0244 1785 2582 32	采购	18000	张杰
3	2018/1/10	交通银行	6222 0244 1785 2582 32	发工资	65000	张杰
4	2018/1/17	工商银行	0125 0852 2582 3225 78	房屋租金	25000	李丽
5	2018/1/18	工商银行	0125 0852 2582 3225 78	水电费	5000	李丽
6	2018/1/19	工商银行	0125 0852 2582 3225 78	押金	5000	李丽

图 3-4

3.1.2 设置表格对齐方式

关 键 点：为表格中数据设置不同的对齐方式
操作要点："开始"→"对齐方式"组
应用场景：根据需求效果设置不同的表格对齐方式

1. 横排效果设置

选中要重新设置对齐方式的单元格，在"开始"选项卡的"对齐方式"组中可以设置不同的对齐方式。

■ ≡≡≡ 按钮：用于设置水平对齐方式，依次为顶端对齐、垂直居中、底端对齐，输入的数据默认为垂直居中。

■ ≡≡≡ 按钮：用于设置垂直对齐方式，依次为文本左对齐、居中、文本右对齐；如图 3-5 所示，选中的文本都设置了水平与垂直居中方式。

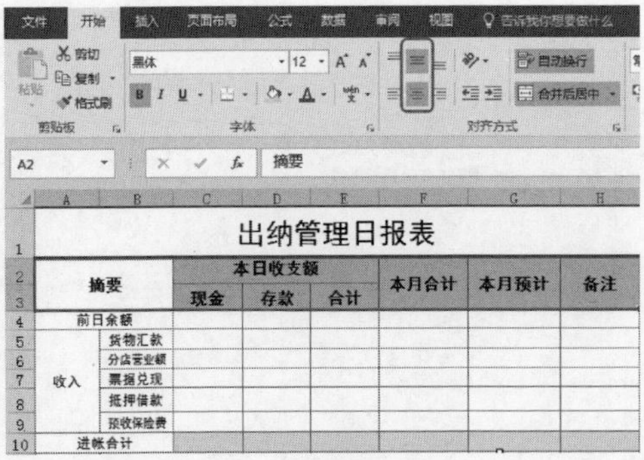

图 3-5

■ 通过单击"方向"按钮右侧的下拉按钮，还可以选择设置不同的倾斜方向或竖排文字，如图 3-6 所示。选中单元格，在"方向"按钮下拉菜单中选择"逆时针角度"，得到的效果如图 3-7 所示。

图 3-6

图 3-7

专家提醒

在单元格中输入文本时默认左对齐，输入数值时默认右对齐。当一列单元格中是长短不一的文本时，建议统一采用左对齐方式。

2. 竖排效果设置

系统默认输入到单元格中的数据是横排显示的，而在有些时候需要在单元格中使用竖排文字。

❶ 按住 Ctrl 键，依次选中想显示为竖排文字的数据区域，切换到"开始"选项卡，在"对齐方式"组中单击"方向"按钮右侧下拉按钮，在下拉菜单中选择"竖排文本"，如图 3-8 所示，得到竖排文本效果，如图 3-9 所示。

图 3-8

图 3-9

❷ 在"开始"选项卡的"对齐方式"组中单击"字体设置"按钮，打开"设置单元格格式"对话框。在"水平对齐"与"垂直对齐"下拉列表中均选择"分散对齐"，然后选中"两端分散对齐"复选框，如图 3-10 所示。

❸ 单击"确定"按钮即可看到两端分散对齐的竖排效果，如图 3-11 所示。

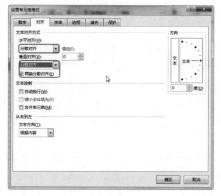

图 3-10

图 3-11

练一练

设置分散对齐的效果

设置如图 3-12 所示分散对齐的效果（图中红框位置）。

图 3-12

3.2 ▶ 表格边框与底纹设置

Excel 表格中自带了各种边框样式，并提供了绘制边框功能。在新创建的工作表中，系统默认表格中的单元格是不包含边框和底纹的，用户可以根据实际需要为表格添加边框和底纹效果。

关 键 点：为表格设置合适的边框线条
操作要点："设置单元格格式"对话框→"边框"选项卡
应用场景：在创建的工作表中默认只显示出网格线效果（网格线是辅助编辑的，实际打印时并不存在），如果表格需要打印边框框线，必须手动添加边框

❶ 选中需要设置边框的单元格区域，在"开始"选项卡的"字体"组中单击"边框"下拉按钮田▾，在下拉菜单中选择"其他边框"命令，如图 3-13 所示，打开"设置单元格格式"对话框。

图 3-13

❷ 单击"颜色"设置下拉按钮，在下拉菜单中选择线条颜色，在"样式"列表框中选择要应用于内边框的线条样式，然后在"预置"区域单击"内部"，如图 3-14 所示；按相同的方法在"样式"列表框中单击要应用于外边框的线条样式，然后在"预置"区域单击"外边框"，如图 3-15 所示。

❸ 单击"确定"按钮，返回工作表中，即可看到为选定单元格区域设置的边框效果，如图 3-16 所示。

图 3-14

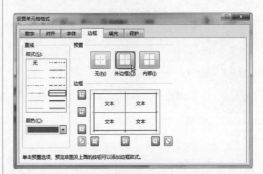

图 3-15

出纳管理日报表						
摘要	本日收支额			本月合计	本月预计	备注
	现金	存款	合计			
前日余额						
收入	货物汇款					
	分店营业额					
	票据兑现					
	抵押借款					
	预收保险费					
进帐合计						
支出	偿还借款					
	工作服制作					
	办公采购					
	广告投放					
	工资					
	支付利息					
	设备维修					
	固定资产购买					
	办公楼租金					
	分店小额款项					
支出合计						
现金存款						
存款提取						
本日余额						

图 3-16

自定义边框效果

设置如图 3-17 所示的边框效果。

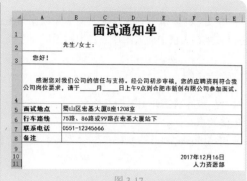

	面试通知单
	先生/女士：
	您好！
	感谢您对我们公司的信任与支持。经公司初步审核，您的应聘资料符合我公司岗位要求，请于_____月_____日上午9点到合肥市新创有限公司参加面试。
面试地点	蜀山区宏基大厦B座1208室
行车路线	75路、86路或99路在宏基大厦站下
联系电话	0551-12345666
备注	
	2017年12月16日 人力资源部

图 3-17

3.2.2 设置特定区域的底纹效果

关 键 点：为单元格设置底纹突出效果

操作要点："开始"→"字体"组→"填充颜色"下拉按钮

应用场景：为表格设置底纹效果一方面可以起到特殊标识的作用，另一方面也是美化表格的一种常用方式

底纹设置一般是起到突出显示或区分显示的作用，设置方法比较简单。

选中要设置填充颜色的单元格区域，如 A2:H3 单元格区域后，单击"开始"选项卡，在"字体"组中单击"填充颜色"下拉按钮，在下拉菜单中选择所需要的颜色，如"橙色，着色，深色 25%"，单击即可应用，如图 3-18 所示。

设置图案填充效果

设置如图 3-19 所示的图案填充效果。

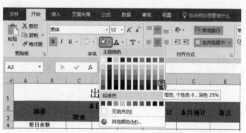

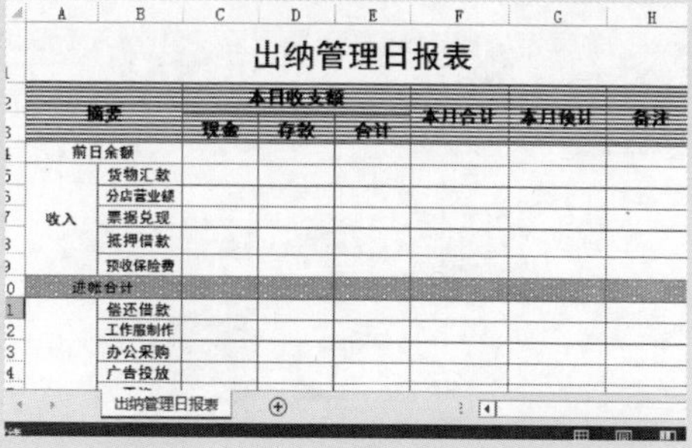

图 3-18

知识扩展

如果"主题颜色"列表中找不到符合的颜色，可以单击"其他颜色"，打开"颜色"对话框选择合适的颜色。

	出纳管理日报表

图 3-19

第 3 章 表格的美化设置及打印

55

3.3 在表格中使用图片或图形

在 Excel 表格中一般以输入文本和数据为主，在有些表格中可能需要用到图片和图形，此时可以直接在表格中插入图片或者绘制图形。

3.3.1 插入图片

关 键 点：将图片插入到表格中
操作要点："插入"→"插图"→"图片"
应用场景：有些表格在使用时需要添加相应的图片，可以先将图片保存到计算机中，然后插入表格中使用

下面以在"应聘人员登记表"表格中插入一寸照片为例进行介绍。

❶ 打开"应聘人员登记表"，在"插入"选项卡的"插图"组中单击"图片"按钮，如图 3-20 所示，打开"插入图片"对话框。

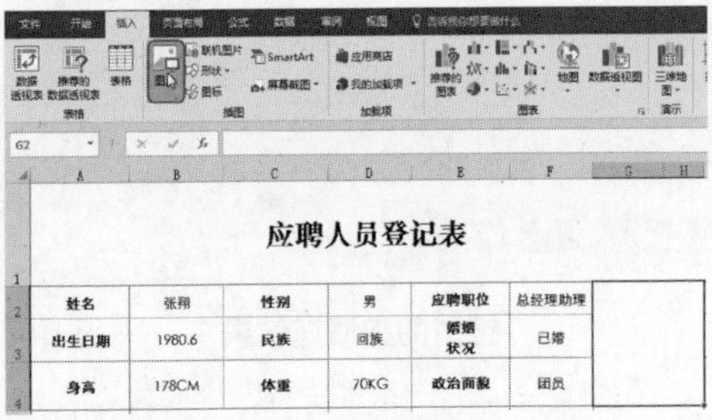

图 3-20

❷ 打开一寸照片所储存的文件夹，并选中该图片，如图 3-21 所示。

图 3-21

❸ 单击"插入"按钮，返回到工作表中，即可插入选中的照片，如图 3-22 所示。

图 3-22

❹ 将鼠标指针移动到照片上，当鼠标指针变为样式时，按住鼠标左键不放，将其移动到需要的位置上，如图 3-23 所示。

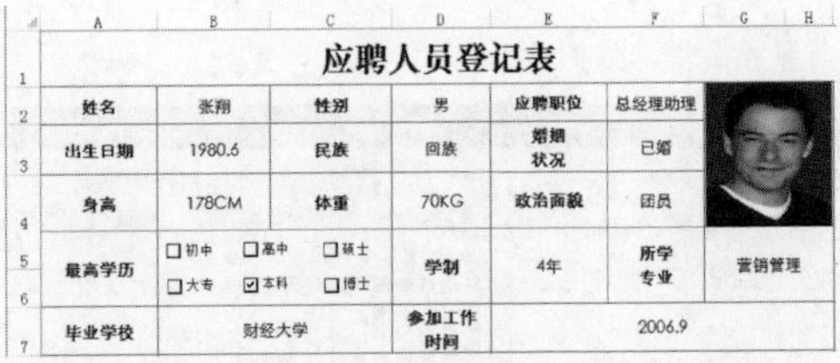

图 3-23

知识扩展

插入的图片很多时候大小不合适，可以将鼠标指针移动到图片四周或拐角控点上，按住鼠标左键向外拖动增大图片，向内拖动减小图片。

练一练

插入使用联机图片

用户可以在表格中插入联机图片。可以使用搜索功能快速搜索需要的图片。如图 3-24 所示左上角的修饰图片是插入的联机图片。

图 3-24

3.3.2　图片编辑

关 键 点： 对图片进行裁剪、应用样式等编辑
操作要点： "图片工具 - 格式" → "大小"组 / "图片样式"组
应用场景： 工作表插入图片后，可对图片大小调整、按需要裁剪、设置图片样式等，从而获取最佳效果

1. 图片裁剪

图片插入表格后，如果只想使用部分图片，可以对其进行裁剪。

❶ 选中图片，在"图片工具 - 格式"选项卡的"大小"组中单击"裁剪"按钮，如图 3-25 所示。

图 3-25

❷ 单击"裁剪"按钮后，图片四周会出现裁剪控制点，如图 3-26 所示，将鼠标指针移动到裁剪点上，拖动即可对图片进行裁剪，裁剪后将图片移动到指定位置，效果如图 3-27 所示。

2. 应用图片样式

插入图片后，会出现"图片工具 - 格式"选项卡，通过在"图片样式"组中单击程序预置的图片样式，可以达到快速美化的目的。

图 3-26

图 3-27

❶ 选中图片，在"图片工具 - 格式"选项卡的"图片样式"组中单击▾按钮，在下拉列表中选择"柔化边缘矩形"，如图 3-28 所示。

图 3-28

② 单击"柔化边缘矩形"按钮后，图片即可应用指定的样式，如图 3-29 所示。

图 3-29

删除图片的背景

有时插入到表格的图片是有背景的，如图 3-30 所示，按实际需要可以对背景进行删除处理，如图 3-31 所示，即类似于图像处理软件中的抠图功能。

操作提示：

（1）选中图片后，在"图片工具－格式"选项卡的"调整"组中单击"删除背景"按钮。

（2）变色的为即将被删除的，本色的为要保留的区域。根据当前的变色情况，需要单击"标记要保留的区域"按钮或"标记要删除的区域"按钮多次调整。

图 3-30

图 3-31

3.3.3 绘制图形并美化

关 键 点：在表格中绘制图形
操作要点："插入" → "插图" → "形状"
应用场景：编辑表格的过程中可以使用一些图形来辅助设计，使内容更加直观

例如，下面需要在"顾客投诉记录表"中绘制爱心图形直观表示客户的评价。

① 打开工作表，在"插入"选项卡的"插图"组中单击"形状"下拉按钮，在下拉选项中单击"心形"，如图 3-32 所示。

② 选择形状后，鼠标指针变为"＋"形状，拖动鼠标即可在需要的位置上编辑心形图形，如图 3-33 所示。

图 3-32

58

❸选中形状，在"绘图工具-格式"选项卡的"形状样式"组中单击"设置形状格式"按钮，如图 3-34 所示，在展开的列表中可以选择样式，如图 3-35 所示。单击后效果即可应用于图形上，如图 3-36 所示。

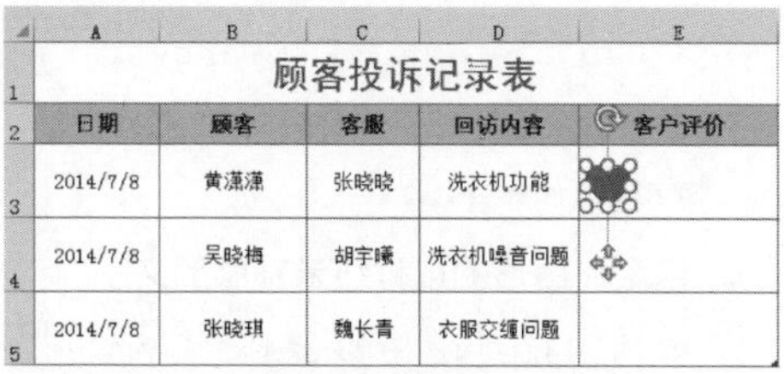

图 3-33

图 3-34

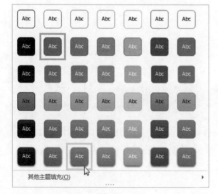

图 3-35

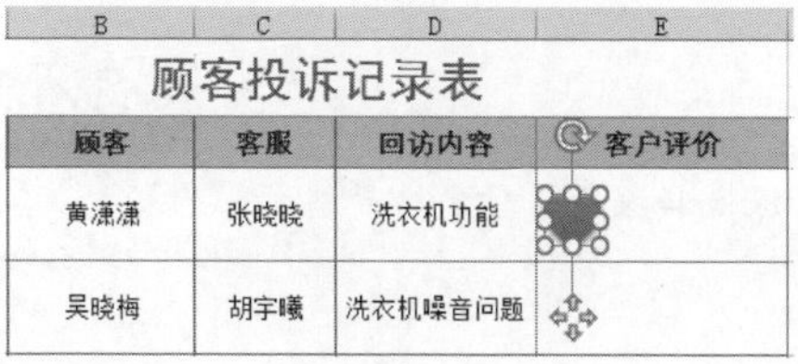

图 3-36

专家提醒

● 绘制图形后，只要选中图形即会出现"绘图工具-格式"选项卡，专门用于对图形的操作。

● 形状样式中包括设置边框、设置渐变填充颜色、设置阴影，通过套用可以达到快速美化的目的。

❹设置单个图形效果后，需要使用几个图形，直接进行复制并放置到合适的位置上即可，如图3-37所示。

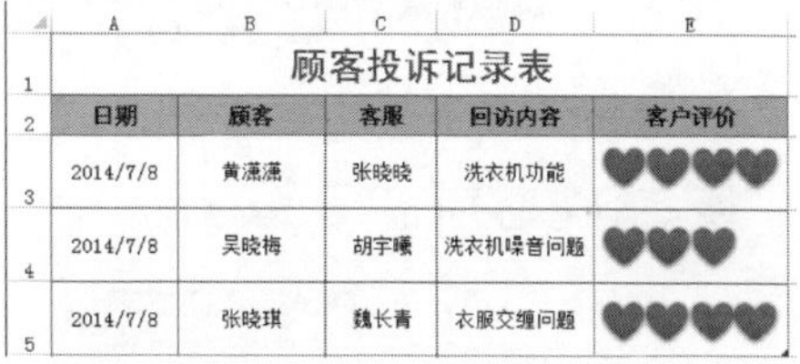

图 3-37

练一练

准确对齐多个图形

当使用多个图形完成一项设计时，对齐排列非常重要。如图 3-38 所示，要求所有图形顶端对齐并且保持相同的间距（即达到如图 3-39 所示的对齐效果）。其操作要点如下：

需要一次选中所有要对齐的对象，在"对齐"下拉按钮下分别执行"顶端对齐"与"横向分布"对齐命令。

图 3-38

图 3-39

第 3 章 表格的美化设置及打印

3.3.4　在图形上编辑文本

❶ 绘制图形后，选中图形并右击，在弹出的快捷菜单中单击"编辑文字"命令，如图 3-40 所示。

图 3-40

❷ 进入文字编辑状态后，输入文字，效果如图 3-41 所示。

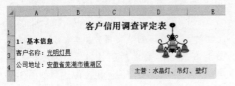

图 3-41

练 一 练

自定义图形的边框线条并添加文字

如图 3-42 所示图形装饰效果，需要绘制多个图形按设计思路摆放，设置图形的填充色、边框线条等。

图 3-42

3.4　套用表格格式来美化表格

Excel 程序内置了多种表格样式，这些表格样式是程序内置的，它们已经设置好了边框和底纹效果。可以通过套用样式达到快速美化表格的目的。另外当设置好部分格式后，如果有些位置要使用相同的格式，可以使用"格式刷"来快速引用。

3.4.1　套用默认表格格式

❶选中需要套用表格格式的单元格区域，在"开始"选项卡的"样式"组中单击"套用表格格式"下拉按钮，在下拉菜单中选择合适的表格格式，如"表样式浅色10"，如图3-43所示，打开"套用表格式"对话框。

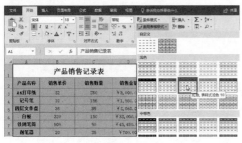

图 3-43

❷在"表数据的来源"文本框中显示出选中的单元格区域，选中"表包含标题"复选框，如图3-44所示。

图 3-44

❸单击"确定"按钮，即可看到选中单元格区

域套用了表格格式，并添加了筛选按钮，如图3-45所示。

图 3-45

❹在"表格工具-设计"选项卡的"工具"组中单击"转换为区域"按钮，在弹出的对话框中选择"是"即可将表格转换为普通区域，如图3-46所示。

图 3-46

3.4.2　表格格式的快速引用

关 键 点：用格式刷快速复制格式

操作要点："开始"→"剪贴板"组→"格式刷"按钮

应用场景：在为某个单元格设置了单元格样式后，可以直接使用格式刷快速将该单元格的样式应用到其他单元格中，而不必总是重新设置

❶选中设置好格式的单元格区域（如C2单元格），在"开始"选项卡的"剪贴板"组中单击"格式刷"按钮，如图3-47所示。

❷此时鼠标指针会变成一个刷子，按住鼠标左键拖动选取要应用相同格式的单元格区域，如图3-48所示。

❸释放鼠标左键完成格式的快速引用，效果如图3-49所示。

图 3-47

图 3-48

图 3-49

用格式刷快速引用数字格式

如图 3-50 所示，快速为 F 列引用 E 列的数字格式。

单击"格式刷"按钮在引用一次格式后，格式刷自动取消启用状态；如果多处需要刷取相同的格式，则双击"格式刷"按钮，当所有格式引用完毕后需要再次单击"格式刷"按钮手动取消其启用状态。

赊销客户汇总表

序号	客户名称	信用等级	结算方式	本年月均回款额	欠款余额
1	明发百货	4	支付宝	¥20,000.00	¥45,000.00
2	金通快递	4	支付宝	¥389,800.00	¥9,000.00
3	宏光百货	5	支付宝	¥13,222.00	¥12,000.00
4	日光文具	3	支付宝	¥24,654.00	¥8,000.00

图 3-50

3.5 应用单元格样式来美化表格

Excel 程序中提供了一些可供套用的单元格样式，应用样式的目的是为了快速设置单元格的格式。除了套用程序提供的样式外，还可以自己创建样式并保存到样式库中，方便以后套用。

3.5.1 套用单元格样式

关 键 点： 套用样式快速设置单元格的格式
操作要点： "开始"→"样式"组→"单元格样式"按钮
应用场景： Excel 程序内置了一些可以套用的单元格样式。如果样式列表中有需要的样式，则可以快速套用

❶选中目标单元格区域，在"开始"选项卡的"样式"组中单击"单元格样式"下拉按钮，如图 3-51 所示，在下拉菜单中单击可以选择要使用样式，例如，此处选择"货币"，如图 3-51 所示。

❷鼠示指针指向时可以预览效果，单击即可应用，应用效果如图 3-52 所示。

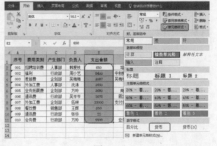

图 3-51

	A	B	C	D	E	F
1	序号	费用类别	产生部门	负责人	支出金额	摘要
2	001	招聘培训费	人事部	韩爱枝	¥ 650.00	培训教材
3	002	福利	行政部	周小艺	¥ 5,400.00	中秋购买福利品
4	003	差旅费	企划部	吴梅梅	¥ 2,087.00	吴梅梅出差北京
5	004	外加工费	人事部	沈涛	¥ 2,450.00	
6	005	业务拓展费	企划部	方玲	¥ 2,680.00	商场活动
7	006	通讯费	行政部	吴岑岑	¥ 2,675.00	固定电话费
8	007	外加工费	企划部	伍琳	¥ 33,000.00	支付包装袋货款
9	008	餐饮费	销售部	王辉	¥ 650.00	
10	009	通讯费	行政部	张华	¥ 22.00	EMS
11	010	会务费	行政部	方玲	¥ 5,500.00	业务交流会

图 3-52

	A	B	C	D	E	F
1	序号	费用类别	产生部门	负责人	支出金额	摘要
2	001	招聘培训费	人事部	韩爱枝	¥ 650.00	培训教材
3	002	福利	行政部	周小艺	¥ 5,400.00	中秋购买福利品
4	003	差旅费	企划部	吴梅梅	¥ 2,087.00	吴梅梅出差北京
5	004	外加工费	人事部	沈涛	¥ 2,450.00	
6	005	业务拓展费	企划部	方玲	¥ 2,680.00	商场活动
7	006	通讯费	行政部	吴岑岑	¥ 2,675.00	固定电话费
8	007	外加工费	企划部	伍琳	¥ 33,000.00	支付包装袋所款
9	008	餐饮费	销售部	王辉	¥ 650.00	
10	009	通讯费	行政部	张华	¥ 22.00	EMS
11	010	会务费	行政部	方玲	¥ 5,500.00	业务交流会

图 3-53

练一练

为说明文字应用"解释性文本"样式

如图 3-53 所示，为 F 列的摘要信息应用"解释性文本"样式。

读书笔记

3.5.2 新建单元格样式

关 键 点：创建自己的单元格样式
操作要点："开始"→"样式"组→"单元格样式"按钮
应用场景：除了 Excel 程序内置的单元格样式，还可以自定义单元格样式，并将其保存在单元格样式列表中，需要使用此格式时快速套用即可

例如，下面要创建一个可供列标识套用的样式。

❶打开工作表，在"开始"选项卡的"样式"组中单击"单元格样式"下拉按钮，在下拉菜单中选择"新建单元格样式"命令，如图 3-54 所示，打开"样式"对话框。

❷在"样式名"文本框中输入自定义的名称，然后单击"格式"按钮，如图 3-55 所示，打开"设置单元格格式"对话框。

❸单击"字体"选项卡，在"字形"列表框中选择"加粗"，在"字号"列表框中选择"12"，如图 3-56 所示。

图 3-54

图 3-55

图 3-56

④ 单击"填充"选项卡，在"背景色"选项中选择"白色背景 1 深色 15%"，如图 3-57 所示。

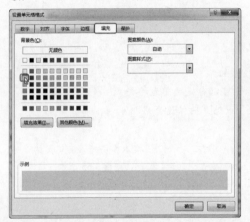

图 3-57

◎ 专家提醒

设置单元格样式包含数字格式、对齐方式、字体格式、边框格式、填充颜色设置。在设置单元格样式时，可以根据需要选择设置其中的几个样式，也可以设置全部样式。

⑤ 进行多项设置后，单击"确定"按钮，返回"样式"对话框，在"包括样式"区域可以看到设置的样式，如图 3-58 所示。

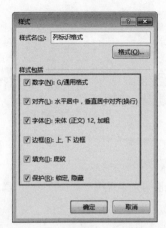

图 3-58

⑥ 单击"确定"按钮完成此样式的创建。当需要套用此样式时，例如，选中 A1:F1 单元格区域，在"开始"选项卡的"样式"组中单击"单元格样式"下拉按钮，在下拉列表中的"自定义"区域可以看到新建的单元格样式，如图 3-59 所示。

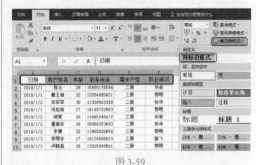

图 3-59

⑦ 单击样式即可为选中的列标识单元格区域应用了的样式，效果如图 3-60 所示。

	A	B	C	D	E	F
1						
2	日期	客户姓名	年龄	联系电话	需求户型	职业顾问
3	2018/1/1	程云	29	15855178596	二居	华新
4	2018/1/1	戴王新	32	13254685621	三居	黎明
5	2018/1/2	邓翠翠	30	13326563369	二居	张华
6	2018/1/1	何如新	27	18145722563	二居	黎明
7	2018/1/2	胡夏	26	13685245412	三居	华新
8	2018/1/2	霍振宇	28	15556253693	二居	张华
9	2018/1/2	李曼	32	13965826954	三居	黎明
10	2018/1/3	李明宇	27	18124565623	三居	路飞
11	2018/1/3	卢晓磊	28	13025698541	二居	黎明

图 3-60

专家提醒

默认的单元格样式实用性并不很大，但是通过自定义样式并且能显示于样式列表中，这项操作却是比较实用的，当经常需要使用某些格式时，则可以运用此法依次创建。应用的时候就非常方便了。

练一练

合并单元格样式

在当前工作簿中创建的样式只能应用于当前工作簿的所有工作表，如果想应用于其他工作簿中，可以对单元格样式进行合并。要保证引用与被引用的工作簿都处于打开状态，在A工作簿中执行“合并样式”命令，如图3-61所示，可以将B工作簿中建立的样式引用进来。

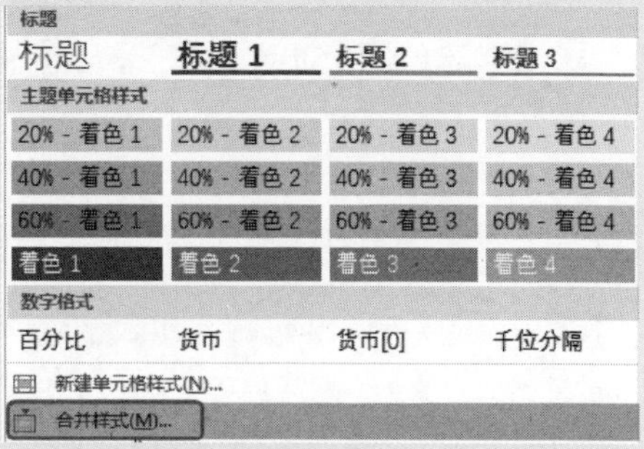

标题
标题
标题 1
标题 2
标题 3
主题单元格样式
20% - 着色 1
20% - 着色 2
20% - 着色 3
20% - 着色 4
40% - 着色 1
40% - 着色 2
40% - 着色 3
40% - 着色 4
60% - 着色 1
60% - 着色 2
60% - 着色 3
60% - 着色 4
着色 1
着色 2
着色 3
着色 4
数字格式
百分比
货币
货币[0]
千位分隔
新建单元格样式(N)...
合并样式(M)...

图 3-61

3.6 表格页面设置

表格设计完成后有的是作为电子文档使用，有的则需要打印输出使用。对于需要打印的工作表，在打印前需要进行页面格式设置，如添加页眉页脚、页边距调整、打印方向设置等。只有经过这些设置后，才能打印出合格的表格。

3.6.1 为打印表格添加页眉

关 键 点： 为待打印表格添加页眉

操作要点： “插入”→“文本”组→“页眉和页脚”按钮

应用场景： 正规的商务表格一般都需要使用页眉页脚，不但可以使用文字页眉，还可以使用图片页眉，例如，将企业LOGO图片添加到页眉是一种常见做法，此方法可以让办公表格显得更专业、美观

1. 添加文字页眉

如果只是添加文字页眉，操作相对简单，编辑文字后对字体格式的设置是美化的关键。

❶ 在“插入”选项卡的“文本”组单击“页眉和页脚”按钮即可进入页眉页脚编辑状态，如图3-62所示。

❷ 页眉区域包括3个编辑框，定位到目标框中输入文字，如图3-63所示。

❸ 选中文本，在“开始”选项卡的“字体”组中可对文字的格式进行设置，页眉可呈现如图3-64所示效果。

页眉
报价明细表
项目名称：
序号
施工部位及工艺名称
单位
数量
人工单价
材料合计
一层公共区域地面
水泥砂浆找平
七彩晶麻石材六面防护
七彩晶麻石材晶面处理

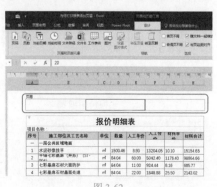

图 3-62

图 3-63

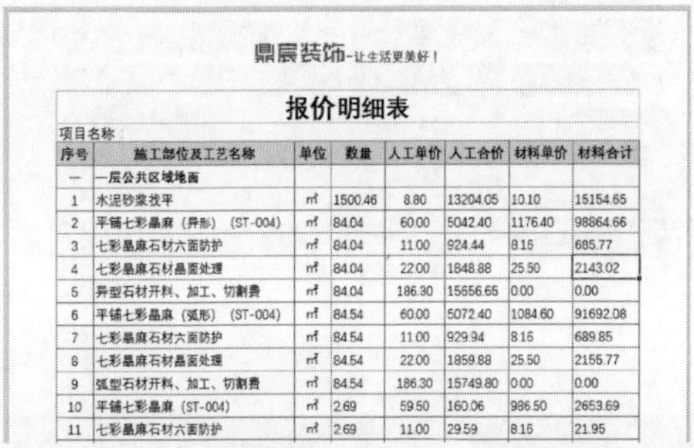

图 3-64

只有在页面视图中才可以看到页眉页脚，我们日常编辑表格时都是在普通视图中，普通视图是看不到页眉的。可以在"视图"→"工作簿视图"选项组中进行几种视图的切换。

2. 编辑图片页眉

根据表格的性质的不同，有些表格在打印时可能需要显示图片页眉效果，此时可以按如下方法为表格添加图片页眉。

❶ 定位插入图片页眉的位置，在"插入"选项卡的"文本"组中单击"页眉和页脚"按钮即可进入页眉页脚编辑状态，如图 3-65 所示。

图 3-65

❷ 在"设计"选项卡的"页眉和页脚元素"组中单击"图片"按钮，弹出"插入图片"提示窗口。

❸ 单击"浏览"按钮，如图 3-66 所示，弹出"插入图片"对话框。进入图片的保存位置并选中图片，如图 3-67 所示。

图 3-66

图 3-67

❹ 单击"插入"按钮，完成插入图片后默认显示的是图片的链接，而并不显示真正的图片，如图 3-68 所示。要想查看到图片，则在页眉区以外任意位置单击一次即可看到图片页眉，效果如图 3-69 所示。

图 3-68

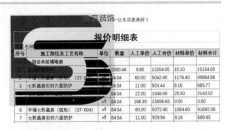

图 3-69

⑤ 对页眉图片的大小进行调整，光标定位到图片所在的编辑框，选中图片链接，在"设计"选项卡的"页眉和页脚元素"组中单击"设置图片格式"按钮，如图 3-70 所示，打开"设置图片格式"对话框。

图 3-70

⑥ 在"大小"选项卡中设置图片的"高度"和"宽度"，如图 3-71 所示。

图 3-71

3.6.2 设置"页边距"

关 键 点： 合理调节页边距

操作要点： "文件"选项卡→"打印"命令

应用场景： 表格实际内容的边缘与纸张的边缘之间的距离就是页边距。一般情况下不需要调整页边距，但如果遇到只有少量内容未显示的情况则需要调整页边距

⑦ 设置完成后，单击"确定"按钮即可完成图片的调整，页眉效果如图 3-72 所示。

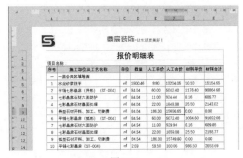

图 3-72

专家提醒

在调整页眉中图片大小时，可能一次调整并不能满足实际需要，此时可按相同方法进行多次调整，直到达成满意的效果。

练一练

为表格添加日期和页码页脚

为表格添加如图 3-73 所示的页脚信息。

图 3-73

1. 重新调整页边距

❶ 在当前需要打印的工作表中，单击"文件"选项卡，在展开的菜单中单击"打印"命令，即可在窗口右侧显示出表格的打印预览效果（如果有少量内容超出当前纸张，则需要进行页边距调整）。

❷ 单击"设置"选项区域底部的"页面设置"项，如图3-74所示，打开"页面设置"对话框，在"页边距"选项卡下，将"左"与"右"的边距调小，如此处都调整为0.6，如图3-75所示。

图 3-74

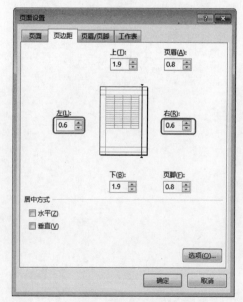

图 3-75

❸ 单击"确定"按钮重新回到打印预览状态下，

可以看到想打印的内容都能显示出来了，如图3-76所示。

❹ 在预览状态下调整完毕后执行打印即可。

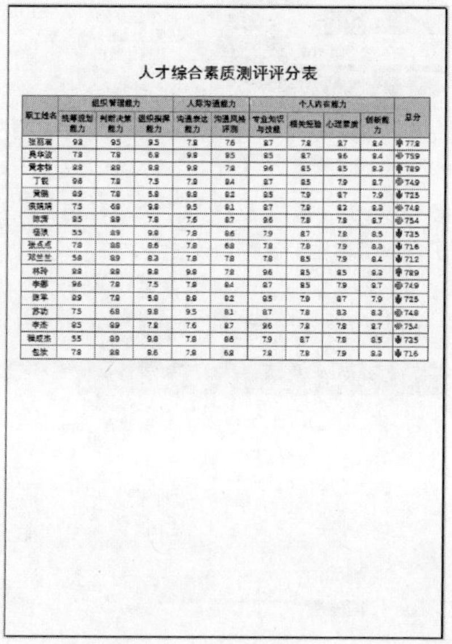

人才综合素质测评分表

图 3-76

📎 专家提醒

此方法只能应用于当超出页面内容不太多的情况，当超出内容过多时，即使将页边距调整为0也不能完全显示。这时就需要分多页来打印或进行缩放打印了。

2. 让打印内容居中显示

如果表格的内容比较少，默认情况下显示在页面的左上角，如图3-77所示，此时一般要将表格打印在纸张的正中间才美观。

❶ 在"页面布局"选项卡的"页面设置"组中单击右下角的 ⑤ 按钮，如图3-78所示，打开"页面设置"对话框。

❷ 切换到"页边距"选项卡，同时选中"居中方式"栏中的"水平"和"垂直"两个复选框，如图3-79所示。

❸ 单击"确定"按钮，可以看到预览效果中表格显示在纸张正中间，如图3-80所示。

④ 在预览状态下调整完毕后执行打印即可。

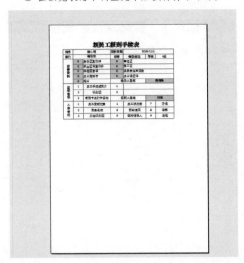

图 3-77

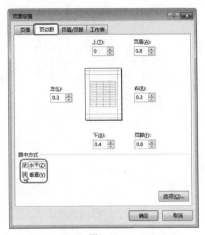

图 3-79

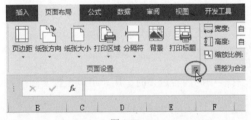

图 3-78

图 3-80

3.6.3 设置表格横向打印

关 键 点：让表格以横向方式打印

操作要点："文件"选项卡→"打印"命令

应用场景：如果工作表包含多列，即表格较宽时，纵向方式打印是无法完整显示的，这时则需要设置打印方式为横向打印

❶ 打开要打印的文档，选择"文件"→"打印"命令，在"设置"选项区域单击"纵向"按钮右侧下拉按钮，在下拉列表中选择"横向"选项，如图3-81所示。

❷ 设置完成后，单击"打印"按钮，即可以横向方式打印，如图3-82所示。

图 3-81

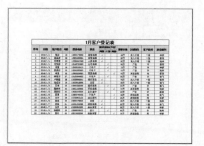

图 3-82

自定义打印的纸张

如果对打印纸大小有要求，则在"页面布局"选项卡的"页面设置"选项组中单击"纸张大小"命令按钮，在列表中选择要使用的

纸张规格，如图 3-83 所示。

图 3-83

3.7 打印设置

默认情况下，系统打印的为整个工作表，当工作表中的内容过多时，用户可以根据实际需要设置打印的区域、打印张数，以及设置只打印指定页的内容。

3.7.1 添加打印区域

关　键　点：打印选定的单元格区域

操作要点："页面布局"→"页面设置"组→"打印区域"按钮

应用场景：当整张工作表数据较多时，若只需要打印一个连续显示的单元格区域或是一次性打印多个不连续的单元格区域，需要通过添加打印区域来实现

如果只想打印工作表中一个单元格区域而不是整个工作表，需要按如下方法操作。

❶在工作表中选中部分需要打印的内容，单击"页面布局"选项卡的"页面设置"组中单击"打印区域"命令按钮，在打开的下拉菜单中选择"设置为打印区域"命令，如图 3-84 所示。

❷进入打印预览状态下可以看到当前工作表中只有这个打印区域将会被打印，其他内容不打印，如图 3-85 所示。

图 3-84

图 3-85

一次性打印多个不连续的单元格区域

如果需要打印的区域不是连续的单元格区域，需要依次选中打印的区域，如图3-86所示，再设置打印区域。

图 3-86

3.7.2　设置打印份数或打印指定页

关 键 点：指定打印任意份数或打印哪一页
操作要点："文件"→"打印"
应用场景：在执行打印前可以根据需要设置打印份数，并且如果工作表包含多页内容，也可以设置只打印指定的页

❶选中要打印的工作表，单击"文件"选项卡，在打开的菜单中单击"打印"命令，即可展开打印设置选项。

❷在右侧的"份数"文本框中可以填写需要打印的份数；在"设置"栏的"页数"文本框中输入要打印的页码或页码范围，如图3-87所示。

❸设置完成后，单击"打印"按钮，即可开始打印。

图 3-87

图 3-90

技高一篇

1. 将现有单元格的格式添加为样式

如果在网络上下载了表格，或者在查看他人设计的表格时，发现比较不错的单元格样式设计，就可以将现有的单元格格式添加为样式，添加的样式同样保存在样式库中，可随时选择套用。

❶ 选中已经设置好样式的单元格（如本例中的标题行已经设置了格式），在"开始"选项卡的"样式"组中单击"单元格样式"下拉按钮，在打开的下拉列表中选择"新建单元格样式"命令，如图 3-88 所示，打开"样式"对话框。

图 3-88

❷ 在"样式名"文本框中输入"标题 1"，如图 3-89 所示。

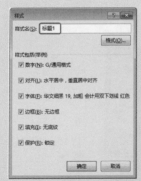

图 3-89

❸ 单击"确定"按钮完成样式添加，再次打开"单元格样式"列表后，可以在"自定义"标签下显示刚才设置的样式，即"标题 1"，如图 3-90 所示。

专家提醒

将现有单元格格式添加为自定义样式，只需要为样式命名即可，不需要再重新设置单元格的格式。当其他表格的标题需要应用此格式时，只要选中后单击该样式即可应用。

2. 一次清除所有单元格的格式

如果表格中的一些格式，现在不想使用了，可以使用"清除格式"命令一次性将表格中的格式全部删除。

❶ 选中整张表格后，在"开始"选项卡的"编辑"组中单击"清除"下拉按钮，在打开的下拉列表中选择"清除格式"命令，如图 3-91 所示。

图 3-91

❷ 此时可以看到表格的所有底纹、对齐方式、框线等格式全部被清除，只保留了文本内容，如图 3-92 所示。

	A	B	C	D	E	F
1	赊销客户汇总表					
2	编号：			填表时间：		
3	序号	客户名称	信用等级	结算方式	本年月均回款额	欠款余额
4	1	明发百货	4	支付宝	20000	45000
5	2	金通快递	4	支付宝	389800	9000
6	3	宏光百货	5	支付宝	13222	12000
7	4	日光文具	3	支付宝	24654	8000

图 3-92

3. 多页时重复打印标题行

如果一张工作表中的数据过多，需要分多页打印，那么默认只会在第一页中显示表格的标题与行、列标识，如图3-93所示。如果想要在每一页中都显示标题行，可以设置多页时始终显示标题行。

图 3-93

❶ 打开"页面设置"对话框后，切换至"工作表"选项卡，在"打印标题"栏下的"顶端标题行"中，单击文本框右侧的拾取器按钮，如图3-94所示，进入顶端标题行选取界面。

❷ 拖动鼠标左键在表格中单击第一行和第二行的行标，即可选中指定区域，如图3-95所示。

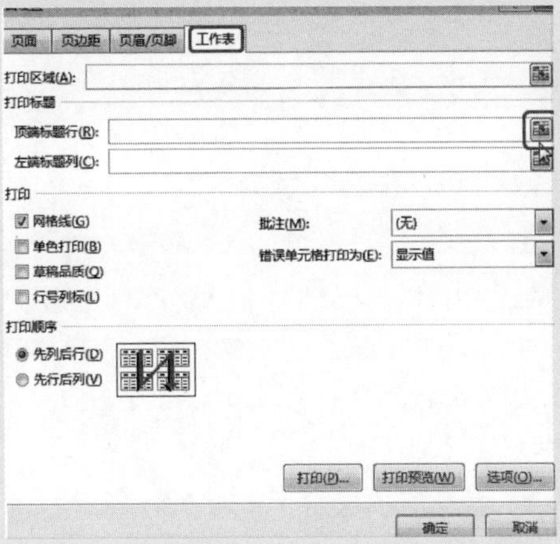

图 3-94

❸ 再次单击拾取器按钮返回"页面设置"对话框。单击"确定"按钮完成设置，进入表格打印预览界面后，可以看到每一页中都会显示标题行和列标识单元格，如图3-96所示。

图 3-95

图 3-96

4. 一次性打印多个不连续的单元格区域

在打印不连续单元格区域时，系统默认每个不连续的单元格单独打印在一张纸上。如果想要将不连续的单元格打印在一张纸上，可以先将不想打印的行隐藏，再选中单元格区域，建立打印区域，然后再执行打印即可将这些不连续的单元格区域连续打印。

❶ 在工作表中选中不想打印的那些区域，右击，在弹出的快捷菜单中，选择"隐藏"命令将它们隐藏，如果有多处要隐藏的区域则重复此操作，直到当前显示出来的都是要打印的区域，如图3-97所示。

图 3-97

② 然后选中连续的数据区域，在"页面布局"选项卡的"页面设置"组中单击"打印区域"按钮，然后选择"设置打印区域"命令建立打印区域，如图3-98所示。

③ 进入打印预览状态下可以看到不连续的区域被打印到一页中了，如图3-99所示。

图 3-98

图 3-99

读书笔记

数据计算

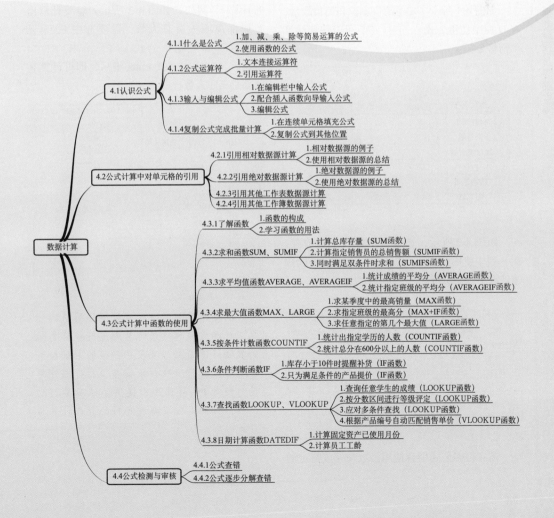

数据计算
- 4.1认识公式
  - 4.1.1什么是公式
    - 1.加、减、乘、除等简易运算的公式
    - 2.使用函数的公式
  - 4.1.2公式运算符
    - 1.文本连接运算符
    - 2.引用运算符
  - 4.1.3输入与编辑公式
    - 1.在编辑栏中输入公式
    - 2.配合插入函数向导输入公式
    - 3.编辑公式
  - 4.1.4复制公式完成批量计算
    - 1.在连续单元格填充公式
    - 2.复制公式到其他位置
- 4.2公式计算中对单元格的引用
  - 4.2.1引用相对数据源计算
    - 1.相对数据源的例子
    - 2.使用相对数据源的总结
  - 4.2.2引用绝对数据源计算
    - 1.绝对数据源的例子
    - 2.使用绝对数据源的总结
  - 4.2.3引用其他工作表数据源计算
  - 4.2.4引用其他工作簿数据源计算
- 4.3公式计算中函数的使用
  - 4.3.1了解函数
    - 1.函数的构成
    - 2.学习函数的用法
  - 4.3.2求和函数SUM、SUMIF
    - 1.计算总库存量（SUM函数）
    - 2.计算指定销售员的总销售额（SUMIF函数）
    - 3.同时满足双条件时求和（SUMIFS函数）
  - 4.3.3求平均值函数AVERAGE、AVERAGEIF
    - 1.统计成绩的平均分（AVERAGE函数）
    - 2.统计指定班级的平均分（AVERAGEIF函数）
  - 4.3.4求最大值函数MAX、LARGE
    - 1.求某季度中的最高销量（MAX函数）
    - 2.求指定班级的最高分（MAX+IF函数）
    - 3.求任意指定的第几个最大值（LARGE函数）
  - 4.3.5按条件计数函数COUNTIF
    - 1.统计出指定学历的人数（COUNTIF函数）
    - 2.统计总分在600分以上的人数（COUNTIF函数）
  - 4.3.6条件判断函数IF
    - 1.库存小于10件时提醒补货（IF函数）
    - 2.只为满足条件的产品提价（IF函数）
  - 4.3.7查找函数LOOKUP、VLOOKUP
    - 1.查询任意学生的成绩（LOOKUP函数）
    - 2.按分数区间进行等级评定（LOOKUP函数）
    - 3.应对多条件查找（LOOKUP函数）
    - 4.根据产品编号自动匹配销售单价（VLOOKUP函数）
  - 4.3.8日期计算函数DATEDIF
    - 1.计算固定资产已使用月份
    - 2.计算员工工龄
- 4.4公式检测与审核
  - 4.4.1公式查错
  - 4.4.2公式逐步分解查错

4.1 认识公式

公式是 Excel 程序进行数据计算的必备工具，在使用公式进行运算前需要了解什么是公式、公式的运算符、输入公式、编辑公式以及复制公式这几项基本的操作。

4.1.1 什么是公式

关 键 点： 了解什么是公式
操作要点： 在编辑栏中查看
应用场景： 公式是 Excel 中进行数据计算的等式，以 “=” 开头，等号后面可以包括函数、引用、运算符和常量

1. 加、减、乘、除等简易运算的公式

如图 4-1 所示，知道销售单价和销售数量，在 D 列中使用公式 “=B2*C2”，可以快速计算出销售金额。

D2 =B2*C2

	A	B	C	D
1	产品名称	销售单价	销售数量	销售金额
2	A4打印纸	45	22	990
3	记号笔	2.2	36	79.2
4	四层文件盘	38.5	12	462
5	白板	220	2	440
6	铁网笔筒	19.8	16	316.8
7	削笔器	15.8	50	790

图 4-1

如图 4-2 所示，知道员工各项工资情况，在 F 列中使用公式 “=B2+C2+D2-E2”，可以快速计算出应发工资。

F2 =B2+C2+D2-E2

	A	B	C	D	E	F
1	姓名	基本工资	绩效工资	工龄工资	扣缴保险	应发工资
2	刘成瑞	2200	2500	120	230	4590
3	何杰	2500	1700	150	225	4125
4	魏元地	2500	1000	120	209	3411
5	汪正洋	2700	1750	200	225	4425

图 4-2

2. 使用函数的公式

还有很多公式中会使用函数来完成特定的计算（运用函数可以简化表达式或完成特定的计算）。例如，如图 4-3 所示，想要计算出客服部离职人员总人数，需要选中 E2 单元格，在编辑栏输入公式 “=SUMIF(B2:B11,"=客服*",C2:C11)”，按 Enter 键后，即可计算客服部总离职人数。

E2 =SUMIF(B2:B11,"=客服*",C2:C11)

	A	B	C	D	E	F
1	月份	部门	离职人数		客服部离职总人数	
2	1月	客服一部	1		8	
3	1月	人事部	2			
4	1月	财务部	3			
5	2月	行政部	1			
6	2月	客服二部	2			
7	2月	客服一部	2			
8	3月	人事部	1			
9	3月	行政部	1			
10	3月	客服三部	1			
11	3月	客服三部	2			

图 4-3

专家提醒

不使用函数的公式只能解决简易的计算，想要完成特殊的计算或进行较为复杂的数据计算是必须要使用函数的，如按条件求和、统计数目、数据查找、日期计算等，因此 Excel 程序中提供了很多类型的函数，目的是完成各种各样的数据计算与分析。

关 键 点： 了解多种不同的运算符

操作要点： 理解不同运算符的用法

应用场景： 运算符是公式的基本元素，也是必不可少的元素，每一个运算符代表一种运算。Excel 2016 中有 4 类运算类型，各运算符的作用如表 4-1 所示

表 4–1

运算符类型	运算符	作 用	示 例
算术运算符	+	加法运算	10+5 或 A1+B1
	-	减号运算	10-5 或 A1-B1 或 -A1
	*	乘法运算	10*5 或 A1*B1
	/	除法运算	10/5 或 A1/B1
	%	百分比运算	85.5%
	^	乘幂运算	2^3
比较运算符	=	等于运算	A1=B1
	>	大于运算	A1>B1
	<	小于运算	A1<B1
	>=	大于或等于运算	A1>=B1
	<=	小于或等于运算	A1<=B1
	<>	不等于运算	A1<>B1
文本连接运算符	&	用于连接多个单元格中的文本字符串，产生一个文本字符串	A1&B1
引用运算符	：（冒号）	特定区域引用运算	A1:D8
	，（逗号）	联合多个特定区域引用运算	SUM(A1:C2,C2:D10)
	（空格）	交叉运算，即对 2 个共引用区域中共有的单元格进行运算	A1:B8 B1:D8

这些运算符中，"算术运算符"与"比较运算符"如同数学计算中的运算符，我们都比较熟悉。通过下面的示例来了解学习一下"文本运算符"与"引用运算符"。

1. 文本连接运算符

文本连接运算符只有一个，即"&"，可以将多个单元格的文本连接到一个单元格中显示。如图 4-4 所示，在 C2 单元格中使用了公式将 A2 与 B2 单元格中的数据连接成一个数据，连接的结果显示在 C2 单元格。

文本连接运算符也可以连接常量，如图 4-5 所示中的"（鼓楼店）"就是一个常量，即将 A2

中的数据、B2 中的数据与"（鼓楼店）"三者相连接。注意常量要使用双引号。

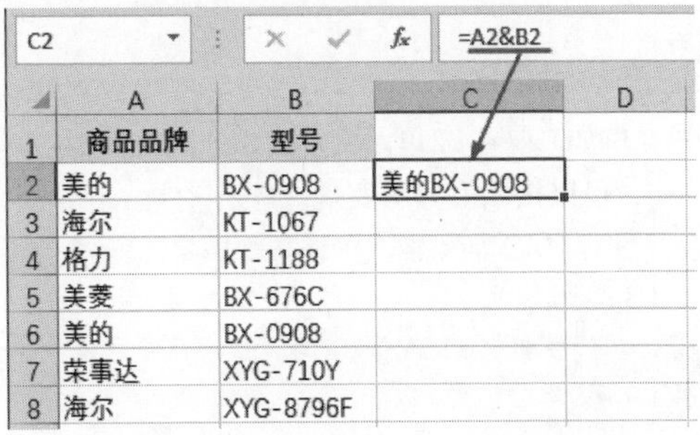

图 4-4

| C2 | | ▼ | ⁝ | × | ✓ | fx | =A2&B2&"(鼓楼店)" |

	A	B	C	D
1	商品品牌	型号		
2	美的	BX-0908	美的BX-0908(鼓楼店)	
3	海尔	KT-1067		
4	格力	KT-1188		
5	美菱	BX-676C		

图 4-5

2. 引用运算符

如图 4-6 所示，E10 单元格内的公式为 "=SUM(E2:E9)"，这里使用了引用运算符中的 ":（冒号）"，表示的是 E2~E9 是参与运算的区域。

| E10 | | ⁝ | × | ✓ | fx | =SUM(E2:E9) |

	A	B	C	D	E
1	产品	瓦数	产地	单价	采购盒数
2	白炽灯	200	南京	¥ 4.50	5
3	日光灯	100	广州	¥ 8.80	6
4	白炽灯	80	南京	¥ 2.00	12
5	白炽灯	100	南京	¥ 3.20	8
6	2d灯管	5	广州	¥ 12.50	10
7	2d灯管	10	南京	¥ 18.20	6
8	白炽灯	100	广州	¥ 3.80	10
9	白炽灯	40	广州	¥ 1.80	10
10					67

图 4-6

练一练

公式中使用多个不同的运算符

在如图 4-7 所示的公式中使用了两种运算符。

| E2 | | ▼ | ⁝ | × | ✓ | fx | =SUM(B2:D2)*7% |

	A	B	C	D	E
1	姓名	基本工资	绩效工资	工龄工资	扣除金额
2	刘成瑞	2200	2500	100	336
3	何杰	2500	1700	200	308
4	魏元地	2500	1700	300	315
5	汪正洋	2700	1750	100	318.5

图 4-7

4.1.3 输入与编辑公式

关 键 点： 输入公式或重新编辑公式
操作要点： 在编辑栏中根据实际需要编写公式
应用场景： 在编辑栏中输入 "=" 号，紧接着后面就可以编辑公式了。输入公式的时候，需要使用运算符时，在键盘上敲入；需要引用单元格数据时，用鼠标单击或拖动选择要引用的单元格；需要使用函数时，则须要了解该函数的用法及其参数，为其设置正确的参数

1. 在编辑栏中输入公式

例如，要在 F2 单元格中输入公式 "=B3+C3-D3"，可以按如下方法实现。

❶ 选中 F2 单元格，在编辑栏中输入 "="，如图 4-8 所示。

❷ 然后单击 B2 单元格，即可引用此单元格，如图 4-9 所示。

| SUM | | ▼ | ⁝ | × | ✓ | fx | = |

	A	B	C	D	E
1	姓名	基本工资	绩效工资	扣缴保险	应发工资
2	刘成瑞	2200	2500	230	=
3	何杰	2500	1700	225	
4	魏元地	2500	1000	209	
5	汪正洋	2700	1750	225	

图 4-8

	A	B	C	D	E
B2		× ✓	f_x =B2		
1	姓名	基本工资	绩效工资	扣缴保险	应发工资
2	刘成瑞	2200	2500	230	=B2
3	何杰	2500	1700	225	
4	魏元地	2500	1000	209	
5	汪正洋	2700	1750	225	

图 4-9

❸ 再输入"+",然后再单击 C2 单元格,接着再输入"-",最后单击 E2 单元格,如图 4-10 所示。

	A	B	C	D	E
D2		× ✓	f_x =B2+C2-D2		
1	姓名	基本工资	绩效工资	扣缴保险	应发工资
2	刘成瑞	2200	2500	230	=B2+C2-D2
3	何杰	2500	1700	225	
4	魏元地	2500	1000	209	
5	汪正洋	2700	1750	225	

图 4-10

❹ 按 Enter 键,即可计算出刘成瑞的应发工资,如图 4-11 所示。

	A	B	C	D	E
1	姓名	基本工资	绩效工资	扣缴保险	应发工资
2	刘成瑞	2200	2500	230	4470
3	何杰	2500	1700	225	
4	魏元地	2500	1000	209	
5	汪正洋	2700	1750	225	

图 4-11

2. 配合插入函数向导输入公式

如果公式中使用函数,那么应该输入函数名称,然后按照该函数的参数设定规则为函数设置参数。在输入函数的参数时,运算符与常量采用键盘输入,当引用单元格区域时采用鼠标点选。初学者在设置函数的参数时可以配合插入函数向导来设置。

❶ 选中要输入公式的单元格。单击编辑栏前的 f_x 按钮,如图 4-12 所示,打开"插入函数"对话框。

❷ 在"选择函数"列表中选择需要使用的函数,如图 4-13 所示。

❸ 单击"确定"按钮即可打开"函数参数"设置对话框。将光标定位到第一个参数编辑框中设置参

数,如图 4-14 所示。

	A	B	C	D	E
E2		× ✓	f_x 插入函数		
1	姓名	部门	实发工资		销售部工资总和
2	刘成瑞	销售部	¥ 3,200.00		
3	何杰	行政部	¥ 2,700.00		
4	魏元地	财务部	¥ 3,000.00		
5	汪正洋	行政部	¥ 2,750.00		
6	王翔	销售部	¥ 4,200.00		
7	徐丽	销售部	¥ 4,500.00		
8	韩庚恋	销售部	¥ 4,060.00		
9	吴玲玲	行政部	¥ 2,700.00		

图 4-12

图 4-13

知识扩展

还可以在"搜索函数"文本框中输入使用函数的目的,单击"转到"按钮即可按目的来搜索函数。

图 4-14

将光标定位于参数框中时，下方可以显示出参数解释，以帮助我们正确设置参数。

在设置参数时，也可以单击设置框右侧的按钮回到工作表中选择想引用的单元格区域。

④ 按相同方法设置其他参数，如图 4-15 所示（第二个参数表示判断条件，第三个参数表示当满足条件时，用哪个区域上的数据进行求和）。

图 4-15

⑤ 设置完成后，单击"确定"按钮即可返回结果。同时在编辑栏中可以看到完整的公式，如图 4-16 所示。

	A	B	C	D	E
	姓名	部门	实发工资		销售部工资总和
2	刘成瑞	销售部	¥ 3,200.00		¥ 15,960.00
3	何杰	行政部	¥ 2,700.00		
4	魏元地	财务部	¥ 3,000.00		
5	汪正洋	行政部	¥ 2,750.00		
6	王翔	销售部	¥ 4,200.00		
7	徐丽	销售部	¥ 4,500.00		
8	韩庚恋	销售部	¥ 4,060.00		
9	吴玲玲	行政部	¥ 2,700.00		

图 4-16

3. 编辑公式

如果公式输入错误，或者需要重新设置运算参数，则需要重新编辑公式。

选中要修改公式的单元格，将鼠标指针指向

编辑栏中，单击一次即可进入编辑状态，直接对需要修改的部分重新编辑即可，如图 4-17 所示。

	A	B	C	D	E
	姓名	部门	实发工资		销售部工资总和
2	刘成瑞	销售部	¥ 3,200.00		'(B2:B9,"销售部",
3	何杰	行政部	¥ 2,700.00		
4	魏元地	财务部	¥ 3,000.00		
5	汪正洋	行政部	¥ 2,750.00		
6	王翔	销售部	¥ 4,200.00		
7	徐丽	销售部	¥ 4,500.00		
8	韩庚恋	销售部	¥ 4,060.00		
9	吴玲玲	行政部	¥ 2,700.00		

图 4-17

编辑一个简易的条件判断公式

编辑一个条件判断公式用于判断考核成绩是否达标。要求当成绩大于等于 80 分时就判断达标，否则返回不达标，如图 4-18 所示。

	A	B	C	D	E
	姓名	考核成绩	是否达标		
2	刘成瑞	98	达标		
3	何杰	78	不达标		
4	魏元地	85	达标		
5	汪正洋	79	不达标		
6	李信阳	90	达标		
7	郭家怡	98	达标		

图 4-18

如果有些函数已经使用的比较熟练了，则也可以在编辑栏中输入等号后，直接输入函数名称，然后配合鼠标选取数据源，依次完成公式的输入与编辑。

4.1.4　复制公式完成批量计算

关 键 点：复制公式进行批量计算

操作要点：填充柄按钮、Ctrl+C 快捷键、Ctrl+V 快捷键

应用场景：建立公式后，如果连续或不连续的单元格都要完成类似的计算，此时
　　　　　填充公式即可完成批量计算，也可以复制公式到其他位置

1. 在连续单元格填充公式

如果单元格中的计算公式也符合其他连续的单元格应用，可以使用填充的方式快速复制公式，以完成批量数据计算。

❶ 在 D2 单元格中应用了公式后，选中 D2 单元格，将鼠标移动到单元格右下角，当鼠标变为黑色"十"字时，如图 4-19 所示，拖动填充柄向下复制公式到 D7 单元格，如图 4-20 所示。

	A	B	C	D
1	产品名称	销售单价	销售数量	销售金额
2	A4打印纸	45	22	990
3	记号笔	2.2	36	
4	四层文件盘	38.5	12	
5	白板	220	2	
6	铁网笔筒	19.8	16	
7	削笔器	15.8	50	

图 4-19

	A	B	C	D
1	产品名称	销售单价	销售数量	销售金额
2	A4打印纸	45	22	990
3	记号笔	2.2	36	
4	四层文件盘	38.5	12	
5	白板	220	2	
6	铁网笔筒	19.8	16	
7	削笔器	15.8	50	

图 4-20

❷ 释放鼠标后，可以看到 D3:D7 单元格区域复制了 D2 单元格区域的公式，即计算出了各个产品的销售金额，如图 4-21 所示。

	A	B	C	D
1	产品名称	销售单价	销售数量	销售金额
2	A4打印纸	45	22	990
3	记号笔	2.2	36	79.2
4	四层文件盘	38.5	12	462
5	白板	220	2	440
6	铁网笔筒	19.8	16	316.8
7	削笔器	15.8	50	790

图 4-21

2. 复制公式到其他位置

除了在当前工作表中填充公式外，还可以将公式复制到其他工作表中使用。

❶ 在"一月业绩统计"工作表中选中 C2 单元格（此单元格设置了公式求取提成金额），按 Ctrl+C 快捷键，复制公式，如图 4-22 所示。

图 4-22

❷ 切换到"二月业绩统计"工作表，选中 C2:C9 单元格区域，如图 4-23 所示，按 Ctrl+V 快捷键，粘贴公式，效果如图 4-24 所示。

	A	B	C	D
1	姓名	业绩	提成金额	
2	李梅	45500		
3	刘洁	87500		
4	侯丽丽	86400		
5	苏春香	78600		
6	苏阅	45860		
7	倪采儿	85420		
8	何海洋	76210		
9	周之洋	65840		

图 4-23

C2 = B2*IF(B2>50000,0.05,0.02)

	A	B	C	D	E	F
1	姓名	业绩	提成金额			
2	李梅	45500	910			
3	刘洁	87500	4375			
4	侯丽丽	86400	4320			
5	苏春香	78600	3930			
6	苏阅	45860	917.2			
7	倪采儿	85420	4271			
8	何海洋	76210	3810.5			
9	周之洋	65840	3292			

图 4-24

专家提醒

当将公式复制到其他位置或其他工作表中时，如果表格的结构相同，一般可以直接得到正确的结果，如果复制的公式默认所引用数据源不是想要的结果，则需要用户手动对复制的公式进行调整，使其满足当前计算的需要。

练一练

利用快捷键批量填充大范围公式

还可以使用 Ctrl+D 快捷键填充公式，如图 4-25 所示。

D	E	F
单价	采购盒数	金额
¥ 4.50	5	¥ 22.50
¥ 8.80	6	¥ 52.80
¥ 2.00	12	¥ 24.00
¥ 3.20	8	¥ 25.60
¥ 12.50	10	¥ 125.00
¥ 18.20	6	¥ 109.20
¥ 3.80	10	¥ 38.00
¥ 1.80	10	¥ 18.00

图 4-25

4.2 公式计算中对单元格的引用

公式的运算少不了对数据源的引用，只有引用了单元格区域才能体现出公式计算的灵活性，否则只使用常量进行计算等同于使用计算器，是没意义的。在引用数据源计算时可以采用相对引用方式，也可以采用绝对引用方式，还可以引用其他工作表或工作簿中的数据。

4.2.1 引用相对数据源计算

关 键 点：学习什么是相对数据源
操作要点：引用相对数据源进行计算
应用场景：采用相对方式引用的数据源，当将其公式复制到其他位置时，公式中的单元格地址会随之改变，从而完成相应的计算

1. 相对数据源的例子

在编辑公式时，当选择某个单元格或单元格区域参与运算时，其默认的引用方式是相对引用的方式，其显示为 A1、A3:C3 形式。下面我们以一个例子来说明需要使用相对数据源引用方式的情况。

❶选中 D2 单元格，在公式栏中输入公式"=IF(B2>C2,"低","高")"，如图 4-26 所示，可以看到公式引用了 B2 和 C2 单元格的数据源。

❷按 Enter 键即可得到运算结果，将鼠标移动到 D2 单元格右下角，当出现黑色"十"字形状时按住鼠标左键向下拖动复制公式，如图 4-27 所示，释放鼠标后，即可显示复制公式后的运算结果。

D2	▼	× ✓ fx	=IF(B2>C2,"低","高")

	A	B	C	D
1	产品名称	市场行情价	本公司报价	价格比较情况
2	SX600 HS	1270	1180	低
3	WB350F	1350	1250	
4	DSC-W830	970	1050	
5	EX-ZS35	790	820	

图 4-26

	A	B	C	D
1	产品名称	市场行情价	本公司报价	价格比较情况
2	SX600 HS	1270	1180	低
3	WB350F	1350	1250	低
4	DSC-W830	970	1050	高
5	EX-ZS35	790	820	高
6	PO145	850	789	低

图 4-27

2. 使用相对数据源的总结

上一小节中通过公式复制的办法实现了批量返回值。下面我们通过查看公式来理解何为数据源的相对引用。

✓ 选中 D3 单元格，在编辑栏可以看到公式为"=IF(B3>C3,"低","高")"如图 4-28 所示。

✓ 选中 D5 单元格，在编辑栏中看到公式更改为"=IF(B5>C5,"低","高")"，如图 4-29 所示。

D5		× ✓	fx	=IF(B5>C5,"低","高")
	A	B	C	D
1	产品名称	市场行情价	本公司报价	价格比较情况
2	SX600 HS	1270	1180	低
3	WB350F	1350	1250	低
4	DSC-W830	970	1050	高
5	EX-ZS35	790	820	高
6	P0145	850	789	低

图 4-29

D3		× ✓	fx	=IF(B3>C3,"低","高")
	A	B	C	D
1	产品名称	市场行情价	本公司报价	价格比较情况
2	SX600 HS	1270	1180	低
3	WB350F	1350	1250	低
4	DSC-W830	970	1050	高
5	EX-ZS35	790	820	高
6	P0145	850	789	低

图 4-28

通过对比 D2、D3、D5 单元格的公式可以看到，当向下复制 D2 单元格的公式时，相对引用的数据源也发生了相应的变化，而这也正是我们在进行其他商品价格比较时需要使用的正确公式。因此当这种情况下我们在公式中必须要使用相对引用的数据源。让数据源自动发生相对的变化，从而完成批量的计算。

4.2.2 引用绝对数据源计算

关 键 点：学习什么是绝对数据源
操作要点：引用绝对数据源进行计算
应用场景：绝对数据源引用是指把公式复制或者填入到新位置，公式中的固定单元格地址保持不变

1. 绝对数据源的例子

绝对引用是指把公式移动或复制到其他单元格中，公式的引用位置保持不变。绝对引用的单元格地址前会使用"$"符号。"$"符号表示"锁定"，添加了"$"符号的就是绝对引用。

❶ 选中 C2 单元格，在公式栏中输入公式"=IF($B$2>=30000,"达标","不达标")"，如图 4-30 所示。

C2		× ✓	fx	=IF($B$2>=30000,"达标","不达标")
	A	B	C	D	E	F
1	姓名	业绩	是否达标			
2	何玉	33000	达标			
3	林玉洁	18000				
4	马俊	25200				
5	李明璐	32400				
6	刘蕊	32400				
7	张中阳	26500				
8	林晓辉	37200				

图 4-30

❷ 按 Enter 键即可得到运算结果，将鼠标移动到 C2 单元格右下角，当出现黑色"十"字形状时按住鼠标左键向下拖动复制公式，释放鼠标后，即可显示复制公式后的运算结果，如图 4-31 所示。

	A	B	C
1	姓名	业绩	是否达标
2	何玉	33000	达标
3	林玉洁	18000	达标
4	马俊	25200	达标
5	李明璐	32400	达标
6	刘蕊	32400	达标
7	张中阳	26500	达标
8	林晓辉	37200	达标

图 4-31

从如图 4-31 所示的返回结果可以看到，因为对 B2 单元格使用了绝对引用，向下复制公式时每个返回值完全相同，这是因为无论将公

式复制到哪里，永远是 "=IF($B$2>=30000,"达标","不达标")" 这个公式，所以返回值是不会有任何变化的。

在公式中完全引用绝对数据源时，得到的计算结果是一样的。本例中需要计算各个员工的业绩，所以引用的是混合数据源，提成比例部分为绝对数据源，而在计算不同的员工提成时，引用的是相对数据源。

2. 使用绝对数据源的总结

通过上面的分析，似乎相对引用才是需要的引用方式。其实并非如此，绝对引用也有其必须要使用的场合。

在如图 4-32 所示的表格中，我们要对各位销售员的业绩排名次，首先在 C2 单元格中输入公式 "=RANK(B2,B2:B8)"，得出的是第一名销售员的销售业绩，当前单元格中的公式是没有什么错误的。

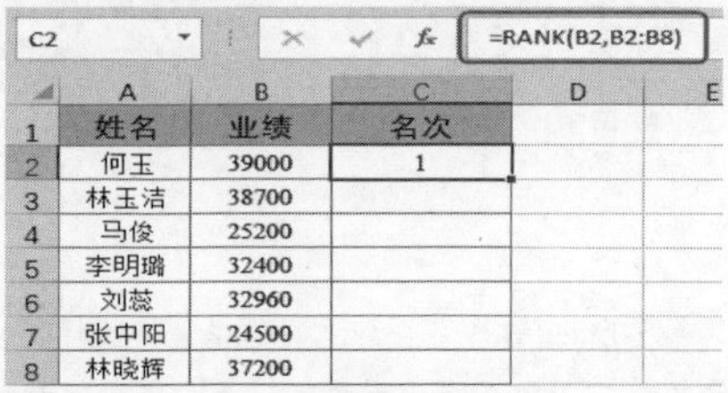

图 4-32

当我们向下填充公式到 C3 单元格时，得到的就是错误的结果了（因为用于排名的数值区域发生了变化，已经不是整个数据区域），如图 4-33 所示。

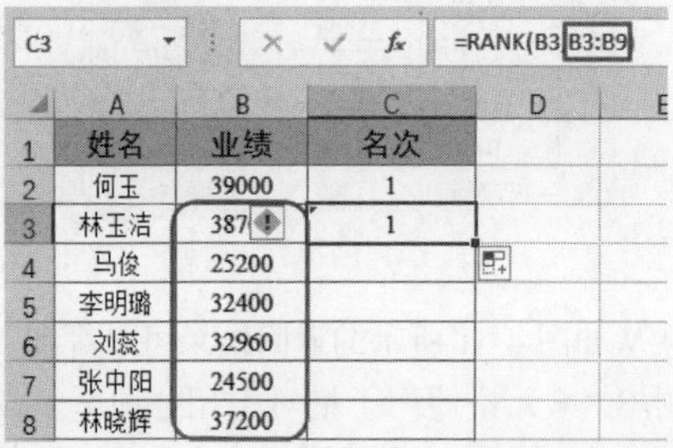

图 4-33

继续向下复制公式，可以看到返回的名次都是错的，如图 4-34 所示。

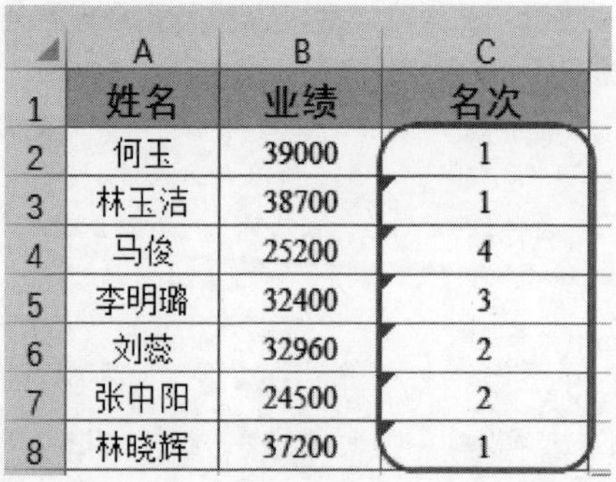

图 4-34

这种情况下显然 RANK 函数用于排名的数值区域这个数据源是不能发生变化的，必须对其绝对引用。因此将公式更改为 =RANK(B2,$B$2:$B$8)，然后向下复制公式，即可得到正确的结果，如图 4-35 所示。

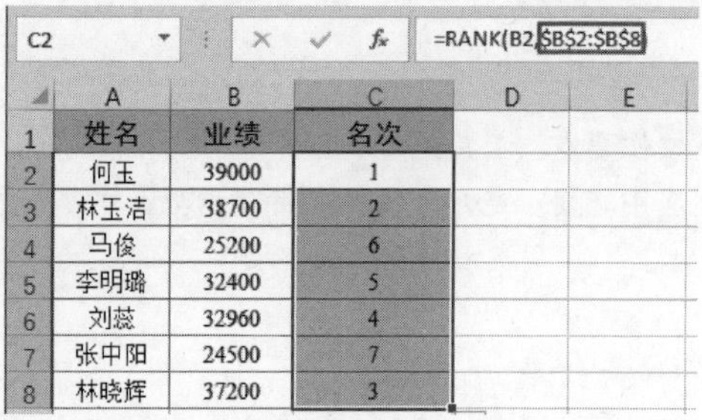

图 4-35

定位任意单元格，可以看到只有相对引用的单元格发生了变化，绝对引用的单元格没有发生任何变化，如图 4-36 所示。

图 4-36

求每位销售员销售额占总和的百分比

如图 4-37 所示，求出每位销售员销售额占总和的百分比，需要使用混合引用的方式。

C2		× ✓ fx	=B2/SUM($B$2:$B$8)	
	A	B	C	D	E
1	姓名	业绩	销售占比		
2	何玉	33000	16.12%		
3	林玉洁	18000	8.79%		
4	马俊	25200	12.31%		
5	李明璐	32400	15.83%		
6	刘蕊	32400	15.83%		
7	张中阳	26500	12.95%		
8	林晓辉	37200	18.17%		

图 4-37

4.2.3 引用其他工作表数据源计算

关 键 点：如何引用其他工作表中的数据源来计算
操作要点：切换到其他工作表选择数据源
应用场景：当数据分多表管理时，最终在数据核算时通常要引用多表的数据来完成计算，或进行数据对比

引用其他工作表中数据源的格式为：'工作表名'! 数据源地址。

❶ 选中 C3 单元格，在编辑栏中输入"=SUM("，接着按住 Shift 或 Ctrl 键，在工作表标签上单击，选中所有要参加计算的工作表，如图 4-38 所示，表示"7 月销售业绩""8 月销售业绩""9 月销售业绩"3 张工作表都参与运算。

SUMIF	▼	× ✓ fx	=SUM()	
	A	B	C SUM(number1, [number2], ...)	F
1		员工销售业绩		
2	序号	销售员	销售金额	提成
3	1	章华	=SUM()	
4	2	张蓓		
5	3	李晓丽		
6	4	王尔龙		

◀ ▶ | 7月销售业绩 | 8月销售业绩 | 9月销售业绩 | **第3季度总销售业绩**

图 4-38

此处采用同时选中多工作表标签再选中用于计算的单元格区域方式，表示这几个工作表中同一位置上的单元格区域用于计算。如果各个工作表中用于计算的单元格区域不在同一位置，则需要依次进入工作表中选择需要的单元格区域。

❷ 接着在 C3 单元格上单击，按 Enter 键后，即可计算出"章华"的季度销售金额，如图 4-39 所示（这个操作表示将"7 月销售业绩""8 月销售业绩""9 月销售业绩"3 张工作表中的 C3 单元格累计相加的结果）。

❸ 将鼠标移动到 C3 单元格右下角，当出现黑色"十"字形状时按住鼠标左键向下拖动复制公式，释放公式后，即可引用其他工作表中的数据源计算出员工的季度销售金额，如图 4-40 所示。

C3	▼	× ✓ fx	=SUM('7月销售业绩:9月销售业绩'!C3)	
	A	B	C	D
1		员工销售业绩		
2	序号	销售员	销售金额	提成
3	1	林丽	47560	
4	2	何成洁		
5	3	李大成		
6	4	周凌云		

◀ ▶ | ... | 8月销售业绩 | 9月销售业绩 | **第3季度总销售业绩** | ⊕

图 4-39

	A	B	C	D	E
1		员工销售业绩			
2	序号	销售员	销售金额	提成	
3	1	林丽	47560		
4	2	何成洁	41675		
5	3	李大成	39662		
6	4	周凌云	46850		

◀ ▶ | ... | 8月销售业绩 | 9月销售业绩 | **第3季度总销售业绩**

图 4-40

比较本月的出库量与上月的出库量是否有增长

在如图 4-41 所示的表格中，要求将本月的出库数量与上月相比较，因此需要引用"1月"这张表格中的数据到公式中。

C2		× ✓ fx	=IF(B2>'1月'!B2,"增长","")	
	A	B	C	D	E
1	商品品牌	出库数量	与上月相比		
2	美的BX-0908	15	增长		
3	海尔KT-1067	10			
4	格力KT-1188	22	增长		
5	美菱BX-676C	14			
6	美的BX-0908	10			
7	荣事达XYG-710Y	16	增长		
8	海尔XYG-8796F	10			
9	格力KT-1109	11			
10	格力KT-1188	15	增长		
11	美的BX-0908	17	增长		
12					

1月 2月

图 4-41

4.2.4 引用其他工作簿数据源计算

关 键 点：如何引用其他工作簿中的数据来计算
操作要点：切换到其他工作簿选择数据源
应用场景：引用其他工作簿数据源是指在打开的多张工作簿中，引用除去当前工作簿以外的工作簿中的数据源

引用其他工作簿中数据源的格式为：[工作簿名称]工作表名!数据源地址。

❶ 打开"7月工资表"工作簿，在"7月工资表"工作表中选中 C7 单元格，在编辑栏输入"="，如图 4-42 所示，切换到"员工销售员业绩统计表"工作簿，在"7月销售业绩"工作表中单击 D3 单元格（表示引用这个单元格中的数据），如图 4-43 所示。

❷ 按 Enter 键后，即可引用"员工销售员业绩统计表"工作簿中的林丽的提成金额，如图 4-44 所示。

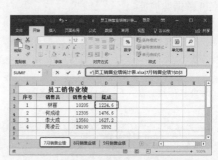

图 4-43

图 4-42

	A	B	C	D
1			员工工资表	
2	姓名	基本工资	绩效工资	工龄工资
3	陈程	2000		20
4	刘子莹	2300		50
5	叶伊琳	2300		20
6	汪海洋	2500		100
7	林丽	2300	1224.6	50
8	何成洁	2300		50
9	李大成	2300		50
10	周凌云	2300		40
11				

7月工资表

图 4-44

❸ 将绝对引用数据中的 $D$3 更改为 D3，选中 C7 单元格，拖动填充柄向下复制公式即可得到其他

销售员的销售业绩，如图 4-45 所示。

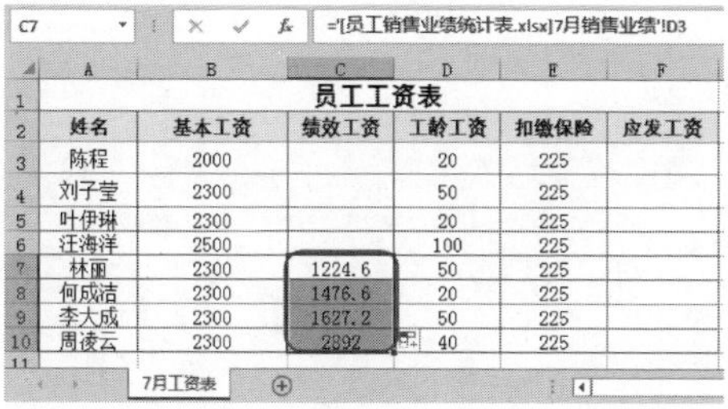

图 4-45

专家提醒

在引用其他工作簿中的数据源时，系统默认引用的数据源为绝对引用，此时复制公式得到的计算结果是一样的，所以需要根据实际情况，将引用的数据源更改为相对数据源。

4.3 公式计算中函数的使用

函数是应用于公式中的一个最重要的元素，有了函数的参与，才可以解决非常复杂的手工运算，甚至是无法通过手工完成的运算。函数是 Excel 软件中一项强大的功能，共有 9 大类函数，如数学函数、统计函数、文本函数、查找函数等，不同的函数能解决不同的问题，如 AVERAGE 函数计算一组数据的平均值、IPMI 函数计算贷款分期偿还额、SYD 函数计算固定资产折旧值、VLOOKUP 函数查找满足条件的值等。

4.3.1 了解函数

关 键 点：了解函数的构成、学习函数的用法
操作要点："函数参数"对话框、Excel 帮助
应用场景：函数对于初学者而言有些难度，首先要了解函数的构成并掌握学习函数的方法，从易到难逐步学会用函数解决工作中遇到的问题

1. 函数的构成

函数的结构以函数名称开始，后面是左圆括号，接着是参数，各参数间使用逗号分隔，参数设置完毕输入右圆括号表示结束。

"=IF(B3=0,0,C3/D3)" 公式中就使用了一个 IF 函数，其中 IF 是函数名称，B3=0、0、C3/D3 是 IF 函数的 3 个参数。

单一函数不能返回值，因此必须以公式的形式出现，即前面添加上 "=" 号才能得到计算结果。

函数必须要在公式中使用才有意义，单独的函数是没有意义的，在单元格中只输入函数，返回的是一个文本而不是计算结果，如图 4-46 所示，因为没有使用 "=" 号开头，所以返回的是一个文本。

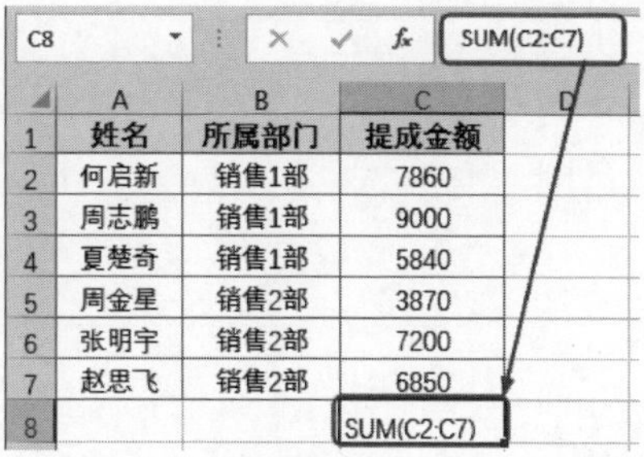

另外，函数的参数设定必须满足此函数的规则，否则也会返回错误值，如图 4-47 所示，因为 "合格" 与 "不合格" 是文本，应用于公式中时必须要使用双引号，当前未使用双引号，所以参数不符合规则。

图 4-46

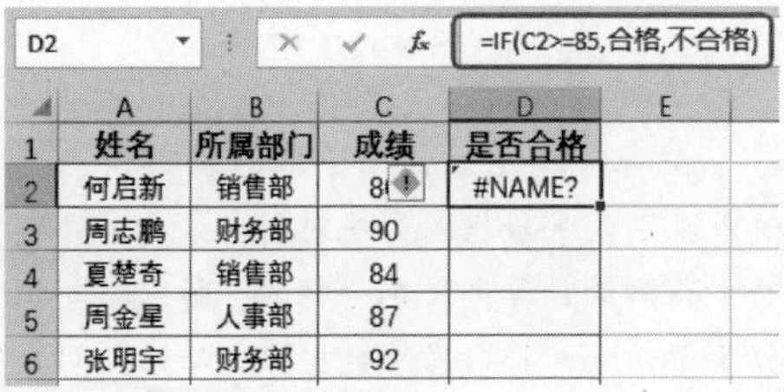

图 4-47

2. 学习函数的用法

在函数使用过程中,参数的设置是关键,可以通过插入函数参数向导学习函数的设置,还可以通过 Excel 内置的帮助功能学习函数的用法。

(1)了解函数的参数

❶选中单元格,在编辑栏中输入"=函数名()",将光标定位在括号内,此时可以显示出该函数的所有参数,如图 4-48 所示。

❷如果想更加清楚地了解每个参数该如何设置,可以单击编辑栏前的 ƒx 按钮,打开"插入函数"对话框,选择函数后打开"函数参数"对话框,将光标定位到不同参数编辑框中,下面会显示对该参数的解释,从而便于初学者正确设置参数,如图 4-49、图 4-50 所示。

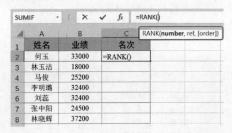

图 4-48

图 4-49

图 4-50

(2)帮助功能学习函数

❶在编辑栏中单击 ƒx 按钮,打开"插入函数"对话框,选中要使用的函数,单击"有关该函数的帮助"按钮,如图 4-51 所示,打开"Excel 帮助"窗格。

图 4-51

❷在打开的"Excel 帮助"窗格中可以看到显示了该函数的用法与语法,如图 4-52 所示。

图 4-52

4.3.2 求和函数 SUM、SUMIF

关 键 点: 求和与按条件求和

操作要点: "自动求和"按钮、通过文中公式解析学会 SUMIF 与 SUMIFS 函数的参数规则

应用场景: 对一个区域快速求和运算在办公中极为常用。另外有时也需要只对满足条件的数据进行求和，满足单条件时使用 SUMIF 函数，满足双条件时使用 SUMIFS 函数

1. 计算总库存量（SUM 函数）

已知 1 号仓库和 2 号仓库各个产品的库存量，可以使用 SUM 函数快速计算出总的库存量。

❶ 选中 B10 单元格，单击"公式"选项卡，在"函数库"选项组中单击"自动求和"按钮，此时自动插入 SUM 函数并且给出默认的数据源，如图 4-53 所示。

❷ 利用鼠标选取的方式将引用的单元格区域更改为 B2:C8，如图 4-55 所示，按 Enter 键，即可计算出库存总量，如图 4-56 所示。

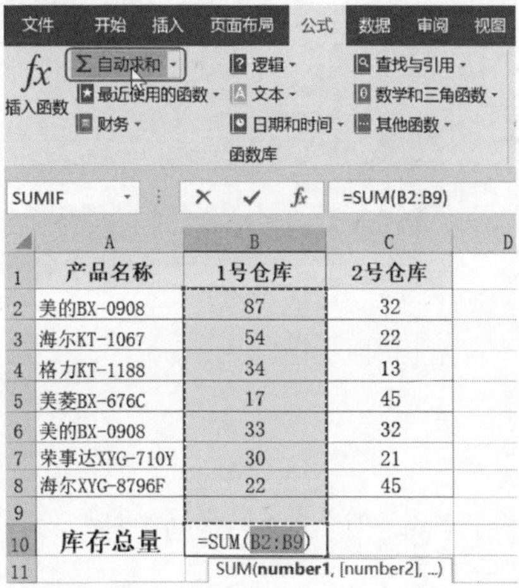

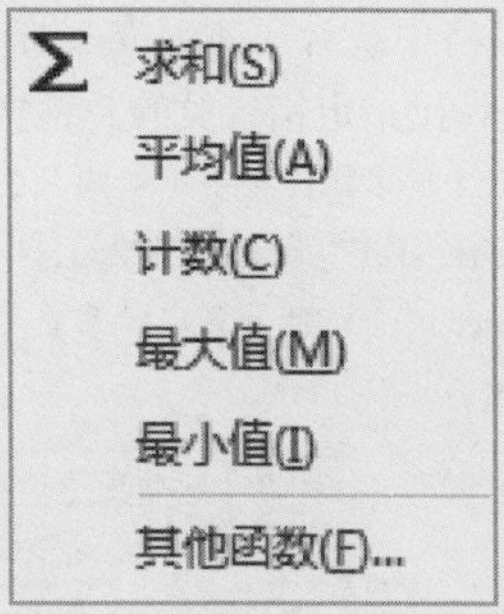

Σ	求和(S)
	平均值(A)
	计数(C)
	最大值(M)
	最小值(I)
	其他函数(F)...

图 4-54

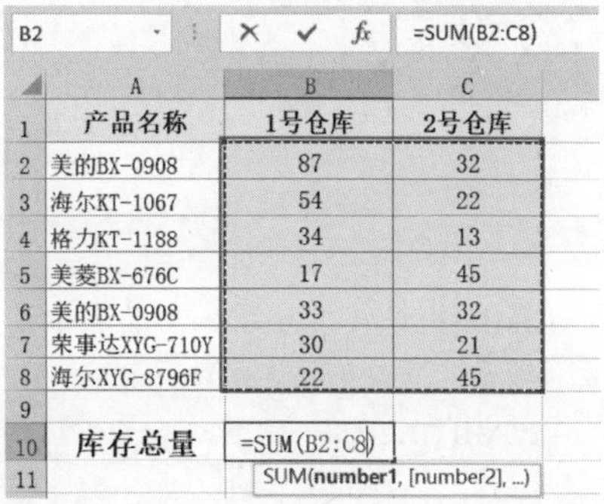

图 4-53

知识扩展

在"自动求和"下拉菜单中预置了如图 4-54 所示的几种最常用的函数。当需要使用时可以从此处选择使用，用法都与 SUM 函数一样。

	A 产品名称	B 1号仓库	C 2号仓库
1	产品名称	1号仓库	2号仓库
2	美的BX-0908	87	32
3	海尔KT-1067	54	22
4	格力KT-1188	34	13
5	美菱BX-676C	17	45
6	美的BX-0908	33	32
7	荣事达XYG-710Y	30	21
8	海尔XYG-8796F	22	45
9			
10	库存总量	=SUM(B2:C8)	
11		SUM(**number1**, [number2], ...)	

图 4-55

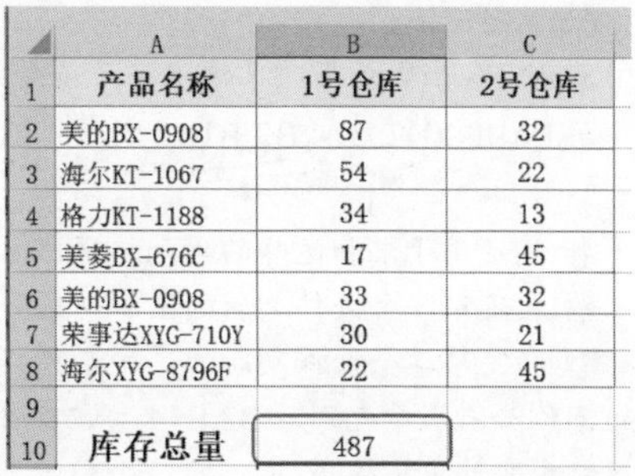

	A 产品名称	B 1号仓库	C 2号仓库
1	产品名称	1号仓库	2号仓库
2	美的BX-0908	87	32
3	海尔KT-1067	54	22
4	格力KT-1188	34	13
5	美菱BX-676C	17	45
6	美的BX-0908	33	32
7	荣事达XYG-710Y	30	21
8	海尔XYG-8796F	22	45
9			
10	库存总量	487	

图 4-56

在选择"自动求和"下拉菜单中的常用函数计算时，系统默认引用计算单元格所在同一行或同一列数据源，用户在计算时，需要根据实际情况手动调整用于计算的单元格区域。

2. 计算指定销售员的总销售额（SUMIF 函数）

当前表格中统计了本月员工的销售记录，现在需要统计出指定销售员的总销售额。

❶ 选中 E2 单元格，在编辑栏输入公式：
=SUMIF(B2:B11," 何慧兰 ",C2:C11)

❷ 按 Enter 键，即可计算出销售员"何慧兰"的总销售额，如图 4-57 所示。

E2			fx	=SUMIF(B2:B11,"何慧兰",C2:C11)
	A	B	C	D	E
1	编号	销售员	销售额		何慧兰总销售额
2	YWSP-030301	何慧兰	12900		41900
3	YWSP-030302	周云溪	1670		
4	YWSP-030501	夏楚玉	9800		
5	YWSP-030601	何慧兰	12000		
6	YWSP-030901	周云溪	11200		
7	YWSP-030902	夏楚玉	9500		
8	YWSP-031301	何慧兰	7900		

图 4-57

公式分析

SUMIF 函数是指对区域中满足条件的单元格求和。它的参数设置详解如下：
=SUMIF(B2:B11," 何慧兰 ",C2:C11)
　　　❶　　　　❷　　　❸

❶ 用于条件判断的单元格区域。
❷ 指定的条件。
❸ 用于求和计算的单元格区域。

本例公式表示先判断 B2:B11 单元格区域中哪些单元格为"何慧兰"，然后将对应于 C2:C12 单元格区域上的值求和。

3. 同时满足双条件时求和（SUMIFS 函数）

当前表格统计了公司 3 月各品牌产品在各门店的销售额，为了对销售数据进一步分析，需要计算"新都汇店""玉肌"品牌产品的总销售额，即要同时满足两个条件。

❶ 选中 F2 单元格，在编辑栏中输入公式：
=SUMIFS(D2:D14,B2:B14," 新都汇店 ",C2:C14," 玉肌 ")

❷ 按 Enter 键，即可同时满足店面要求与品牌要求，利用 D2:D14 单元格区域中的值求和，如图 4-58 所示。

F2			fx	=SUMIFS(D2:D14,B2:B14,"新都汇店",C2:C14,"玉肌")
	A	B	C	D	E	F
1	销售日期	店面	品牌	销售额		新都汇玉肌总销售额
2	2017-3-4	国购店	贝莲娜	8870		18000
3	2017-3-4	沙湖街区店	玉肌	7900		
4	2017-3-4	新都汇店	玉肌	9100		
5	2017-3-5	沙湖街区店	玉肌	12540		
6	2017-3-11	沙湖街区店	薇姿薇可	9600		
7	2017-3-11	新都汇店	玉肌	8900		
8	2017-3-12	沙湖街区店	贝莲娜	12000		
9	2017-3-18	新都汇店	玉肌	11020		
10	2017-3-18	圆融广场店	玉肌	9500		
11	2017-3-19	圆融广场店	薇姿薇可	11200		
12	2017-3-25	圆融广场店	玉肌	8670		
13	2017-3-26	圆融广场店	贝莲娜	13600		
14	2017-3-26	圆融广场店	玉肌	12000		

图 4-58

公式分析

SUMIFS 函数是指对区域中满足多个条件的单元格求和。它的参数设置详解如下：
=SUMIFS(D2:D14,B2:B14," 新都汇店 ",C2:C14," 玉肌 ")
　　　　❶　　　　　　❷　　　　　　　❸

❶ 指定用于求和运算的单元格区域。
❷ 指定第一个条件判断的区域与第一个条件。
❸ 指定第二个条件判断的区域与第二个条件。

本例公式表示先判断 B2:B14 单元格区域中哪些单元格为"新都汇店"，再判断 C2:C14 单元格区域中哪些单元格为"玉肌"，当同时满足这两个条件时，取对应在 D2:D14 单元格区域上的值，并进行求和计算。

练一练

一次性统计所有销售员本月的销售总额

如图 4-59 所示，要求一次性计算出所有销售员各自的总销售额。这时的公式有两个注意点：

（1）注意单元格区域的引用方式（不能变的要绝对引用）。

（2）指定条件时也使用引用单元格的方式。

	F2		× ✓ fx	=SUMIF($B$2:$B$11,E2,$C$2:$C$11)	
	A	B	C	E	F
1	编号	销售员	销售额	销售员	总销售额
2	YWSP-030301	何慧兰	12900	何慧兰	41900
3	YWSP-030302	周云溪	1670	周云溪	23070
4	YWSP-030501	夏楚玉	9800	夏楚玉	28200
5	YWSP-030601	何慧兰	12000		
6	YWSP-030901	周云溪	11200		
7	YWSP-030902	夏楚玉	9500		
8	YWSP-031301	何慧兰	7900		
9	YWSP-031401	周云溪	10200		
10	YWSP-031701	夏楚玉	8900		
11	YWSP-032001	何慧兰	9100		

图 4-59

4.3.3 求平均值函数 AVERAGE、AVERAGEIF

关 键 点： 求平均值与按条件求平均值
操作要点： AVERAG 函数、AVERAGEIF 函数
应用场景： 对一个区域快速求平均值运算在办公中极为常用。另外有时也需要只对满足条件的数据进行求平均值，此时需要使用 AVERAGEIF 函数

1. 统计成绩的平均分（AVERAGE 函数）

已知某班级某次测试的成绩，需要快速计算出平均分。

❶选中 B12 单元格，在编辑栏输入公式"=AVERAGEA(B2:B11)"。

❷按 Enter 键，即可计算出平均成绩，如图 4-60 所示。

	B12		× ✓ fx	=AVERAGE(B2:B11)	
	A	B	C	D	E
1	姓名	测试分数			
2	翟鑫	87			
3	张宏滨	93			
4	张明	80			
5	刘成瑞	90			
6	方兴	87			
7	华成玉	85			
8	汤玉儿	72			
9	唐颖	98			
10	魏晓	75			
11	肖周文	90			
12	平均分	85.7			

图 4-60

2. 统计指定班级的平均分（AVERAGEIF 函数）

当前表格中统计了某年级某次竞赛的成绩（每班均有 5 人参赛），现在需要统计出各个班级的平均成绩。

❶选中 G2 单元格，在编辑栏输入公式"=AVERAGEIF($B$2:$B$11,F2,$D$2:$D$11)"。

❷按 Enter 键，即可计算出"（1）班"的平均分，如图 4-61 所示。

	G2		× ✓ fx	=AVERAGEIF($B$2:$B$11,F2,$D$2:$D$11)		
	A	B	C	D	E	F	G
1	名次	班级	姓名	测试分数		班级	平均分
2	1	(1)班	唐颖	98		(1)班	84
3	2	(2)班	张宏滨	93		(2)班	
4	3	(1)班	刘成瑞	90			
5	4	(2)班	肖周文	90			
6	5	(2)班	翟鑫	87			
7	6	(1)班	方兴	87			
8	7	(2)班	华成玉	85			

图 4-61

❸选中 G2 单元格，拖动填充柄即可向下复制公式得到其他班级的平均分，如图 4-62 所示。

	G3		× ✓ fx	=AVERAGEIF($B$2:$B$11,F3,$D$2:$D$11)		
	A	B	C	D	E	F	G
1	名次	班级	姓名	测试分数		班级	平均分
2	1	(1)班	唐颖	98		(1)班	84
3	2	(2)班	张宏滨	93		(2)班	88.75
4	3	(1)班	刘成瑞	90			
5	4	(2)班	肖周文	90			
6	5	(2)班	翟鑫	87			
7	6	(1)班	方兴	87			
8	7	(2)班	华成玉	85			

图 4-62

公式分析

AVERAGEIF 函数用于返回某个区域内满足给定条件的所有单元格的平均值（算术平均值）。它的参数设置详解如下：

$$=AVERAGEIF(\underset{①}{\$B\$2{:}\$B\$11},\underset{②}{F2},\underset{③}{\$D\$2{:}\$D\$11})$$

① 用于条件判断的单元格区域。
② 指定的条件。
③ 用于求平均值计算的单元格区域。

本例公式表示先判断 B2:B11 单元格区域中哪些为与 F2 中相同的班级，然后将满足条件的对应在 D2:D11 单元格区域的数据求平均值。

统计电视类（各种不同品牌电视）商品的平均销量

如图 4-63 所示，要求统计出所有电视类商品的平均销量，这时注意在判断条件中可以使用通配符。

D2		× ✓ fx	=AVERAGEIF(A2:A11,"*电视*",B2:B11)	
	A	B	D	E
1	商品名称	销量	电视的平均销量	
2	长虹电视机32寸	45	30	
3	Haier电冰箱	29		
4	TCL平板电视机	28		
5	三星手机	31		
6	三星智能电视	29		
7	美的电饭锅	270		
8	创维电视机3D	30		
9	手机索尼SONY	104		
10	电冰箱长虹品牌	21		
11	海尔电视机57寸	17		

图 4-63

4.3.4 求最大值函数 MAX、LARGE

关 键 点： 求最大值与第几个最大值
操作要点： 通过文中公式解析学会 MAX、LARGE 函数的参数规则
应用场景： MAX 用于求一个区域的最大值，LARGE 函数用于求取一个区域中的第几个最大值。只求最大值时二者均可，如果求指定的第几个最大值则只能使用 LARGE 函数

1. 求某季度中的最高销量（MAX 函数）

已知第三季度各月各个店铺的销量，使用 MAX 函数查找最高销量。

❶ 选中 B6 单元格，在编辑栏输入公式：

=MAX(B2:E4)

❷ 按 Enter 键，即可返回第三季度最高销量，如图 4-64 所示。

B6		× ✓ fx	=MAX(B2:E4)	
	A	B	C	D	E
1	月份	滨湖店	鼓楼店	万达店	站前店
2	7月	404	426	326	226
3	8月	246	204	311	365
4	9月	463	210	226	354
5					
6	最高销量	463			

图 4-64

Excel 表格制作与数据处理从入门到精通

除了求最大值外，还可以使用 MIN 函数来快速求取最小值。例如，使用公式 "=MIN(B2:E4)"，可以快速求取 B2:E4 单元格区域中的最小值。

2. 求指定班级的最高分（MAX+IF 函数）

MAX 函数本身不具备按条件判断的功能，因此要实现按条件判断则需要如同本例一样利用数组公式实现。此公式非常实用，读者可记住这种应用方法。表格中统计的是某次竞赛的成绩统计表，其中包含有 3 个班级，现在需要分别统计出各个班级的最高分。

❶ 选中 G2 单元格，在编辑栏中输入公式：
=MAX(IF($C$2:$C$16=F2,$D$2:$D$16))
❷ 按 Enter 键，即可计算出 "二（1）班" 的最高分，如图 4-65 所示。

图 4-65

❸ 选中 G2 单元格，拖动右下角的填充柄向下复制公式即可一次得到每个班级的最高分，如图 4-66 所示。

图 4-66

公式分析

要想让 MAX 函数也具备条件判断的功能，需要配合 IF 函数来进行公式设置。本例公式详解如下：

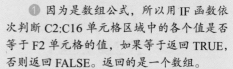

❶ 因为是数组公式，所以用 IF 函数依次判断 C2:C16 单元格区域中的各个值是否等于 F2 单元格的值，如果等于返回 TRUE，否则返回 FALSE。返回的是一个数组。
❷ 将 ❶ 步数组依次对应 D2:D16 单元格区域取值，❶ 步数组中为 TRUE 的返回其对应的值，❶ 步数组为 FALSE 的返回 FALSE。结果还是一个数组。
公式最终对 ❷ 步数组中的值取最大值。

3. 求任意指定的第几个最大值（LARGE 函数）

当前表格中统计了 10 位评委的打分情况，要求统计出每位参赛选手的去除最高分后的最高分，即第二个最大值。

❶ 选中 B13 单元格，在编辑栏中输入公式：
=LARGE(B2:B11,2)
❷ 按 Enter 键即可统计出 B2:C11 单元格区域中的第二个最大值，如图 4-67 所示。

图 4-67

❸ 选中 B13 单元格，拖动右下角的填充柄向右复制公式（复制到 D13 单元格），可依次返回每位参赛者分数列表中的第二个最大值，如图 4-68 所示。

| B13 | ▼ | : | × | ✓ | fx | =LARGE(B2:B11,2) |

▲	A	B	C	D	E
1	评委	李洁	周云云	崔娜	
2	评委1	98	80	80	
3	评委2	69	76	72	
4	评委3	80	89	80	
5	评委4	99	80	80	
6	评委5	88	97	87	
7	评委6	80	80	97	
8	评委7	87	95	69	
9	评委8	97	85	80	
10	评委9	85	87	99	
11	评委10	88	90	80	
12					
13	第二个最高分	98	95	97	
14					

图 4-68

公式分析

LARGE 函数返回某一数据集中的某个最大值。其参数详解如下：

=LARGE(B2:B11,2)
　　　　　　①　②

① 指定需要从中查询第 k 个最大值的数组或数据区域。

② 指定要返回第几个最大值。

本例公式表示 B2:B11 单元格区域中寻找第 2 个最大值，即评分排名第二的值。

4.3.5 按条件计数函数 COUNTIF

关 键 点：按条件计数

操作要点：通过文中公式解析学会 COUNTIF 函数的参数规则

应用场景：COUNTIF 函数可以先判断条件然后对满足条件的数字进行计数，如统计工资额大于 5000 元的人数、学历为"研究生"的人数等

1. 统计出指定学历的人数（COUNTIF 函数）

当前表格统计了公司员工的姓名、性别、部门、年龄及学历信息，需要统计"本科"学历员工的人数。

① 选中 G2 合并单元格，在编辑栏输入公式：
=COUNTIF(E2:E14," 本科 ")

② 按 Enter 键，即可统计出学历为"本科"的人数，如图 4-70 所示。

| G2 | ▼ | : | × | ✓ | fx | =COUNTIF(E2:E14,"本科") |

▲	A	B	C	D	E	F
1	姓名	性别	部门	年龄	学历	本科学历员工人数
2	张治军	男	财务部	29	本科	7
3	刘菲儿	女	企划部	32	专科	
4	李成杰	男	财务部	27	研究生	
5	夏正霄	女	后勤部	26	专科	
6	万文锦	男	企划部	30	本科	
7	刘岚轩	男	后勤部	33	本科	
8	孙悦	女	财务部	29	研究生	
9	徐梓璃	男	财务部	35	专科	
10	许宸浩	男	后勤部	25	本科	
11	王硕彦	男	企划部	34	本科	
12	姜美	男	人事部	27	研究生	
13	蔡浩轩	男	企划部	30	本科	
14	王晓蝶	女	人事部	28	本科	

图 4-70

练一练

分班级统计各班级的前三名成绩

如图 4-69 所示，要求返回各个班级中前三名的成绩。要同时返回前三名的成绩，就需要用到数组的部分操作。需要一次性选中要返回结果的 3 个单元格，然后配合 IF 函数对班级进行判断。要求解"2 班"的前三名成绩时，只要将 F2:F4 单元格区域中的公式复制到 G2:G4 单元格区域中即可。

| F2 | ▼ | : | × | ✓ | fx | {=LARGE(IF($A$2:$A$12=F1,$C$2:$C$12),{1;2;3})} |

▲	A	B	C	D	E	F	G	H
1	班级	姓名	成绩			1班	2班	
2	1班	张治军	85		第一名	97	95	
3	2班	刘菲儿	90		第二名	93	92	
4	1班	李成杰	97		第三名	91	90	
5	2班	夏正霄	82					
6	1班	万文锦	85					
7	2班	刘岚轩	93					
8	2班	孙悦	92					
9	2班	徐梓璃	77					
10	1班	许宸浩	87					
11	2班	王硕彦	95					
12	1班	姜美	91					

图 4-69

公式分析

COUNTIF 函数用于对区域中满足单个指定条件的单元格进行计数。它的参数设置详解如下：

=COUNTIF(E2:E14," 本科 ")
①　　　　②

① 表示需要计算其中满足条件的单元格数目的单元格区域。

② 指定的条件。

本例公式表示统计出 E2:E14 单元格区域中"本科"数据的记录数。

2. 统计总分在600分以上的人数（COUNTIF 函数）

当前表格中统计了各个学生的总成绩，要求计算出总分在 600 分以上的学生有多少人。

❶ 选中 E2 单元格，在编辑栏输入公式：

=COUNTIF(C2:C14,">600")

❷ 按 Enter 键，即可计算出大于 600 分的人数，如图 4-71 所示。

	A	B	C	D	E
				fx	=COUNTIF(C2:C14,">600")
1	序号	姓名	总计		600分以上的人数
2	1	张治军	625		6
3	2	刘菲儿	634		
4	3	李成杰	527		
5	4	夏正霖	693		
6	5	万文锦	569		
7	6	刘岚轩	537		
8	7	孙悦	613		
9	8	徐梓瑞	633		
10	9	许宸浩	547		
11	10	王硕彦	556		
12	11	姜美	595		
13	12	蔡浩轩	660		
14	13	王晓蝶	581		

图 4-71

公式分析

本例公式表示统计出 C2:C14 单元格区域中大于 600 的数据的记录数。注意，在设置条件时也可以使用比较运算符。

练一练

分班级统计各班级的前三名成绩

要求统计出"90 以上""80 ~ 90""80 以下"几个分数段的人数。

统计"90 以上"与"80 以下"分数段人数时可以直接使用 COUNTIF 函数，如图 4-72 所示。而统计"80 ~ 90"这个分数段人数则需要使用 COUNTIFS 函数，因为它涉及两个判断条件（ "<90" 和 ">=80" ），如图 4-73 所示。COUNTIFS 函数计算某个区域中满足多重条件的单元格数目。在设置 COUNTIFS 函数的参数时逐一写出条件判断区域与判断条件即可。

	A	B	C	D	E	F
F2				fx	=COUNTIF($C$2:$C$14,">=90")	
1	姓名	部门	考核成绩		分数界定	人数
2	姚雨露	销售1部	95		90以上	3
3	李成涵	销售1部	76		80~90	
4	张源	销售1部	82		80以下	
5	王昕宇	销售1部	90			
6	盛奕晨	销售1部	87			
7	陈程	销售1部	79			
8	李竟尧	销售2部	92			
9	张伊聆	销售2部	77			
10	纪雨希	销售2部	88			
11	傅文华	销售3部	75			
12	周文杰	销售3部	70			
13	陈紫	销售3部	88			
14	李明	销售3部	72			

图 4-72

	A	B	C	D	E	F	G
F3				fx	=COUNTIFS(C2:C14,"<90",C2:C14,">=80")		
1	姓名	部门	考核成绩		分数界定	人数	
2	姚雨露	销售1部	95		90以上	3	
3	李成涵	销售1部	76		80~90	4	
4	张源	销售1部	82		80以下		
5	王昕宇	销售1部	90				
6	盛奕晨	销售1部	87				
7	陈程	销售1部	79				
8	李竟尧	销售2部	92				
9	张伊聆	销售2部	77				
10	纪雨希	销售2部	88				
11	傅文华	销售3部	75				
12	周文杰	销售3部	70				
13	陈紫	销售3部	88				
14	李明	销售3部	72				

图 4-73

关 键 点: 按条件判断并返回指定的值
操作要点: 通过文中公式解析学会 IF 函数参数的规则
应用场景: 条件判断即判断给定条件的"真""假",如果为真返回某个指定值;如果为假返回某个指定值。这在日常工作中是极为常用的,如当考核成绩达到 90 分时刚好录取,当库存量小于 10 件时提示补货等

1. 库存小于 10 件时提醒补货(IF 函数)

当前表格中统计了各商品的库存数量,要求建立公式起到库存提醒的作用,即当库存小于 10 时提示"补货"。

❶ 选中 D2 单元格,在编辑栏输入公式:
=IF(C2<=10," 补货 ","")

❷ 按 Enter 键,即可根据 C2 单元格的数值返回相应值(即如果小于等于 10 件就显示"补货"文字),如图 4-74 所示。

❸ 选中 D2 单元格,拖动右角的填充柄向下复制公式即可批量判断各商品的库存情况,如图 4-75 所示。

D2		× ✓ fx	=IF(C2<=10,"补货","")	
	A	B	C	D
1	产品	规格	库存	库存提醒
2	咸亨太雕酒(十年陈)	5L	7	补货
3	绍兴花雕酒	5L	45	
4	绍兴会稽山雕酒	5L	12	
5	绍兴会稽山花雕酒(十年陈)	5L	5	
6	大越雕酒	5L	7	
7	大越雕酒(十年陈)	5L	12	
8	古越龙山花雕酒	5L	52	
9	绍兴黄酒女儿红	5L	5	
10	绍兴黄酒女儿红(十年陈)	5L	6	
11	绍兴塔牌黄酒	5L	47	

图 4-74

	A	B	C	D
1	产品	规格	库存	库存提醒
2	咸亨太雕酒(十年陈)	5L	7	补货
3	绍兴花雕酒	5L	45	
4	绍兴会稽山雕酒	5L	12	
5	绍兴会稽山花雕酒(十年陈)	5L	5	补货
6	大越雕酒	5L	7	补货
7	大越雕酒(十年陈)	5L	12	
8	古越龙山花雕酒	5L	52	
9	绍兴黄酒女儿红	5L	5	补货
10	绍兴黄酒女儿红(十年陈)	5L	6	补货
11	绍兴塔牌黄酒	5L	47	

图 4-75

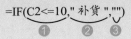

公式分析

IF 函数是根据指定的条件来判断其"真"(TRUE)、"假"(FALSE),从而返回其相对应的内容。其参数设置详解如下:

=IF(C2<=10," 补货 ","")
  ❶   ❷ ❸

❶ 表示判断条件,当此条件为真时返回❷步指定的值,当此条件为假时返回❸步指定的值。

❷ 表示当❶步为真时想返回的值。

❸ 表示当❶步为假时想返回的值。

本例公式表示如果 C2 单元格数据小于等于 10,则返回"补货"文字,否则返回空值。

2. 只为满足条件的产品提价(IF 函数)

当前表格统计了一系列产品的定价,现在需要对部分产品进行调价。具体规则为:当产品是"十年陈"时,价格上调 50 元,其他产品保持不变。

要完成这项工作,需要公式能自动找出"十年陈"这项文字,从而实现当满足条件时进行提价运算。由于"十年陈"文字都显示在产品名称的后面,因此可以使用 RIGHT 这个文本函数实现提取。

❶ 选中 D2 单元格,在编辑栏输入公式:
=IF(RIGHT(A2,5)="(十年陈)",C2+50,C2)

❷ 按 Enter 键,即可根据 A2 单元格的中的产品名称,判断其是否满足"十年陈"这个条件,从图 4-76 中可以看到当前是满足的,因此计算结果是"C2+50"的值。

	A	B	C	D	E
1	产品	规格	定价	调后价格	
2	咸亨太雕酒(十年陈)	5L	320	370	
3	绍兴花雕酒	5L	128		
4	绍兴会稽山花雕酒	5L	215		
5	绍兴会稽山花雕酒(十年陈)	5L	420		
6	大越雕酒	5L	187		
7	大越雕酒(十年陈)	5L	398		
8	古越龙山花雕酒	5L	195		
9	绍兴黄酒女儿红	5L	358		
10	绍兴黄酒女儿红(十年陈)	5L	440		
11	绍兴塔牌黄酒	5L	228		

图 4-76

❸ 选中 D2 单元格，拖动右下角的填充柄向下复制公式即可批量判断各商品是否满足提价条件，如图 4-77 所示。

	A	B	C	D
1	产品	规格	定价	调后价格
2	咸亨太雕酒(十年陈)	5L	320	370
3	绍兴花雕酒	5L	128	128
4	绍兴会稽山花雕酒	5L	215	215
5	绍兴会稽山花雕酒(十年陈)	5L	420	470
6	大越雕酒	5L	187	187
7	大越雕酒(十年陈)	5L	398	448
8	古越龙山花雕酒	5L	195	195
9	绍兴黄酒女儿红	5L	358	358
10	绍兴黄酒女儿红(十年陈)	5L	440	490
11	绍兴塔牌黄酒	5L	228	228

图 4-77

🔍 公式分析

IF 函数的第一个判断条件可以嵌套其他函数，从而实现更加灵活的条件判断。例如，本例中要想完成对是否包含有"十年陈"文字这个条件的判断，则需要公式能自动找到"十年陈"这项文字，由于"十年陈"文字都在显示产品名称的后面，因此可以使用 RIGHT 这个文本函数实现提取。RIGHT 函数用于从给定的文本字符的最右侧开始提取，提取的字符数用第 2 个参数指定：

=IF(RIGHT(A2,5)="(十年陈)",C2+50,C2)

　　　　　　　　　　① 　　　② ③

❶ 从 A2 单元格中的最右侧开始共提取

5 个字符，然后判断是否是"(十年陈)"。

❷ 如果❶步为真时执行"C2+50"运算。

❸ 如果❶步为假时返回 C2，即不进行提价。

📎 专家提醒

在设置"RIGHT(A2,5)="(十年陈)""，注意"(十年陈)"前后的括号是区分全半角的，即如果在单元格中是使用的全角括号，那么公式中也需要使用全角括号，否则会导致公式错误。

📝 练一练

根据库存数量给出"补货""准备""充足"的提示

如图 4-78 所示，要求根据库存数量一次性返回"补货"（小于等于 10 件时）、"准备"（小于 20 件时）、"充足"（大于等于 20 件时）的提示。

公式进行了 IF 函数的嵌套，为了同时满足多条件的判断，IF 函数可以最多达 7 层嵌套。

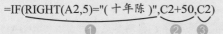

=IF(C2<20,IF(C2<=10,"补货","准备"),"充足")

	A	B	C	D	E
1	产品	规格	库存	库存提醒	
2	咸亨太雕酒（十年陈）	5L	7	补货	
3	绍兴花雕酒	5L	45	充足	
4	绍兴会稽山花雕酒	5L	12	准备	
5	绍兴会稽山花雕酒（十年陈）	5L	5	补货	
6	大越雕酒	5L	5	补货	
7	大越雕酒（十年陈）	5L	12	准备	
8	古越龙山花雕酒	5L	52	充足	
9	绍兴黄酒女儿红	5L	5	补货	
10	绍兴黄酒女儿红（十年陈）	5L	6	补货	
11	绍兴塔牌黄酒	5L	47	充足	

图 4-78

关　键　点：按所给的查找对象自动匹配数据
操作要点：通过文中公式解析学会 LOOKUP、VLOOKUP 函数的参数规则
应用场景：根据给定的查找对象自动为这个对象匹配其他值。这在日常工作中是极为常用的，如实现考生分数的自动查询、实现任意产品库存量的查询、实现产品销售单价的查询等

1. 查询任意学生的成绩（LOOKUP 函数）

当前表格为学生成绩表，要求通过任意学生的姓名快速查询成绩。

❶ 选中"姓名"列的任意单元格，在"数据"选项卡的"排序和筛选"组中单击"升序"按钮，先将此列升序排序，如图 4-79 所示。

图 4-79

❷ 首先输入查询对象，选中 F2 单元格，在编辑栏输入公式：

=LOOKUP(E2,B2:B14,C2:C14)

❸ 按 Enter 键，即可查找出指定姓名的总分，如图 4-80 所示。

图 4-80

❹ 更改 E2 单元格中的查询对象，按 Enter 键即可重新快速查询，如图 4-81 所示。

图 4-81

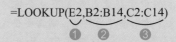

LOOKUP 函数在单行区域或单列区域中查找值，然后返回第二个单行区域或单列区域中相同位置的值。其参数设置详解如下：

=LOOKUP(E2,B2:B14,C2:C14)
　　　　　❶　　❷　　　❸

❶ 指定查找对象。

❷ 用于条件判断的只包含一行或一列的区域。

❸ 用于返回值的只包含一行或一列的区域。

本例公式用于在 B2:B14 中查找 E2 中指定的姓名，找到后返回对应在 C2:C14 单元格区域中相同位置上的值。

专家提醒

LOOKUP 函数查找时，用于查找的行或列的数据都应按升序排列。如果不排列，在查找时会出现查找错误。

LOOKUP 函数还有一个语法，即数组型语法，即只有两个参数，第一个是查找值，第二个是数组。表示在数组的第一行或第一列中查找指定的值，并返回数组最后一行或最后一列内同一位置的值。

2. 按分数区间进行等级评定（LOOKUP 函数）

在 VLOOKUP 函数中通过设置第 4 个参数为 TRUE 时，可以实现模糊查找，而 LOOKUP 函数本身就具有模糊查找的属性。即如果 LOOKUP 找不到所设定的目标值，则会寻找小于或等于目标值的最大数值。利用这个特性可以实现模糊匹配。

❶ 选中 G3 单元格，在编辑栏中输入公式：

=LOOKUP(F3,$A$3:$B$7)

❷ 按 Enter 键，即可根据 F3 单元格的分数返回其对应的等级，如图 4-82 所示。

❸ 选中 G2 单元格，拖动右下角的填充柄向下复制公式即可返回批量结果，如图 4-83 所示。

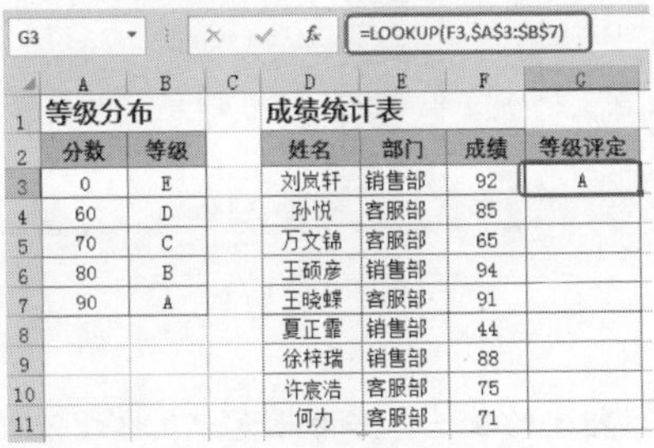

G3 =LOOKUP(F3,$A$3:$B$7)

	A	B	C	D	E	F	G
1	等级分布			成绩统计表			
2	分数	等级		姓名	部门	成绩	等级评定
3	0	E		刘岚轩	销售部	92	A
4	60	D		孙悦	客服部	85	
5	70	C		万文锦	客服部	65	
6	80	B		王硕彦	销售部	94	
7	90	A		王晓蝶	客服部	91	
8				夏正霏	销售部	44	
9				徐梓瑞	销售部	88	
10				许宸浩	客服部	75	
11				何力	客服部	71	

图 4-82

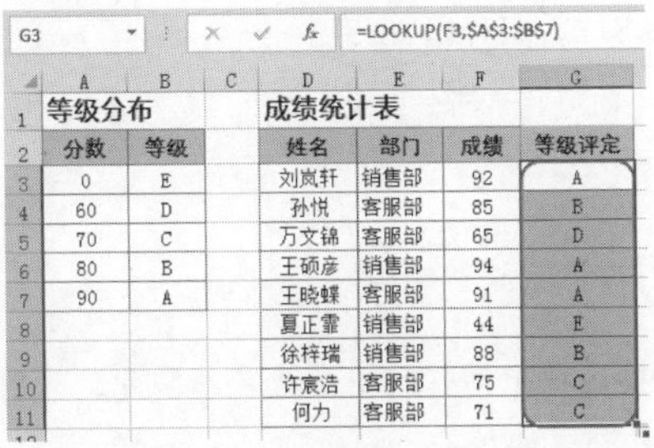

G3 =LOOKUP(F3,$A$3:$B$7)

	A	B	C	D	E	F	G
1	等级分布			成绩统计表			
2	分数	等级		姓名	部门	成绩	等级评定
3	0	E		刘岚轩	销售部	92	A
4	60	D		孙悦	客服部	85	B
5	70	C		万文锦	客服部	65	D
6	80	B		王硕彦	销售部	94	A
7	90	A		王晓蝶	客服部	91	A
8				夏正霏	销售部	44	E
9				徐梓瑞	销售部	88	B
10				许宸浩	客服部	75	C
11				何力	客服部	71	C

图 4-83

公式分析

本例公式是利用了 LOOKUP 模糊查找的属性。其判断原理如下：

查找对象“92”在 A3:A7 单元格区域中找不到，则找到的就是小于 92 的最大数 90，其对应在 B 列上的数据是“A”。再如，查找对象“85”在 A3:A7 单元格区域中找不到，则找到的就是小于 85 的最大数 80，其对应在 B 列上的数据是“B”。

专家提醒

对于本例中的求解目的，也可以使用 IF 函数的多层嵌套来实现。但有几个判断区间就需要有几层 IF 嵌套，区间越多，嵌套的层数就会越多，因此很容易出错，使用 LOOKUP 函数则很好地解决了这个问题。

3. 应对多条件查找（LOOKUP 函数）

LOOKUP 查找并不是只能进行单条件的查找，也可以实现双条件的查找。LOOKUP 函数双条件查找，读者可以记住一个通用公式，“=LOOKUP(1,0/((条件 1= 条件 1 判断区域)*(条件 2= 条件 2 判断区域)*…), 返回值区域)”，即有几个条件，就使用“*”符号连接几个条件。下面看一下具体实例。

❶ 选中 G2 单元格，在编辑栏中输入公式：

=LOOKUP(1,0/((E2=A2:A11)*(F2=B2:B11)),C2:C11)

❷ 按 Enter 键，即可根据 E2 与 F2 单元格的条件查询到其销售额，如图 4-84 所示。

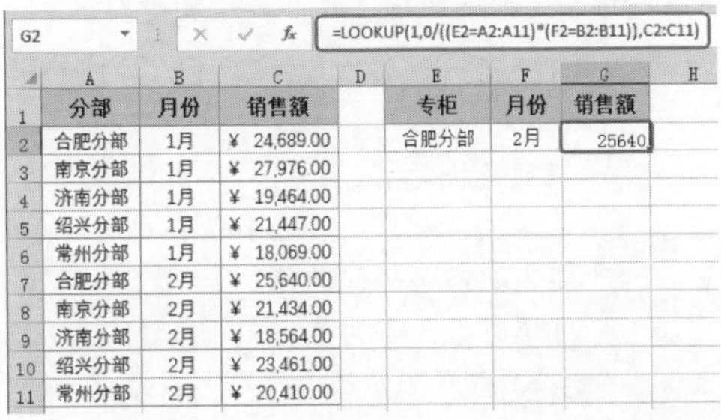

G2 =LOOKUP(1,0/((E2=A2:A11)*(F2=B2:B11)),C2:C11)

	A	B	C	D	E	F	G
1	分部	月份	销售额		专柜	月份	销售额
2	合肥分部	1月	¥ 24,689.00		合肥分部	2月	25640
3	南京分部	1月	¥ 27,976.00				
4	济南分部	1月	¥ 19,464.00				
5	绍兴分部	1月	¥ 21,447.00				
6	常州分部	1月	¥ 18,069.00				
7	合肥分部	2月	¥ 25,640.00				
8	南京分部	2月	¥ 21,434.00				
9	济南分部	2月	¥ 18,564.00				
10	绍兴分部	2月	¥ 23,461.00				
11	常州分部	2月	¥ 20,410.00				

图 4-84

公式分析

如果函数 LOOKUP 找不到指定的查找值，则查找给定区域中小于或等于查找值的最大数值。利用这一特性，我们可以用"=LOOKUP(1,0/(条件),引用区域)"这样一个通用公式来进行查找引用。因此对于想满足的查询条件都写入"0"的除数下，如果同时满足多条件则使用"*"相连。

4. 根据产品编号自动匹配销售单价（VLOOKUP 函数）

当前工作簿的"产品信息表"中显示了各个产品的编号、产品名称及销售单价信息，如图 4-85 所示。现在在"销售表"中需要根据产品编号自动匹配该产品的销售单价。可以使用 VLOOKUP 函数来设计公式。

图 4-85

① 在"销售表"中选中 C2 单元格，在编辑栏输入公式：

=VLOOKUP(A2,产品信息表!$A$1:$D$11,4,FALSE)

② 按 Enter 键，即可得到 A2 单元格中编号产品的销售单价，如图 4-86 所示。

图 4-86

③ 选中 C2 单元格，拖动右下角的填充柄向下复制公式即可根据 A 列中显示的各个产品编号自动从"产品信息表"中匹配其销售单价，如图 4-87 所示。

图 4-87

公式分析

VLOOKUP 函数用于在表格或数值数组的首行查找指定的数值，并由此返回表格或数组当前行中指定列处的值。其参数设置详解如下：

=VLOOKUP(A2,产品信息表!$A$1:$D$11,4,FALSE)
         ①   ②   ③ ④

① 指定查找对象。
② 表示包含查找值、返回值在内的单元格区域。
③ 指定返回哪一列的值。
④ 可选参数，当为 FALSE 时表示精确匹配。

本例公式用于在"产品信息表!$A$1:$D$11"单元格区域中的首列中查找产品编号，找到返回对应在"产品信息表!$A$1:$D$11"单元格区域第 4 列上的值。

根据地址中的地区自动匹配补贴标准

如图 4-88 所示,要求根据给出的地址自动匹配该地址的补贴标准。其公式设置要点如下:

(1)使用 LOOKUP 的通用公式:"=LOOKUP(1,0/(条件),引用区域)"。

(2)在设置条件时可以灵活地嵌套其他函数。

	A	B	C	D	E	F
						=LOOKUP(1,0/FIND($A$2:$A$7,D2),$B$2:$B$7)
1	地区	补贴标准		地址	租赁面积(m²)	补贴标准
2	高新区	25%		珠江市包河区陈村路61号	169	0.19
3	经开区	24%		珠江市临桥区海岸御景15A	218	0.18
4	新站区	22%				
5	临桥区	18%				
6	包河区	19%				
7	蜀山区	23%				

图 4-88

4.3.8 日期计算函数 DATEDIF

关 键 点: 实现日期数据的计算
操作要点: 通过文中公式解析学会 DATEDIF 函数的参数规则
应用场景: 日期数据也属于数值数据,它是可以进行计算的。而在日常工作中也经常需要使用到日期的计算,如计算固定资产的已使用月份、计算员工的工龄等

1. 计算固定资产已使用月份

固定资产统计时经常要根据已使用的月份数来计提折旧,因此可以根据固定资产统计表中的新增日期来计算已使用月份数。

❶ 选中 D2 单元格,在编辑栏中输入公式:
=DATEDIF(C2,TODAY(),"m")

❷ 按 Enter 键,即可根据 C2 单元格中的新增日期计算出第一项固定资产已使用月数,如图 4-89 所示。

	A	B	C	D	E
	D2		fx	=DATEDIF(C2,TODAY(),"m")	
1	序号	物品名称	新增日期	使用时间(月)	
2	A001	空调	14.06.05	44	
3	A002	冷暖空调机	14.06.22		
4	A003	饮水机	15.06.05		
5	A004	uv喷绘机	14.05.01		
6	A005	印刷机	15.04.10		
7	A006	覆膜机	16.10.01		

图 4-89

❸ 选中 D2 单元格,拖动右下角的填充柄向下复制公式即可实现批量计算各固定资产的已使用月数,如图 4-90 所示。

	A	B	C	D	E
1	序号	物品名称	新增日期	使用时间(月)	
2	A001	空调	14.06.05	40	
3	A002	冷暖空调机	14.06.22	40	
4	A003	饮水机	15.06.05	28	
5	A004	uv喷绘机	14.05.01	41	
6	A005	印刷机	15.04.10	30	
7	A006	覆膜机	15.10.01	24	
8	A007	平板彩印机	16.02.02	20	
9	A008	亚克力喷绘机	16.10.01	12	

图 4-90

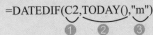 公式分析

DATEDIF 函数用于计算两个日期之间的年数、月数和天数。其参数设置详解如下:
=DATEDIF(C2,TODAY(),"m")
❶ ❷ ❸

① 表示起始日期。

② 表示结束日期。本例中使用"TODAY()"返回当前日期来作为结束日期。

③ 表示指定要返回两个日期哪种差值的参数代码。"Y"表示返回两个日期之间的年数;"M"表示返回两个日期之间的月数;"D"表示返回两个日期之间的天数。"YM"表示忽略两个日期的年数和天数,返回之间的月数;"YD"表示忽略两个日期的年数,返回之间的天数;"MD"表示忽略两个日期的月数和天数,返回之间的年数。

本例公式用于计算 C2 单元格中日期与当前日期相差的月份数。

2. 计算员工工龄

一般在员工档案表中会记录员工的入职日期,根据入职日期可以使用 DATEDIF 函数计算员工的工龄。

① 选中 D2 单元格,在编辑栏中输入公式:
=DATEDIF(C2,TODAY(),"y")

② 按 Enter 键,即可根据 C2 单元格中的入职日期计算出其工龄,如图 4-91 所示。

	A	B	C	D	E
D2				=DATEDIF(C2,TODAY(),"y")	
1	工号	姓名	入职日期	工龄	
2	SJ001	刘瑞轩	2010/11/17	7	
3	SJ002	方嘉禾	2010/3/27		
4	SJ003	徐瑞	2009/6/5		
5	SJ004	曾浩煊	2009/12/5		
6	SJ005	李杰	2011/7/14		
7	SJ006	周伊伊	2012/2/9		
8	SJ007	周正洋	2011/4/28		
9	SJ008	龚梦莹	2014/6/21		
10	SJ009	侯娜	2015/6/10		

图 4-91

③ 选中 D2 单元格,拖动右下角的填充柄向下复

制公式即可实现批量获取各员工的工龄,如图 4-92 所示。

	A	B	C	D	E
1	工号	姓名	入职日期	工龄	
2	SJ001	刘瑞轩	2010/11/17	6	
3	SJ002	方嘉禾	2010/3/27	7	
4	SJ003	徐瑞	2009/6/5	8	
5	SJ004	曾浩煊	2009/12/5	7	
6	SJ005	李杰	2011/7/14	6	
7	SJ006	周伊伊	2012/2/9	5	
8	SJ007	周正洋	2011/4/28	6	
9	SJ008	龚梦莹	2014/6/21	3	
10	SJ009	侯娜	2015/6/10	2	

图 4-92

 公式分析

本例公式用于计算 C2 单元格中日期与当前日期相差的年数。因为 C2 单元格中是入职日期,因此计算结果为该员工至今日的年数。

练一练

当员工在三天内生日时给出提醒

如图 4-93 所示,要求当员工在三天内生日时给出"提醒"文字。其公式设置要点如下:

(1)计算日期差值要忽略年数,只返回天数。

(2)配合 IF 函数。

	A	B	C	D	E	F
E2				=IF(DATEDIF(D2-3,TODAY(),"YD")<=3,"提醒","")		
1	员工工号	员工姓名	性别	出生日期	是否三日内过生日	
2	20131341	刘瑞轩	男	1986/2/25	提醒	
3	20131342	方嘉禾	男	1990/10/28		
4	20131343	徐瑞	女	1991/3/22		
5	20131344	曾浩煊	男	1992/2/26	提醒	
6	20131345	胡清清	女	1993/10/29		

图 4-93

4.4 公式检测与审核

在 Excel 中输入错误公式,将不能显示出正确的计算结果,此时需要使用公式检测和审核功能来对公式进行查错。使用公式逐步分解查错,不仅能找到错误所在,还可以一步一步分解公式,便于初学者对公式的理解与学习。

4.4.1 公式查错

在如图 4-94 所示的工作表中，D2 单元格
中使用公式时返回了错误值。

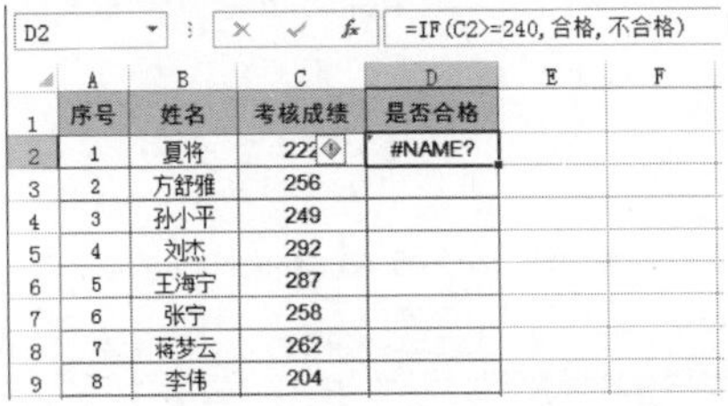

图 4-94

① 选中 D2 单元格，在"公式"选项卡的"公式
审核"组中单击"错误检查"按钮，如图 4-95 所示，
打开"错误检查"对话框。

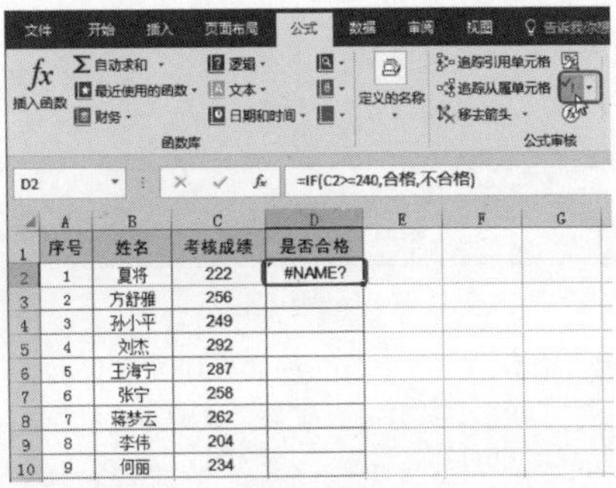

图 4-95

② 在"错误检查"对话框中可以看到单元格 D2
中出错，出错的原因是公式中包含不可识别的文本，
如图 4-96 所示。

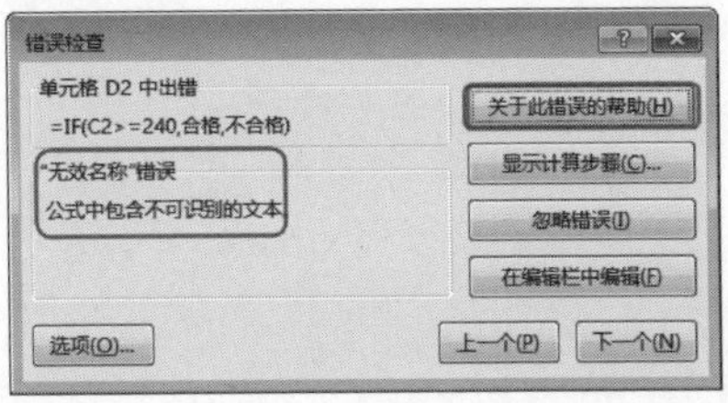

图 4-96

③ 单击"关于此错误的帮助"按钮可以打开
"Excel 帮助"对话框，如图 4-97 所示，从而更加详
细地查看错误原因，并找出解决问题的办法。

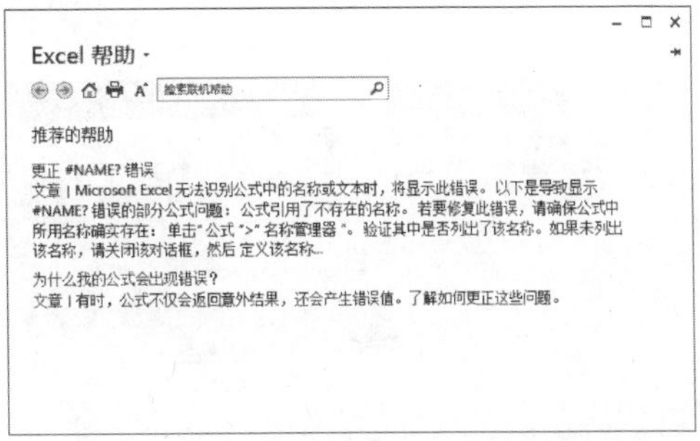

图 4-97

练一练

学会判断 VLOOKUP 函数返回的 #N/A 错误值

如 图 4-98 所示，使用
VLOOKUP 函数查找时返回了
#N/A 错误值。选中错误值时，
左侧会出现图图标，鼠标指
针指向即可显示出对错误原因的简易解释。
VLOOKUP 函数出现此错误一般是因为查找
对象找不到而导致。

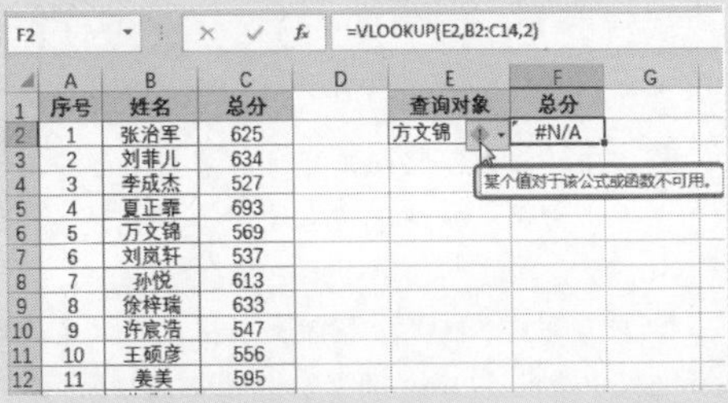

图 4-98

第4章 数据计算

关 键 点：逐步分解公式

操作要点："公式"→"公式审核"组→"公式求值"命令按钮

应用场景：当查找出公式中的错误后，通过"公式求值"功能可以逐步分解以查看错误发生在哪一步，还可以便于我们对复杂公式的理解

❶ 打开工作表，选中错误值所在单元格，在"公式"选项卡的"公式审核"组中单击"公式求值"按钮，如图4-99所示，打开"公式求值"对话框。

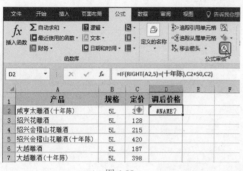

图 4-99

❷ 显示下画线的区域即为待求值区域，如图4-100所示。

图 4-100

❸ 单击"求值"按钮，即可求解出下画线部分的值，并又为下一步待求值区域添加了下画线，如图4-101所示。

❹ 依次单击"求值"按钮，当出现错误值时则表示公式中错误值出现在此处，如图4-102所示。

图 4-101

图 4-102

❺ 返回工作表中，在编辑栏即可有针对性地修改公式，从而得到正确的结果，如图4-103所示。

	A	B	C	D	E
1	产品	规格	定价	调后价格	
2	咸亨太雕酒（十年陈）	5L	320	370	
3	绍兴花雕酒	5L	128		
4	绍兴会稽山花雕酒	5L	215		
5	绍兴会稽山花雕酒（十年陈）	5L	420		
6	大越雕酒	5L	187		
7	大越雕酒（十年陈）	5L	398		

图 4-103

Excel 表格制作与数据处理从入门到精通

1. 将公式运算结果转换为数值

在完成了公式计算得出结果后，当表格中参与计算的单元格区域部分数据发生变化，计算结果也会做相应的变化。如果我们只想使用当前的结果，则可以将公式运算结果转换为数据。

❶ 选中公式计算结果的单元格区域，如此处选中 D2:D11 单元格区域，按 Ctrl+C 快捷键复制，再按 Ctrl+V 快捷键粘贴。

❷ 然后单击粘贴区域右下角的 按钮，打开下拉菜单，再单击"值"按钮，如图 4-104 所示，即可将计算结果转换为数值形式，如图 4-105 所示。

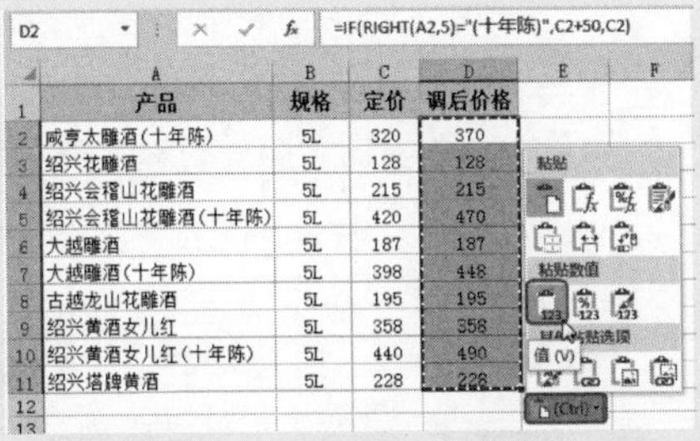

图 4-104

图 4-105

2. 跳过非空单元格批量建立公式

当前表格中包含一些特价无返利的记录（在"返利"列中显示"特价无返"文字），如图 4-106 所示。现在要求跳过这些单元格批量建立公式一次性计算出各条记录的返利金额。

A	B	C	D	E
产品名称	单价	数量	总金额	返利
带腰带短款羽绒服	355	10	¥3,550.00	
低领烫金毛衣	69	22	¥1,518.00	特价无返
毛呢短裙	169	15	¥2,535.00	
泡泡袖风衣	129	12	¥1,548.00	
OL风长款毛呢外套	398	8	¥3,184.00	
薰衣草飘袖冬装裙	309	3	¥927.00	特价无返
修身荷花袖外套	58	60	¥3,480.00	特价无返
热卖混搭超值三件套	178	23	¥4,094.00	
修身低腰牛仔裤	118	15	¥1,770.00	
OL气质风衣	88	15	¥1,320.00	特价无返
双排扣复古长款呢大衣	429	2	¥858.00	

图 4-106

❶ 选中 E 列，按 F5 键，打开"定位"对话框。单击"定位条件"按钮，打开"定位条件"对话框，如图 4-107 所示。选中"空值"单选按钮，单击"确定"按钮，将 E 列中所有空值单元格都选中，如图 4-108 所示。

图 4-107

B	C	D	E
单价	数量	总金额	返利
355	10	¥3,550.00	
69	22	¥1,518.00	特价无返
169	15	¥2,535.00	
129	12	¥1,548.00	
398	8	¥3,184.00	
309	3	¥927.00	
58	60	¥3,480.00	特价无返
178	23	¥4,094.00	
118	15	¥1,770.00	
88	15	¥1,320.00	特价无返
429	2	¥858.00	

图 4-108

❷ 将光标定位到公式编辑栏中，输入正确的计算公式，如图 4-109 所示。

❸ 按 Ctrl+Enter 快捷键，即可跳过有数据的单元格批量建立公式，如图 4-110 所示。

SUM =IF(D2<=1000,D2*0.05,IF(D2<=5000,D2*0.08,D2*0.15))

	A	B	C	D	E	F	G
1	产品名称	单价	数量	总金额	返利		
2	带腰带短款羽绒服	355	10	¥3,550.00	*0.15))		
3	低领烫金毛衣	69	22	¥1,518.00	特价无返		
4	毛呢短裙	169	15	¥2,535.00			
5	泡泡袖风衣	129	12	¥1,548.00			
6	OL风长款毛呢外套	398	8	¥3,184.00			
7	薰衣草飘袖冬装裙	309	3	¥927.00			
8	修身荷花袖外套	58	60	¥3,480.00	特价无返		
9	热卖混搭超值三件套	178	23	¥4,094.00			
10	修身低腰牛仔裤	118	15	¥1,770.00			
11	OL气质风衣	88	15	¥1,320.00	特价无返		
12	双排扣复古长款呢大衣	429	2	¥858.00			

图 4-109

B	C	D	E
单价	数量	总金额	返利
355	10	¥3,550.00	284
69	22	¥1,518.00	特价无返
169	15	¥2,535.00	202.8
129	12	¥1,548.00	123.84
398	8	¥3,184.00	254.72
309	3	¥927.00	46.35
58	60	¥3,480.00	特价无返
178	23	¥4,094.00	327.52
118	15	¥1,770.00	141.6
88	15	¥1,320.00	特价无返
429	2	¥858.00	42.9

图 4-110

3. 为什么明明显示的是数据计算结果却为 0

如图 4-111 所示表格中，当使用公式“=SUMIF(B4:B100,B1,E4:E100)”来计算 B1 单元格中指定姓名的总佣金时，出现计算结果为 0 的情况。出现这种情况是因为 E 列中的数据都使用了文本格式，看似显示为数字，实际是无法进行计算的文本格式。

C1 =SUMIF(B4:B100,B1,E4:E100)

	A	B	C	D	E
1		杨佳丽	0		
2					
3	序号	代理人姓名	保单号	直接佣金率	直接佣金
4	1	杨佳丽	880000241780	0.06	360
5	2	杨佳丽	880000255442	0.06	360
6	3	张瑞煊	880000244867	0.06	360
7	4	李飞	880000244832	0.1	300
8	5	张瑞煊	880000241921	0.08	263.2
9	6	张瑞煊	880002060778	0.2	400.02
10	7	李玲	880000177463	0.13	116.88
11	8	李玲	880000248710	0.06	360
12	9	杨佳丽	880000424832	0.13	234.78
13	10	彭丽	880000236681	0.06	360
14	11	李飞	880000311989	0.06	360
15	12	唐小军	880000262968	0.13	238.08

图 4-111

选中“直接佣金”列的数据区域，单击左上的按钮的下拉按钮，在下拉列表中选择“转换为数字”，如图 4-112 所示，即可显示正确的计算结果，如图 4-113 所示。

	A	B	C	D	E	F
1		杨佳丽	0			
2						
3	序号	代理人姓名	保单号	直接佣金率	直接佣金	
4	1	杨佳丽	880000241780	0.06	360	
5	2	杨佳丽	880000255442	0.06		
6	3	张瑞煊	880000244867	0.06		
7	4	李飞	880000244832	0.1		
8	5	张瑞煊	880000241921	0.08		
9	6	张瑞煊	880002060778	0.2		
10	7	李玲	880000177463	0.13		
11	8	李玲	880000248710	0.06	360	
12	9	杨佳丽	880000424832	0.13	234.78	
13	10	彭丽	880000236681	0.06	360	
14	11	李飞	880000311989	0.06	360	
15	12	唐小军	880000262968	0.13	238.08	

以文本形式存储的数字
转换为数字(C)
关于此错误的帮助(H)
忽略错误(I)
在编辑栏中编辑(F)
错误检查选项(O)...

图 4-112

C1 =SUMIF(B4:B100,B1,E4:E100)

	A	B	C	D	E
1		杨佳丽	954.78		
2					
3	序号	代理人姓名	保单号	直接佣金率	直接佣金
4	1	杨佳丽	880000241780	0.06	360
5	2	杨佳丽	880000255442	0.06	360
6	3	张瑞煊	880000244867	0.06	360
7	4	李飞	880000244832	0.1	300
8	5	张瑞煊	880000241921	0.08	263.2
9	6	张瑞煊	880002060778	0.2	400.02
10	7	李玲	880000177463	0.13	116.88
11	8	李玲	880000248710	0.06	360
12	9	杨佳丽	880000424832	0.13	234.78
13	10	彭丽	880000236681	0.06	360
14	11	李飞	880000311989	0.06	360
15	12	唐小军	880000262968	0.13	238.08

图 4-113

4. 隐藏公式实现保护

在多人应用环境下，建立了公式求解后，为避免他人无意修改公式，可以通过设置让公式隐藏起来，以起到保护的作用。

❶ 在当前工作表中，按 Ctrl+A 快捷键选中整张工作表的所有单元格。

❷ 在“开始”选项卡的“对齐方式”组中单击按钮，打开“设置单元格格式”对话框。切换到“保护”选项卡下，取消选中“锁定”复选框，如图 4-114 所示。

❸ 单击“确定”按钮回到工作表中，选中公式所在单元格区域，如图 4-115 所示。

图 4-114

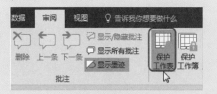

图 4-117

	A	B	C	D
D2			fx	=IF(C2<=10,"补货","")
1	产品	规格	库存	库存提醒
2	咸亨太雕酒(十年陈)	5L	7	补货
3	绍兴花雕酒	5L	45	
4	绍兴会稽山花雕酒	5L	12	
5	绍兴会稽山花雕酒(十年陈)	5L	5	补货
6	大越雕酒	5L	7	补货
7	大越雕酒(十年陈)	5L	12	
8	古越龙山花雕酒	5L	52	
9	绍兴黄酒女儿红	5L	5	补货
10	绍兴黄酒女儿红(十年陈)	5L	6	补货
11	绍兴塔牌黄酒	5L	47	

图 4-115

④ 再次打开"设置单元格格式"对话框，并再次选中"锁定"和"隐藏"复选框，如图 4-116 所示。

图 4-116

⑤ 单击"确定"按钮回到工作表中。在"审阅"选项卡的"更改"组中单击"保护工作表"按钮，如图 4-117 所示，打开"保护工作表"对话框。

⑥ 设置保护密码，如图 4-118 所示。单击

"确定"按钮提示再次输入密码，如图 4-119 所示。

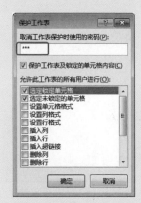

图 4-118

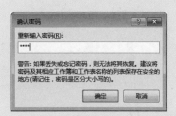

图 4-119

⑦ 设置完成后，选中输入了公式的单元格，可以看到无论是在单元格中还是在公式编辑栏中都看不到公式了，如图 4-120 所示。

	A	B	C	D
D2			fx	
1	产品	规格	库存	库存提醒
2	咸亨太雕酒(十年陈)	5L	7	补货
3	绍兴花雕酒	5L	45	
4	绍兴会稽山花雕酒	5L	12	
5	绍兴会稽山花雕酒(十年陈)	5L	5	补货
6	大越雕酒	5L	7	补货
7	大越雕酒(十年陈)	5L	12	
8	古越龙山花雕酒	5L	52	
9	绍兴黄酒女儿红	5L	5	补货
10	绍兴黄酒女儿红(十年陈)	5L	6	补货
11	绍兴塔牌黄酒	5L	47	

图 4-120

第 4 章 数据计算

107

数据整理与分析

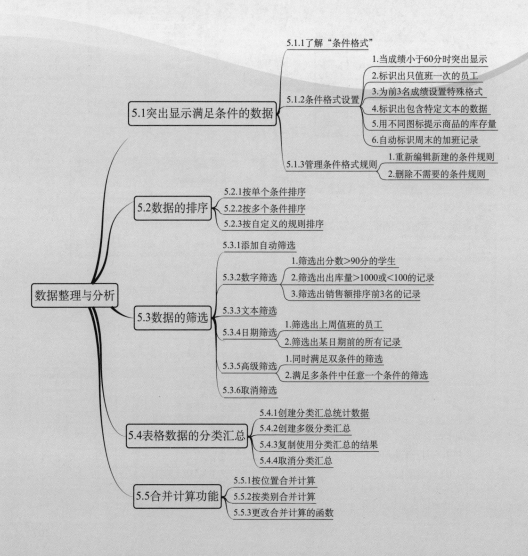

数据整理与分析

- 5.1突出显示满足条件的数据
  - 5.1.1了解"条件格式"
  - 5.1.2条件格式设置
    - 1.当成绩小于60分时突出显示
    - 2.标识出只值班一次的员工
    - 3.为前3名成绩设置特殊格式
    - 4.标识出包含特定文本的数据
    - 5.用不同图标提示商品的库存量
    - 6.自动标识周末的加班记录
  - 5.1.3管理条件格式规则
    - 1.重新编辑新建的条件规则
    - 2.删除不需要的条件规则
- 5.2数据的排序
  - 5.2.1按单个条件排序
  - 5.2.2按多个条件排序
  - 5.2.3按自定义的规则排序
- 5.3数据的筛选
  - 5.3.1添加自动筛选
  - 5.3.2数字筛选
    - 1.筛选出分数>90分的学生
    - 2.筛选出出库量>1000或<100的记录
    - 3.筛选出销售额排序前3名的记录
  - 5.3.3文本筛选
  - 5.3.4日期筛选
    - 1.筛选出上周值班的员工
    - 2.筛选出某日期前的所有记录
  - 5.3.5高级筛选
    - 1.同时满足双条件的筛选
    - 2.满足多条件中任意一个条件的筛选
  - 5.3.6取消筛选
- 5.4表格数据的分类汇总
  - 5.4.1创建分类汇总统计数据
  - 5.4.2创建多级分类汇总
  - 5.4.3复制使用分类汇总的结果
  - 5.4.4取消分类汇总
- 5.5合并计算功能
  - 5.5.1按位置合并计算
  - 5.5.2按类别合并计算
  - 5.5.3更改合并计算的函数

5.1 ▶ 突出显示满足条件的数据

在 Excel 记录的众多数据中，分析人员总是需要利用这些原始数据得出相关的分析结果，例如，成绩表中有哪些是超过 90 分的、库存数据中哪些是库存量过少的、值日表中哪些是周末日期的等，使用条件格式，可以突出显示满足条件的数据，从而用更少的时间关注更重要的信息。

条件格式对快速辨别错误单元格输入项或者特殊类型的单元格非常有用。可以起到筛选查看、辅助分析的目的。

5.1.1 了解"条件格式"

关 键 点：了解条件格式的几种规则类型
操作要点："开始"→"样式"组→"条件格式"功能按钮
应用场景：5 种条件格式分别是"突出显示单元格规则""项目选取规则""数据条""色阶"和"图标集"

在 5 种条件格式规则中，"突出显示单元格规则"和"项目选取规则"最常用。"突出显示单元格规则"包含的子规则如图 5-1 所示，"项目选取规则"包含的子规则如图 5-2 所示。

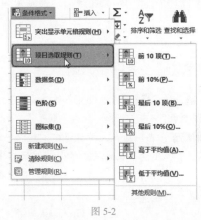

图 5-2

图 5-1

图 5-3

"数据条"如图 5-3 所示，以颜色填充的长短来表格数据的大小。"图标集"是以不同样式的图标来显示数据大小，多数是三色图表，用于是显示不同的数据区间，如图 5-4 所示。

如果在上面各个预设的条件规则中都找不到想使用的规则，则可以单击"新建规则"或"其他规则"打开"新建格式规则"对话框，然后在列表中选择格式类型，如图 5-5 所示。

图 5-4

图 5-5

专家提醒

列表中的格式类型与前面介绍的预设格式有很多是重复的，也有一些前面没有的格式。可逐一选择，逐一查看。

在设置格式前，首先都需要选中想为其设置格式的目标区域，然后执行本节中介绍的相关命令。

5.1.2 条件格式设置

关 键 点： 通过选择或设置条件让满足条件的数据突出显示出来
操作要点： "开始"→"样式"组→"条件格式"功能按钮
应用场景： 在一组或大量数据中，可以通过设置条件格式让满足指定条件的数据（如不及格的成绩、一组数据中的唯一值、数据列表中前三名等）瞬间突出显示出来，这为特殊数据的查看与分析带来了很大的方便

1. 当成绩小于 60 分时突出显示

学生成绩小于 60 分为不及格，当对学生成绩进行统计后，需要将不合格的学生成绩显示出来。

❶ 选中要设置条件格式的单元格区域（D3:D12 单元格区域），切换到"开始"选项卡，在"样式"组中单击"条件格式"下拉按钮，在下拉菜单中选择"突出显示单元格规则"→"小于"命令，如图 5-6 所示，打开"小于"对话框。

❷ 在"为小于以下值的单元格设置格式"设置框中输入"60"，然后单击"设置为"右侧的下拉按钮，在下拉列表中选择"浅红填充色深红色文本"，如图 5-7 所示。

图 5-6

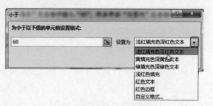

图 5-7

Excel 默认设置的单元格格式有 7 种，这里列表中的可以直接选择使用。如果还想使用其他的格式效果，则单击"自定义格式"，可以在打开的"设置单元格格式"对话框中进行设置。

❸ 单击"确定"按钮，返回工作表，即可看到总评成绩小于 60 分的数据所在单元格以"浅红填充色深红色文本"突出显示出来，如图 5-8 所示。

	A	B	C	D
2	序号	学号	姓名	总评成绩
3	1	87320127	丁玲	57.67
4	2	87320109	罗晓峰	60.67
5	3	87320141	陈晓	63.67
6	4	87320114	许少哈	64.33
7	5	87320145	伊一	69.67
8	6	87320123	宗海	67.33
9	7	87320125	杨茜茜	55.00
10	8	87320115	黄平华	66.67
11	9	87320111	桂小明	62.67
12	10	87320147	曹学忠	57.00

图 5-8

2. 标识出只值班一次的员工

企业安排员工值班时，因为各种原因可能有些员工值班次数偏多，而有些员工只值班一次。如果想对值班表进行分析，可以快速将只值班一次的员工标记出来。

选中 B2:B17 单元格区域，将鼠标放置到单元格区域右下角，单击"快速分析"图按钮，在下拉列表中选择"唯一值"，如图 5-9 所示，系统自动将选中区域中的唯一值以"浅红色填充深红色文"显示出来，如图 5-10 所示。

	序号	员工姓名	部门	值班日期
2				
3	1	丁玲	行政部	2018年1月1日
4	2	罗晓峰	人事部	2018年1月3日
5	3	陈晓	财务部	2018年1月10日
6	4	许少哈	销售部	2018年1月13日
7	5	伊一	销售部	2018年1月20日
8	6	丁玲	行政部	2018年1月4日
9	7	罗晓峰	人事部	2018年1月5日
10	8	陈晓	财务部	2018年1月8日
11	9	许少哈	行政部	2018年1月15日
12	10	伊一	销售部	2018年1月16日
13	11	潘森鑫	销售部	2018年1月19日
14	12	罗晓峰	人事部	2018年1月21日
15	13	陈晓	财务部	2018年1月27日
16	14	许少哈	行政部	2018年1月2日
17	15	覃乐丹	销售部	2018年1月29日
18				
19				

格式化(F) 图表(C) 汇总(O) 表格(T) 迷你图(S)

文本包含 重复的值 唯一值 等于 清除格式

图 5-9

	A	B	C	D
1		7月员工值班记录表		
2	序号	员工姓名	部门	值班日期
3	1	丁玲	行政部	2018年1月1日
4	2	罗晓峰	人事部	2018年1月3日
5	3	陈晓	财务部	2018年1月10日
6	4	许少哈	行政部	2018年1月13日
7	5	伊一	销售部	2018年1月20日
8	6	丁玲	行政部	2018年1月4日
9	7	罗晓峰	人事部	2018年1月5日
10	8	陈晓	财务部	2018年1月8日
11	9	许少哈	行政部	2018年1月15日
12	10	伊一	销售部	2018年1月16日
13	11	潘森鑫	销售部	2018年1月19日
14	12	罗晓峰	人事部	2018年1月21日
15	13	陈晓	财务部	2018年1月27日
16	14	许少哈	行政部	2018年1月2日
17	15	覃乐丹	销售部	2018年1月29日

图 5-10

在"开始"选项卡的"样式"组中单击"条件格式"下拉按钮，在下拉菜单中选择"突出显示单元格规则"→"重复值"命令，单击打开对话框，通过设置可以达到相同的效果。

3. 为前 3 名成绩设置特殊格式

在对一列数据分析时，可以设置让前几名数据显示特殊的格式。例如，在成绩表中，可以让前三名的成绩以特殊格式突出显示。

❶ 选中要设置条件格式的单元格区域（D3:D12 单元格区域），切换到"开始"选项卡，在"样式"组中单击"条件格式"下拉按钮，在下拉菜单中选择"最前/最后规则"命令，在弹出的子菜单中选择"前 10 项"命令，如图 5-11 所示，打开"前 10 项"对话框。

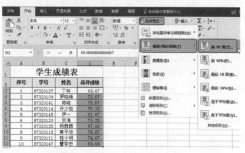

图 5-11

❷ 在对话框中将默认的 10 更改为 3，单击"设置为"框右侧下拉按钮，在下拉列表中选择"浅红填

充色深红色文本"，如图 5-12 所示。

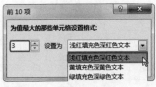

图 5-12

❸单击"确定"按钮，返回工作表中，可以看到总评成绩为前 3 的数据所在单元格以"浅红填充深红色文本"样式显示出来，如图 5-13 所示。

	A	B	C	D
1	学生成绩表			
2	序号	学号	姓名	总评成绩
3	1	87320127	丁玲	69.67
4	2	87320109	罗晓峰	72.67
5	3	87320141	陈晓	75.67
6	4	87320114	许少哈	76.33
7	5	87320145	伊一	81.67
8	6	87320123	宗海	79.33
9	7	87320153	杨茜茜	67.00
10	8	87320115	黄华华	78.67
11	9	87320111	桂小明	74.67
12	10	87320147	曹学忠	69.00

图 5-13

4. 标识出包含特定文本的数据

本例表格为公司员工通讯录，要求将所有合肥地区的员工信息标识出来。

❶选中要设置的单元格区域，切换到"开始"选项卡，在"样式"组中单击"条件格式"下拉按钮，在下拉菜单中选择"突出显示单元格规则"→"文本包含"命令，如图 5-14 所示，打开"文本中包含"对话框。

图 5-14

❷在文本框中输入文本值，如"合肥市"，如图 5-15 所示。

❸单击"确定"按钮，可以看到所有包含有"合肥市"的单元格即会以特殊格式显示，效果如图 5-16 所示。

图 5-15

	A	B	C	D
1	序号	员工姓名	联系方式	电话号码
2	1	包子贤	蚌埠市长江西路23号瑞金小区	13948851852
3	2	张佳佳	芜湖市中山路36号柏庄丽城	13949459671
4	3	赵子琪	合肥市黄山路125号海棠湾	0551-65207529
5	4	韩琴琴	淮南市田家庵路127号尚佳欧园	13844976170
6	5	韩晓宇	合肥市六安路34号伟星公馆	13874595524
7	6	赵志新	阜阳市清河北路38号柏庄春暖花开	15179452807
8	7	张志明	合肥市和平路180号海信社区	0551-65274911
9	8	夏长茹	芜湖市益江路98号绿地海顿公馆	18179448787
10	9	余佩琪	马鞍山市翡翠路234号晨佳小区	0551-64295172
11	10	杭世强	合肥市习友路319号融科九重锦绣	15272955328

图 5-16

5. 用不同图标提示商品的库存量

企业需要对每期的库存进行管理，可以通过设置图标集格式，从而直观判断各商品库存的多少。例如，本例中要求当库存量≥20时显示绿色图标，当库存量为10～20时显示黄色图标，当库存量小于10时显示红色图标。

❶选中要设置条件格式的单元格区域（E2:E9单元格区域），切换到"开始"选项卡，在"样式"组中选择"条件格式"→"图标集"→"其他规则"命令，如图 5-17 所示，打开"新建格式规则"对话框。

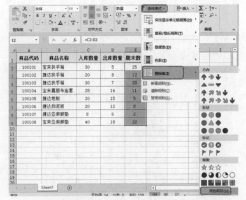

图 5-17

❷由于默认的值类型都是"百分比"，因此首先单击"类型"设置框右侧的下拉按钮，从打开的下拉列表中选择"数字"格式，如图 5-18 所示。

图 5-18

❸ 在"图标"区域设置绿色圆形图标后的值为">=20",黄色圆形图标后的值为">=10",红色圆形图标后自动显示为"<10",如图 5-19 所示。

图 5-19

❹ 单击"确定"按钮,返回工作表中,可以看到在 E2:E9 单元格区域使用不同的图标集显示出库存量(库存较少的显示红色圆点,可特殊关注),如图 5-20 所示。

	A	B	C	D	E
1	商品代码	商品名称	入库数量	出库数量	期末数量
2	100101	宝来扶手箱	30	5	25
3	100102	捷达扶手箱	20	8	12
4	100103	捷达扶手箱	30	7	23
5	100104	宝来嘉丽布座套	25	14	11
6	100105	捷达地板	20	15	5
7	100106	捷达挡泥板	20	12	8
8	100107	捷达亚麻脚垫	8	6	2
9	100108	宝来亚麻脚垫	40	18	22

图 5-20

6. 自动标识周末的加班记录

在加班统计表中,可以通过条件格式的设置快速标识出周末加班的记录。此条件格式的设置需要使用公式进行判断。

❶ 选中目标单元格区域,在"开始"选项卡的"样式"组中单击"条件格式"下拉按钮,单击"新建规则"命令,如图 5-21 所示,打开"新建格式规则"对话框。

图 5-21

❷ 在"选择规则类型"栏中选择"使用公式确定要设置格式的单元格",在下面的文本框中输入公式"=WEEKDAY(A3,2)>5",如图 5-22 所示。

图 5-22

❸ 单击"格式"按钮,打开"设置单元格格式"对话框。根据需要对要标识的单元格进行格式设置,这里以设置单元格背景颜色为"红色"为例,如图 5-23 所示。

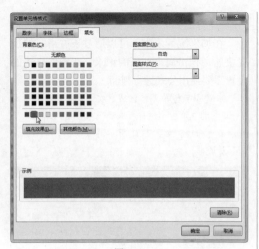

图 5-23

❹ 单击"确定"按钮，返回到"新建格式规则"对话框中，再次单击"确定"按钮，即可将选定单元格区域内的双休日以红色填充色标识出来，如图 5-24 所示。

	A	B	C	D
1	加班日期	加班员工	加班开始时间	加班结束时间
2	2018/1/1	吴明华	上午 11:00:00	下午 4:00:00
3	2018/1/2	郭时节	上午 11:00:00	下午 4:00:00
4	2018/1/3	邓子建	上午 11:00:00	下午 4:00:00
5	2018/1/4	陈华伟	上午 11:00:00	下午 4:00:00
6	2018/1/5	杨明	上午 11:00:00	下午 4:00:00
7	2018/1/6	张铁明	上午 11:00:00	下午 4:00:00
8	2018/1/7	刘济东	下午 5:30:00	下午 8:00:00
9	2018/1/8	张仪	下午 12:00:00	下午 1:30:00
10	2018/1/9	何丽	下午 5:30:00	下午 7:30:00
11	2018/1/10	李凝	下午 5:30:00	下午 9:00:00
12	2018/1/11	陈华	下午 5:30:00	下午 6:30:00
13	2018/1/12	于宝强	下午 2:00:00	下午 5:00:00
14	2018/1/13	程建	下午 2:00:00	下午 5:00:00
15	2018/1/14	彭玉	上午 11:30:00	下午 12:00:00
16	2018/1/15	华强	下午 5:30:00	下午 9:00:00
17	2018/1/16	肖颖	下午 12:00:00	下午 1:30:00
18	2018/1/17	李辉	下午 5:30:00	下午 8:30:00

图 5-24

专家提醒

WEEKDAY 函数用于返回一个日期对应的星期数，分别用 1～7 表示周一到周日，因此当返回值大于 5 时就表示是周六或周日的日期。利用公式建立条件可以处理更为复杂的数据，让条件的判断更加的灵活，但是要想应用好，就需要对 Excel 函数有所了解。

练一练

给优秀成绩插红旗

如图 5-25 所示的表格中，要求给大于 85 分的成绩插上红旗。

要点提示：

（1）应用的是图标集条件格式。

（2）设置时隐藏绿旗与黄旗，只保留红旗。

	A	B	C	D
1	工号	姓名	分公司	考核成绩
2	NL-001	周薇	南京分公司	90
3	NL-002	杨佳	南京分公司	79
4	NL-003	刘勋	南京分公司	66
5	NL-004	张智志	南京分公司	70
6	NL-005	宋云飞	南京分公司	90
7	NL-002	杨佳	南京分公司	88
8	NL-007	王伟	南京分公司	62
9	NL-008	李欣	济南分公司	90
10	NL-009	周钦伟	济南分公司	69
11	NL-010	杨旭伟	济南分分司	87
12	NL-011	杨佳	济南分公司	80
13	NL-012	张虎	上海分公司	79
14	NL-002	杨佳	上海分公司	81
15	NL-014	王媛媛	上海分公司	83
16	NL-015	陈飞	上海分公司	88
17	NL-016	杨红	上海分公司	65

图 5-25

5.1.3 管理条件格式规则

关 键 点：条件格式的修改、删除等

操作要点："开始"→"样式"组→"条件格式"功能按钮

应用场景：当在工作表中设置了条件格式后，用户可以对条件格式进行管理，重新编辑条件格式或者将不需要的条件格式删除等

1. 重新编辑新建的条件规则

当工作表中设置了条件格式后，用户可以根据需要对条件规则进行编辑。如设置成绩小于 60 分的条件格式后，可以将该区域的条件格式重新更改为低于平均值格式。

❶选中要设置条件格式的单元格区域（D3:D12单元格区域），在"开始"选项卡的"样式"组中单击"条件格式"下拉按钮，在下拉菜单中选择"管理规则"命令，如图 5-26 所示，打开"条件格式规则管理"对话框。

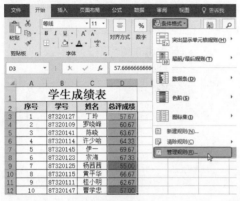

图 5-26

❷在对话框中显示出当前单元格区域设置的条件格式，单击"编辑规则"按钮，如图 5-27 所示，打开"编辑格式规则"对话框。

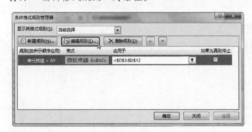

图 5-27

❸在"选择规则类型"列表框中选择"仅对高于或低于平均值的数值设置格式"，在"为满足一下条的值设置格式"设置框的下拉列表中选择"低于"，如图 5-28 所示。

❹依次单击"确定"按钮返回工作表中，即可看到选中单元格区域低于平均值的数值所在单元格区域设置了填充颜色，如图 5-29 所示。

图 5-28

	A	B	C	D
1	学生成绩表			
2	序号	学号	姓名	总评成绩
3	1	87320127	丁玲	57.67
4	2	87320109	罗晓峰	60.67
5	3	87320141	陈晓	63.67
6	4	87320114	许少哈	64.33
7	5	87320145	伊一	69.67
8	6	87320123	宗海	67.33
9	7	87320125	杨茜茜	55.00
10	8	87320115	黄平华	66.67
11	9	87320111	桂小明	62.67
12	10	87320147	曹学忠	57.00

图 5-29

2. 删除不需要的条件规则

当不需要为单元格设置条件格式时，可以直接将其删除。

❶选中需要删除条件格式的单元格区域（D3:D12单元格区域），切换到"开始"选项卡，在"样式"组中单击"条件格式"下拉按钮，在下拉菜单中选择"清除规则"→"清除所选单元格的规则"命令，如图 5-30 所示。

图 5-30

❷执行上述操作后即可删除所选单元格设置的条件格式，如图 5-31 所示。

▲	A	B	C	D
1	学生成绩表			
2	序号	学号	姓名	总评成绩
3	1	87320127	丁玲	57.67
4	2	87320109	罗晓峰	60.67
5	3	87320141	陈晓	63.67
6	4	87320114	许少哈	64.33
7	5	87320145	伊一	69.67
8	6	87320123	宗海	67.33
9	7	87320125	杨茜茜	55.00
10	8	87320115	黄平华	66.67
11	9	87320111	桂小明	62.67
12	10	87320147	曹学忠	57.00

图 5-31

✑专家提醒

如果一张工作表中定义了多个条件格式规则，想一次性清除所有设置的条件格式，则单击"清除整个工作表的规则"命令。

练一练

复制使用条件格式规则

如图 5-32 所示，先为"平均分"列设置了前 5 名突出显示的条件格式，当"面试成绩"列也想使用相同的条件格式规则时可直接复制。

▲	A	B	C	D
1	姓名	面试成绩	口语成绩	平均分
2	陆路	88	69	79
3	陈小旭	92	72	82
4	李晓	88	70	79
5	李成曦	90	79	85
6	罗成佳	96	70	83
7	姜旭旭	76	65	71
8	崔心怡	91	88	90
9	吴云	88	91	90
10	蔡晶	88	84	86
11	张云翔	89	87	88
12	霍晶	82	77	80
13	廖凯	80	56	68
14	刘兰芝	76	90	83
15	刘萌	91	91	91

图 5-32

5.2 数据的排序

在 Excel 表格中处理数据时，时常需要对数据进行排序，以直观查看和对比数据的大小情况。在进行数据排序时，可以按单个条件排序，也可以按多个条件排序或者自定义排序规则。

5.2.1 按单个条件排序

关 键 点：将零乱的数据排序可方便查看
操作要点："数据"→"排序和筛选组"组→"升序"/"降序"功能按钮
应用场景：按单个数据排序是最简单的排序方法，在准确定位活动单元格后，使用功能区的"升序"或"降序"按钮快速排序

❶选中"总评成绩"下的任意单元格，切换到"数据"选项卡，在"排序和筛选"组中单击 ↓↑（降序）按钮，如图 5-33 所示。

❷执行上述操作后即可看到总评成绩以从高到低进行排序，如图 5-34 所示。

图 5-33

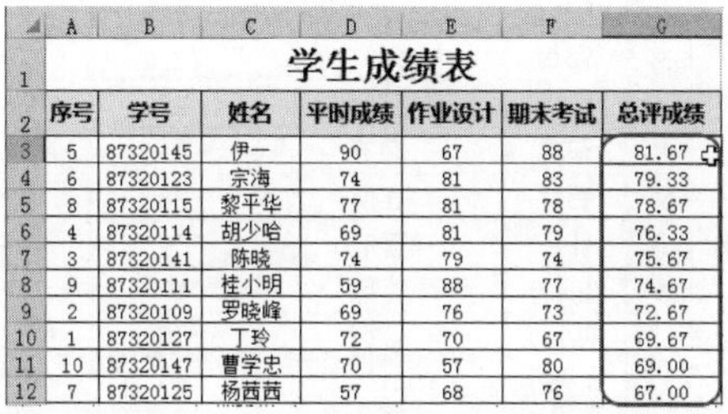

图 5-34

对出库量按从小到大排序

如图 5-35 所示，对"出库量"从小到大排序。

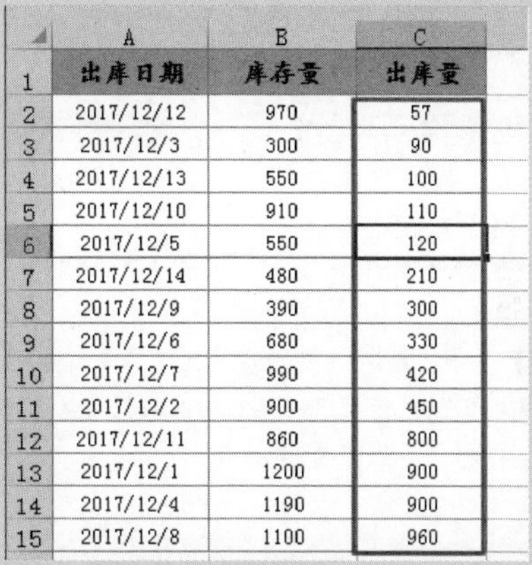

	A	B	C
1	出库日期	库存量	出库量
2	2017/12/12	970	57
3	2017/12/3	300	90
4	2017/12/13	550	100
5	2017/12/10	910	110
6	2017/12/5	550	120
7	2017/12/14	480	210
8	2017/12/9	390	300
9	2017/12/6	680	330
10	2017/12/7	990	420
11	2017/12/2	900	450
12	2017/12/11	860	800
13	2017/12/1	1200	900
14	2017/12/4	1190	900
15	2017/12/8	1100	960

图 5-35

5.2.2 按多个条件排序

关 键 点： 在"排序"对话框中设置主要关键字、次要关键字
操作要点： "数据"→"排序和筛选组"组→"排序"功能按钮
应用场景： 按多件排序是指当按某一个字段排序出现相同值时再按第 2 个条件进行排序

在本例中可以通过设置两个条件，从而实现先将相同部门的记录排序在一起，再对相同部门的成绩进行排序。

❶选中表格中任意单元格，切换到"数据"选项卡，在"排序和筛选"组中单击"排序"按钮，如图 5-36 所示。

❷在"主要关键字"设置框下拉列表中选择"部门"，排序次序采用默认的"升序"，如图 5-37 所示。

❸单击"添加条件"按钮，在"次要关键字"设置框下拉列表中选择"考核成绩"，在"次序"设置框下拉列表中选择"降序"，如图 5-38 所示。

图 5-36

117

图 5-37

图 5-38

④ 单击"确定"按钮,返回工作表中,即可看到首先按部门进行排序,再对相同部门中的考核成绩从高到低排序,如图 5-39 所示。

	A	B	C	D
1	序号	姓名	部门	考核成绩
2	10	顾海波	销售1部	267
3	6	张宁	销售1部	258
4	2	方舒雅	销售1部	256
5	1	夏将	销售1部	222
6	8	李伟	销售1部	204
7	5	王海宁	销售2部	287
8	3	孙小平	销售2部	249
9	9	何丽	销售2部	234
10	11	吴伟伟	销售2部	221
11	4	刘杰	销售3部	292
12	13	周晓梅	销售3部	267
13	7	蒋梦云	销售3部	262
14	12	葛明轩	销售3部	231

图 5-39

5.2.3 按自定义的规则排序

关 键 点:按自定义的规则排序

操作要点:"数据"→"排序和筛选组"组→"排序"功能按钮

应用场景:如果想要对表格数据按照指定部门排序、指定学历的顺序进行排序,使用自动排序方式是无法实现的,这时可以使用"自定义序列"功能

❶ 选中数据区域中的任意单元格,在"数据"选项卡的"排序和筛选"组中单击"排序"按钮,打开"排序"对话框。

❷ 设置主要关键字为"学历",单击"次序"

查看各应聘职位中的成绩排名情况

如图 5-40 所示,对"应聘职位"与"考核分数"双字段排序,可以直观查看到各个应聘职位中成绩最高的人。

	A	B	C
1	姓名	应聘职位	考核分数
2	陆路	办公室文员	92
3	陈小芳	办公室文员	87
4	王辉会	办公室文员	75
5	邓敏	办公室文员	70.5
6	陈曦	客服	92
7	蔡晶	客服	89
8	吕梁	客服	88
9	张海	客服	78
10	张泽宇	客服	77
11	刘小龙	客服	70
12	庄美尔	销售代表	95
13	李德印	销售代表	88.5
14	王一帆	销售代表	86
15	罗成佳	销售代表	82.5
16	崔衡	销售代表	78

图 5-40

右侧的下拉按钮,在下拉列表中选择"自定义序列"命令,如图 5-41 所示,打开"自定义序列"对话框。

图 5-41

图 5-43

❸在"输入序列"列表框中依次输入"研究生""本科""专科"（注意每一个学历名称输入完毕之后要按 Enter 键换行），如图 5-42 所示。

❹单击"添加"按钮，即可将输入的自定义序列添加到左侧的"自定义序列"列表框中，如图 5-43 所示。

图 5-42

图 5-44

❺单击"确定"按钮返回"排序"对话框，此时可以看到自定义的序列，如图 5-44 所示。

❻单击"确定"按钮完成设置，此时可以看到学历列中按照自定义的序列进行排序，效果如图 5-45 所示。

	A	B	C	D	E	F
1	姓名	应聘职位代码	学历	面试成绩	口语成绩	平均分
2	庄美尔	01销售总监	研究生	88	90	89
3	崔衡	01销售总监	研究生	86	70	78
4	刘兰芝	03出纳员	研究生	76	90	83
5	张泽宇	05资料员	研究生	68	86	77
6	陈曦	05资料员	研究生	92	72	82
7	廖凯	06办公室文员	研究生	80	56	68
8	王一帆	01销售总监	本科	79	93	86
9	李德印	01销售总监	本科	90	87	88.5
10	刘萌	01销售总监	专科	91	91	91
11	霍晶	02科员	专科	88	91	89.5
12	陈晓	03出纳员	专科	90	79	84.5
13	王辉会	04办公室主任	专科	80	70	75
14	陆路	04办公室主任	专科	82	77	79.5
15	李凱	04办公室主任	专科	82	77	79.5
16	陈小芳	04办公室主任	专科	88	70	79

图 5-45

5.3 ▶ 数据的筛选

筛选是指暂时隐藏不必显示的行列，只按设定的条件显示满足条件的数据记录。筛选是数据分析过程中被频繁使用的工具。

5.3.1 添加自动筛选

关 键 点：给每个列标识添加可筛选的下拉按钮
操作要点："数据"→"排序和筛选组"组→"筛选"功能按钮
应用场景：在执行筛选前，需要为表格的列标识添加自动筛选

例如，在成绩统计表中，要求筛选查看指定的某一个班级的学生成绩

❶ 打开工作表，选中任意单元格，切换到"数据"选项卡，在"排序和筛选"组中单击"筛选"按钮，如图5-46所示。

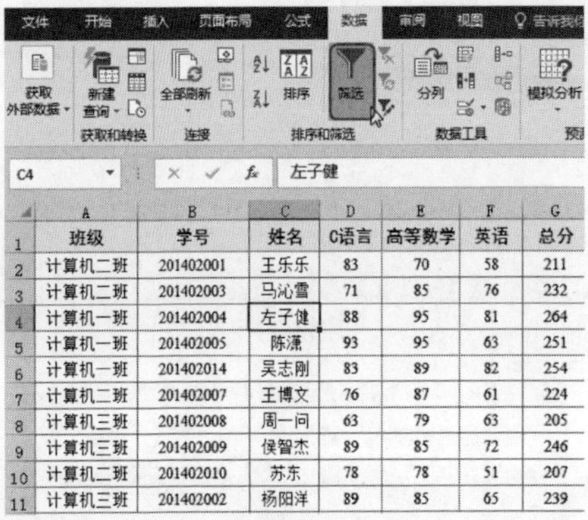

图 5-46

❷ 单击"筛选"按钮后，系统为列标识添加筛选按钮，单击"班级"右侧筛选按钮，取消选中"全选"复选框，然后选中"计算机一班"复选框，如图5-47所示。

❸ 单击"确定"按钮，返回工作表中，即可看到筛选出计算机一班的学生成绩，如图5-48所示。

图 5-47

1	班级	学号	姓名	C语言	高等数学	英语	总分
4	计算机一班	201402004	左子健	88	95	81	264
5	计算机一班	201402005	陈潇	93	95	63	251
6	计算机一班	201402014	吴志刚	83	89	82	254

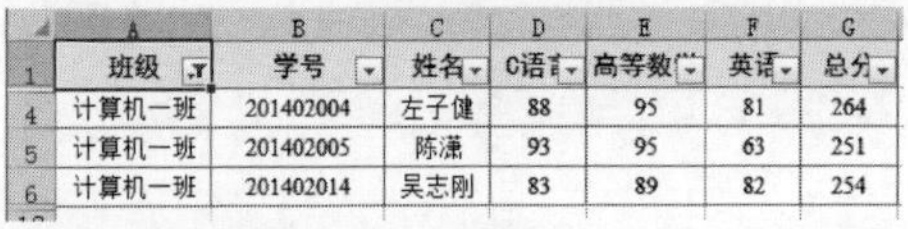

图 5-48

专家提醒

通过复选框的选择可以实现筛选查看任意班级的记录，如果一次性要筛选多个选项，则可以一次选中两个或多个复选框。

5.3.2 数字筛选

关 键 点：与数字有关的筛选（大于、小于、前 n 名等）
操作要点："自动筛选"→"数字筛选"
应用场景：当需要筛选的内容为数字时，可以为筛选数字设置多种筛选条件。如大于某个指定值、小于某个指定值、界于某些值之间等

1. 筛选出分数 >90 分的学生

筛选出分数大于90分的学生，可以按下面的方法进行筛选。

❶ 为数据源行标识添加筛选按钮，单击"成绩"右侧筛选按钮，在下拉菜单中选择"数字筛选"→"大于"命令，如图5-49所示，打开"自定义自动筛选方式"对话框。

❷ 在"大于"后面文本框中输入"90"，如图5-50所示。

图 5-49

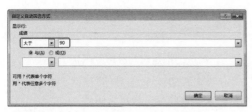

图 5-50

❸ 单击"确定"按钮，返回工作表中，即可筛选出成绩大于 90 的学生，如图 5-51 所示。

	A	B	C	D
1	序	学校	姓名	成绩
2	1	桃园二中	李林杰	93
6	5	桃园二中	崔心怡	91
8	7	锦鸿中学	蔡晶	91
17	18	实验中学	李小蝶	92
18				

图 5-51

2. 筛选出出库量 >1000 或 <100 的记录

❶ 为数据源行标识添加筛选按钮，单击"出库量"右侧筛选按钮，在下拉菜单中选择"数字筛选"→"大于"命令，如图 5-52 所示，打开"自定义自动筛选方式"对话框。

图 5-52

❷ 在"大于"后面文本框中输入"1000"；选中"或"单选按钮，设置条件为"小于"，并在后面文本框中输入"100"，如图 5-53 所示。

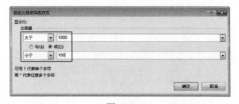

图 5-53

❸ 单击"确定"按钮，返回工作表中，即可筛选出出库量大于 1000 或小于 100 的记录，如图 5-54 所示。

	A	B	C
1	出库日期	库存量	出库量
2	2017/12/1	1200	1150
4	2017/12/3	300	90
8	2017/12/7	990	87
9	2017/12/8	1100	1060
12	2017/12/11	860	1200
13	2017/12/12	970	57

图 5-54

3. 筛选出销售额排序前 3 名的记录

❶ 为数据源行标识添加筛选按钮，单击"总业绩"右侧筛选按钮，在下拉菜单中选择"数字筛选"→"前 10 项"命令，如图 5-55 所示，打开"自动筛选前 10 个"对话框。

图 5-55

❷ 将"10"更改为"3"，如图 5-56 所示。

图 5-56

❸ 单击"确定"按钮，返回工作表中，即可筛选出总分排名前 3 的学生，如图 5-57 所示。

	A	B
1	姓名 ▼	总业绩 ▼
4	张燕	161000
10	张成	170620
13	李佳	141040
14		

图 5-57

练一练

筛选出指定时间区域的来访记录

如图 5-58 所示，从来访登记记录表中筛选出指定时间段的来访记录。

	A	B	C
1	来访时间 ▼	来访人员 ▼	访问楼层 ▼
10	11:45	李凯	22层
11	12:30	廖凯	19层
12	14:30	刘兰芝	32层
20			
21			

图 5-58

5.3.3 文本筛选

关键点：与文本有关的筛选
操作要点："自动筛选"→"文本筛选"
应用场景：当单元格区域为文本时，用户也可以对文本进行筛选，如包含指定文本、开头是某个文本等

例如，下面的例子中要求筛选出"风衣"类服装，可以按下面的方法进行筛选。

❶ 为工作表中的列标识添加筛选按钮，单击"品名"右侧筛选按钮，在下拉菜单中选择"文本筛选"→"包含"命令，如图 5-59 所示，打开"自定义自动筛选方式"对话框。

	A	B	C	D
1	编号 ▼	品名 ▼	库存 ▼	补充提示 ▼
2		升序(S)	32	准备
3		降序(O)	18	补货
4		按颜色排序(T) ▶	47	充足
5			55	充足
6		从"品名"中清除筛选(C)	17	补货
7		按颜色筛选(I) ▶	56	充足
8		文本筛选(F) ▶	等于(E)…	货
9		搜索 🔍	不等于(N)…	备
10		☑(全选)	开头是(I)…	足
11		☑春秋低领毛衣	结尾是(T)…	货
12		☑春秋风衣		足
13		☑春秋荷花袖风衣	包含(A)…	货
14		☑春秋混搭超值三件套	不包含(D)…	
15		☑春秋鹿皮绒风衣	自定义筛选(F)…	
16		☑春秋毛呢短裙		
		☑春秋气质风衣		

图 5-59

❷ 在"包含"文本框中输入"风衣"，如图 5-60 所示。

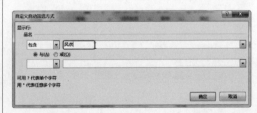

图 5-60

❸ 单击"确定"按钮，返回工作表中，即可筛选出"风衣"类服装，如图 5-61 所示。

	A	B	C	D
1	编号 ▼	品名 ▼	库存 ▼	补充提示 ▼
5	ML_004	春秋风衣	55	充足
8	ML_007	春秋荷花袖风衣	14	补货
10	ML_009	春秋鹿皮绒风衣	32	准备
11	ML_010	春秋气质风衣	55	充足

图 5-61

知识扩展

当对文本进行筛选时，也可以直接在搜索文本框中输入要筛选的内容，如图 5-62 所示，即可得到筛选结果。

图 5-62

练一练

从竞赛成绩表中排除某个学校的记录

如图 5-63 所示为原数据表，要求从中排除"实验中学"，得到如图 5-64 所示的显示结果。

	A	B	C	D
1	序号	学校	姓名	成绩
2	1	桃园二中	王一帆	93
3	2	实验中学	王辉会	70
4	3	实验中学	邓敏	65
5	4	锦鸿中学	吕梁	79
6	5	桃园二中	庄美尔	90
7	6	实验中学	刘小龙	62
8	7	锦鸿中学	刘萌	91
9	8	实验中学	李凯	77
10	9	桃园二中	李德印	87
11	10	桃园二中	张泽宇	86
12	11	锦鸿中学	张奎	81
13	12	锦鸿中学	陆路	77
14	13	桃园二中	陈小芳	70

Sheet1

图 5-63

	A	B	C	D
1	序	学校	姓名	成绩
2	1	桃园二中	王一帆	93
5	4	锦鸿中学	吕梁	79
6	5	桃园二中	庄美尔	90
8	7	锦鸿中学	刘萌	91
10	9	桃园二中	李德印	87
11	10	桃园二中	张泽宇	86
12	11	锦鸿中学	张奎	81
13	12	锦鸿中学	陆路	77
14	13	桃园二中	陈小芳	70

图 5-64

5.3.4 日期筛选

关键点：与日期有关的筛选（本月、上月、某日期之前等）
操作要点："自动筛选"→"日期筛选"
应用场景：在 Excel 表格中可以对日期进行筛选，如筛选出本月、上月的记录，或筛选出某指定日期之前或之后的记录等

1. 筛选出上周值班的员工

如图 5-65 所示为公司 2 月份的值班表，要求筛选出上周的值班员工。

❶ 为工作表中的列标识添加筛选按钮，单击"值班时间"右侧筛选按钮，在下拉菜单中选择"日期筛选"→"上周"命令，如图 5-66 所示。

❷ 执行上述操作后即可在工作表中筛选出上周值班的员工，如图 5-67 所示。

	A	B	C
1	值班时间	值班人	所属部门
2	2018/2/2	张梦云	人事部
3	2018/2/1	张春	行政部
4	2018/2/6	杨帆	行政部
5	2018/2/13	黄新	人事部
6	2018/2/6	杨帆	行政部
7	2018/2/8	张春	行政部
8	2018/2/8	李丽芬	财务部
9	2018/2/12	黄新	人事部
10	2018/2/12	李丽芬	财务部
11	2018/2/14	冯琪	人事部
12	2018/2/18	邓楠	财务部
13	2018/2/22	张梦云	人事部

图 5-65

123

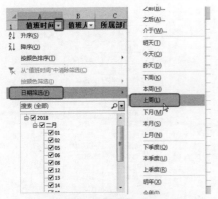

图 5-66

图 5-69

	A	B	C	D	E
1	序号	报名时间	姓名	所报课程	学费
2	1	2018/1/2	陆路	轻粘土手工	780
3	2	2018/1/1	陈小旭	线描画	980
4	3	2018/1/6	李林杰	卡漫	1080
9	8	2018/1/1	吴可佳	轻粘土手工	780
10	9	2018/1/1	蔡晶	线描画	980
11	10	2018/1/2	张云翔	水墨画	980
12	11	2018/1/1	刘成瑞	轻粘土手工	780
13	12	2018/1/5	张凯	水墨画	980
14	13	2018/1/5	刘梦凡	线描画	980

图 5-70

	A	B	C
1	值班时间	值班人	所属部门
12	2018/2/18	邓楠	财务部
13	2018/2/22	张梦云	人事部
14	2018/2/19	冯琪	人事部
15	2018/2/20	邓楠	财务部
18			

图 5-67

2. 筛选出某日期前的所有记录

例如，在下面的例子中要求筛选出 1 月 10 日之前的报名记录，以开展学费减免的优惠活动。

❶ 为工作表中的列标识添加筛选按钮，单击"报名时间"右侧筛选按钮，在下拉菜单中选择"日期筛选"→"之前"命令，如图 5-68 所示，打开"自定义自动筛选方式"对话框。

图 5-68

❷ 在"在以下日期之前"文本框后输入日期"2018/1/10"，如图 5-69 所示。

❸ 单击"确定"按钮，返回工作表中，即可看到筛选出 1 月 10 日之前报名的记录，如图 5-70 所示。

知识扩展

在"日期筛选"子菜单中包含多种筛选方式，有些命令可以根据当前日期，在单击命令后立即显示筛选结果，如"上个月""今天""明天""下周"等。

练一练

筛选任意指定月份的报名记录

在某培训班的报名统计表中，要求统计出 3 月份的报名记录（可任意指定想查询的月份），如图 5-71 所示。

要点提示：

在"日期筛选"子菜单中有一个"期间所有日期"选项，鼠标指向时可从子菜单找到选项。

	A	B	C	D	E
1	序号	报名时间	姓名	所报课程	学费
9	8	2018/3/1	吴可佳	轻粘土手工	780
10	9	2018/3/1	蔡晶	线描画	980
11	10	2018/3/2	张云翔	水墨画	980
15	14	2018/3/12	刘萌	水墨画	980
16	15	2018/3/12	张梦云	水墨画	980
17	16	2018/3/10	张睿阳	卡漫	1080
19	18	2018/3/11	李小蝶	卡漫	1080
20	19	2018/3/17	黄新晟	卡漫	1080
21	20	2018/3/17	冯琪	水墨画	980

图 5-71

5.3.5 高级筛选

关 键 点：1. 筛选出同时满足双条件的记录
2. 筛选出满足多条件中任意一个条件的记录

操作要点："数据"→"排序和筛选组"组→"高级"功能按钮

应用场景：自动筛选都是在原有表格上实现数据的筛选，被排除的记录行自动被隐藏，而使用高级筛选功能则可以将筛选到的结果存放于其他位置上，以得到单一的分析结果，便于使用。在高级筛选方式下可以实现只满足一个条件的筛选（即"或"条件筛选），也可以实现同时满中两个条件的筛选（即"与"条件筛选）

1. 同时满足双条件的筛选

"与"条件筛选是指同时满足两个条件或多个条件的筛选。例如，在下面的员工培训成绩表中，需要筛选出销售 2 部需要参加二次培训的记录。

❶ 在 A20:B21 单元格区域输入筛选条件，切换到"数据"选项卡，在"排序和筛选"组中单击"高级"按钮，如图 5-72 所示，打开"高级筛选"对话框。

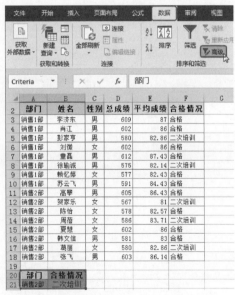

图 5-72

❷ 设置"列表区域"为 A2:F18 单元格区域，设置"条件区域"为 A20:B21 单元格区域，如图 5-73 所示，选中"将筛选结果复制到其他位置"单选按钮，将光标放置到激活的"复制到"文本框中，在工

作表中选择 A23 单元格，如图 5-74 所示。

❸ 单击"确定"按钮，返回到工作表中，即可筛选出销售 2 部需要二次培训的人员记录，如图 5-75 所示。

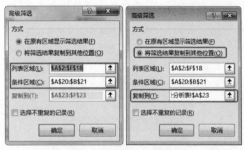

图 5-73 图 5-74

	A	B	C	D	E	F
20	部门	合格情况				
21	销售2部	二次培训				
22						
23	部门	姓名	性别	总成绩	平均成绩	合格情况
24	销售2部	贺家乐	女	567	81	二次培训
25	销售2部	周蓓	女	586	83.71	二次培训
26	销售2部	葛丽	女	580	82.86	二次培训

图 5-75

2. 满足多条件中任意一个条件的筛选

"或"条件筛选是指筛选的数据只要满足两个或多个条件中的一个即可。例如，在下面的入职考试表中，需要筛选出笔试高于 90 分（包含 90 分）或者面试高于 90 分（包含 90 分）或者综合高于 90 分（包含 90 分）的记录。

❶ 在 F1:H4 单元格区域输入筛选条件，切换到"数据"选项卡，在"排序和筛选"组中单击"高级"按钮，如图 5-76 所示，打开"高级筛选"对话框。

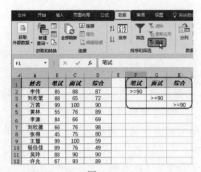

图 5-76

❸ 单击"确定"按钮，返回到工作表中，即可筛选出笔试高于 90 分（包含 90 分）或者面试高于 90 分（包含 90 分）或者综合高于 90 分（包含 90 分）的记录，如图 5-78 所示。

图 5-78

专家提醒

通过对比"与"条件的设置，可以看到"与"条件中各条件显示在同一行，而"或"条件设置要保证各条件位于不同行中。

❷ 设置"列表区域"为 A1:D18 单元格区域，设置"条件区域"为 F1:H4 单元格区域，选中"将筛选结果复制到其他位置"单选按钮，将光标放置在激活的"复制到"文本框中，在工作表中单击 F6 单元格，如图 5-77 所示。

图 5-77

练一练

筛选出指定时间指定课程的报名记录

如图 5-79 所示，要求筛选出 2018-1-10 前报名的所有手工课的记录。由于手工课有两种类型，分别为"轻粘土手工"与"剪纸手工"，因此使用"*手工"作为条件。

图 5-79

5.3.6 取消筛选

关 键 点：取消筛选恢复原始数据
操作要点："数据"→"排序和筛选组"组→"清除"功能按钮
应用场景：当不需要对数据进行分析，而要显示出全部数据时，可以取消筛选。
可以根据实际需要取消某个字段的筛选，也可以取消多个字段的筛选

例如，当前表格已对"所属部门"列做了筛选，现在要取消筛选。

❶ 单击"所属部门"右侧筛选按钮，在下拉菜

单中选择"从'所属部门'中清除筛选"命令，如图 5-80 所示，即可取消"所属部门"字段的筛选。

图 5-80

图 5-81

❷ 如果工作表中对多个字段进行了筛选，想要一次性取消多个字段的筛选，可以单击"数据"选项卡，在"排序和筛选"选项组中单击"清除"按钮，如图 5-81 所示，即可取消多个字段的筛选筛选。

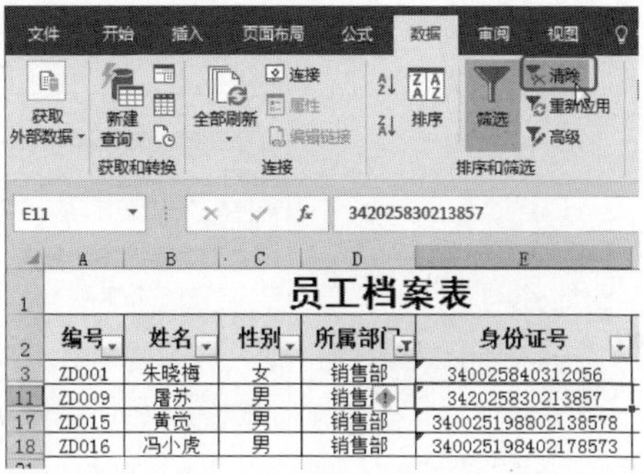

专家提醒

如果想要删除自动筛选按钮，在"排序和筛选"选项组中再次单击"筛选"按钮，取消其激活状态即可。

5.4 表格数据的分类汇总

分类汇总可以为同一类别的记录自动添加合计或小计，从而得到分散记录的合计数据。这项功能是数据分析乃至大数据分析中的常用的功能之一。

5.4.1 创建分类汇总统计数据

关 键 点：1.排序
　　　　　2.排序后将同一类数据汇总
操作要点："数据"→"分级显示"组→"分类汇总"功能按钮
应用场景：在进行分类汇总之前，需要对数据进行排序，就是将同一类数据放置在一起，形成多个分类，然后才能对各个类别进行统计

❶ 打开工作表，选中"费用类别"列下任意单元格，切换到"数据"选项卡，在"排序和筛选"组中单击 ↑↓（升序）按钮，如图 5-82 所示，即可将相同的费用类型排序到一起。

❷ 在"数据"选项卡的"分级显示"组中单击"分类汇总"按钮，如图 5-83 所示，打开"分类汇总"对话框。

❸ 单击"分类字段"右侧的下拉按钮，在下拉菜单中选择"费用类别"，"汇总方式"采用默认的"求和"，在"选项汇总项"中选中"支出金额"复选框，如图 5-84 所示。

图 5-82

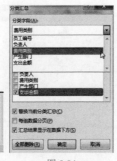

图 5-83　　　　图 5-84

④ 单击"确定"按钮返回工作表中，即可看到表格中的数据以"费用类别"为字段，对各个类别的费用进行了汇总统计，如图 5-85 所示。

1 2 3		A	B	C	D	E
	1	员工编号	负责人	费用类别	产生部门	支出金额
	2	DZ015	张兴	办公用品	行政部	¥　500.00
	3	DZ022	汪任	办公用品	行政部	¥　338.00
	4	DZ029	韩学平	办公用品	行政部	¥　338.00
	5			办公用品汇总		¥　1,176.00
	6	DZ008	孙文胜	餐饮费	销售部	¥　800.00
	7	DZ008	孙文胜	餐饮费	销售部	¥　650.00
	8	DZ014	钟华	餐饮费	销售部	¥　650.00
	9	DZ025	彭国华	餐饮费	销售部	¥　690.00
	10	DZ030	吴子进	餐饮费	销售部	¥　880.00
	11	DZ031	吴梅梅	餐饮费	销售部	¥　680.00
	12			餐饮费汇总		¥　4,350.00
	13	DZ003	李孟	差旅费	企划部	¥　587.00
	14	DZ012	唐虎	差旅费	销售部	¥　732.00
	15	DZ016	徐磊	差旅费	销售部	¥　15.00
	16	DZ018	刘晓俊	差旅费	销售部	¥　285.00
	17	DZ020	刘平	差旅费	企划部	¥　2,200.00
	18	DZ021	吴梅梅	差旅费	销售部	¥　680.00

图 5-85

练一练

分类汇总获取最大值

如图 5-86 所示，通过分类汇总统计出各个班级中各个科目的最高成绩值。

1 2 3		A	B	C	D	E
	1	姓名	班级	语文	数学	
	2	王梓	1班	88	90	
	3	刘瑞源	1班	90	79	
	4	张泽宇	1班	87	86	
	5	黄俊豪	1班	82	77	
	6	张薇	1班	89	92	
	7	王坤坤	1班	87	88	
	8		1班 最大值	90	92	
	9	赵晗月	2班	80	56	
	10	邓敏	2班	95	88	
	11	丁晶晶	2班	88	91	
	12	蔡晶	2班	88	90	
	13	张伟梁	2班	77	79	
	14	周文翔	2班	90	90	
	15		2班 最大值	95	91	
	16	罗成佳	3班	90	88	
	17	柯天翼	3班	88	85	
	18	卢佳	3班	92	72	

Sheet1　Sheet1 (2)　+

图 5-86

5.4.2　创建多级分类汇总

关 键 点：当一级分类下还有二级分类时可以进行多级分类汇总
操作要点："数据"→"分级显示"组→"分类汇总"功能按钮
应用场景：多级分类汇总是指在进行一级分类汇总后，各个分类下还能进行下一级分类，表格中最终同时显示一级分类汇总值与二级分类汇总值

例如，下面的例子中可以首先对"产生部门"进行分类汇总，然后在各个部门下不同类别的费用再进行分类汇总。具体实现操作如下。

① 打开工作表，切换到"数据"选项卡在"排序和筛选"组中单击"排序"按钮，如图 5-87 所示，打开"排序"对话框。

② 分别设置"主要关键字"为"产生部门"，"次要关键字"为"费用类别"，排序的次序可以是升序或降序，如图 5-88 所示。

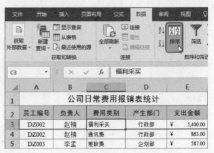

	A	B	C	D	E
1	公司日常费用报销表统计				
2	员工编号	负责人	费用类别	产生部门	支出金额
3	DZ002	赵楠	福利采买	行政部	¥　5,400.00
4	DZ002	赵楠	通讯费	行政部	¥　863.00
5	DZ003	李孟	差旅费	企划部	¥　587.00

图 5-87

Excel 表格制作与数据处理从入门到精通

图 5-88

❸ 单击"确定"按钮可见表格双关键字排序的结果，如图 5-89 所示。

	A	B	C	D	E
2	员工编号	负责人	费用类别	产生部门	支出金额
3	DZ015	张兴	办公用品	行政部	¥ 500.00
4	DZ022	汪任	办公用品	行政部	¥ 338.00
5	DZ029	韩学平	办公用品	行政部	¥ 338.00
6	DZ002	赵楠	福利采买	行政部	¥ 5,400.00
7	DZ009	刘勇	福利采买	行政部	¥ 2,200.00
8	DZ032	沈涛	福利采买	行政部	¥ 2,800.00
9	DZ002	赵楠	通讯费	行政部	¥ 863.00
10	DZ027	孙丽萍	通讯费	行政部	¥ 2,180.00
11	DZ003	李孟	差旅费	企划部	¥ 587.00
12	DZ020	刘平	差旅费	企划部	¥ 2,200.00
13	DZ014	钟华	差旅费	企划部	¥ 5,000.00
14	DZ003	李孟	通讯费	企划部	¥ 1,500.00
15	DZ026	赵青军	通讯费	企划部	¥ 100.00
16	DZ010	马梅	会务费	人事部	¥ 2,800.00
17	DZ004	周保国	招聘培训费	人事部	¥ 1,450.00

图 5-89

❹ 在"数据"选项卡的"分级显示"组中单击"分类汇总"按钮，打开"分类汇总"对话框。单击"分类字段"的下拉按钮，在下拉菜单中选择"产生部门"，"汇总方式"采用默认的"求和"，在"选定汇总项"中选中"支出金额"复选框，如图 5-90 所示。

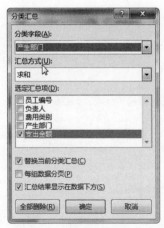

图 5-90

❺ 单击"确定"按钮可以看到一次分类汇总的结果，即统计出了各个部门的支出费用汇总项，如图 5-91 所示。

	A	B	C	D	E
2	员工编号	负责人	费用类别	产生部门	支出金额
3	DZ015	张兴	办公用品	行政部	¥ 500.00
4	DZ022	汪任	办公用品	行政部	¥ 338.00
5	DZ029	韩学平	办公用品	行政部	¥ 338.00
6	DZ002	赵楠	福利采买	行政部	¥ 5,400.00
7	DZ009	刘勇	福利采买	行政部	¥ 2,200.00
8	DZ032	沈涛	福利采买	行政部	¥ 2,800.00
9	DZ002	赵楠	通讯费	行政部	¥ 863.00
10	DZ027	孙丽萍	通讯费	行政部	¥ 2,180.00
11				行政部 汇总	¥ 14,619.00
12	DZ003	李孟	差旅费	企划部	¥ 587.00
13	DZ020	刘平	差旅费	企划部	¥ 2,200.00
14	DZ014	钟华	差旅费	企划部	¥ 5,000.00
15	DZ003	李孟	通讯费	企划部	¥ 1,500.00
16	DZ026	赵青军	通讯费	企划部	¥ 100.00
17				企划部 汇总	¥ 9,387.00

图 5-91

❻ 再次打开"分类汇总"对话框，将"分类字段"更改为"费用类别"，其他选项保持不变，取消选中"替换当前分类汇总"复选框，如图 5-92 所示。

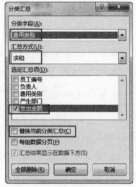

图 5-92

❼ 单击"确定"按钮可以看到二次分类汇总的结果，即统计出了各个部门下不同费用类别支出金额汇总项，如图 5-93 所示。

	A	B	C	D	E
2	员工编号	负责人	费用类别	产生部门	支出金额
3	DZ015	张兴	办公用品	行政部	¥ 500.00
4	DZ022	汪任	办公用品	行政部	¥ 338.00
5	DZ029	韩学平	办公用品	行政部	¥ 338.00
6			办公用品 汇总		¥ 1,176.00
7	DZ002	赵楠	福利采买	行政部	¥ 5,400.00
8	DZ009	刘勇	福利采买	行政部	¥ 2,200.00
9	DZ032	沈涛	福利采买	行政部	¥ 2,800.00
10			福利采买 汇总		¥ 10,400.00
11	DZ002	赵楠	通讯费	行政部	¥ 863.00
12	DZ027	孙丽萍	通讯费	行政部	¥ 2,180.00
13			通讯费 汇总		¥ 3,043.00
14				行政部 汇总	¥ 14,619.00
15	DZ003	李孟	差旅费	企划部	¥ 587.00
16	DZ020	刘平	差旅费	企划部	¥ 2,200.00
17	DZ014	钟华	差旅费	企划部	¥ 5,000.00
18			差旅费 汇总		¥ 7,787.00

图 5-93

专家提醒

系统默认在工作表中创建下一个分类汇总时，自动替换当前的分类汇总，如果需要在工作表中创建多级的或者多种统计的分类汇总，则在创建一次分类汇总方式后，在"分类汇总"对话框中必须取消选中"替换当前分类汇总"复选框。

练一练

只查看分类汇总的结果

在分类汇总后，可以将明细数据隐藏，以实现对统计结果的查看，如图 5-94 所示。

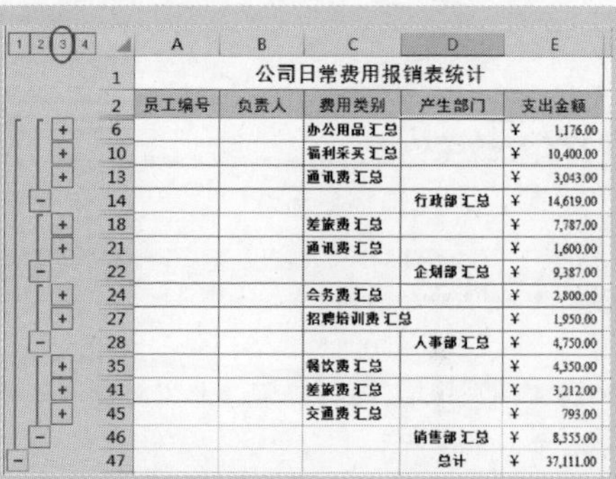

图 5-94

5.4.3 复制使用分类汇总的结果

关 键 点：将分类汇总的结果复制到其他位置使用
操作要点："F5"→"定位"对话框→"可见单元格"
应用场景：当利用分类汇总功能获取统计结果后，可以将统计结果直接复制下来并通过整理得到统计报表

当获取分类汇总的统计结果后，如果直接复制使用会连同所有被隐藏的明细项目一起被复制，此时需要先定位可见单元格，然后再执行复制粘贴的操作。

❶ 在如图 5-95 所示的表格中，按 F5 键，打开"定位"对话框，单击"定位条件"按钮，如图 5-96 所示，打开"定位条件"对话框，并选中"可见单元格"单选按钮，如图 5-97 所示。

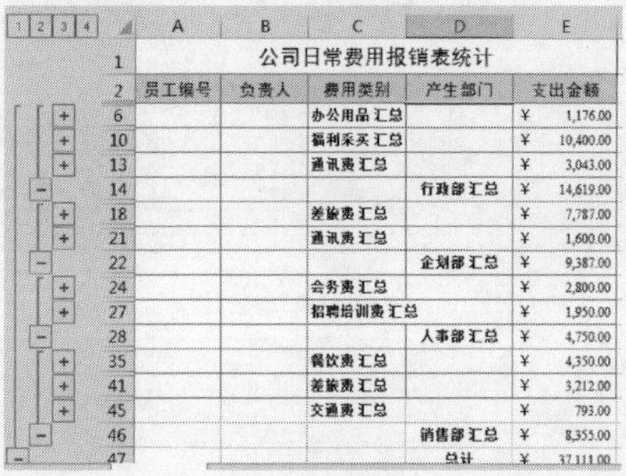

图 5-95

图 5-96

图 5-97

❷ 单击“确定”按钮即可在工作表中选中所有可见单元格，按 Ctrl+C 快捷键复制，如图 5-98 所示，选择要粘贴到的位置后，按 Ctrl+V 快捷键进行粘贴即可，效果如图 5-99 所示。

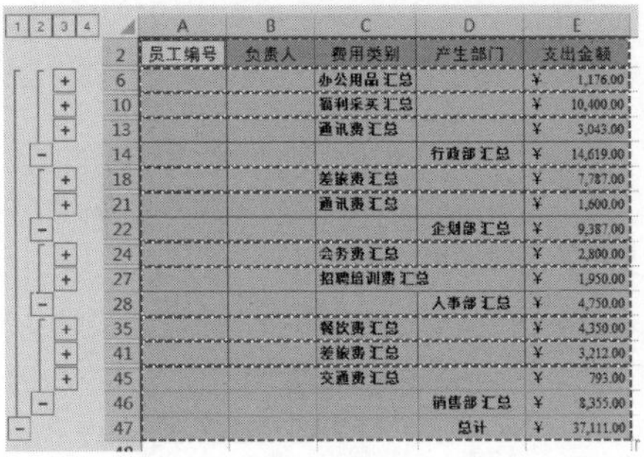

图 5-98

	A	B	C	D	E
1	员工编号	负责人	费用类别	产生部门	支出金额
2			办公用品 汇总		¥ 1,176.00
3			福利采买 汇总		¥ 10,400.00
4			通讯费 汇总		¥ 3,043.00
5				行政部 汇总	¥ 14,619.00
6			差旅费 汇总		¥ 7,787.00
7			通讯费 汇总		¥ 1,600.00
8				企划部 汇总	¥ 9,387.00
9			会务费 汇总		¥ 2,800.00
10			招聘培训费 汇总		¥ 1,950.00
11				人事部 汇总	¥ 4,750.00
12			餐饮费 汇总		¥ 4,350.00
13			差旅费 汇总		¥ 3,212.00
14			交通费 汇总		¥ 793.00
15				销售部 汇总	¥ 8,355.00
16				总计	¥ 37,111.00

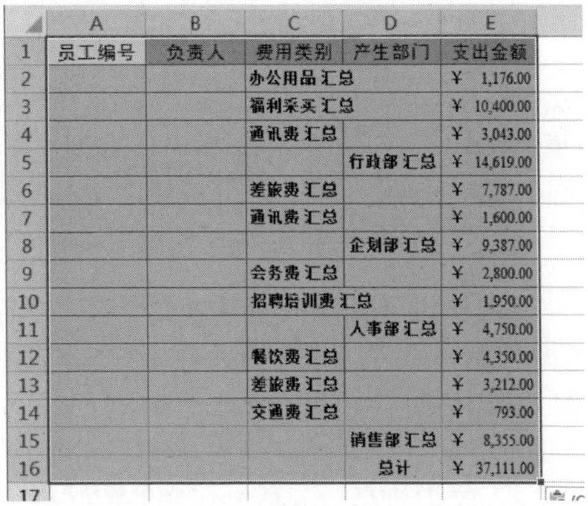

图 5-99

5.4.4 取消分类汇总

关 键 点： 取消分类汇总结果，显示原始数据

操作要点： “数据”→“分级显示”组→“分类汇总”功能按钮

应用场景： 当不需要对工作表中的数据进行分类汇总分析时，可以取消分类汇总，不管工作表中设置了一种还是多种分类汇总，都可以一次性取消

❶ 打开工作表，在“数据”选项卡的“分级显示”组中单击“分类汇总”按钮，如图 5-100 所示，打开“分类汇总”对话框。

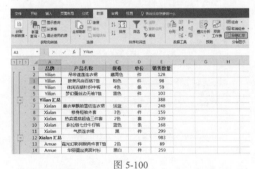

图 5-100

❷ 单击“全部删除”按钮，如图 5-101 所示，返回工作表中，即可取消工作表中的分类汇总，如图 5-101 所示。

图 5-101

5.5 合并计算功能

“合并计算”功能是将多个区域中的值合并到一个新区域中。利用此项功能可以将分散统计到多张表格中的数据进行合并，进而获取汇总统计表。

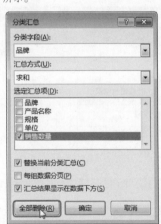

5.5.1 按位置合并计算

关 键 点：将多表中相同位置上的数据进行合并计算
操作要点："数据"→"数据工具"组→"合并计算"功能按钮
应用场景：按位置合并计算是指当需要合并计算的数据在各工作表中的显示位置
完全相同时，将相同位置上的值——对应进行合并计算

如图 5-102 所示为一分店和二分店的产品销售情况，现在需要将其合并到一张工作表中得出销售总额。

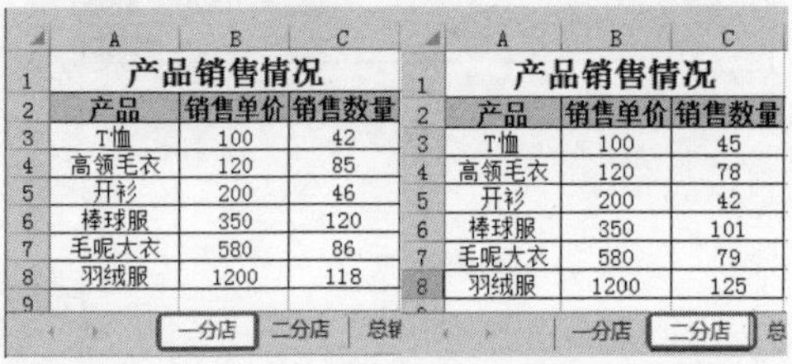

图 5-102

❶ 在新工作表中创建产品的基本标识，并将"产品""销售单价"数据复制到工作表中，选中 C3 单元格，在"数据"选项卡的"数据工具"组中单击"合并计算"按钮，如图 5-103 所示，打开"合并计算"对话框，如图 5-104 所示。

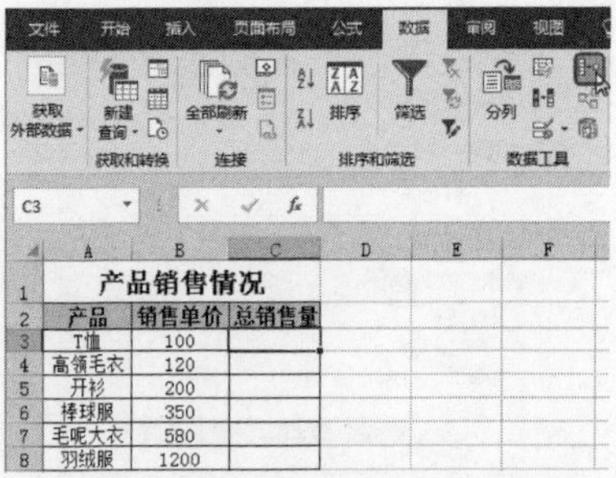

图 5-103

图 5-104

❷ 将光标放置到"引用位置"文本框中，切换到"一分店"工作表中，拖动鼠标选中 C3:C8 单元格区域，如图 5-105 所示。

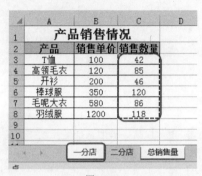

图 5-105

❸ 单击"添加"按钮即可添加此区域到"所有引用位置"列表中，如图 5-106 所示。

图 5-106

❹ 按相同的方法添加"二分店!$C$3:$C$8"区域作为第二个计算区域，如图 5-107 所示。

❺ 单击"确定"按钮，在 C3:C8 单元格区域中显示的是将"一分店"与"二分店"工作表中 C3:C8 单元格区域数据合并计算的结果，如图 5-108 所示。

图 5-107

产品销售情况		
产品	销售单价	总销售量
T恤	100	87
高领毛衣	120	163
开衫	200	88
棒球服	350	221
毛呢大衣	580	165
羽绒服	1200	243

图 5-108

5.5.2 按类别合并计算

关 键 点：将多表中相同类别的数据进行合并计算

操作要点："数据"→"数据工具"组→"合并计算"功能按钮

应用场景：按类别合并计算是指以各个工作表中的首列元素作为判断，有相同元素的就合并计算，无相同元素的也直接合并到新工作表中

如图 5-110 所示为几个分店对各产品的销售额统计，其中产品的品种有重复的也有不重复的，现在需要将这 4 张工作表的数据合并到一张工作表中。

练一练

分类汇总两个季度中各项费用的合计金额

各个部门的支出费用是分表统计的，并同时统计了一季度与二季度，现在要进行分类汇总统计得到这两个季度中各项费用的合计金额，得到如图 5-109 所示的统计结果。

各部门费用支出总额		
费用名称	一季度	二季度
体检费	3300.00	3311.00
办公费	3718.00	3679.00
加班费	3816.00	5003.00
劳务补贴	3939.00	4621.00
交通费	5461.00	3519.00
住宿费	5221.00	3793.00
餐饮费	5142.00	11560.00

图 5-109

❶ 重命名新工作表为"汇总"，并建立基本标识，单击选中 A2 单元格，在"数据"选项卡的"数据工具"组中单击"合并计算"按钮，如图 5-111 所示，打开"合并计算"对话框。

图 5-111

图 5-110

❷ 选中"首行"和"最左列"复选框，将光标放置到"引用位置"文本框中，切换到"阜阳"工作表中，拖动鼠标选中 A2:B5 单元格区域，如图 5-112 所示，单击"添加"按钮。

图 5-112

❸ 将光标放置到"引用位置"文本框中，切换到"合肥"工作表中，拖动鼠标选中 A2:B6 单元格区域，如图 5-113 所示，单击"添加"按钮。

图 5-113

❹ 按相同方法依次添加"宣城"工作表中的 A2:B5 单元格区域和"芜湖"工作表中的 A2:B4 单元格区域，全部添加后如图 5-114 所示。

图 5-114

❺ 单击"确定"按钮，返回到"汇总"工作表中，即可看到合并计算的结果，如图 5-115 所示。

	A	B	C	D	E
1		2014年7月份销售情况表			
2		阜阳销售额	合肥销售额	芜湖销售额	宣城销售额
3	B产品	6,650.00			6,650.00
4	A产品		5,000.00		5,000.00
5	C产品	8,000.00	7,000.00	8,000.00	8,000.00
6	D产品	1,000.00	1,000.00		
7	G产品		6,000.00		
8	F产品			1,200.00	

图 5-115

专家提醒

如果两个表格中的数据不完全相同，或顺序不相同，则可以在"合并计算"对话框中选中"首行"和"最左列"复选框。

练一练

分类汇总所有销售员在两个月中的销售业绩总额

由于销售员的流动性，"一月业绩"表与"二月业绩"表中的销售员有相同的也有不相同的，通过合并计算功能可以快速对所有销售员的销售业绩进行汇总，如图 5-116 所示。

	A	B	C	D
1	姓名	总业绩		
2	成冉	69200		
3	程晓丽	66500		
4	张燕	161000		
5	李乐	86400		
6	黄悦然	78600		
7	张天	75500		
8	刘丽	127910		
9	杜悦	127910		
10	张成	170620		
11	王祖新	76210		
12	彭杨	86500		
13	李佳	141040		

一月业绩　二月业绩　销售统计

图 5-116

5.5.3 更改合并计算的函数

关 键 点：更改默认的合并计算函数
操作要点："数据"→"数据工具"组→"合并计算"功能按钮
应用场景：在使用合并计算功能时，默认对合并的数据进行求和运算。还可以使用其他函数进行合并计算，如使用最大值函数进行合并计算

如图 5-117 所示为 A、B 两个商城的产品价格表，现在需要将商品价格表汇总到一张工作表中，且只保留商品单价的最大值。

A	B	C	D
	商品价格表		
序号	产品名称	单价	规格
1	紧肤膜	150	150g
2	清新水质凝露	185	120ml
3	活肤修复霜	165	100ml
4	透白亮泽化妆露	90	90ml
5	柔和防晒露SPF8	190	50ml
6	清透平衡露	69	100ml
7	俊仕剃须膏	67	25g
8	散粉	120	20g
9	男士香水	295	20ml
10	女士香水	455	35ml
11	眼部滋养凝露	109	90ml
12	净白亮泽化妆露	98	100ml
13	嫩白眼霜	200	15g

A	B	C	D
	商品价格表		
序号	产品名称	单价	规格
1	紧肤膜	145	150g
2	清新水质凝露	175	120ml
3	活肤修复霜	163	100ml
4	透白亮泽化妆露	98	90ml
5	柔和防晒露SPF8	189	50ml
6	清透平衡露	75	100ml
7	俊仕利须膏	65	25g
8	散粉	115	20g
9	男士香水	293	20ml
10	女士香水	450	35ml
11	眼部滋养凝露	98	90ml
12	净白亮泽化妆露	102	100ml
13	嫩白眼霜	198	15g

图 5-117

❶建立新工作表，并重命名为"综合商品价格表"，并建立基本标识，单击选择 C3 单元格，在"数据"选项卡的"数据工具"组中单击"合并计算"按钮，如图 5-118 所示，打开"合并计算"对话框。

图 5-119

表"工作表中，拖动鼠标选中 C3:C15 单元格区域，如图 5-120 所示，单击"添加"按钮。

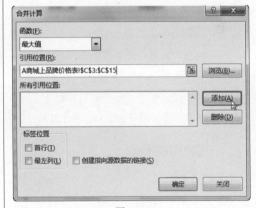

图 5-120

❸将光标放置到"引用位置"文本框中，切换到"B 商城上品牌价格表"工作表中，拖动鼠标选中 C3:C15 单元格区，如图 5-121 所示。

❹单击"确定"按钮，返回到"综合商品价格表"工作表中，即可看到合并计算的结果，如图 5-122 所示。

A	B	C	D	E	F
	商品价格表				
序号	产品名称	单价	规格	单位	
1	紧肤膜		150g	盒	
2	清新水质凝露		120ml	瓶	
3	活肤修复霜		100ml	瓶	
4	透白亮泽化妆露		90ml	瓶	
5	柔和防晒露SPF8		50ml	瓶	
6	清透平衡露		100ml	瓶	
7	俊仕剃须膏		25g	瓶	
8	散粉		20g	盒	
9	男士香水		20ml	瓶	
10	女士香水		35ml	瓶	
11	眼部滋养霜		90ml	瓶	

图 5-118

❷单击"函数"文本框下拉按钮，在下拉菜单中单击"最大值"，如图 5-119 所示，将光标放置到"引用位置"文本框中，切换到"A 商城上品牌价格

图 5-121

	A	B	C	D	E
1		商品价格表			
2	序号	产品名称	单价	规格	单位
3	1	紧肤膜	150	150g	盒
4	2	清新水质凝露	185	120ml	瓶
5	3	活肤修复霜	165	100ml	瓶
6	4	透白亮化妆露	98	90ml	瓶
7	5	柔和防晒露SPF8	190	50ml	瓶
8	6	清透平衡露	75	100ml	瓶
9	7	俊仕剃须膏	67	25g	瓶
10	8	散粉	120	20g	盒
11	9	男士香水	295	20ml	瓶
12	10	女士香水	455	35ml	瓶
13	11	眼部滋养凝露	109	90ml	瓶
14	12	净白亮化妆露	102	100ml	瓶
15	13	嫩白眼霜	200	15g	支

图 5-122

分类汇总求几次考试的平均分

表格中给出的是几次模考的学生成绩，通过合并计算功能可以快速得到每位学生在这几次模考中的平均分数，如图 5-123 所示。

	A	B	C	D
1	姓名	平均分		
2	张泽宇	693.00		
3	姜旭旭	654.67		
4	庄美尔	545.67		
5	陈小芳	510.33		
6	李德印	547.00		
7	张奎	600.33		
8	吕梁	488.67		
9	刘小龙	607.67		
10	陈曦	473.67		
11				

一模　二模　三模　平均分

图 5-123

技高一筹

1. 设定排除某文本时显示特殊格式

本例中统计了某次比赛中各学生对应的学校，下面需要将学校名称中不是"合肥市"的记录以特殊格式显示。要达到这一目的，需要使用文本筛选中的排除文本的规则。

❶ 选中表格中要设置条件格式的单元格区域，即C2:C11，切换到"开始"选项卡，在"样式"组中单击"条件格式"下拉按钮，在打开的下拉列表中选择"新建规则"命令，如图 5-124 所示，打开"新建格式规则"对话框。

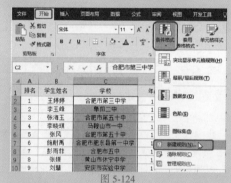

图 5-124

❷ 在"选择规则类型"栏下的列表框中选择"只为包含以下内容的单元格设置格式"命令，再单击"编辑规则说明"下拉按钮，在打开的下拉列表中选择"特定文本"命令，如图 5-125 所示。

图 5-125

❸ 单击"包含"右侧的下拉按钮，在打开的下拉列表中单击"不包含"命令，如图 5-126 所示。

图 5-126

④ 继续在最后的文本框内输入不包含的内容为"合肥市",再单击下方的"格式"按钮,如图 5-127 所示,打开"设置单元格格式"对话框。

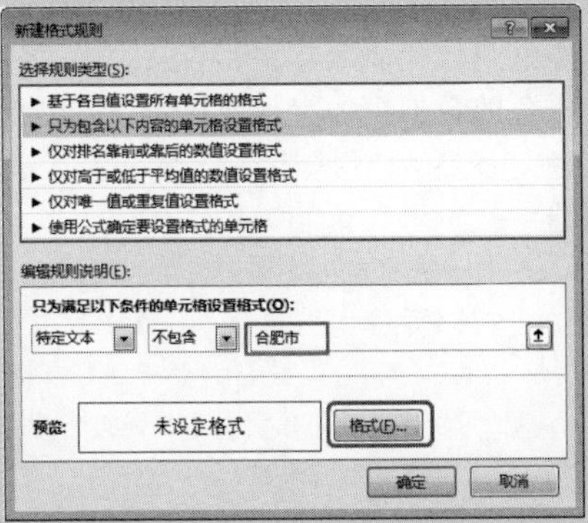

图 5-127

⑤ 切换至"字体"选项卡,设置字型为"倾斜",字体颜色为"白色",如图 5-128 所示。

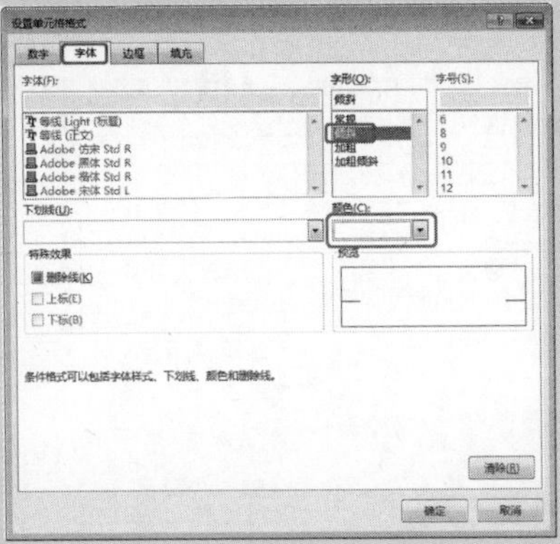

图 5-128

⑥ 切换至"填充"选项卡,在"背景色"中选择"金色",如图 5-129 所示,单击"确定"按钮返回"新建格式规则"对话框。

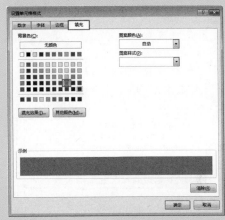

图 5-129

⑦ 单击"确定"按钮完成设置,此时可以看到不包含"合肥市"的所有学校名称格式显示为金色底纹填充和白色倾斜字体,如图 5-130 所示。

	A	B	C	D
1	排名	学生姓名	学校	年龄
2	1	王婷婷	合肥市第三中学	17
3	2	李玉峰	阜阳二中	18
4	3	张海玉	合肥市第五十中	18
5	4	李晓琪	马鞍山市一中	17
6	5	张风	合肥市第五十中	18
7	6	施耐禹	合肥市肥东县第一中学	18
8	7	彭雨菲	合肥市五中	18
9	8	张媛	黄山市休宁中学	17
10	9	刘慧	安庆市实验中学	17
11	10	王欣	黄山市休宁中学	19
12	11	李玉婷	安庆市实验中学	17
13	12	张琳琳	合肥市第十中学	16

图 5-130

2. 指定月份数据特殊显示

在下面的报名数据统计表中,要求将所有 10 月份的记录以特殊格式显示出来。

① 选中表格中要设置条件格式的单元格区域,切换到"开始"选项卡,在"样式"组中单击"条件格式"下拉按钮,在打开的下拉列表中选择"新建规则"命令,打开"新建格式规则"

对话框。

② 在列表框中单击"使用公式确定要设置格式的单元格"命令，在"为符合此公式的值设置格式"下的文本框中输入公式"=MONTH(B2)=10"，单击"格式"按钮，如图 5-131 所示，打开"设置单元格格式"对话框。

③ 切换至"填充"选项卡，在"背景色"列表单击"橙色"，如图 5-132 所示。

图 5-131

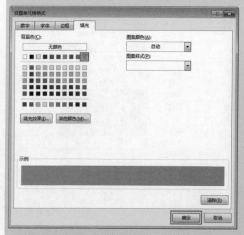

图 5-132

④ 依次单击"确定"按钮完成设置，此时可以看到所有日期为 10 月份的单元格被标记为橙色填充效果，如图 5-133 所示。

	A	B	C	D	E
1	序号	报名时间	姓名	所报课程	学费
2	1	2018/1/2	陆路	轻粘土手工	780
3	2	2018/1/1	陈小旭	线描画	980
4	3	2018/2/6	李林杰	卡漫	1080
5	4	2018/1/11	李成曦	轻粘土手工	780
6	5	2018/2/12	罗成佳	水墨画	980
7	6	2018/2/14	姜旭旭	卡漫	1080
8	7	2018/1/18	崔心怡	轻粘土手工	780
9	8	2018/2/11	吴可佳	轻粘土手工	780
10	9	2018/1/4	蔡晶晶	线描画	980
11	10	2018/2/21	张云翔	水墨画	980
12	11	2018/2/4	刘成瑞	轻粘土手工	780
13	12	2018/2/5	张凯	水墨画	980
14	13	2018/1/5	刘梦凡	线描画	980

图 5-133

3. 按单元格图标排序

本例表格事先使用条件格式规则对库存量进行了设置，将不同区间的库存量设置不同颜色灯（在 5.1.2 小节中已介绍过），其中红色灯代表库存将要告急。为了让库存告急的数据更加直观地显示，可以将有红色灯图标的数据记录全部显示在表格顶端。

① 打开表格选中数据区域中的任意某个单元格，切换到"数据"选项卡，在"排序和筛选"组中单击"排序"按钮，如图 5-134 所示，打开"排序"对话框，并设置主要关键字为"库存量"。

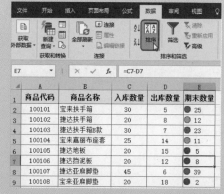

图 5-134

② 单击"排序依据"标签右下侧的下拉按钮，在打开的菜单中选择"单元格图标"命令，如图 5-135 所示。

图 5-135

③ 依次设置"次序"为默认的红色圆点和"在顶端",如图 5-136 所示。

图 5-136

④ 单击"确定"按钮完成设置,此时可以看到表格中所有红色圆点图标的数据显示在最顶端,以便更直观地查看到库存量比较低的记录,如图 5-137 所示。

	A	B	C	D	E
1	商品代码	商品名称	入库数量	出库数量	期末数量
2	100105	捷达地板	20	15	● 5
3	100106	捷达挡泥板	20	12	● 8
4	100108	宝来亚麻脚垫	20	18	● 2
5	100101	宝来扶手箱	30	5	● 25
6	100102	捷达扶手箱	20	8	● 12
7	100103	捷达扶手箱B款	30	7	● 23
8	100104	宝来嘉丽布座套	25	14	● 11
9	100107	捷达亚麻脚垫	45	6	● 39

图 5-137

4. 筛选出不重复记录

本例表格中统计了各位员工的工资数据,由于统计疏忽,出现了一些重复数据,如果使用手动方式逐个查找非常麻烦,利用高级筛选功能也可以实现筛选出不重复的记录。

① 打开表格后,在"数据"选项卡的"排序和筛选"组中单击"高级"按钮,如图 5-138所示,打开"高级筛选"对话框。

② 在"方式"栏下选中"在原有区域显示筛选结果"单选按钮,设置"列表区域"为

A1:D23,选中"选择不重复的记录"复选框,如图 5-139 所示。

图 5-138

图 5-139

③ 单击"确定"按钮完成设置,返回表格后可以看到系统自动将所有重复的记录都隐藏了,只保留了不重复的记录,如图 5-140 所示。

	A	B	C	D	E
1	姓名	基本工资	奖金	满勤奖	
2	王一帆	1500	1200	550	
3	王辉会	3000	600	450	
4	邓敏	5000	600	600	
5	吕梁	3000	1200	550	
7	刘小龙	5000	550	450	
8	刘萌	3000	1200	550	
9	李凯	5000	550	600	
10	李德印	5000	1200	450	
11	张泽宇	1500	1200	550	
12	张奎	1500	1200	600	
13	陆路	5000	550	600	
14	陈小芳	4500	1200	550	
16	陈曦	5000	1200	450	
17	罗成佳	5000	200	550	

图 5-140

5. 巧用合并计算统计重复次数

本例表格统计了 10 月份员工的值班情况，下面需要统计每位员工的总值班次数。

❶ 选中 D2 单元格，在"数据"选项卡的"数据工具"组中单击"合并计算"按钮，打开"合并计算"对话框。设置引用位置为当前工作表的 A1:B13 单元格区域，如图 5-141 所示。

▲	A	B	C	D
1	值班人员	值班日期		
2	张泽宇	10月1日		
3	李德印	10月2日		
4	陈曦	10月3日		
5	陈曦	10月4日		
6	李德印	10月5日		
7	张泽宇	10月6日		
8	陈曦	10月7日		
9	刘小龙	10月8日		
10	陈曦	10月9日		
11	王一帆	10月10日		
12	陈曦	10月11日		
13	陈曦	10月12日		

合并计算 - 引用位置:
$A$1:$B$13

图 5-141

❷ 设置函数为"计数"，并选中"最左列"复选框，如图 5-142 所示。

图 5-142

❸ 单击"确定"按钮完成合并计算，即可看到表格统计了每位值班人员的值班次数，如图 5-143 所示。

	A	B	C	D	E
1	值班人员	值班日期			
2	张泽宇	10月1日		值班人员	值班次数
3	李德印	10月2日		张泽宇	2
4	陈曦	10月3日		李德印	2
5	陈曦	10月4日		陈曦	6
6	李德印	10月5日		刘小龙	1
7	张泽宇	10月6日		王一帆	1
8	陈曦	10月7日			
9	刘小龙	10月8日			
10	陈曦	10月9日			
11	王一帆	10月10日			
12	陈曦	10月11日			
13	陈曦	10月12日			

图 5-143

Excel 表格制作与数据处理从入门到精通

读书笔记

第

6

用图表分析数据

章

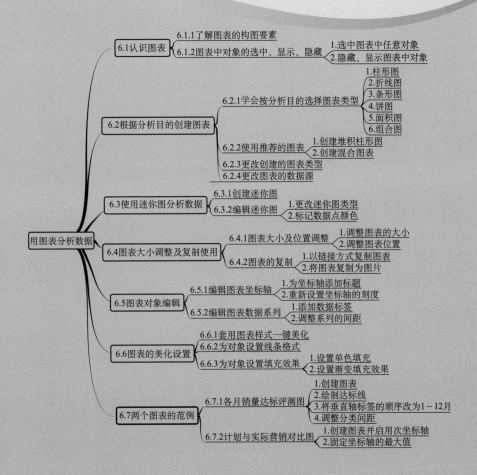

用图表分析数据

- 6.1认识图表
  - 6.1.1了解图表的构图要素
  - 6.1.2图表中对象的选中、显示、隐藏
    - 1.选中图表中任意对象
    - 2.隐藏、显示图表中对象

- 6.2根据分析目的创建图表
  - 6.2.1学会按分析目的选择图表类型
    - 1.柱形图
    - 2.折线图
    - 3.条形图
    - 4.饼图
    - 5.面积图
    - 6.组合图
  - 6.2.2使用推荐的图表
    - 1.创建堆积柱形图
    - 2.创建混合图表
  - 6.2.3更改创建的图表类型
  - 6.2.4更改图表的数据源

- 6.3使用迷你图分析数据
  - 6.3.1创建迷你图
  - 6.3.2编辑迷你图
    - 1.更改迷你图类型
    - 2.标记数据点颜色

- 6.4图表大小调整及复制使用
  - 6.4.1图表大小及位置调整
    - 1.调整图表的大小
    - 2.调整图表位置
  - 6.4.2图表的复制
    - 1.以链接方式复制图表
    - 2.将图表复制为图片

- 6.5图表对象编辑
  - 6.5.1编辑图表坐标轴
    - 1.为坐标轴添加标题
    - 2.重新设置坐标轴的刻度
  - 6.5.2编辑图表数据系列
    - 1.添加数据标签
    - 2.调整系列的间距

- 6.6图表的美化设置
  - 6.6.1套用图表样式一键美化
  - 6.6.2为对象设置线条格式
  - 6.6.3为对象设置填充效果
    - 1.设置单色填充
    - 2.设置渐变填充效果

- 6.7两个图表的范例
  - 6.7.1各月销量达标评测图
    - 1.创建图表
    - 2.绘制达标线
    - 3.将垂直轴标签的顺序改为1～12月
    - 4.调整分类间距
  - 6.7.2计划与实际营销对比图
    - 1.创建图表并启用次坐标轴
    - 2.固定坐标轴的最大值

6.1 ▶ 认识图表

　　图表是一种直观显示数据源数据的图示。图表具有较好的视觉效果，可以更清晰地反映出数据的变化和数据之间的关系等，帮助我们更直观地比较数据大小、预测趋势、分析原因等。

6.1.1 了解图表的构图要素

　　首先来看如图 6-1 所示的图表，它是一个元素齐备、外观简约整洁的图表。

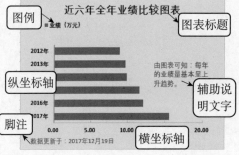

图 6-1

　　我们总结商务图表应该具备如下一些基本构图要素：主标题、副标题（可视情况而定）、图例（多系列时）、金额单位（不是"元"为单位时）、绘图和脚注信息。

　　● 标题：是用来阐明重要信息的，是必不可少的重要元素；对图表标题有两方面要求：一是图表标题要设置的足够鲜明；二是要注意一定要把图表想表达的信息写入标题，因为通常标题明确的图表，能够更快速地引导阅读者理解图表意思，读懂分析目的。可以使用如"会员数量持续增加""A、B 两种产品库存不足""新包装销量明显提升"等类似直达主题的标题。

　　● 图例：用于标识图表中不同颜色的图形代表的数据种类，如果有两个或以上系列，一定要有图例。单数据系列时可以不使用图例。

　　● 脚注：一般表明数据来源等信息。

　　● 其他辅助说明文字：可视情况而定，需要使用时可以使用文本框在图表适当位置绘制。

专家提醒

　　在图表编辑及优化的过程中，可以对各个对象优化，也可以隐藏一些不必要的对象让图表更加简洁明了。

6.1.2 图表中对象的选中、显示、隐藏

1. 选中图表中任意对象

在编辑图表时，无论想编辑哪个对象，准确选中对象是第一步操作。

❶ 在图表上将鼠标指针停留在要选择对象上约两秒钟，会显示对象名称的提示文字，如图 6-2 所示，单击鼠标即可选中。

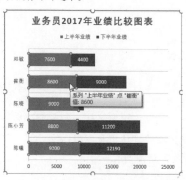

图 6-2

❷ 对于图表中较小的不容易点选的对象，可以先选中图表，切换到"图表工具 - 格式"选项卡，在"当前所选内容"组中单击"图表元素"文本框下拉按钮，在下拉菜单中选择需要选中的对象，如图 6-3 所示。

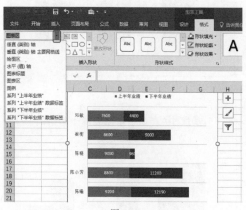

图 6-3

2. 隐藏、显示图表中对象

例如，下面图表中已添加数据标签，可以将显示数值的水平轴隐藏起来，让图表更加简洁一些。

❶ 选中图表，单击右上角的"图表元素"按钮，

在打开的下拉列表中单击"坐标轴"右侧三角形，在子列表中取消选中"主要横纵坐标"复选框，如图 6-4 所示，可以看到横纵标轴被隐藏了，如图 6-5 所示。

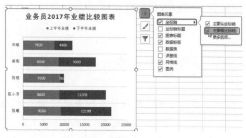

图 6-4

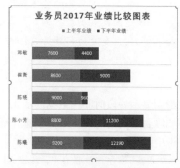

图 6-5

❷ 对于隐藏的元素，要想重新显示出来，只要恢复对它们前面复选框的选中状态即可。

> **专家提醒**
>
> 隐藏图表中的对象也可以选中对象后按 Delete 键删除，但要想重新显示来，则必须按本例中介绍的方法重新恢复对象前复选框的选中。

> **知识扩展**
>
> 创建图表后，选中图表时会在图表右上角位置出现 3 个按钮。这 3 个按钮可以使我们快速选择、预览和调整图表元素、设置图表的外观和风格，以及选择筛选显示的数据。下面的操作中会陆续使用到它们。

6.2 根据分析目的创建图表

Excel 支持各种各样的图表，因此我们需要用最有意义的方式来显示数据。使用图表向导创建图表，可以方便地从标准图表类型中选择自己所需的类型，Excel 2016 中还提供了推荐图表功能。

6.2.1 学会按分析目的选择图表类型

关 键 点：了解不同图表类型各有哪些分析重点
操作要点："插入"→"图表"组
应用场景：常见的图表类型有"柱形图""条形图""折线图""饼图"等，每种图表类型对数据的侧重都有所不同，用户需要根据数据源的特点选择合适的图表类型。例如，表达一段时间的数据趋势可使用折线图比较贴切；查看局部数据占总体的比例，则推荐使用饼图图表

1. 柱形图

柱形图显示一段时间内数据的变化，或者显示不同项目之间的对比。下面创建柱形图比较各月份中两种产品的销量情况。

❶ 在如图 6-6 所示的数据表中，选中 A1:C4 单元格区域，切换到"插入"选项卡，在"图表"组中单击"插入柱形图和条形图"按钮，打开下拉菜单，如图 6-6 所示。

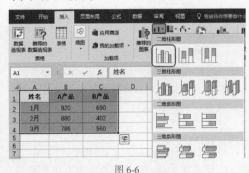

图 6-6

❷ 单击"簇状柱形图"子图表类型，即可新建图表，如图 6-7 所示。对图表进行编辑及美化设置可达如图 6-8 所示效果。

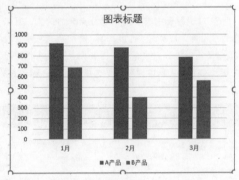

图 6-7

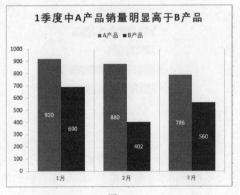

图 6-8

2. 折线图

折线图可以显示随时间变化的连续数据，因此非常适用于显示在相等时间间隔下数据的趋势。如图 6-9 所示的图表选取了 8 月 1 日至 8 月 30 日每天的收盘价格数据为数据源，使用折线图可以直观地显示出这一个月收盘价格的波动情况。

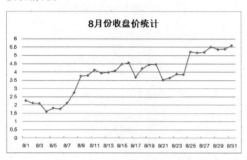

图 6-9

3. 条形图

条形图显示各个项目之间的比较情况，条形图可以看成是旋转的柱形图。如图 6-10 所示的条形图，可以通过条状的长短直接比较每位销售员的业绩。

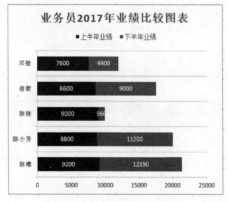

图 6-10

4. 饼图

饼图直观显示局部占总和的比例情况。饼图通常只显示一个数据系列，当希望查看数据中的哪些是重要元素时可以采用饼图。如

图 6-11 所示，使用饼图显示出改变薪酬情况的选择项目各占比例，可以直观地从图中看出，换工作是员工对改变目前薪酬状况最多的选择，高达 45%。

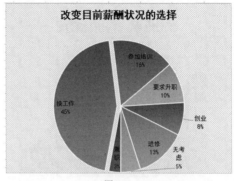

图 6-11

5. 面积图

面积图强调数量随时间而变化的程度，通过图表中占用的面积从而直观比较数据的变化情况。如图 6-12 所示，创建面积图显示出员工离职和入职情况，通过面积图的波动情况，可以看出一年内员工人数变化，可以看出 2 月是离职的高峰，而 9 月则是入职的高峰。

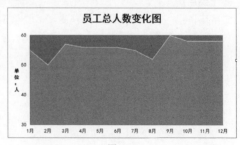

图 6-12

6. 组合图

组合图是只在一个图表中应用两种以上的图表类型，但要注意并非所有图形类型都可以组合使用。Excel 中有 3 种组合图可以使用：簇状柱形图 - 折线图、簇状柱形图 - 次坐标轴上的折线图、堆积面积图 - 簇状柱形图。

如图 6-13 所示为"堆积面积图 - 簇状柱形图"。通过此图表可以清楚地看到卖场各产品的售价与市场平均售价的关系，只有 A 产品的售价高于市场平均售价。

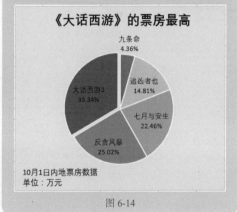

图 6-13

练一练

使用饼图统计热播电影某日票房

如图 6-14 所示，使用饼图可以直观显示几部热播电影中哪部票房最高。

图 6-14

6.2.2 使用推荐的图表

关 键 点：使用推荐的图表
操作要点："插入"→"图表"组→"推荐的图表"功能按钮
应用场景：Excel 程序在 2013 版本之后提供了一个"推荐的图表"功能，当选择数据源时，程序会根据所选数据源推荐使用一些图表类型，这对初学者来说很有帮助

1. 创建堆积柱形图

❶ 在如图 6-15 所示的工作表中，选中 A2:C5 单元格区域，在"插入"选项卡的"图表"组中单击"推荐的图表"按钮，如图 6-15 所示，打开"插入图表"对话框。

❷ 左侧列表中显示的都是推荐的图表，例如，当前需要对各个月份的总销售收入进行比较，可以选择"堆积柱形图"，如图 6-16 所示。

❸ 单击"确定"按钮，创建的图表如图 6-17 所示。

图 6-15

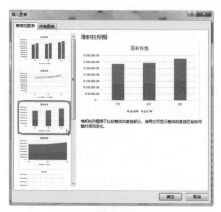

图 6-16

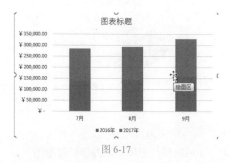

图 6-17

2. 创建混合图表

❶ 在如图 6-18 所示的工作表中，选中 A2:D5 单元格区域，在"插入"选项卡的"图表"组中单击"推荐的图表"，如图 6-18 所示，打开"插入图表"对话框。

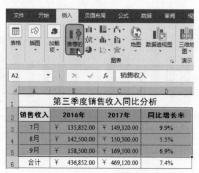

图 6-18

❷ 此时可以看到推荐了混合型的图表，如图 6-19 所示。

❸ 单击"确定"按钮，创建的图表如图 6-20 所示，可以看到百分比值直接绘制到了次坐标轴上，这

也正是我们所需要的图表效果。

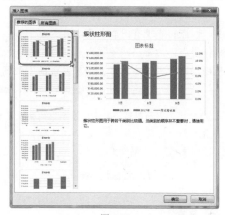

图 6-19

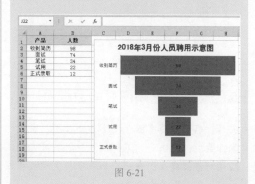

图 6-20

![练一练]

使用推荐的图表快速创建漏斗图

如图 6-21 所示的数据源适合创建漏斗图，在 Excel 2016 中可以使用"推荐的图表"功能快速创建漏斗图。

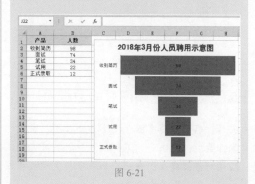

图 6-21

6.2.3 更改创建的图表类型

关 键 点： 在现有图表上更改其类型

操作要点： 右击→"更改图表类型"命令

应用场景： 图表建立后，如果发现建立的图表不能很好地体现分析结果，可以更改创建的图表类型。例如，下面的例子中需要将条形图更改为饼图

❶选中图表绘图区，右击，在弹出的快捷菜单中选择"更改图表类型"命令，如图 6-22 所示，打开"更改图表类型"对话框。

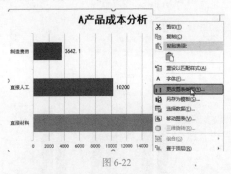

图 6-22

❷在左侧选择"饼图"，在右侧单击"饼图"子图表类型，如图 6-23 所示。

图 6-23

❸单击"确定"按钮返回到工作表中，即可看到将图表更改为了饼图，如图 6-24 所示。

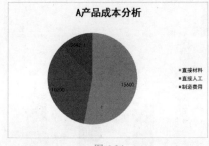

图 6-24

练一练

将簇状柱形图更改为堆积柱形图

如图 6-25 所示，将左侧的簇状柱形图更改为右侧的堆积柱形图。通过两张图表的标题可以看到二者各有不同的表达重点。

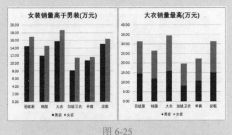

图 6-25

6.2.4 更改图表的数据源

关 键 点： 对现有图表更改其数据源

操作要点： 右击→"选择数据"命令

应用场景： 建立图表后，如果重新更改数据源，无需重新建立图表，可以在当前图表中更改

Excel 表格制作与数据处理从入门到精通

❶选中图表绘图区，右击，在弹出的快捷菜单中选择"选择数据"命令，如图 6-26 所示，打开"选择数据源"对话框。

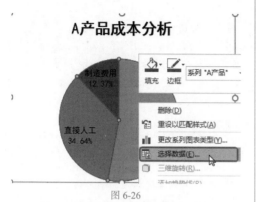

图 6-26

❷在对话框中的"图表数据区域"文本框显示出当前图表绘图区域引用的数据源，如图 6-27 所示。

图 6-27

❸删除文本框数据源，将鼠标放置到文本框中，按住 Ctrl 键不放，在工作表中选中 B 产品所需数据源（A2:D2 和 A4:D4 单元格区域），如图 6-28 所示。

图 6-28

❹单击"确定"按钮，返回工作表中，即可看到图表根据选择数据源发生改变，将图表标题更改为"B 产品成本分析"，如图 6-29 所示。

图 6-29

知识扩展

在创建图表后，当有新数据需要追加到图表中时，不需要重新建立图表，可以快速向原图表中添加新系列。

选择要添加的数据（数据源），按 Ctrl+C 快捷键进行复制。在图表边框上单击准确选中图表区，按 Ctrl+V 快捷键进行粘贴，即可添加数据系列。但注意饼图只能绘制一个数据系列。

6.3 ▶ 使用迷你图分析数据

迷你图是 Excel 2010 版本后新增加的功能，可以直接在单元格中生成简易图形，简要地展现出数据的变化，分为折线图、柱形图、盈亏 3 种类型。

6.3.1 创建迷你图

关 键 点： 在单元格内创建迷你小图表

操作要点： “插入”→“迷你图”组

应用场景： 迷你图是放入单个单元格中的小型图，每个迷你图代表所选内容中的一行数据。从迷你图中可以看出一组数据中的最大值和最小值，以及数值的走势等信息。迷你图有折线迷你图、柱形迷你图、盈亏迷你图 3 种类型

❶ 打开工作表，选中需要放置迷你图的单元格，如 E3 单元格，在“插入”选项卡的“迷你图”组中单击“柱形图”按钮，如图 6-30 所示，打开“创建迷你图”对话框。

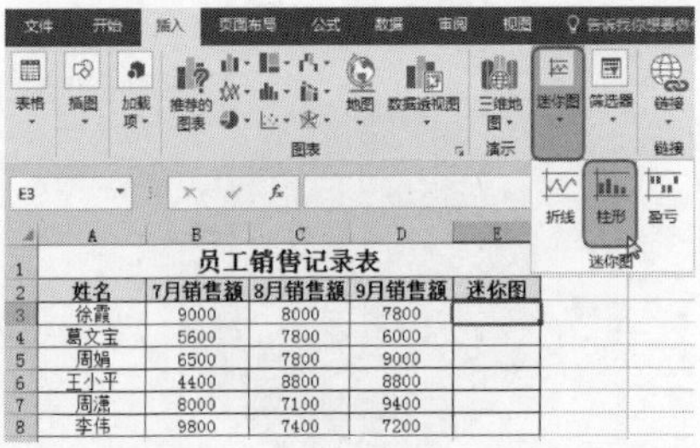

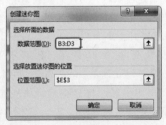

图 6-30

❷ 将光标放置到“数据范围”文本框中，在工作表中拖动鼠标选中迷你图数据源（本例为 B3:D3 单元格区域），如图 6-31 所示。

图 6-31

❸ 单击“确定”按钮，即可看到在 E3 单元格中创建了迷你柱形图，如图 6-32 所示。

姓名	7月销售额	8月销售额	9月销售额	迷你图
徐霞	9000	8000	7800	
葛文宝	5600	7800	6000	
周娟	6500	7800	9000	
王小平	4400	8800	8800	
周潇	8000	7100	9400	
李伟	9800	7400	7200	

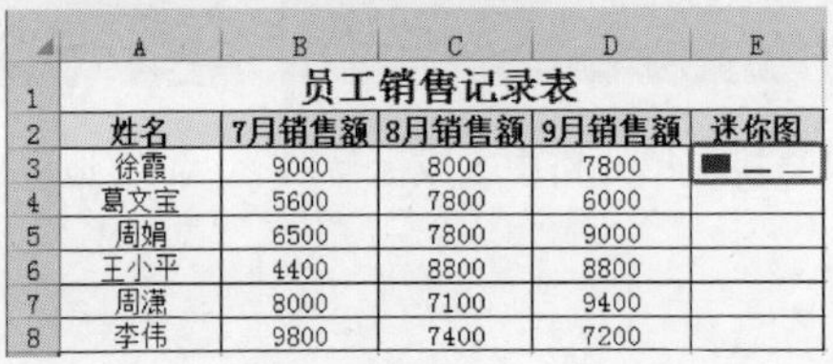

图 6-32

知识扩展

在 Excel 2016 版本中，也可以使用“快速分析”按钮来快速创建迷你图。

选中要创建迷你图的单元格区域，单击“快速分析”按钮，在下拉菜单中选择“迷你图”标签，选择迷你图类型创建迷你图即可，如图 6-33 所示。

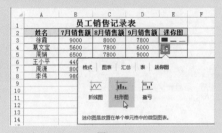

图 6-33

练一练

创建一组迷你图

如图 6-34 所示，要求一次性创建一组迷你图。创建好一个迷你图后，可以利用填充柄填充为连续的数据，快速创建迷你图。

姓名	7月销售额	8月销售额	9月销售额	迷你图
许霞	9000	8000	7800	
葛文宝	5600	7800	6000	
周娟	6500	7800	9000	
王小平	4400	8800	8800	
周潇	8000	7100	9400	
李伟	9800	7400	7200	

图 6-34

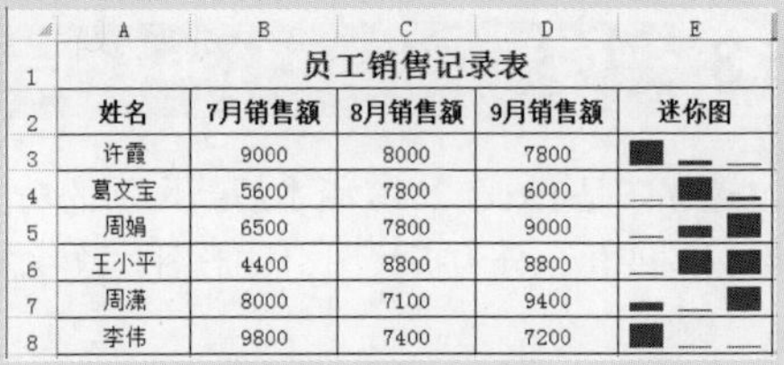

6.3.2 编辑迷你图

关 键 点：修改迷你图
操作要点："迷你图工具 - 设计" → "类型"组
应用场景：在创建好迷你图后，可以根据需要对其进行编辑，如更改迷你图类型和标记出迷你图的数据点等

1. 更改迷你图类型

迷你图有柱形图、折线图和盈亏 3 种，如果当前选用图表不合适，可以更改迷你图的图表类型。

选中迷你图，在"迷你图工具 - 设计"选项卡的"类型"组中单击"转换为盈亏迷你图"按钮，如图 6-35 所示，即可看到原来的折线迷你图更改为盈亏迷你图，如图 6-36 所示。

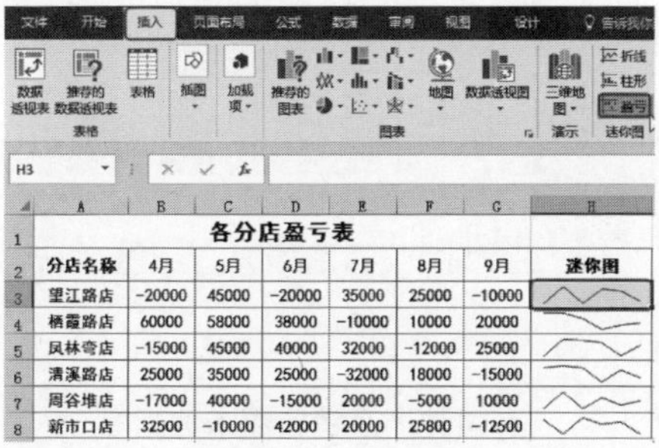

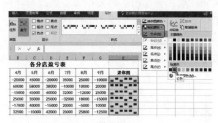

图 6-37

❷ 执行上述操作后，迷你图的负值即显示为红色，如图 6-38 所示。

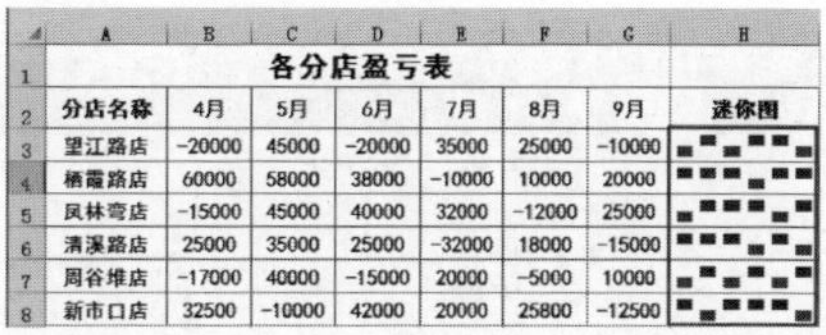

图 6-35

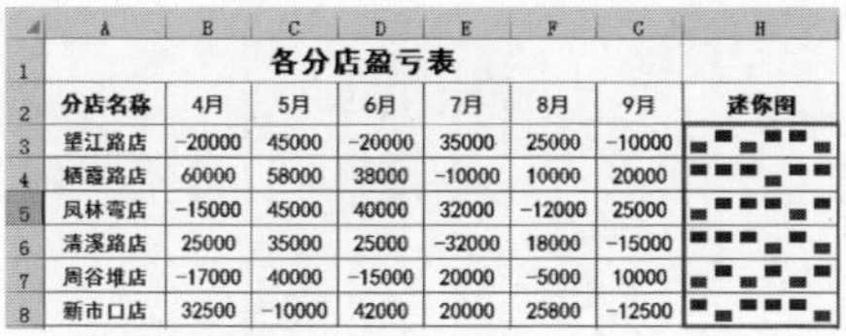

图 6-36

2. 标记数据点颜色

创建好迷你图后，可以使用不同的填充颜色来标记出迷你图的特殊数据点，如标记出负点、高点、低点等。

❶ 选中一组迷你图，在"迷你图工具 - 设计"选项卡的"样式"组中单击"标记颜色"下拉按钮，在下拉菜单中选择"负点"命令，在弹出的颜色菜单中单击"红色"，如图 6-37 所示。

图 6-38

为折线图迷你图标记出高低点

如图 6-39 所示，可以通过设置标记出折线图迷你图的最高数据点，让显示效果更加突出。

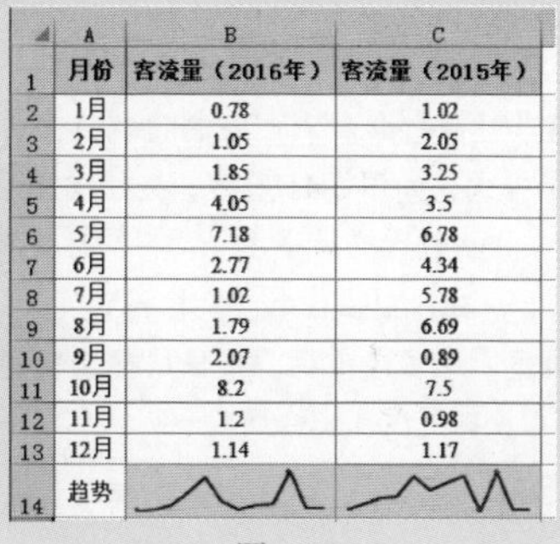

	A	B	C
1	月份	客流量（2016年）	客流量（2015年）
2	1月	0.78	1.02
3	2月	1.05	2.05
4	3月	1.85	3.25
5	4月	4.05	3.5
6	5月	7.18	6.78
7	6月	2.77	4.34
8	7月	1.02	5.78
9	8月	1.79	6.69
10	9月	2.07	0.89
11	10月	8.2	7.5
12	11月	1.2	0.98
13	12月	1.14	1.17
14	趋势		

图 6-39

6.4 图表大小调整及复制使用

在工作表中创建图表后，可以对图表进行编辑，如调整图表的大小和位置，以及对图表进行复制使用等。

6.4.1 图表大小及位置调整

关 键 点：调整图表的大小（如更改为纵向版式）和调整图表位置
操作要点：1. "图表工具‑格式" → "大小"组
2. 拖动移动
应用场景：创建图表后有默认的尺寸，可以根据实际需要调整，例如，在商务图表中也常使用纵向版式

1. 调整图表的大小

❶ 选中图表，切换到"图表工具‑格式"选项卡，在"大小"组中设置图表的高度与宽度尺寸，如图 6-40 所示。

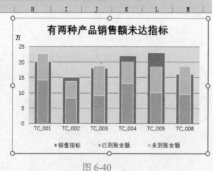

图 6-40

❷ 将鼠标指针移动到图表拐角控点上，鼠标指针变为 样式，如图 6-41 所示，按住鼠标左键拖动鼠标可以按比例放大或缩小图表。将鼠标指针移动到图表上、下、左、右控点上，鼠标指针变为 ，如图 6-42 所示，或者 形状，按住鼠标左键拖动鼠标可以调整图表的宽度或者高度。

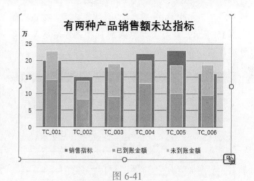

图 6-41

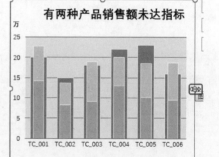

图 6-42

📝 专家提醒

默认的图表是横向版式，在商务图表中很多时候会使用纵向版式，因此可用此方法调节。

2. 调整图表位置

如果要在本工作表中移动图表，可以将鼠标移动到图表边框上（避开控制点），当鼠标指针更改为🔁形状时，如图 6-43 所示，按住鼠标左键拖动鼠标即可移动图表。要移动图表到其他工作表中，也可以采用复制的方法（复制图表的方法将在下一小节介绍）。

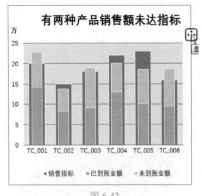

图 6-43

6.4.2 图表的复制

关 键 点： 1.复制图表到其他位置使用
　　　　　　 2.将图表转换为图片
操作要点： 1.Ctrl+C 与 Ctrl+V 快捷键
　　　　　　 2."开始"→"剪贴板"组→"粘贴"按钮
应用场景： 创建图表后，可以将编辑好的图表复制到其他表格中使用，还可以复制到其他 Office 程序中使用，也可以将图表复制为图片使用

1. 以链接方式复制图表

（1）复制图表到 Excel 表格中

选中目标图表，按 Ctrl+C 快捷键进行复制，如果只在当前工作表中复制图表，则将鼠标定位到目标位置上，按 Ctrl+V 快捷键进行粘贴即可；如果要将图表复制到其他工作表中，则在目标工作表标签上单击鼠标，然后定位目标位置，按 Ctrl+V 快捷键进行粘贴即可。

（2）复制图表到 Word 文档中

选中目标图表，按 Ctrl+C 快捷键进行复制，切换到要使用该目标图表的 Word 文档，定位光标位置，按 Ctrl+V 快捷键进行粘贴即可。

✎ **专家提醒**

以此方式粘贴的图表与源数据源是相连接的，即当图表的数据源发生改变时，任何一个复制的图表也做相应更改。

2. 将图表复制为图片

建立的图表可以转化为静态图片，其转化方法如下。

❶ 选中图表，按 Ctrl+C 快捷键复制图表，在"开始"选项卡的"剪贴板"组中单击"粘贴"下拉按钮，在下拉菜单中选择"图片"命令，如图 6-44 所示。

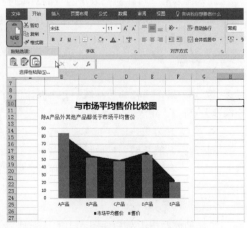

图 6-44

② 单击"图片"命令后，即可将图表复制为图片，如图 6-45 所示。

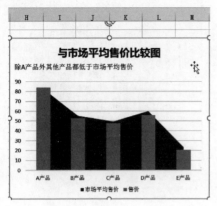

图 6-45

专家提醒

将图表复制为图片后，该图表不具备一切图表功能，不能再对图表进行编辑和更改，而只具备图片功能。

练一练

将图表转换为图片后提取保存到计算机中

如图 6-46 所示，将图表转换为图片后并保存到计算机中。此操作的要点如下：

将转换后的静态图表复制到图片处理工具中，最简易的是使用 Windows 程序自带的绘图工具，然后再设置保存路径将其保存。

图 6-46

6.5 图表对象编辑

新建图表后，可以对图表中包含的对象进行编辑，为的是优化图表的展示效果，例如，重设坐标轴的刻度，添加数据标签，调整数据标签的间距等。

6.5.1 编辑图表坐标轴

关 键 点：添加坐标轴的标题、更改坐标轴的刻度
操作要点：1. "图表元素"按钮
 2. 右击→"设置坐标轴格式"命令
应用场景：系统默认创建的图表坐标轴不满足分析要求时，可以对坐标轴进行编辑。例如，添加坐标轴标题，修改坐标轴的刻度，隐藏坐标轴的线条等

1. 为坐标轴添加标题

坐标轴标题用于对当前图表中的水平轴与垂直轴表达的内容做出说明。默认情况下不含

坐标轴标题，如需使用再添加。

① 选中图表，单击"图表元素"按钮，打开下拉菜单，单击"坐标轴标题"右侧按钮，如图 6-47 所示。

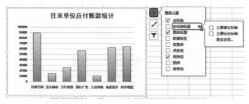

图 6-47

❷在子菜单中选择要添加的坐标轴标题（单击鼠标即可应用），如这里单击"主要纵坐标轴"，编辑后效果如图 6-48 所示。

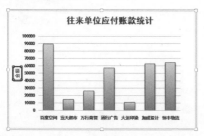

图 6-48

2. 重新设置坐标轴的刻度

在选择数据源建立图表时，程序会根据当前数据自动计算刻度的最大值、最小值及刻度单位，如果默认的刻度值不完全满足实际需要，可以重新进行设置。

❶对要设置刻度的坐标轴（如垂直坐标轴），右击，在弹出的快捷菜单中选择"设置坐标轴格式"命令，如图 6-49 所示，打开"设置坐标轴格式"窗格。

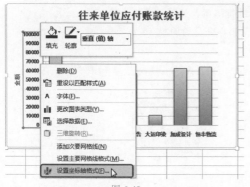

图 6-49

❷设置主要刻度，单击"显示单位"设置框右侧下拉按钮，在下拉菜单中选择 10000，如图 6-50

所示。

❸设置完成后，图表中刻度改变了显示单位，变得更简洁了，如图 6-51 所示。

图 6-50

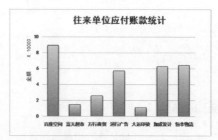

图 6-51

专家提醒

关于坐标轴的编辑还有"刻度线标记"（设置是否显示刻度线的标记或显示位置）、"标签"（设置是否显示标签或显示位置）、"数字"（设置坐标轴上数值的数字格式）几个选项，如图 6-52 所示。

图 6-52

练一练

重设坐标轴标签的位置

当图表中出现负值时，坐标轴标签将会被负值图形覆盖，如图 6-53 所示，此时需要让坐标轴标签显示到图外去，如图 6-54 所示。

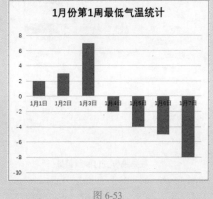

图 6-53

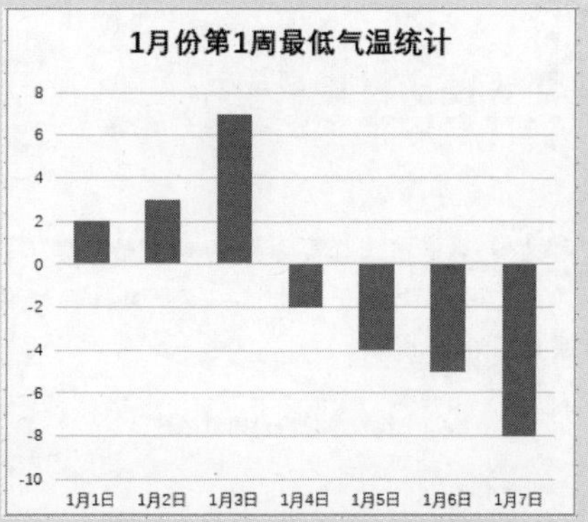

1月份第1周最低气温统计

图 6-54

6.5.2 编辑图表数据系列

关键点：添加数据标签、调整系列间距

操作要点：1. "图表元素" → "数据标签"

2. 右击 → "设置系列格式" 命令

应用场景：在创建图表后，可以对图表数据系列进行编辑，使其满足图表分析需要，如添加数据标签，调整系列的间距、各分类的间距等

1. 添加数据标签

系统默认创建的图表是不包含数据标签的，用户可以通过套用包含标签的布局样式快速应用数据标签，也可以手动为图表添加数据标签。

❶ 选中图表，单击"图表元素"按钮，在弹出的菜单中选中"数据标签"复选框，单击右侧的▶按钮，在子菜单中可以选择需要引用的数据标签样式，如"数据标注"，如图 6-55 所示。

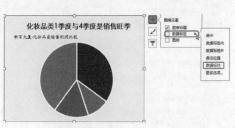

图 6-55

❷ 执行上述操作后即可为图表应用数据标签，如图 6-56 所示。

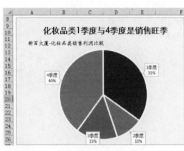

图 6-56

③ 默认添加的数据标签如果数字格式不满足要求（例如，要求数据标签的百分比值显示两位小数），还可以补充设置。如图 6-57 所示，选择"更多选项"命令，打开右侧窗格。在"数字"区域中单击"类别"设置框右侧下拉按钮，选择"百分比"数字格式，如图 6-57 所示。

图 6-57

④ 选择数字格式后，在"小数位数"文本框中设置小数位数，如 2。设置完成后，图表应用效果如图 6-58 所示。

图 6-58

2. 调整系列的间距

　　在柱形图或条形图中，各个不同系列用不同颜色的柱子表示。柱子在默认情况下是无空隙的连接显示的，但图表设计过程中经常要使用分离显示或重叠显示的效果，可以按照下面的方法设置。

❶ 选中图表中的任意数据系列后右击，在弹出的快捷菜单中选择"设置数据系列格式"命令，如图 6-59 所示，打开"设置数据系列格式"右侧窗格。

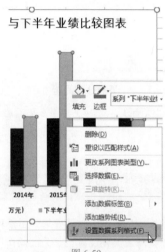

图 6-59

❷ 调整"系列重叠"后面的滑块位置（或者直接在右侧的数值框内输入数值），如图 6-60 所示。调整至 74% 的重叠效果，如图 6-60 所示。

图 6-60

❷ 调整至 74%，可达到如图 6-61 所示的显示效果。

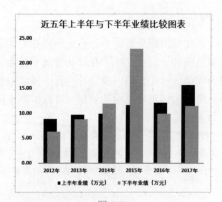

图 6-61

值时，柱子将连接到一起了，如图 6-62 所示。

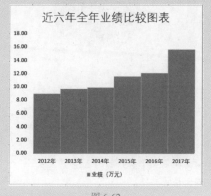

图 6-62

6.6　图表的美化设置

创建图表后显示为默认效果，虽然可以说明数据，但视觉效果不佳。为使图表能更好地传递数据信息，图表美化设置也是关键操作。可以通过套用图表样式、设置对象的线条格式、设置对象的填充颜色等操作来美化图表。

6.6.1　套用图表样式一键美化

关 键 点：套用图表样式快速美化图表
操作要点："图表样式"按钮
应用场景：创建图表后，图表应用的是最常规无特色的样式，在 Excel 2016 中可以通过套用样式一键美化图表。套用样式后不仅仅改变了图表的填充颜色、边框线条等，同时也有布局的修整

如图 6-63 所示为原始图，可以通过套用图表样式快速美化。

❶ 选中图表后，单击右侧的"图表样式"按钮，展开的列表显示了所有可应用的样式，如图 6-64 所示，可拖动右侧滑块依次向下查看。

❷ 单击"样式 2"，即可应用样式 2 的图表，如

图 6-65 所示。鼠标移动到"样式 4"即可应用样式 4 的图表，如图 6-66 所示。

❸ 选中图表，单击右侧的"图标样式"按钮，在"颜色"标签下，可以通过选择颜色快速重新为系列配色，例如，单击"彩色调色板 4"，图表效果如图 6-67 所示。

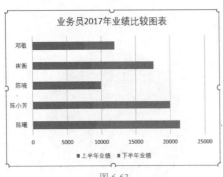

图 6-63

图 6-64

图 6-65

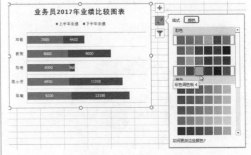

图 6-66

图 6-67

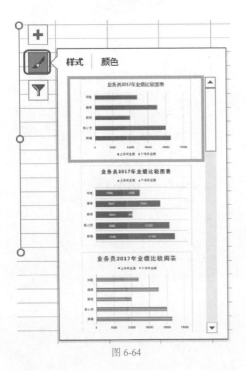

![6.6.2] **为对象设置线条格式**

关 键 点：重新设置边框线条

操作要点："图表工具 - 格式"→"形状样式"组→"形状轮廓"按钮

应用场景：图表中的线条包括坐标轴、网格线、对象的边框等，这些线条的格式
都可以重新设置。只要在设置前先准确选中目标对象，其设置的过程
都是一样的

例如，本例中要将饼图中占比最高的扇面分离出来并重新设置边框线条。

❶ 选中数据系列后，在"高职"所在数据系列上再单击一次，即可单独选中该对象。在"图表工具 - 格式"选项卡的"形状样式"组中单击"形状轮廓"下拉按钮，在下拉列表的"主题颜色"栏中选择黑色，然后选择"粗细"，在打开的子菜单中选择"1.5 磅"，如图 6-68 所示。

❷ 此时可以看到"高职"数据系列被设置为加粗的黑色轮廓效果，如图 6-69 所示。选中该数据系列并按住鼠标左键向下拖动到如图 6-70 所示位置即可。

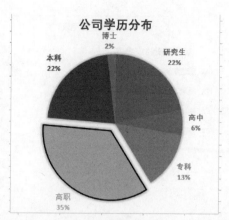

公司学历分布

图 6-70

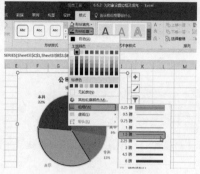

图 6-68

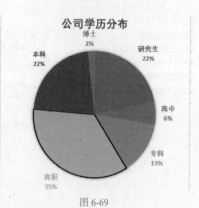

公司学历分布

图 6-69

练 一 练

美化折线图的线条

如图 6-71 所示，折线图的默认线条颜色可更改，而且还可将预测值更改为虚线线条。

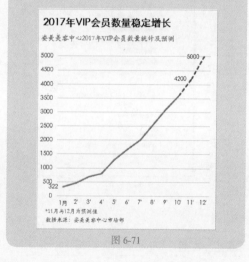

图 6-71

6.6.3 为对象设置填充效果

关 键 点：重新设置填充颜色

操作要点："图表工具 - 格式"→"形状样式"组→"形状填充"按钮

应用场景：创建图表后，图表中的对象都有默认的填充色，可以根据实际需要为特定的对象设置不同的填充颜色，以起到特殊标识或美化的作用

1. 设置单色填充

例如，本例中为了突出图表中的一项重要的数据项，可以指定为单个对象设置与其他数据系列不同的颜色填充效果。

❶ 选中数据系列后，在"12190"这个数据点上再单击一次，即可单独选中该数据点。在"图表工具 - 格式"选项卡的"形状样式"组中单击"形状填充"下拉按钮，在打开的下拉列表中单击"黑色"命令，如图 6-72 所示。

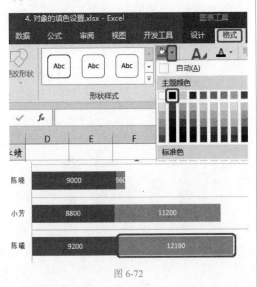

图 6-72

❷ 执行操作后，可以看到目标对象被重新设置了填充色，如图 6-73 所示。

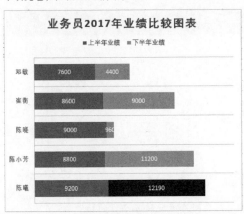

图 6-73

2. 设置渐变填充效果

❶ 选中要设置的对象（如图表区），在图表区上双击鼠标，打开"设置图表区格式"窗格，在"填充"区域中选中"渐变填充"单选按钮，单击"预设渐变"下拉按钮，在下拉菜单中可选择需要的渐变色彩，如图 6-74 所示。

图 6-74

专家提醒

对于对颜色搭配不够专业的初学者来说，建议从"预设渐变"中选择一种颜色，然后再局部调整。

❷ 例如，单击"浅色渐变 - 个性色 4"，应用效果如图 6-75 所示。

❸ 然后在下方可以设置渐变的类型、方向、角度等，也可以对渐变光圈进行改变。改变的方法为：先在光圈上单击选中，拖动可调节位置，也可以通过下面的 🎨▾ 按钮重新更改颜色。例如，本例中在如图 6-76 所示图中红框位置进行了设置，可以获取左侧的渐变填充效果。

图 6-75

图 6-76

专家提醒

　　关于渐变的参数还有其他多个选项，我们可以首先在"预设渐变"中选择自己所需要的一种色彩与渐变幅度，应用后再进行微调整。一般商务图表建议使用浅色调的渐变，或不使用渐变。

知识扩展

　　无论对哪个对象进行美化设置，最关键的是在进行操作前要保障准确地选中想设置的对象。选中哪个对象，其操作效果即应用于它。

练 一练

设置对象不同的填充颜色

　　如图 6-77 所示的图表，两个系列使用不同的颜色，关键是其中一个系列使用的是半透明的填充颜色，这样便于与重叠在下方的系列的值相比较。

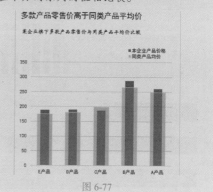

图 6-77

6.7　两个图表的范例

6.7.1　各月销量达标评测图

关 键 点： 1. 选用合适的图表类型
　　　　　 2. 解决条形图垂直轴标签月份从大到小显示的问题
　　　　　 3. 在图表中添加辅助线条

操作要点： 1. "插入"→"图表"组
　　　　　 2. "图表工具 - 格式"→"插入形状"组
　　　　　 3. "设置坐标轴格式"右侧窗格

应用场景： 各月销量达标评测图的设计方案是：使用条形图直观比较各个月的销售量，然后根据测评标准添加一条直线，用于直观比较各月销量是否超出直线

1. 创建图表

在工作表中选中 A1:B13 单元格区域，切换到"插入"选项卡，在"图表"组中单击"插入柱形图或条形图"下拉按钮，在其展开的"二维条形图"组中单击"簇状条形图"选项，如图 6-78 所示，即可在工作表中插入簇状条形图，如图 6-79 所示。

图 6-80

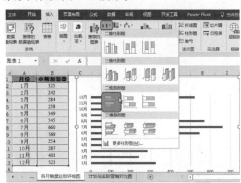

图 6-78

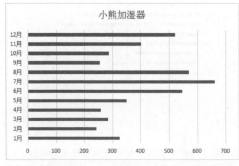

图 6-79

2. 绘制达标线

达标线是我们为当前图表自定义的一个值，它实际是一条直线，在绘制时注意需要其值与坐标轴上的值匹配。

❶ 切换到"图表工具 - 格式"选项卡，在"插入形状"组中单击"直线"按钮，如图 6-80 所示，在水平轴"320"目标位置处绘制一条直线，如图 6-81所示。

❷ 选中直线后右击，在弹出的快捷菜单中选择"设置对象格式"命令，如图 6-82 所示，打开"设置形状格式"窗格。

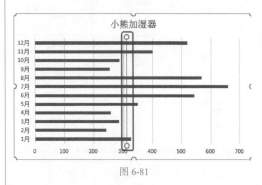

图 6-81

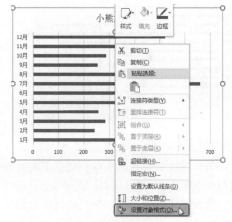

图 6-82

❸ 单击"填充与线条"标签按钮，在"线条"组中，单击"颜色"设置框的下拉按钮，在弹出的下拉菜单中选择"红色，个性色 2"；设置"宽度"值为 2.25 磅；单击"联接类型"设置框的下拉按钮，在弹出的下拉菜单中单击选择"圆形"选项；单击"箭头前段类型"下拉按钮，选择"圆头箭型"选项；单击"箭头末端类型"下拉按钮，选择"圆头箭型"选项，如图 6-83 所示。

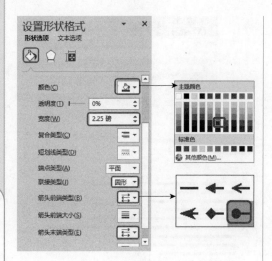

图 6-83

④ 完成全部操作后，得到如图 **6-84** 所示的直线。

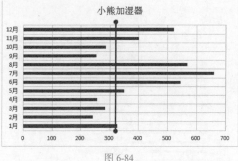

图 6-84

3. 将垂直轴标签的顺序改为 1～12 月

条形图的垂直轴标签默认情况下与数据源的显示顺序不一致，如果图表是表达日期序列，则会造成日期排序颠倒，本例中的默认图表就是从 12 月到 1 月的显示顺序。通过如下调整可以更改此次序。

① 在垂直轴上右击（条形图与柱形图相反，水平轴为数值轴），在弹出的快捷菜单中单击"设置坐标轴格式"命令，打开"设置坐标轴格式"右侧窗格。

② 选中"坐标轴选项"标签按钮，在"坐标轴选项"栏中选中"逆序类别"复选框和"最大分类"单选按钮，如图 **6-85** 所示。关闭"设置坐标轴格式"对话框，可以看到图表标签按正确顺序显示，如图 **6-86** 所示。

图 6-85

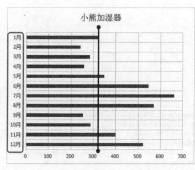

图 6-86

4. 调整分类间距

① 单击数据系列，选中该数据系列，右击，在弹出的快捷菜单中单击"设置数据系列格式"命令，打开"设置数据系列格式"窗格。

② 在"分类间距"数值框中输入数字，如 90，如图 **6-87** 所示，即可调整分类间距，效果如图 **6-88** 所示。

图 6-87

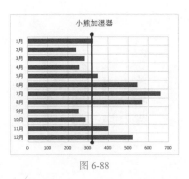

图 6-88

❸ 在图表框中输入能表达主题的标题，并在下方添加文本框输入图表的附加信息，得到如图 6-89

所示的图表。

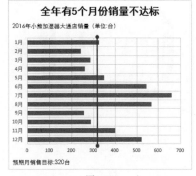

图 6-89

6.7.2　计划与实际营销对比图

关 键 点：1. 选用合适的图表类型
　　　　　2. 启用次坐标轴
　　　　　3. 固定主坐标轴与次坐标轴的最大值

操作要点：1. "插入"→"图表"组
　　　　　2. "设置数据系列格式"右侧窗格
　　　　　3. "设置坐标轴格式"右侧窗格

应用场景：为了比较计划与实际营销的区别，可以创建用于比较的温度计图表。在这样的图表中可以直观比较销售额是否达到标准。此图表还适合其他两项指标比较的场合中，如今年与往年的数据对比、定价与市场平均价格对比等

1. 创建图表并启用次坐标轴

❶ 在工作表中选中 A1:C7 单元格区域，切换到"插入"选项卡，在"图表"组中单击"插入柱形图或条形图"下拉按钮，弹出下拉菜单，在"二维柱形图"组中选择"簇状柱形图"选项，如图 6-90 所示，即可在工作表中插入柱形图，如图 6-91 所示。

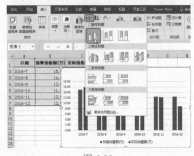

图 6-90

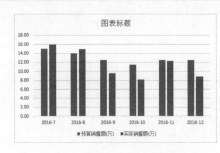

图 6-91

❷ 在"实际销售额"数据系列上单击一次将其选中，鼠标选中该数据系列后右击，在弹出的快捷菜单中选择"设置数据系列格式"命令，如图 6-92 所示，打开"设置数据系列格式"窗口。

❸ 选中"次坐标轴"单选按钮（此操作将"实际业绩"系列沿次坐标轴绘制），并将分类间距设置为 400%，如图 6-93 所示。设置后图表显示如图 6-94 所示的效果。

165

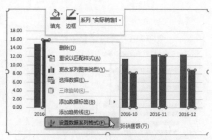

图 6-92

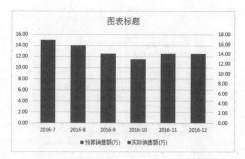

图 6-96

2. 固定坐标轴的最大值

因为本例最主要的一项操作是使用次坐标轴，而使用次坐标轴的目的是让两个不同的系列拥有各自不同的分类间距，即上图中红色柱子显示在蓝色柱子内部的效果。但是二者的坐标轴值必须保持一致，在图 6-94 中可以看到左侧坐标轴的最大值为 "18"，右侧的最大值却为 "16"，这是程序默认生成的，这样就造成了两个系列的绘制标准不同了，因此必须要把两个坐标轴的最大值固定为相同。

❶选中次坐标轴，然后双击，打开 "设置坐标轴格式" 窗格，单击 "坐标轴选项" 标签按钮，在 "最大值" 数值框中输入 "18.0"，如图 6-97 所示。

图 6-93

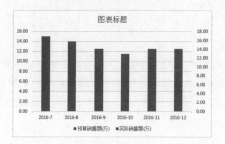

图 6-94

❹ 在 "预算销售额" 数据系列上单击一次将其选中，设置分类间距为 110，如图 6-95 所示，即可实现让 "实际业绩" 系列位于 "业绩目标" 系列内部的效果，如图 6-96 所示。

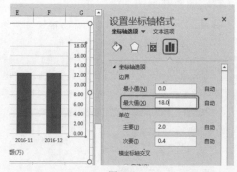

图 6-97

❷ 按照相同的方法在主坐标轴上双击，也设置坐标轴的最大值为 "18.0"，从而保持主坐标轴和次坐标轴数值一致，如图 6-98 所示。

❸ 单击图表右上角的图表元素按钮，在打开的菜单中单击 "坐标轴" 右侧的按钮，在弹出的快捷菜

图 6-95

单中取消选中"次要坐标轴"复选框，如图 6-99 所示，即可隐藏次要坐标轴，如图 6-100 所示。

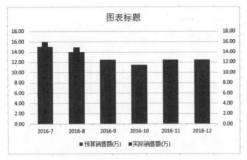

图 6-98

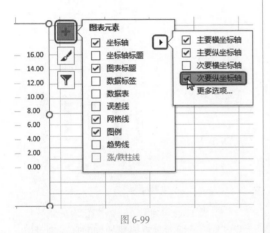

图 6-99

图 6-100

❹ 为图表添加反映主题的标题信息，用文本框添加辅助信息，重设置数据系列的颜色，并设置图表区灰色底纹效果，即可达到如图 6-101 所示的效果。

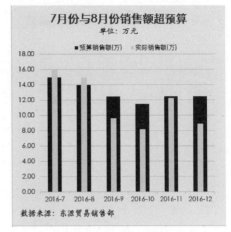

图 6-101

📖 **技高一筹**

1. 复制图表格式

如果一张图表已经设置好了全部格式，当创建新图表时可以引用其格式。这样可以省去逐一设置的麻烦。

❶ 选中图表（想使用其格式的图表），切换到"开始"选项卡，在"剪贴板"组中单击"复制"按钮，如图 6-102 所示。

❷ 切换到要复制格式的工作表，选中图表，在"开始"选项卡的"剪贴板"组中单击"粘贴"下拉按钮，在下拉菜单中选择"选择性粘贴"命令，如图 6-103 所示，打开"选择性粘贴"对话框。

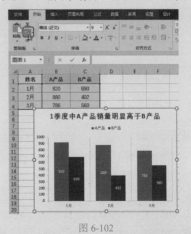

图 6-102

图 6-103

③ 选中"格式"单选按钮，如图 6-104 所示，单击"确定"按钮，即可看到图表应用了前面图表的格式，如图 6-105 所示。

图 6-104

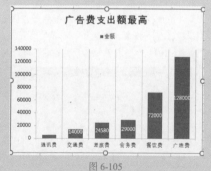

图 6-105

2. 让不连续的日期绘制出连续的图表

当图表的数据是具体日期时，如果日期不是连续显示的，则会造成图间断显示，如图 6-106 所示。出现这种问题主要是因为图表在显示时默认数据中日期为连续日期，会自动填补日期断层，而所填补日期没有数据，造成图间断显示。这时可以按如下操作来解决问题。

图 6-106

① 选中图表，在横坐标轴上双击鼠标，打开"设置数据标签格式"窗格。

② 在"坐标轴选项"栏中选中"文本坐标轴"单选按钮，即可得到如图 6-107 所示连续显示的图表。

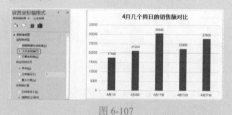

图 6-107

3. 用垂直轴分割图表

图表的垂直轴默认显示在最左侧，如果当前的数据源具有明显的期间性，则可以通过操作将垂直轴移到分隔点显示，以得到分割图表的效果，这样的图表对比效果会很强烈。本例中需要将两个年度的升学率分割为两部分，此时可将垂直轴移至两个年份之间，得到如图 6-108 所示的图表。

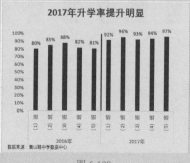

图 6-108

Excel 表格制作与数据处理从入门到精通

❶ 默认状态的柱形图如图6-109所示，在水平轴上双击，打开"设置坐标轴格式"对话框。在"分类编号"标签右侧的文本框内输入"6"（因为第6个分类后就是2017年的数据了），如图6-110所示。

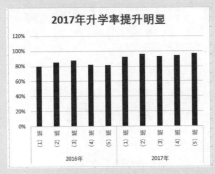

图 6-109

图 6-110

❷ 执行上述操作后，垂直轴移到图表中间，但数据标签也移到中间，如图6-111所示。此时双击垂直轴，打开"设置坐标轴格式"对话框，展开"标签"栏，单击"标签位置"右侧的下拉按钮，在打开的下拉列表选项中选择"低"，如图6-112所示。

❸ 保持垂直轴的选中状态，在"图表工具–格式"选项卡的"形状样式"组中单击"形状轮廓"下拉按钮，在打开的下拉列表中的"主题颜色"栏中选择红色，然后选择"粗细"→"2.25

磅"命令，如图6-113所示。完成上面操作后即可得到引文描述中的图表效果。

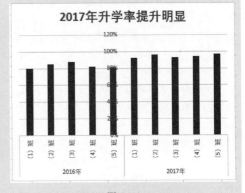

图 6-111

图 6-112

图 6-113

4. 将图表存储为模板使用

当一些常用的图表在经过多步操作完善后，可以考虑将它们存为模板，这样在以后如果遇到了需要创建相同类型的图表时，就能够直接套用模板创建图表。

① 选中要保存为模板的图表，右击，在弹出的快捷菜单中选择"另存为模板"命令，如图 6-114 所示，打开"保存图表模板"对话框。

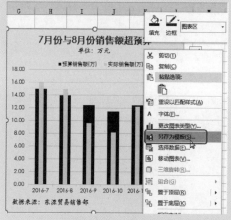

图 6-114

② 给模样命名（注意保存位置保持默认），如图 6-115 所示。

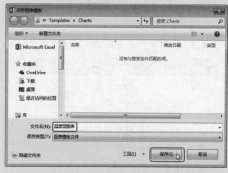

图 6-115

③ 单击"保存"按钮，即可保存为模板。

④ 在后面的应用中，如果想套用此模板，则选中数据源，切换到"插入"选项卡，在"图表"选项组中单击对话框启动器，如图 6-116

所示，打开"插入图表"对话框，如图 6-117 所示，单击"模板"标签，即可看到所保存的温度型图表，单击"确定"按钮，更改图表标题，可达如图 6-118 所示效果。

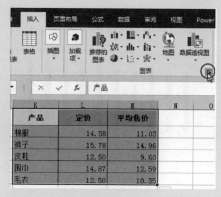

图 6-116

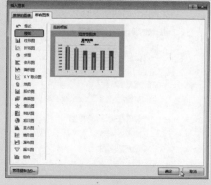

图 6-117

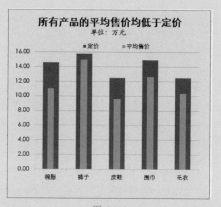

图 6-118

第 7 章

用数据透视表分析数据

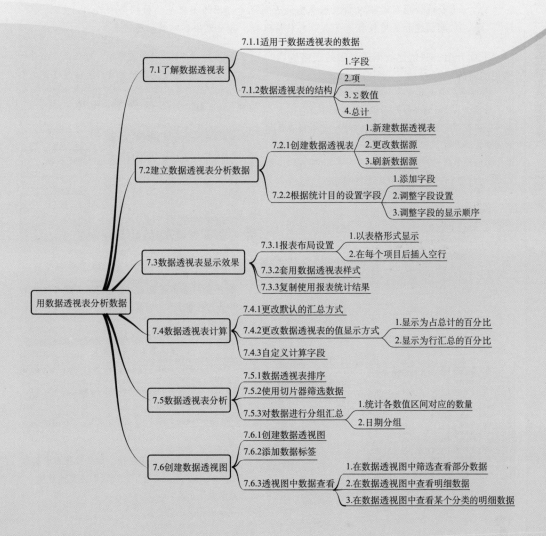

用数据透视表分析数据

- 7.1 了解数据透视表
  - 7.1.1 适用于数据透视表的数据
  - 7.1.2 数据透视表的结构
    - 1. 字段
    - 2. 项
    - 3. Σ 数值
    - 4. 总计

- 7.2 建立数据透视表分析数据
  - 7.2.1 创建数据透视表
    - 1. 新建数据透视表
    - 2. 更改数据源
    - 3. 刷新数据源
  - 7.2.2 根据统计目的设置字段
    - 1. 添加字段
    - 2. 调整字段设置
    - 3. 调整字段的显示顺序

- 7.3 数据透视表显示效果
  - 7.3.1 报表布局设置
    - 1. 以表格形式显示
    - 2. 在每个项目后插入空行
  - 7.3.2 套用数据透视表样式
  - 7.3.3 复制使用报表统计结果

- 7.4 数据透视表计算
  - 7.4.1 更改默认的汇总方式
  - 7.4.2 更改数据透视表的值显示方式
    - 1. 显示为占总计的百分比
    - 2. 显示为行汇总的百分比
  - 7.4.3 自定义计算字段

- 7.5 数据透视表分析
  - 7.5.1 数据透视表排序
  - 7.5.2 使用切片器筛选数据
  - 7.5.3 对数据进行分组汇总
    - 1. 统计各数值区间对应的数量
    - 2. 日期分组

- 7.6 创建数据透视图
  - 7.6.1 创建数据透视图
  - 7.6.2 添加数据标签
  - 7.6.3 透视图中数据查看
    - 1. 在数据透视图中筛选查看部分数据
    - 2. 在数据透视图中查看明细数据
    - 3. 在数据透视图中查看某个分类的明细数据

7.1 了解数据透视表

数据透视表有机地综合了数据的排序、筛选、分类汇总等数据分析的特性，并具有动态性。建立数据表之后，通过拖动鼠标来调节字段的位置，可以快速获得多种不同的统计结果。另外，还可以根据数据透视表数据创建数据透视图，直观地显示数据透视表统计的结果。因此数据透视表是数据分析过程中必不可少的一个重要工具。

7.1.1 适用于数据透视表的数据

关 键 点：了解哪些时候需要使用数据透视表分析及源数据表应注意的问题
操作要点：按提示要点整理数据
应用场景：数据透视表的功能虽然非常强大，但在使用之前需要判别当前数据是否适合进行透视分析、原表格是否规范等，因为不规范的数据会给后期创建和使用数据透视表带来层层阻碍，甚至无法创建数据透视表

下面介绍一些创建数据透视表的表格应当避免的误区。

❶ 数据应至少具有一个可分类计算或统计的项目。如图 7-1 所示的表格无论哪个字段都不具备分类属性，因此不适合使用数据透视表分析。但如果有了如图 7-2 所示的"应聘职位"这一列，则可以统计出各个应聘职位的应聘人数。

	A	B	C	D
1	姓名	面试成绩	口语成绩	平均分
2	王梓	88	90	89
3	赵晗月	80	56	68
4	刘瑞源	90	79	84.5
5	邓敏	76	65	70.5
6	丁晶晶	88	91	89.5
7	罗成佳	77	88	82.5
8	张泽宇	68	86	77
9	蔡晶	88	69	78.5
10	柯天翼	88	70	79
11	卢佳	92	72	82
12	黄俊豪	82	77	79.5
13	张伟梁	77	79	78

图 7-1

	A	B	C	D	E	F	G	H
1	姓名	应聘职位	面试成绩	口语成绩	平均分			
2	王梓	销售总监	88	90	89		行标签	计数项:姓名
3	赵晗月	公室文员	80	56	68		出纳	3
4	刘瑞源	出纳	90	79	84.5		公室文员	2
5	邓敏	公室文员	76	65	70.5		客服	3
6	丁晶晶	出纳	88	91	89.5		销售总监	4
7	罗成佳	客服	77	88	82.5		总计	12
8	张泽宇	销售总监	68	86	77			
9	蔡晶	出纳	88	69	78.5			
10	柯天翼	销售总监	88	70	79			
11	卢佳	销售总监	92	72	82			
12	黄俊豪	出纳	82	77	79.5			
13	张伟梁	客服	77	79	78			

图 7-2

❷ 再如图 7-3 所示的表格中，可以以"加班性质"为字段统计各不同加班性质产生的加班费是多少；也可以以"员工姓名"为字段统计各个员工的加班费总计金额。

	A	B	C	D	E	F	G	H
1	员工姓名	加班日期	加班性质	加班时长	加班费			
2	王梓	2018/3/1	平时加班	2.5	¥ 46.88		求和项:加班费	
3	赵晗月	2018/3/1	平时加班	3	¥ 56.25		加班性质	汇总
4	赵晗月	2018/3/3	双休日加班	6	¥225.00		平时加班	525
5	王梓	2018/3/3	平时加班	3.5	¥131.25		双休日加班	665.625
6	赵晗月	2018/3/5	平时加班	2	¥ 37.50		总计	1190.625
7	刘闽	2018/3/5	平时加班	2.5	¥ 46.88			
8	陈芳	2018/3/7	平时加班	2	¥ 37.50			
9	蔡晶	2018/3/12	平时加班	2	¥ 37.50		求和项:加班费	
10	赵晗月	2018/3/12	平时加班	2	¥ 37.50		员工姓名	汇总
11	王梓	2018/3/13	平时加班	2	¥ 37.50		蔡晶	37.5
12	赵晗月	2018/3/13	平时加班	2.5	¥ 46.88		陈芳	65.625
13	赵晗月	2018/3/13	平时加班	2	¥ 37.50		王梓	253.125
14	王梓	2018/3/14	平时加班	2	¥ 37.50		赵晗月	618.75
15	刘闽	2018/3/14	平时加班	2	¥ 37.50		刘闽	215.625
16	陈芳	2018/3/15	平时加班	1.5	¥ 28.13		总计	1190.625
17	刘闽	2018/3/17	双休日加班	3	¥168.75			
18	赵晗月	2018/3/17	双休日加班	2	¥140.63			

图 7-3

❸ 不能包含多层表头，如图 7-4 所示表格的第一行和第二行都是表头信息，这让程序无法为数据透视表创建字段。

	A	B	C	D	E	F	G	H	I
1				员工基本工资记录表					
2			员工基本信息				工资		
3	编号	姓名	部门	职务	入公司时间	工龄	基本工资	岗位工资	工龄工资
4	JX001	蔡瑞眼	销售部	经理	2002/3/1	15	2200	1400	1040
5	JX002	陈家玉	财务部	总监	1994/2/14	23	1500	200	1680
6	JX003	王薇	企划部	职员	2002/3/1	15	1500	200	1040
7	JX004	吕从英	企划部	经理	2004/3/1	13	2000	1400	880
8	JX005	邱聆平	网络安全部	职员	1998/5/5	19	1500	200	1360
9	JX006	岳书娅	销售部	职员	2004/8/6	13	800	600	880

图 7-4

❹ 数据记录中不能带空行，如果数据源表格包含空行、数据中断，或程序无法获取完整的数据源，统计结果也不正确。

⑤ 不能输入不规范日期，不规范的日期数据会造成程序无法识别它是日期数据，自然也不能按年、月、日进行分组统计。

⑥ 数据源中不能包含重复记录。

⑦ 列字段不要重复，名称要唯一，也就是当表格中多列数据使用同一个名称时，会造成数据透视表的字段混淆，无法分辨数据属性。

⑧ 尽量不要将数据放在多个工作表中，例如，将各个季度的销售数据分别建立 4 个工作表，虽然可以引用多表数据创建数据透视表，但毕竟操作步骤众多，此情况可以将数据复制粘贴到一张表格中再创建数据透视表。

7.1.2 数据透视表的结构

关 键 点： 字段、项、Σ 数值和总计
操作要点： 了解数据透视表包含的元素
应用场景： 查看一个完整数据透视表中的元素

数据透视表包含"表区域"和"数据透视表字段窗格"两部分，"表区域"显示添加的字段及分析结果，"数据透视表字段窗格"包含各个字段及对字段的规划设置。新建的数据透视表不包含任何数据，但当新建后并保持选中状态时，其中已经包含了数据透视表的各个要素，如图 7-5 所示。

图 7-5

数据透视表中有些专有名词，在学习之前需要有所了解，在数据透视表中一般包含的元素有：字段、项、Σ 数值和总计，下面我们来逐一认识这些元素的作用。

1. 字段

建立数据透视表后，源数据表中的列标识都会产生相应的字段。对于字段列表中的字段，根据其设置不同又分为行字段、列字段和数值字段，如图 7-6 所示。

图 7-6

2. 项

项是字段的子分类或成员。如图 7-7 所示，行标签下的所有姓名、列标签下的两种加班类型都称为项。

员工姓名	平时加班	双休日加班	总计
蔡晶	37.5		37.5
陈芳	65.625		65.625
刘阅	46.875	168.75	215.625
王梓	121.875	131.25	253.125
赵晗月	253.125	365.625	618.75
总计	525	665.625	1190.63

图 7-7

3. Σ 数值

用来对数据字段中的值进行合并的计算类型。数据透视表通常为包含数字的数据字段使用 SUM 函数，而为包含文本的数据字段使用 COUNT。建立数据透视表并设置汇总后，可选

173

择其他汇总函数，如 AVERAGE、MIN、MAX 和 PRODUCT。

4. 总计

对行列的总计值，如图 7-8 所示，可以通过设置报表布局是否显示行列汇总，或是只是显示行汇总，或是只是显示列汇总。

求和项:加班费	加班性质▼		
员工姓名 ▼	平时加班	双休日加班	总计
蔡晶	37.5		37.5
陈芳	65.625		65.625
刘阅	46.875	168.75	215.625
王梓	121.875	131.25	253.125
赵晗月	253.125	365.625	618.75
总计	525	665.625	1190.63

图 7-8

图 7-9

📎 **专家提醒**

在建立数据透视表时，行字段、列字段二者不是缺一不可，根据统计目的的不同，有时可以设置某一种字段，但值字段是必须要设置的，没有值字段就没有统计结果。

🔍 **知识扩展**

"数据透视表字段"的布局也可以根据自己的操作习惯自定义设置。单击 按钮，在下拉菜单中选择需要的布局，如图 7-9 所示。

📝 **练一练**

了解数据透视表的经典布局

在日常工作中建立数据透视表时，有时会遇到如图 7-10 所示的布局样式，这是早期版本的经典布局样式，它对分析结果无任何影响，只要按实际分析需求设置相应字段即可。

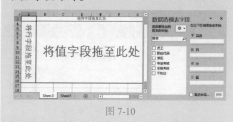

图 7-10

7.2 建立数据透视表分析数据

建立数据透视表对数据进行分析，首先需要准备好相关的数据，建立数据透视表后还需要根据分析目的合理设置字段，才能真正发挥数据透视表的作用，达到数据分析统计的目的。

7.2.1 创建数据透视表

关 键 点：建立数据透视表
操作要点："插入"→"表格"组→"数据透视表"按钮
应用场景：在创建数据透视表时可以直接使用所有数据创建数据透视表，也可以只选择工作表中某些数据创建数据透视表，当工作表中的数据发生更改时，可以对数据透视表进行更新

1. 新建数据透视表

当选中表格中任意单元格时，系统默认以整个表格数据作为数据源创建数据透视表。

❶ 打开工作表，切换到"插入"选项卡，在"表格"组中单击"数据透视表"按钮，如图 7-11 所示，打开"创建数据透视表"对话框。

图 7-11

❷ 默认选中"一个表或区域"单选按钮，在"表/区域"文本框中显示了当前要建立为数据透视表的数据源，如图 7-12 所示。

图 7-12

❸ 保持默认设置，单击"确定"按钮，即可在当前工作表前面创建了一个空白数据透视表，如图 7-13 所示。（注意，当前工作表由于还未设置任何字段，所以暂为空。）

图 7-13

专家提醒

如果只想使用部分数据创建数据透视表，则需要选中目标区域，但要保证是连续单元格区域。

2. 更改数据源

建立的数据透视表只对目标数据源进行分析统计，因此如果只想分析部分数据可以只选中部分数据来创建数据透视表。如果透视表已经创建了，也可以重新更改它的数据源。

❶ 打开数据透视表，切换到"数据透视表工具-分析"选项卡，在"数据"组中单击"更改数据源"按钮，如图 7-14 所示，打开"更改数据透视表数据源"对话框。

❷ 将光标放置到"表/区域"文本框中，切换到工作表中，利用鼠标拖动选中想重新设置的目标区域，选择的单元格区域即会显示在"表/区域"文本框中，如图 7-15 所示。

❸ 单击"确定"按钮，即更改了数据透视表的数据源，即统计结果只针对这一部分数据。

图 7-14

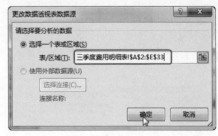

图 7-15

3. 刷新数据源

当数据透视表的数据源表格中的数据发生

更改时，不需要重新建立数据透视表，只需要刷新即可让数据透视表的数据自动更新。

选中数据透视表中任意单元格，在"数据透视表工具－分析"选项卡的"数据"组中单击"刷新"下拉按钮，在下拉菜单中单击"刷新"命令，如图7-16所示，即可刷新数据透视表数据源。

图 7-16

7.2.2　根据统计目的设置字段

关 键 点：为数据透视表添加字段
操作要点："数据透视表字段"窗格
应用场景：系统默认建立的数据透视表只是一个框架，要得到相应的统计结果，
　　　　　则需要根据实际需要合理地设置字段

1. 添加字段

系统默认创建的数据透视表是一个空白表格，需要添加字段才能得到分析结果。

❶ 打开数据透视表，在字段列表中选择需要使用的字段，本例选择"使用部门"字段，右击，在弹出的快捷菜单中选择"添加到行标签"命令，如图7-17所示，"使用部门"字段被添加到行标签区域，数据透视表也做出相应的显示，如图7-18所示。

图 7-17

❷ 按相同的方法将"发生金额"字段添加到∑值区域，得到的统计结果是各个部门所产生的费用，如图7-19所示。

图 7-18

图 7-19

专家提醒

在对字段进行选择时，也可以直接选择字段前面的复选框，系统默认将文本字段显示在行标签区域，将数值字段显示在∑数值区域。但是为避免错误，也可以直接在字段列表中选中目标字段，利用鼠标拖动的方式将字段拖到需要的区域中。

2. 调整字段位置

添加好字段到相应的区域后，如果还想得到其他的分析结果，可以重新调整字段的位置或继续添加字段。例如，延续上一例，要想查看各个部门不同费用类型的金额情况，则可以将"费用监控类型"字段继续添加到行标签区域。

❶ 打开数据透视表，在字段列表中选择"费用监控类别"，右击，在弹出的快捷菜单中选择"添加

到行标签"命令，如图 7-20 所示。

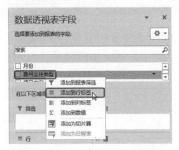

图 7-20

❷ "费用监控类型"字段被添加到行标签区域并显示在"使用部门"字段的下方，得到的统计结果是各个部门所产生的费用及各个部门不同费用类型的金额，如图 7-21 所示。

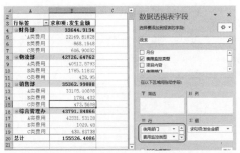

图 7-21

3. 调整字段的显示顺序

在行标签或列标签区域包含多个字段时，可以调整字段间的显示顺序，字段的不同显示顺序可以显示出不同的分类统计结果。例如，延续上例，当前数据透视表的"行"区域中有两个字段，上面是"使用部门"，下面是"费用监控类别"，现在需要调整这两个字段的顺序获取不同的统计结果。

❶ 在"数据透视表字段"窗格的"行"区域，单击"费用监控类别"字段下拉按钮，在下拉菜单中选择"上移"命令，如图 7-22 所示。

❷ 选择"上移"命令，即可将"费用监控类别"字段移动到"使用部门"字段下方，得到的统计结果是各个不同费用类型的金额及各个不同费用类型下各个部门产生的费用，如图 7-23 所示，如与上面图 7-21 所示对比。

图 7-22

图 7-23

练一练

建立数据透视表快速统计各员工总销售额与各产品系列总销售额

如图 7-24 所示的数据表，通过创建数据透视表可以快速统计各员工总销售额与各产品系列总销售额。

	A	B	C	D	E	F	G
1	销售日期	经办人	产品系列	销售额			
2	2018/3/3	张晓宇	高保湿系列	13500		经办人	求和项:销售额
3	2018/3/3	周传明	日夜修复系列	12900		袁晓宇	56730
4	2018/3/5	周传明	男士系列	13800		张佳佳	83420
5	2018/3/7	张佳佳	高保湿系列	14100		周传明	66840
6	2018/3/7	袁晓宇	男士系列	14900		总计	206990
7	2018/3/10	周传明	日夜修复系列	13700			
8	2018/3/15	张佳佳	高保湿系列	13850			
9	2018/3/18	张佳佳	日夜修复系列	13250		产品系列	求和项:销售额
10	2018/3/18	周传明	高保湿系列	15420		高保湿系列	68760
11	2018/3/20	袁晓宇	男士系列	14780		男士系列	68350
12	2018/3/21	张佳佳	日夜修复系列	13750		日夜修复系列	69880
13	2018/3/21	袁晓宇	高保湿系列	12040		总计	206990
14	2018/3/25	周传明	日夜修复系列	11020			
15	2018/3/27	张佳佳	日夜修复系列	14970			
16	2018/3/29	袁晓宇	日夜修复系列	15010			

图 7-24

7.3 ▶ 数据透视表显示效果

更改默认数据透视表的显示效果可以帮助用户更好地理解数据分析结果，如在汇总行添加空行、为透视表一键套用样式等。

7.3.1 报表布局设置

关 键 点： 更改数据透视表的默认布局

操作要点： "数据透视表工具-设计"→"布局"组

应用场景： 数据透视表的布局包含4项，分别为"分类汇总"（用于设置是否显示分类汇总或分类汇总的显示位置）、"总计"（用于选择是否显示总计项或是选择性的启用行列总计）、"报表布局"（以压缩形式、表格形式等布局显示）、"空行"（设置每个项目后是否显示空行间隔）

1. 以表格形式显示

默认创建的数据透视表是以压缩的形式显示的，压缩形式的数据透视表看不到行标签名称，如图7-25所示，当有多个行标签字段时则不便于数据的查看，这时可以将报表布局变更为表格样式或是大纲样式。

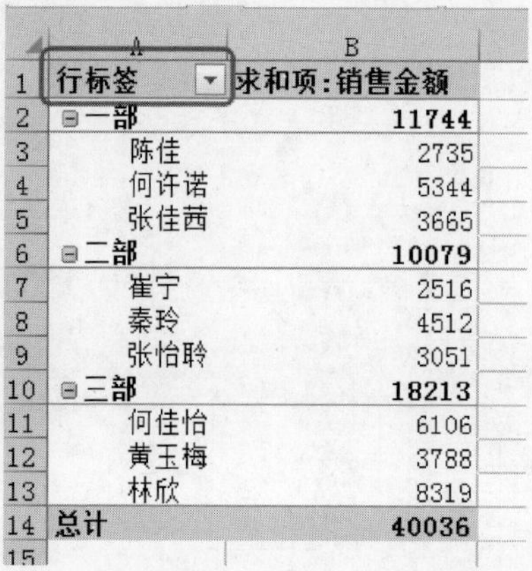

❶ 打开数据透视表，在"数据透视表工具-设计"选项卡的"布局"组中单击"报表布局"下拉按钮，在下拉菜单中选择"以表格形式显示"命令，如图7-26所示。

❷ 以表格形式显示数据透视表后，可以看到各字段名称都能直观显示出来，报表结果很清晰，如图7-27所示。

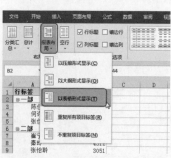

图 7-26

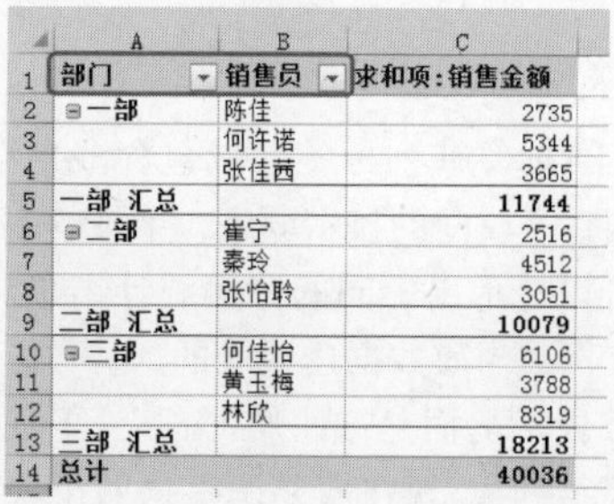

图 7-27

2. 在每个项目后插入空行

延续上一例中的数据透视表，要在每个项目后添加一个空行进行间隔，操作如下。

❶ 在"数据透视表工具-设计"选项卡的"布局"组中单击"空行"下拉按钮，在下拉菜单中单击"在每个项目后插入行"命令，如图7-28所示。

❷ 执行上述操作后，可以看到数据透视表中每个项目后添加的空行间隔，如图7-29所示。

图 7-25

图 7-28

	A	B	C
1	部门 ▼	销售员 ▼	求和项:销售金额
2	⊟一部	陈佳	2735
3		何许诺	5344
4		张佳茜	3665
5	一部 汇总		11744
6			
7	⊟二部	崔宁	2516
8		秦玲	4512
9		张怡聆	3051
10	二部 汇总		10079
11			
12	⊟三部	何佳怡	6106
13		黄王梅	3788
14		林欣	8319
15	三部 汇总		18213
16			
17	总计		40036

图 7-29

7.3.2 套用数据透视表样式

关 键 点：为数据透视表套用样式

操作要点："数据透视表工具－设计"→"数据透视表样式"组

应用场景：创建数据透视表后，程序中内置了多种外观样式，可以通过套用样式
来美化数据透视表

❶ 打开数据透视表，切换到"数据透视表工具－
设计"选项卡，在"数据透视表样式"组中单击▼按
钮，如图 7-31 所示。

图 7-31

如图 7-30 所示，让数据透视表中无统
计数据的空单元格显示为 0 值。这种显示方
式也可以通过布局设置来实现。

	G	H	I	J
	求和项:加班费	加班性质 ▼		
	员工姓名 ▼	平时加班	双休日加班	总计
	蔡晶	84.38	0.00	84.38
	陈芳	65.63	0.00	65.63
	刘阅	0.00	168.75	168.75
	王梓	121.88	131.25	253.13
	赵晗月	253.13	365.63	618.75
	总计	525.00	665.63	1190.63

图 7-30

❷ 在下拉菜单中选中要套用的样式，如图 7-32 所示。

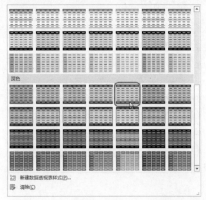

图 7-32

③例如，选择"深黄 – 数据透视表样式深色 5"，应用效果如图 7-33 所示；选择"浅黄 – 数据透视表中等深浅 5"，应用效果如图 7-34 所示。

求和项:加班费	加班性质 ▾		
员工姓名 ▾	平时加班	双休日加班	总计
蔡晶	37.5		37.5
陈芳	65.625		65.625
刘阅	46.875	168.75	215.625
王梓	121.875	131.25	253.125
赵晗月	253.125	365.625	618.75
总计	525	665.625	1190.625

图 7-33

求和项:加班费	加班性质 ▾		
员工姓名 ▾	平时加班	双休日加班	总计
蔡晶	37.5		37.5
陈芳	65.625		65.625
刘阅	46.875	168.75	215.625
王梓	121.875	131.25	253.125
赵晗月	253.125	365.625	618.75
总计	525	665.625	1190.625

图 7-34

练一练

设置默认的数据透视表样式

如果需要经常使用某个数据透视表样式，可以将指定透视表样式设为默认值，如图 7-35 所示，再创建数据透视表时会自动套用该样式。

图 7-35

7.3.3 复制使用报表统计结果

关 键 点：将报表转换为普通表格

操作要点："开始"→"剪贴板"组→"粘贴"按钮

应用场景：建立数据透视表后，如果想使用这个报表结果，可以将其转换为普通表格以方便使用

①选中数据透视表单元格区域，按 Ctrl+C 快捷键复制，如图 7-36 所示。

②选中要粘贴的位置的空白单元格，切换到"开始"选项卡，在"剪贴板"选项组中单击"粘贴"下拉按钮，弹出下拉菜单，选择"值和源格式"命令，如图 7-37 所示，即可将数据透视表中的当前数据转换为普通表格。

③对表格进行格式修改，可得到如图 7-38 所示的报表。

	A	B	C
1	部门 ▾	销售员 ▾	求和项:销售金额
2	⊟销售二部	崔宁	2516
3		秦玲	4512
4		张怡聆	3051
5	销售二部 汇总		10079
6	⊟销售三部	何佳怡	6106
7		黄玉梅	3788
8		林欣	8319
9	销售三部 汇总		18213
10	⊟销售一部	陈佳	2735
11		何许诺	5344
12		张佳茜	3665
13	销售一部 汇总		11744
14	总计		40036

图 7-36

图 7-37

部门	销售员	销售金额
销售二部	崔宁	2516
	秦玲	4512
	张怡聆	3051
销售二部 汇总		10079
销售三部	何佳怡	6106
	黄玉梅	3788
	林欣	8319
销售三部 汇总		18213
销售一部	陈佳	2735
	何许诺	5344
	张佳茜	3665
销售一部 汇总		11744
总计		40036

图 7-38

7.4 ▶ 数据透视表计算

　　建立数据透视表对数据进行分析时，"∑值"区域中显示的就是计算项，计算项默认的计算方式可以更改，值的显示方式也可以更改，而且还可以自定义设置公式添加计算项。

7.4.1　更改默认的汇总方式

关 键 点：重新设置值的汇总方式

操作要点："值字段设置"对话框

应用场景：当设置了某个字段为数值字段后，数据透视表会自动对数据字段中的值进行合并计算。其默认的计算方式为数值数据使用 SUM 函数（求和），文本数据使用 COUNT 函数（计数）。如果想得到其他的计算结果，如求最大值、最小值、求平均值等，则需要对数值字段的计算类型进行修改

　　如图 7-39 所示的数据透视表，添加了"语文"和"数学"字段作为值字段，默认都是求和计算方式，现在让汇总方式更改为求平均值，从而直观查看各个班级的平均成绩水平。

	F	G 求和项:语文	H 求和项:数学
2	行标签		
3	1班	523	512
4	2班	518	494
5	3班	446	417
6	总计	1487	1423

图 7-39

　　❶打开数据透视表，在"∑值"区域单击"求和项：语文"下拉按钮，在下拉菜单中选择"值字段设置"命令，如图 7-40 所示，打开"值字段设置"对话框。

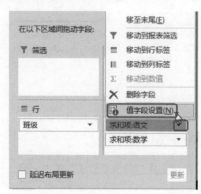

图 7-40

　　❷在"值汇总方式"标签下的"计算类型"区域单击"平均值"，如图 7-41 所示。

　　❸单击"确定"按钮，返回数据透视表中，即

可看到数据汇总方式更改为"平均值",如图7-42所示。

图 7-41

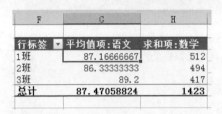

图 7-42

④ 按相同的方法更改"求和项:语文"的计算方式为平均值,达到的效果如图7-43所示。

行标签 ▼	平均值项:语文	平均值项:数学
1班	87.16666667	85.33333333
2班	86.33333333	82.33333333
3班	89.2	83.4
总计	87.47058824	83.70588235

图 7-43

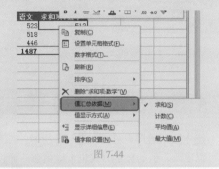

7.4.2 更改数据透视表的值显示方式

关 键 点:重新设置值的显示方式

操作要点:右击→"值显示方式"

应用场景:数据透视表内置了15种"值显示方式",用户可以灵活地选择"值显示方式"来查看不同的数据显示结果

1. 显示为占总计的百分比

当前数据透视表中统计了各个类别产品销售金额汇总值，如图 7-46 所示，现在需要显示出各个类别商品的销售金额占总销售金额的百分比，如图 7-47 所示。

	A	B	C
1			
2	行标签	求和项:销售金额	
3	笔记本电脑	303152	
4	冰箱	37833	
5	彩电	117043	
6	平板电脑	112313	
7	手机	415238	
8	洗衣机	71336	
9	总计	1056915	

图 7-46

	A	B	C
1			
2	产品类别	占销售总额比例	
3	笔记本电脑	28.68%	
4	冰箱	3.58%	
5	彩电	11.07%	
6	平板电脑	10.63%	
7	手机	39.29%	
8	洗衣机	6.75%	
9	总计	100.00%	

图 7-47

❶选中数据透视表中值字段下任意单元格，右击，在弹出的快捷菜单中选择"值显示方式"命令，在打开的子菜单中单击"总计的百分比"命令，如图 7-48 所示。

❷选择"总计的百分比"命令后，即可看到"求和项：销售金额"数值更改为百分比样式。将"求和项：销售金额"更改为"占销售总额比例"，即可得到如图 7-47 所示的显示效果。

图 7-48

2. 显示为行汇总的百分比

在有列标签的数据透视表中，可以设置值的显示方式为占行汇总的百分比。在此显示方式下，横向的观察报表，可以看到各个项所占百分比情况。如图 7-49 所示的数据透视表为默认统计结果，需要更改显示方式，查看每个系列产品在各个店铺中的销售占总销售额的百分比情况，如图 7-50 所示，例如，"水能量系列"产品，鼓楼店占 12.85%，步行街店占 40.35%，长江路专卖店占 46.80%。

	A	B	C	D	E
1	求和项:销售金额	店铺			
2	系列	鼓楼店	步行街专卖	长江路专卖	总计
3	水能量系列	1160	3644	4226	9030
4	水嫩精纯系列	4194	1485	4283	9962
5	气韵焕白系列	2808	5548	384	8740
6	佳洁日化	800		1120	1920
7	总计	8962	10677	10013	29652
8					

2月份销售记录单 　各店铺销售分析 　⊕

图 7-49

	A	B	C	D	E
1	求和项:销售金额	店铺			
2	系列	鼓楼店	步行街专卖	长江路专卖	总计
3	水能量系列	12.85%	40.35%	46.80%	100.00%
4	水嫩精纯系列	42.10%	14.91%	42.99%	100.00%
5	气韵焕白系列	32.13%	63.48%	4.39%	100.00%
6	佳洁日化	41.67%	0.00%	58.33%	100.00%
7	总计	30.22%	36.01%	33.77%	100.00%

图 7-50

❶选中列字段下的任意单元格，右击，在弹出的快捷菜单中选择"值显示方式"→"行汇总的百分比"命令，如图 7-51 所示。

图 7-51

❷按上述操作完成设置后，返回到数据透视表中，即可看到各系列在不同店铺的销售占比，同时也可以查看到各系列占总计值的百分比，如图 7-50 所示。

练一练

使用"父行汇总的百分比"值显示方式

如图 7-52 所示的数据透视表中可以看到在各个不同支出项目下，各个月份的支出额所占的百分比情况。

项目	日期	求和项:金额
办公日常用品		**38.25%**
	1月	3.67%
	2月	12.47%
	3月	7.88%
	4月	18.68%
	5月	8.64%
	6月	48.66%
报销费用		**34.96%**
	2月	7.83%
	3月	9.46%
	5月	73.26%
	6月	9.46%
差旅费		**2.69%**
	4月	100.00%
电费		**4.85%**
	2月	63.80%
	4月	36.20%
电话费		**1.52%**
	1月	100.00%

图 7-52

7.4.3 自定义计算字段

关 键 点: 建立计算项

操作要点: "数据透视表工具－分析"→"计算"→"字段、项目和集"按钮

应用场景: 数据透视表可以根据当前分析需求自定义计算项，例如，在统计出各销售员的总销售金额之后，可通过设置公式来建立自动求解销售提成的计算项。此功能就是使用当前数据透视表已有的字段来建立公式，从而完成自动计算

例如，本例中约定，当销售额≤70000 时，提成为 20%，销售额 >70000 时，提成为 25%。此时可以自定义计算项解出销售员奖金。

❶ 打开数据透视表，切换到"数据透视表工具－分析"选项卡，在"计算"组中单击"字段、项目和集"下拉按钮，在下拉菜单中选择"计算字段"命令，如图 7-53 所示，打开"插入计算字段"对话框。

图 7-53

❷ 在"名称"文本框中输入"提成额"，然后在

"公式"文本框中输入公式"=IF(销售金额 <=70000, 销售金额 *0.2, 销售金额 *0.25)"（英文状态下），如图 7-54 所示。

图 7-54

❸ 单击"确定"按钮，返回数据透视表中，即可看到数据透视表中添加了"提成额"字段，即根据

每位销售员的销售金额计算出了提成额，如图7-55所示。

	A	B	C
1			
2			
3	行标签	求和项:销售金额	求和项:提成额
4	OPPO	¥34,240.0	¥6,848.0
5	TCL	¥30,384.0	¥6,076.8
6	戴尔	¥125,268.0	¥31,317.0
7	东芝	¥40,485.0	¥8,097.0
8	朵唯	¥30,384.0	¥6,076.8
9	联想	¥61,161.0	¥12,232.2
10	苹果	¥285,668.0	¥71,417.0
11	清华同方	¥68,286.0	¥13,657.2
12	三星	¥154,326.0	¥38,581.5
13	三洋	¥37,356.0	¥7,471.2
14	总计	¥867,558.0	¥216,889.5

图 7-55

✐ **专家提醒**

自定义添加计算项后，在"数据透视表"窗格会添加该字段，并添加到"∑值"区域。

📋 **练一练**

自定义计算项

如图7-56所示，"增长率"是一个自定义的计算项，利用这个计算项可以直接看到各个分部的销售额在两年中的增长率情况。它使用的公式是"（2017年 -2016年）/ 2016年"。

图 7-56

7.5 数据透视表分析

建立数据透视表后，可以对统计结果进行分析，如对数据透视表内容进行排序，添加切片器进行灵活筛选以及对分散的统计结果进行组合等。

7.5.1 数据透视表排序

关 键 点： 对数据透视表的统计结果进行排序
操作要点： "数据"→"排序和筛选"组
应用场景： 建立数据透视表对数据进行分析时，用户可以对透视表中的统计结果进行排序

例如，下面要对销售员的销售金额进行降序排序。

❶打开数据透视表，选中"总计"列标签下任意单元格，切换到"数据"选项卡，在"排序和筛选"组中单击"降序"按钮，如图7-57所示。

❷单击 按钮后，即可看到销售金额由大到小依次排序，如图7-58所示。

图 7-57

	A	B
3	行标签 ↓	求和项:销售金额
4	吴晓信	¥316,736.0
5	高本磊	¥140,610.0
6	张星醒	¥128,291.0
7	王凤宇	¥117,349.0
8	杨蕾	¥68,214.0
9	李韬	¥61,809.0
10	郑双	¥57,752.0
11	方洪明	¥57,671.0
12	韩庚辛	¥54,400.0
13	李锐说	¥54,083.0
14	总计	¥1,056,915.0

图 7-58

知识扩展

也可以选中目标单元格后，单击鼠标右键，在弹出的快捷菜单中执行快速排序，如图 7-59 所示。

图 7-59

练一练

双字段时的排序

如图 7-60 所示的数据透视中设置了两个行字段，要得到如图所示的排序效果，要准确选中目标。

要点提示：

（1）第一次选中"产品类别"字段下任意项的汇总值，执行一次排序。

（2）第二次选中"销售员"字段下任意项的汇总值，执行二次排序。

	A	B	C
3	产品类别 ↓	销售员 ↓	求和项:销售金额
4	⊟手机		415238
5		高本磊	140610
6		张星醒	67500
7		王凤宇	65827
8		杨蕾	57410
9		李锐说	48835
10		韩庚辛	35055
11	⊟彩电		138031
12		方洪明	57671
13		李韬	54125
14		何之洋	20988
15		李锐说	5247
16	⊟平板电脑		112313
17		张星醒	46471
18		王凤宇	36453
19		何之洋	23133
20		高本磊	6256
21	⊟洗衣机		71336

图 7-60

7.5.2 使用切片器筛选数据

重点知识： 使用切片器辅助筛选

操作要点： "数据透视表工具-分析"→"筛选"组→"插入切片器"按钮

应用场景： 切片器是一个动态的筛选工具，当添加切片器后，可以通过选择相应的选项对数据进行灵活地筛选

❶ 打开数据透视表，切换到"数据透视表工具-分析"选项卡，在"筛选"组中单击"插入切片器"按钮，如图 7-61 所示，打开"插入切片器"对话框。

❷ 分别选中"店铺"和"销售员"复选框，如图 7-62 所示。

❸ 单击"确定"按钮，即可在数据透视表中添加两个切片器，当前是全部选中状态，如图 7-63 所示。

	A	B	C	D	E
1	系列 ↓	求和项:销售金额			
2	水能量系列	9030			
3	水嫩精纯系列	9962			
4	气韵焕白系列	8740			
5	佳洁日化	1920			
6	总计	29652			

图 7-61

图 7-62

⑤ 在"销售员"切片器下单击"张佳茜",筛选得的统计结果是"步行街专卖"中"张佳茜"的统计结果,如图 7-65 所示。

图 7-65

专家提醒

选中几个就添加几个切片器。选择作为切片器的字段应该具有分类性质,否则数据性质过于零散的字段筛选也没有太大意义。

专家提醒

● 在数据透视中添加多个切片器后,当对某个切片器进行筛选时,在其他切片器中会显示出符合筛选条件的内容。

● 如果一个切片器中想同时选中两个或多个选项,则按住 Shift 键依次单击。

图 7-63

④ 在"店铺"切片器下单击哪个店铺就可以筛选出哪个店铺的统计结果,例如,单击"步行街专卖"即可得出"步行街专卖"的统计结果,如图 7-64 所示。

练一练

筛选统计某一日的总销售额

如图 7-66 所示,添加"日期"为切片器,可以实现筛选统计任意指定的某一日的总销售额。

图 7-64

图 7-66

关 键 点： 对统计结果进行分组统计
操作要点： "数据透视表工具 – 分析"→"分组"组→"分组选项"按钮
应用场景： 分组汇总指的是通过设置合理的步长让统计过于分散的结果能够自动重新分组统计。日期数据的分组尤其常见，一般可以按月、季度、年等进行分组

1. 统计各数值区间对应的数量

在要求统计年龄段、工龄段人数等情况时，常常需要创建组。例如，如图7-67所示的数据透视表，可以看到默认的统计结果非常分散，无法找到相关规律。要求对年龄以10为区间进行分组统计。

图 7-67

❶ 选中"行标签"下的任意单元格，切换到"数据透视表工具 – 分析"选项卡，在"分组"选项组中单击"分组选择"按钮，如图7-68所示，打开"组合"对话框。

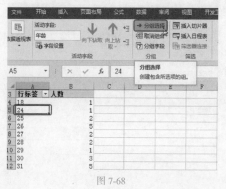

图 7-68

❷ 分组数值的范围默认是当前数据透视表的最大、最小值，在"步长"数值框中输入"10"，如图7-69所示。

❸ 单击"确定"按钮返回到报表中，即可得到以10为区间，显示各年龄段人数的统计结果，如图7-70所示。

图 7-69

图 7-70

2. 日期分组

日期数据在进行分组时一般会使用常规则的步长类型，有：秒、分、小时、日、月、季度、年。因此根据日期的属性及要分组的目的性可以选择相应的步长类型。如图7-71所示为默认数据透视表，以"月"为步长，达到如图7-72所示的统计结果。

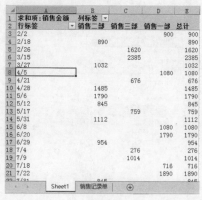

图 7-71

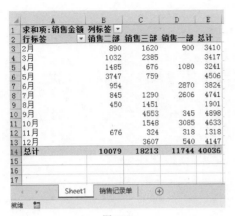

	A	B	C	D	E
1	求和项:销售金额	列标签			
2	行标签	销售二部	销售三部	销售一部	总计
3	2月	890	1620	900	3410
4	3月	1032	2385		3417
5	4月	1485	676	1080	3241
6	5月	3747	759		4506
7	6月	954		2870	3824
8	7月	845	1290	2606	4741
9	8月	450	1451		1901
10	9月		4553	345	4898
11	10月		1548	3085	4633
12	11月	676	324	318	1318
13	12月		3607	540	4147
14	总计	10079	18213	11744	40036

图 7-72

❶ 选中“行标签”下的任意单元格，切换到“数据透视表工具－分析”选项卡，在“分组”选项组中单击“分组选择”按钮，如图 7-73 所示，打开“组合”对话框。

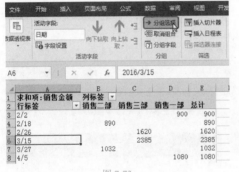

	A	B	C	D	E
1	求和项:销售金额	列标签			
2	行标签	销售二部	销售三部	销售一部	总计
3	2/2			900	900
4	2/18	890			890
5	2/26		1620		1620
6	3/15		2385		2385
7	3/27	1032			1032
8	4/5			1080	1080

图 7-73

❷ 在“步长”列表框中单击“月”选项，如图 7-74 所示。

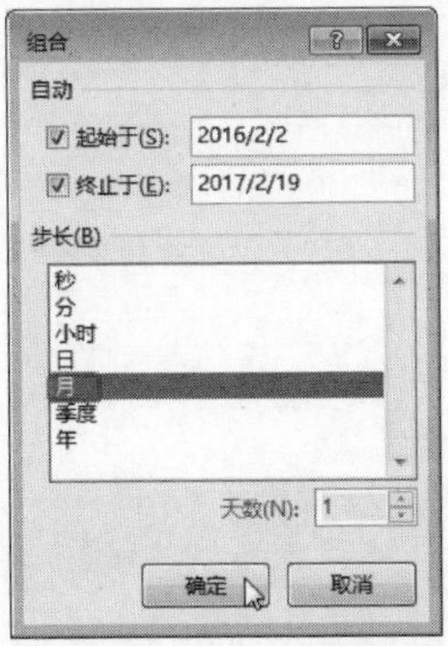

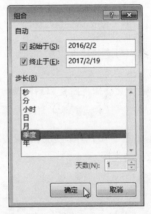

图 7-74

❸ 单击“确定”按钮返回到报表中，即可看到数据按照月汇总统计，如图 7-75 所示。

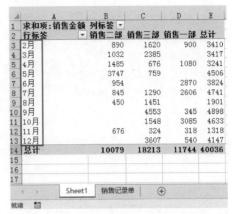

	A	B	C	D	E
1	求和项:销售金额	列标签			
2	行标签	销售二部	销售三部	销售一部	总计
3	2月	890	1620	900	3410
4	3月	1032	2385		3417
5	4月	1485	676	1080	3241
6	5月	3747	759		4506
7	6月	954		2870	3824
8	7月	845	1290	2606	4741
9	8月	450	1451		1901
10	9月		4553	345	4898
11	10月		1548	3085	4633
12	11月	676	324	318	1318
13	12月		3607	540	4147
14	总计	10079	18213	11744	40036

图 7-75

❹ 再次打开“组合”对话框，取消选择“月”选项，并选择“季度”选项，如图 7-76 所示。

图 7-76

❺ 单击“确定”按钮返回到报表中，即可看到数据按照季度汇总统计，如图 7-77 所示。

	A	B	C	D	E
1	求和项:销售金额	列标签			
2	行标签	销售二部	销售三部	销售一部	总计
3	第一季	1922	4005	900	6827
4	第二季	6186	1435	3950	11571
5	第三季	1295	7294	2951	11540
6	第四季	676	5479	3943	10098
7	总计	10079	18213	11744	40036

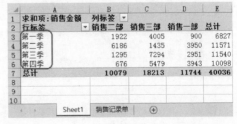

图 7-77

练一练

按月份统计各项支出费用

如图 7-78 所示透视表中，很清晰地统计出了各个月份中不同费用的报销金额，要达到这种统计结果需要对日期数据按月分组。

	A	B	C	D	E	F	G	H
1	编号	日期	项目	金额		日期	项目	求和项:金额
2	001	1/20	税费	185.00		⊟1月		7182.4
3	002	1/22	电话费	256.00			办公日常用品	1435.4
4	003	1/23	办公日常用品	235.40			报销费用	4855
5	004	1/25	差旅费	451.00			差旅费	451
6	005	1/26	办公日常用品	1200.00			电话费	256
7	006	1/30	报销费用	4300.00			税费	185
8	007	1/30	报销费用	555.00		⊟2月		4370.5
9	008	2/21	报销费用	459.50			办公日常用品	3096
10	009	2/22	办公日常用品	568.00			报销费用	459.5
11	010	2/23	办公日常用品	233.00			电费	815
12	011	2/24	电费	520.00		⊟3月		5237
13	012	2/28	电费	295.00			办公日常用品	1891.5
14	013	2/28	办公日常用品	2295.00			报销费用	555
15	014	3/19	报销费用	555.00			设计费	2790.5
16	015	3/22	办公日常用品	506.00		总计		16789.9
17	016	3/24	设计费	284.50				
18	017	3/25	办公日常用品	555.00				
19	018	3/25	设计费	2506.00				
20	019	3/30	办公日常用品	284.50				
21	020	3/30	办公日常用品	546.00				

图 7-78

7.6 创建数据透视图

数据透视表具有比较全面的分析汇总能力，在得到想要的分析结果后，可以快速创建数据透视图，让统计结果显示更加直观。这种统计报表图示化处理是日常工作报告中常用的方式。

7.6.1 创建数据透视图

关 键 点： 创建数据透视图

操作要点： “数据透视图工具 - 分析”→“工具”组→“数据透视图”按钮

应用场景： 数据透视图是以图形的方式直观、动态地展现数据透视表的统计结果，当数据透视表的统计结果发生变化时，数据透视图也做出相应变化

根据如图 7-79 所示的数据透视表，创建柱形图 - 数据透视图。

	A	B
1		
2		
3	行标签	求和项:销售金额
4	林欣	4156
5	张佳茜	4786
6	何许诺	2526
7	张怡聆	2727
8	何佳怡	4184
9	秦玲	2144
10	陈佳	2280
11	林小雪	3164
12	李明露	3685
13	总计	29652

图 7-79

❶ 选中“销售金额”下任意单元格，切换到“数据”选项卡，在“排序和筛选”组中单击“降序”按钮将统计结果进行降序排列，如图 7-80 所示。

	A	B
1		
2		
3	行标签	求和项:销售金额
4	张佳茜	4786
5	何佳怡	4184
6	林欣	4156
7	李明露	3685
8	林小雪	3164
9	张怡聆	2727
10	何许诺	2526
11	陈佳	2280
12	秦玲	2144
13	总计	29652

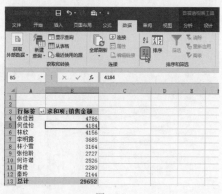

图 7-80

专家提醒

在建立柱形图与条形图时，当分类数稍多时，建议先对数据进行排列，从而让建立出的图表能够整齐排列，也方便对结果进行查看。

② 选择数据透视表任意单元格，切换到"数据透视图工具－分析"选项卡，在"工具"组中单击"数据透视图"按钮，如图7-81所示，打开"插入图表"对话框。

图 7-81

③ 在对话框中选择合适的图表，根据数据情况，这里可选择"簇状柱形图"，如图7-82所示。

图 7-82

④ 单击"确定"按钮，即可在当前工作表中插入柱形图，选中数据透视图，通过拖动图表四周的按钮，调整图表的大小，如图7-83所示。

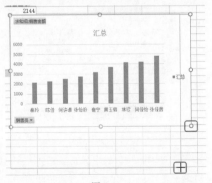

图 7-83

⑤ 选择图表，切换到"数据透视图工具－设计"选项卡，在"图表样式"选项组中选择套用的样式，单击即可套用样式，如图7-84所示。

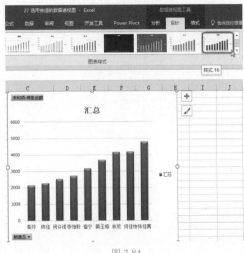

图 7-84

⑥ 输入图表的标题，如图7-85所示。

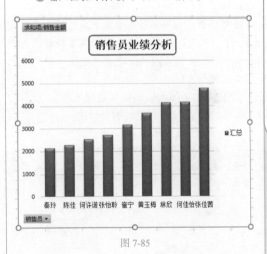

图 7-85

专家提醒

对于数据透视图的美化操作，可以完全借鉴在第6章中介绍的美化普通图表的方式。可以套用图表样式，然后进行其他局部对象或线条的设置。

建立各系列商品销售占比分析的饼图

如图 7-86 所示，建立饼图数据透视图，查看各系列商品销售占比情况。

图 7-86

7.6.2 添加数据标签

关 键 点：为图表添加数据标签
操作要点："图表元素"按钮→"数据标签"
应用场景：数据标签是图表中系列或分类代表的数值，如饼图可以添加百分比数据标签。将数据标签添加到图表中可以方便直观地查看数值，是编辑图表时的一项常用操作

例如，下面为饼图数据透视图添加数据标签，以显示各项目占总计的百分比。

❶ 选中数据透视图，单击图形右侧的"图表元素"按钮，在展开的菜单中选中"数据标签"前的复选框，即可为饼图添加"值"数据标签，如图 7-87 所示。

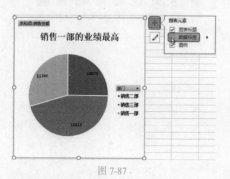

图 7-87

❷ 在数据标签上单击一次，选中全部数据标签，右击，在弹出的快捷菜单中选择"设置数据标签格式"命令，如图 7-88 所示，打开"设置数据标签格式"右侧窗格。

图 7-88

❸ 在"标签选项"栏中，取消选中"值"复选框，并选中"百分比"复选框，如图 7-89 所示。

图 7-89

读书笔记

7.6.3 透视图中数据查看

关 键 点：在数据透视图中查看任意数据或筛选查看

操作要点：使用图表上的筛选按钮

应用场景：数据透视图与普通图表所不同的是，在创建图表的同时，将行标签及
列标识字段也添加到图表中，通过此字段右侧的下拉按钮，可以实现
对数据透视图的筛选绘制，即方便我们只对部分数据的图表查看与比较

1. 在数据透视图中筛选查看部分数据

例如，要从如图 7-90 所示的图表中，筛选查看目标数据。

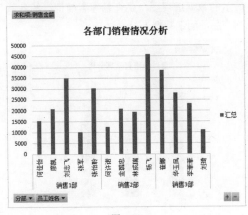

图 7-90

❶ 选择数据透视图，单击"分部"下拉按钮，如图 7-91 所示，在菜单中取消选中"全选"复选框，

选择需查看项目的复选框，如图 7-92 所示。

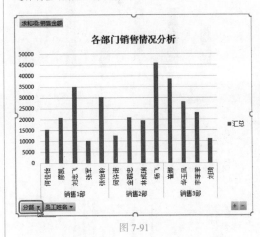

图 7-91

❷ 单击"确定"按钮，图表只绘制"销售 1 部"统计结果，如图 7-93 所示。

❸ 单击"员工姓名"下拉按钮，在菜单中取消选中"全选"复选框，选择需要对比查看的几位销售

员，如图 7-94 所示。

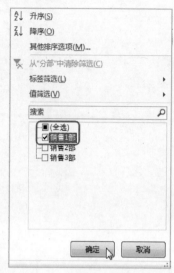

图 7-92

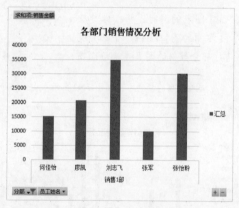

图 7-93

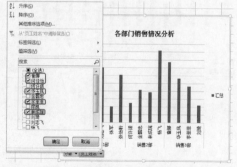

图 7-94

④ 单击"确定"按钮，图表只绘制选中的几位销售员的统计结果，如图 7-95 所示。

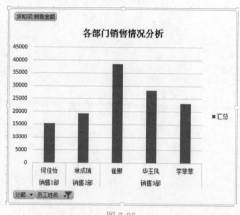

图 7-95

專家提醒

如果需要清除筛选，单击左下角的"分部"下拉按钮，单击"从'分部'中清除筛选"命令即可。

2. 在数据透视图中查看明细数据

数据透视图依据数据透视表而创建，在图表中显示的是分类汇总的数据。在数据透视图还可以查看明细数据。例如，针对如图 7-96 所示的数据透视图，要查看各店铺销售的各系列产品的明细数据。

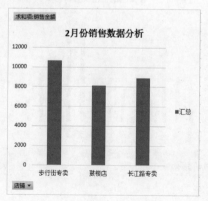

图 7-96

① 双击类别名称坐标轴，如图 7-97 所示，打开"显示明细数据"对话框。

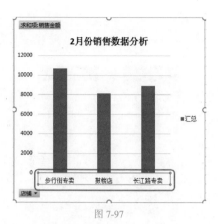

图 7-97

❷ 单击选中要查看的字段,如"系列"字段,如图 7-98 所示。

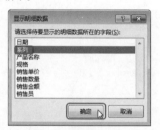

图 7-98

❸ 单击"确定"按钮,即可查看各店铺中各系列产品的销售金额,如图 7-99 所示。

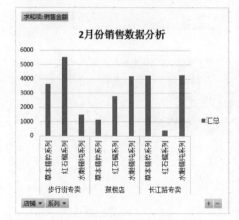

图 7-99

3. 在数据透视图中查看某个分类的明细数据

❶ 选中目标分类(在目标分类上单击一次,选中的是所有分类;再单击一次,即可选中目标分类),

右击,在弹出的快捷菜单中选择"展开/折叠"命令,在打开的子菜单中选择"展开"命令,如图 7-100 所示,打开"显示明细数据"对话框。

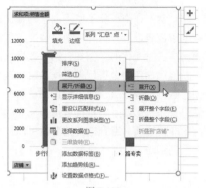

图 7-100

❷ 选择要查看的字段,如"系列"字段,如图 7-101 所示。

图 7-101

❸ 单击"确定"按钮,"步行街专卖"店的"系列"明细数据即可显示出来,如图 7-102 所示。

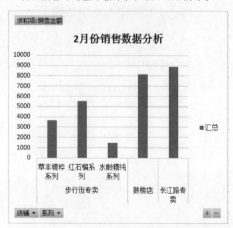

图 7-102

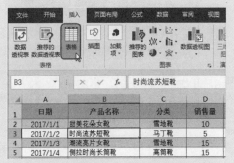

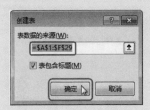

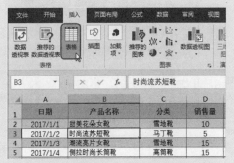

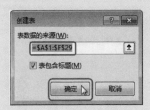

1. 让数据透视表的数据源自动更新

在日常工作中，除了使用固定的数据创建数据透视表进行分析外，很多情况下数据源表格是实时变化的，例如，销售数据表需要不断地添加新的销售记录数据进去，这样在创建数据透视表后，如果想得到最新的统计结果，每次都要手动重设数据透视表的数据源，非常麻烦。遇到这种情况就可以按如下方法创建动态数据透视表。

❶ 选中数据表中任意单元格，切换到"插入"选项卡，在"表格"选项组中单击"表格"按钮，如图 7-103 所示，打开"创建表"对话框。

❷ 对话框中"表数据的来源"默认显示为当前数据表单元格区域，如图 7-104 所示。

图 7-103

图 7-104

❸ 单击"确定"按钮完成表的创建（此时即创建了一个名为"表 1"的动态名称）。在"插入"选项卡的"表格"选项组中单击"数据透视表"按钮，如图 7-105 所示，打开"创建数据透视表"对话框。

❹ 在"表/区域"文本框中输入"表 1"，如图 7-106 所示。

图 7-105

图 7-106

❺ 单击"确定"按钮，即可创建一张空白动态数据透视表。添加字段达到统计目的，如图 7-107 所示。

图 7-107

❻ 切换到数据源表格工作表中，添加新数据，如图 7-108 所示。

⑦ 切换到数据透视表中，刷新透视表，可以看到对应的数据实现了更新，如图7-109所示。

	A	B	C	D	E	F
19	2017/1/18	贴布刺绣中筒靴	雪地靴	4	179	716
20	2017/1/19	时尚流苏短靴	马丁靴	10	189	1890
21	2017/1/20	韩版过膝磨砂长靴	高筒靴	5	169	845
22	2017/1/21	英伦风切尔西靴	马丁靴	4	139	556
23	2017/1/22	甜美花朵女靴	雪地靴	5	90	450
24	2017/1/23	复古雕花擦色单靴	短靴	5	179	895
25	2017/1/24	简约百搭小皮靴	马丁靴	4	149	596
26	2017/1/26	贴布刺绣中筒靴	雪地靴	15	179	2685
27	2017/1/26	倒拉时尚长筒靴	高筒靴	8	159	1272
28	2017/1/27	磨砂格子女靴	雪地靴	5	69	345
29	2017/1/28	英伦风切尔西靴	马丁靴	5	139	695
30	2017/1/30	倒拉时尚长筒靴	高筒靴	5	159	795
31	2017/1/30	复古雕花擦色单靴	短靴	5	179	895
32						

图7-108

	A	B	C
1		数据	
2	分类	求和项:销售量	求和项:销售金额
3	短靴	25	4475
4	高筒靴	44	7096
5	马丁靴	51	7224
6	小白鞋	18	2722
7	雪地靴	101	11701
8	总计	239	33218
9			

图7-109

2. 迅速建立某汇总项的明细数据表

数据透视表的统计结果是对满足条件的多项数据汇总的结果，因此建立数据透视表后，双击汇总项中的任意单元格，可以快速新建一张工作表显示出相应的明细数据。

① 选中要查看的汇总项的单元格，例如，查看销售员"黄玉梅"的记录，即选中B8单元格后，如图7-110所示，双击鼠标左键，即可新建一张工作表，显示的是该员工的所有记录，如图7-111所示。

	A	B
3	行标签	求和项:销售金额
4	陈佳	2735
5	崔宁	2516
6	何佳怡	6106
7	何许诺	5344
8	黄玉梅	3788
9	林欣	8319
10	秦玲	4512
11	张佳茜	3665
12	张怡聆	3051
13	总计	40036

图7-110

图7-111

② 选中要查看的汇总项的单元格，如选中B9单元格，如图7-112所示，双击鼠标左键，即可新建一张工作表，显示的是同时两个满足条件的所有记录，即类别为"马丁靴"，且产品名称为"时尚流苏短靴"，如图7-113所示。

	A	B
1	行标签	求和项:销售金额
2	⊟ 短靴	2685
3	复古雕花擦色单靴	2685
4	⊟ 高筒靴	7931
5	倒拉时尚长筒靴	5565
6	韩版过膝磨砂长靴	2366
7	⊟ 马丁靴	9459
8	简约百搭小皮靴	2831
9	时尚流苏短靴	4265
10	英伦风切尔西靴	2363
11	⊟ 小白鞋	6496
12	韩版百搭透气小白鞋	2580
13	韩版时尚内增高小白鞋	1690
14	真皮百搭系列	2226
15	⊟ 雪地靴	13465
16	潮流亮片女靴	3564
17	磨砂格子女靴	1380
18	甜美花朵女靴	3330
19	贴布刺绣中筒靴	5191
20	总计	40036

图7-112

图7-113

3. 更改值的显示方式 - 按日累计注册量

本例透视表按日统计了某网站的注册量，下面需要将每日的注册量逐个相加，得到按日累计注册量数据。

① 创建数据透视表后，将"注册量"字段添加两次到∑值区域，如图7-114所示。然后更改第二个"注册量"字段名称为"累计注册量"（直接在C4单元格中删除原名称，输入新名称即可）。

图 7-114

② 单击"累计注册量"字段下方任意单元格并右击，在弹出的快捷菜单中选择"值显示方式"命令，在打开的子菜单中选择"按某一字段汇总"命令，如图 7-115 所示，打开"值显示方式（累计注册量）"对话框。

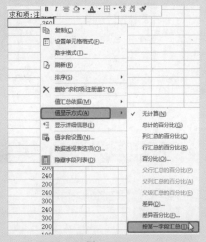

图 7-115

③ 保持默认设置的基本字段为"统计日期"即可，如图 7-116 所示。

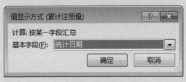

图 7-116

④ 单击"确定"按钮完成设置，此时可以看到"累计注册量"字段下方的数据逐一累计相加，得到每日累计注册量，如图 7-117 所示。

	A	B	C
4	统计日期 ▼	求和项:注册量	累计注册量
5	11月21日	360	360
6	11月22日	120	480
7	11月23日	200	680
8	11月24日	120	800
9	11月25日	120	920
25	12月11日	240	4070
26	12月12日	300	4370
27	12月13日	240	4610
28	12月14日	300	4910
29	12月15日	200	5110
30	12月16日	100	5210
31	12月17日	300	5510
32	12月18日	150	5660
33	12月19日	200	5740
34	总计	5740	

图 7-117

4. 手工组合实现更灵活的分类统计

在进行自动分组时，程序只能为各个组设置同等的步长，如果要分组时想实现任意自定义的步长，则需要采用手工分组的方式。

如图 7-118 所示的数据透视表，是对员工工龄统计的结果。现在要将工龄进行分组，并统计出各个工龄段的人数。具体规则是：0～1 年为一组，2～4 年为一组，5 年以上为一组。最终的分组效果如图 7-119 所示。

	A	B	C
1	工龄 ▼	人数	
2	0		3
3	1		6
4	2		3
5	3		6
6	4		5
7	5		4
8	6		9
9	7		3
10	8		2
11	总计	41	
12			
13			

Sheet1　人事信息数据表

图 7-118

图 7-119

① 选中"工龄"字段下 0～1 年的所有单元格项,切换到"数据透视表工具-分析"选项卡,在"分组"选项组中单击"分组选择"按钮,如图 7-120 所示。

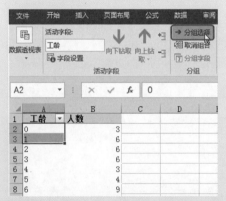

图 7-120

② 此时得到一个名称为"数据组 1"的分组和名称为"工龄 2"的字段,如图 7-121 所示。

	A	B	C	D
1	工龄2	工龄	人数	
2	⊟数据组1	0	3	
3		1	6	
4	⊟2	2	2	
5	⊟3	3	6	
6	⊟4	4	6	
7	⊟5	5	4	
8	⊟6	6	9	
9	⊟7	7	3	
10	⊟8	8	1	
11	总计		41	

图 7-121

③ 选中 A2 单元格,按 F2 键可进入数据编辑状态,将"数据组 1"这个名称更改为"0～1

年",如图 7-122 所示。

A2		× ✓ fx	0-1年	
	A	B	C	D
1	工龄2	工龄	人数	
2	0～1年	0	3	
3		1	6	
4	⊟2	2	6	
5	⊟3	3	6	
6	⊟4	4	6	
7	⊟5	5	4	
8	⊟6	6	9	
9	⊟7	7	3	
10	⊟8	8	1	
11	总计		41	
12				

图 7-122

④ 接着选中 2～4 年的单元格,如图 7-123 所示,以及 5 年以上的分组,并分别命名为"2～4 年"和"5 年以上",结果如图 7-124 所示。

图 7-123

	A	B	C	D
1	工龄2	工龄	人数	
2	⊟0～1年	0	3	
3		1	6	
4	⊟2～4年	3	6	
5		3	6	
6		3	6	
7	⊟5年及以上	5	4	
8		6	9	
9		7	3	
10		8	1	
11	总计		41	
12				
13				

Sheet1 人事信息数据表

就绪

图 7-124

⑤ 选中数据透视表任意单元格，打开"数据透视表字段"窗格，取消选中"工龄"复选框，如图 7-125 所示。然后将"工龄 2"字段的名称更改为"工龄段"（即直接在 A1 单元格中删除原名称输入新名称即可），得到分组后的数据透视表，如图 7-126 所示。

	A	B	C	D
1	工龄段 ▼	人数		
2	0~1年	9		
3	2~4年	15		
4	5年及以上	17		
5	总计	41		
6				
7				
8				

图 7-126

数据透视表字段 ▼ ✕

选择要添加到报表的字段： ⚙ ▼

搜索 🔍

☐ 入职时间
☐ 工龄 ▼
☐ 联系方式
☑ 工龄2

在以下区域间拖动字段：

图 7-125

读书笔记

第 章

企业日常行政管理分析表

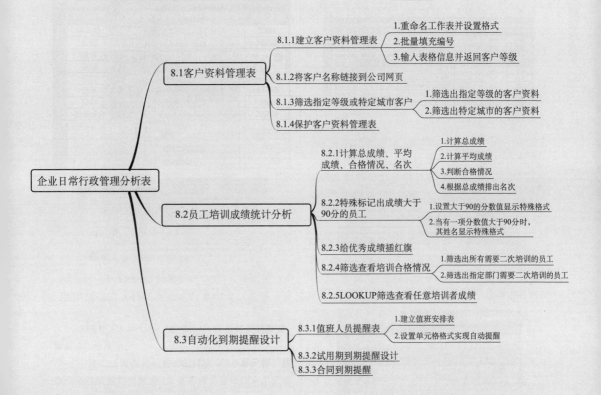

企业日常行政管理分析表

8.1客户资料管理表
- 8.1.1建立客户资料管理表
  - 1.重命名工作表并设置格式
  - 2.批量填充编号
  - 3.输入表格信息并返回客户等级
- 8.1.2将客户名称链接到公司网页
- 8.1.3筛选指定等级或特定城市客户
  - 1.筛选出指定等级的客户资料
  - 2.筛选出特定城市的客户资料
- 8.1.4保护客户资料管理表

8.2员工培训成绩统计分析
- 8.2.1计算总成绩、平均成绩、合格情况、名次
  - 1.计算总成绩
  - 2.计算平均成绩
  - 3.判断合格情况
  - 4.根据总成绩排出名次
- 8.2.2特殊标记出成绩大于90分的员工
  - 1.设置大于90的分数值显示特殊格式
  - 2.当有一项分数值大于90分时，其姓名显示特殊格式
- 8.2.3给优秀成绩插红旗
- 8.2.4筛选查看培训合格情况
  - 1.筛选出所有需要二次培训的员工
  - 2.筛选出指定部门需要二次培训的员工
- 8.2.5LOOKUP筛选查看任意培训者成绩

8.3自动化到期提醒设计
- 8.3.1值班人员提醒表
  - 1.建立值班安排表
  - 2.设置单元格格式实现自动提醒
- 8.3.2试用期到期提醒设计
- 8.3.3合同到期提醒

8.1 客户资料管理表

企业日常经营中需要与多个客户进行交易，因此对于交易客户的基本资料需要长期保存，以方便后期业务联系，从而建立长期的合作关系。通过在 Excel 2016 中建立数据表来保存客户资料是首选的方法，因为在 Excel 中不但方便数据的添加、查询，也方便对数据进行分析。

8.1.1 建立客户资料管理表

关 键 点：了解表格设置的基本操作并建立公式返回客户等级

操作要点：1. "开始"→"对齐方式"组→"合并后居中"功能按钮

2. 利用填充柄快速填充递增序号

3. IF 函数返回客户等级

应用场景：客户资料管理表包括客户单位信息、联系人、性别、部门、职位、合作日期等基本信息，以及客户的开户账号、银行名称以及客户等级评定等。创建好表格并设置格式后，可以批量填充客户编号，并使用公式根据合作时间计算客户等级

1. 重命名工作表并设置格式

重命名工作表，并规划好客户资料管理表应包括的列标识。然后再设置表格的格式，包括文字格式、边框、底纹等。

❶ 将一张新工作表重新命名为"客户资料管理表"。

❷ 将规划好的客户资料管理表的表格标题、列标识等输入到表格中，如图 8-1 所示。

图 8-1

❸ 选中 A1 单元格，在"开始"选项卡的"字体"组中单击字体设置框右侧的下拉按钮，在打开的下拉菜单中选择"黑体"命令，如图 8-2 所示，即可更改字体格式。

❹ 继续选中 A1 单元格，在"开始"选项卡的"字体"组中单击字号设置框右侧的下拉按钮，在打开的下拉菜单中选择"24"命令，如图 8-3 所示，即可更改字体大小。

❺ 选中标题区域，在"开始"选项卡的"对齐方式"组中单击"合并后居中"按钮，如图 8-4 所示，即可合并居中标题行。

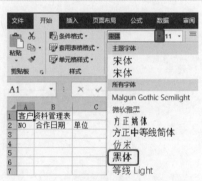

图 8-2

图 8-3

❻ 选中列标识所在的单元格区域，在"开始"选项卡的"字体"组中单击"字体颜色"下拉按钮，在打开的下拉菜单中选择"黄色"命令，如图 8-5 所示，即可为列标识填充黄色底纹。

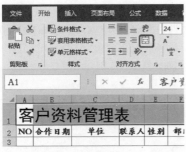

图 8-4

图 8-5

⑦ 将鼠标指针放在列标识的行边线上,按住鼠标左键向下拖动,如图 8-6 所示,调整至合适位置后,释放鼠标左键,即可完成表格行高的手动调整,效果如图 8-7 所示。

图 8-6

图 8-7

⑧ 选中所有表格数据区域,在"开始"选项卡的"字体"组中单击"框线"下拉按钮,在打开的下拉菜单中选择"所有框线"命令,如图 8-8 所示,即可为选中区域添加边框线条,如图 8-9 所示。

图 8-8

图 8-9

2. 批量填充编号

① 分别在 A3、A4 单元格中输入序号 1 与 2,选中 A3:A4 单元格区域,将光标定位到该单元格区域右下角的填充柄上,按住鼠标左键向下拖动,如图 8-10 所示。

图 8-10

② 释放鼠标即可实现快速填充序号,如图 8-11 所示。

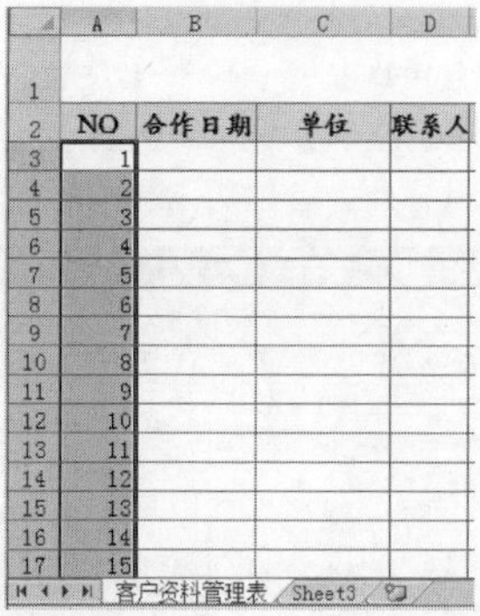

图 8-11

3. 输入表格信息并返回客户等级

创建好表格框架后，将基本的客户信息输入到表格中，如图 8-12 所示。用户可以根据"合作日期"列的数据自动返回客户等级。假设本例中约定当合作年限≤3年时，为C级客户；当合作年限大于3年并且≤5年时，为B级客户；当合作年限>5年时，为A级客户。

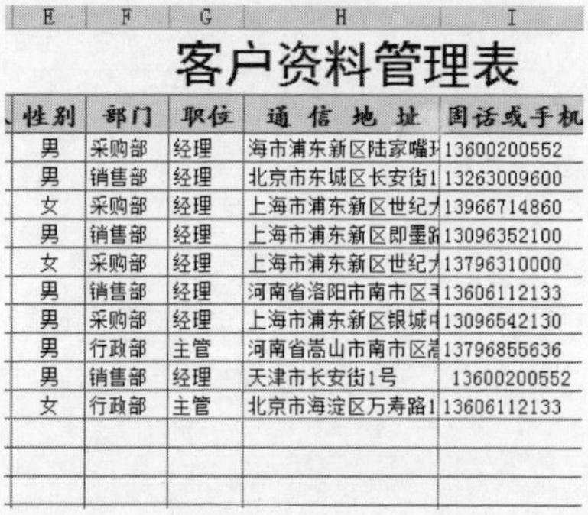

图 8-12

❶选中 M3 单元格，在编辑栏中输入公式：
=IF(YEAR(TODAY())-YEAR(B3)<=3,"C",
IF(YEAR(TODAY())-YEAR(B3)<=5,"B","A"))

按 Enter 键，根据 B3 单元格的数据自动返回等级，如图 8-13 所示。

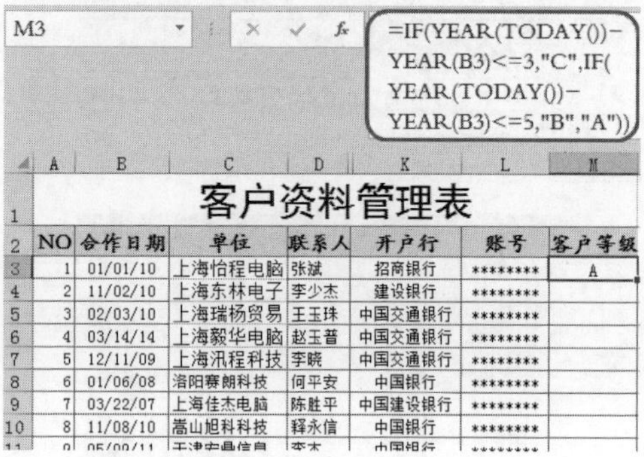

图 8-13

❷选中 M3 单元格，鼠标指向右下角的填充柄上，按住鼠标向下拖动复制公式，即可自动根据 B 列的数据返回等级，如图 8-14 所示。

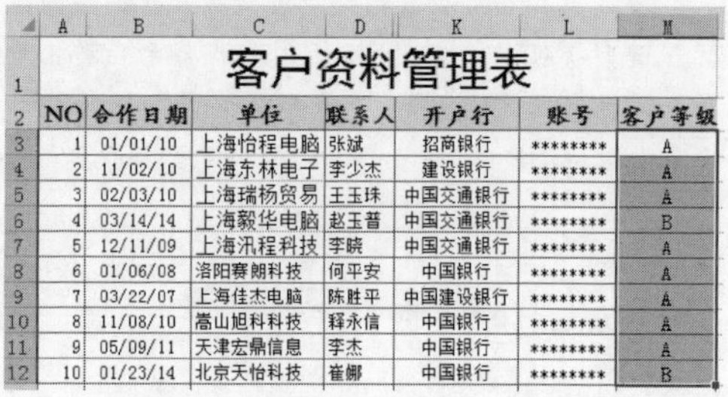

图 8-14

公式分析

◆ YEAR 函数：YEAR(serial_number) 表示返回某日期对应的年份。

◆ TODAY 函数：TODAY() 返回当前日期。

■ =IF(YEAR(TODAY())-YEAR(B3)<=3,"C",IF(YEAR(TODAY())-YEAR(B3)<=5,"B","A"))
　　　　　　　　　　❶　　　　　　　　　　　　　　　　❷

❶ TODAY 函数返回当前日期，然后使用 YEAR 函数提取当前日期中的年份。判断二者差值是否≤3，如果是返回C。

❷ TODAY 函数返回当前日期，然后使用 YEAR 函数提取当前日期中的年份。判断二者差值是否≤5，如果是返回B。如果同时不满足❶与❷就返回A。

8.1.2 将客户名称链接到公司网页

关 键 点： 了解超链接的设置方法

操作要点： “插入”→“链接”组→“超链接”功能按钮

应用场景： 设置“客户名称”超链接可以实现在单击客户名称时即打开该公司的简介文档，或是打开公司的网页，从而便于查看该公司的详细资料

❶ 选中C3单元格，切换到“插入”选项卡，在“链接”组中单击“超链接”按钮，如图8-15所示，打开“编辑超链接”对话框。

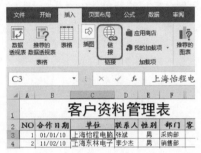

图 8-15

❷ 在地址栏中输入网址，如图8-16所示。单击“屏幕提示”按钮，打开“设置超链接屏幕提示”对话框。

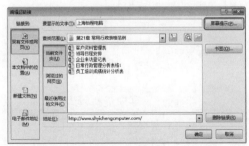

图 8-16

❸ 输入提示文字，如图8-17所示。

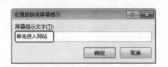

图 8-17

❹ 设置完成后单击“确定”按钮，返回到工作表中，设置的超链接以蓝色显示且显示下画线。鼠标指向时显示提示文字，如图8-18所示，单击即可打开网页。

NO	合作日期	单位	联系人	性别	部门
1	01/01/10	上海怡程电脑	张斌	男	采购部
2	11/02/10	上海东林		男	销售部
3	02/03/10	上海瑞杨贸易	王玉珠	女	采购部
4	03/14/14	上海毅华电脑	赵玉普	男	销售部
5	12/11/09	上海汛程科技	李晓	女	采购部
6	01/06/08	洛阳赛朗科技	何平安	男	销售部
7	03/22/07	上海佳杰电脑	陈胜平	男	采购部

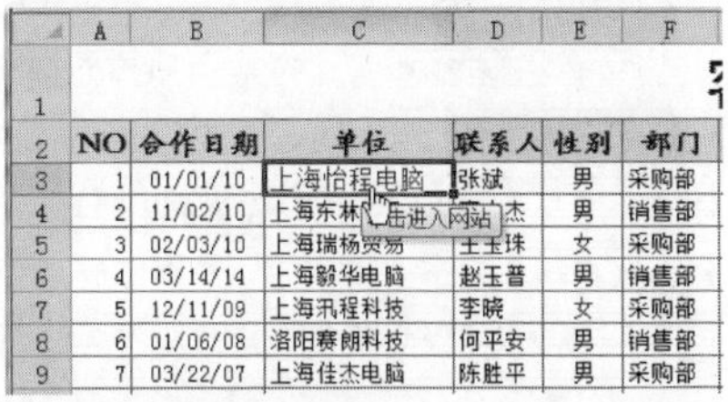

图 8-18

❺ 按相同的方法，可以为其他客户名称添加超链接，效果如图8-19所示。

NO	合作日期	单位	联系人	性别	部门
1	01/01/10	上海怡程电脑	张斌	男	采购部
2	11/02/10	上海东林电子	李少杰	男	销售部
3	02/03/10	上海瑞杨贸易	王玉珠	女	采购部
4	03/14/14	上海毅华电脑	赵玉普	男	销售部
5	12/11/09	上海汛程科技	李晓	女	采购部
6	01/06/08	洛阳赛朗科技	何平安	男	销售部
7	03/22/07	上海佳杰电脑	陈胜平	男	采购部
8	11/08/10	嵩山旭科科技	释永信	男	行政部
9	05/09/11	天津宏鼎信息	李杰	男	销售部
10	01/23/14	北京天怡科技	崔娜	女	行政部

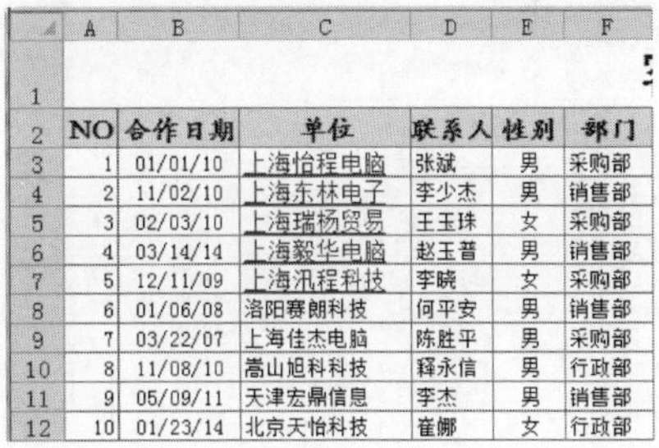

图 8-19

8.1.3 筛选指定等级或特定城市客户

关 键 点： 添加筛选按分析目标筛选目标数据

操作要点： “数据”→“排序和筛选”组→“筛选”功能按钮

应用场景： 完成对客户资料的填入后，还可以利用筛选功能实现筛选查看特定的客户，如查看特定等级的客户，查看指定城市的客户等

1. 筛选出指定等级的客户资料

❶选中包括列标识在内的数据区域，切换到"数据"选项卡，在"排序和筛选"组中单击"筛选"按钮，如图8-20所示，为表格添加自动筛选。

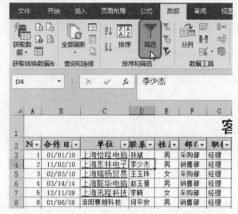

图 8-20

❷单击"客户等级"列标识右侧的下拉按钮，在展开的下拉菜单中取消选中"全选"前面的复选框，只选中需要查看的等级前面的复选框，如图8-21所示。

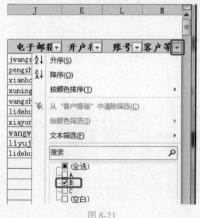

图 8-21

❸单击"确定"按钮即可实现查看指定等级的客户，如图8-22所示。

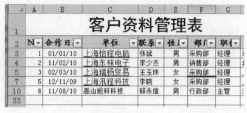

图 8-22

2. 筛选出特定城市的客户资料

❶单击"通信地址"列标识右侧的下拉按钮，在筛选框中输入"上海"，如图8-23所示。

❷单击"确定"按钮可以筛选出所有"通信地址"中包含"上海"文字的客户资料，如图8-24所示。

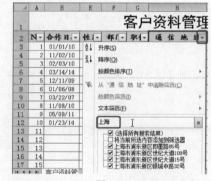

图 8-23

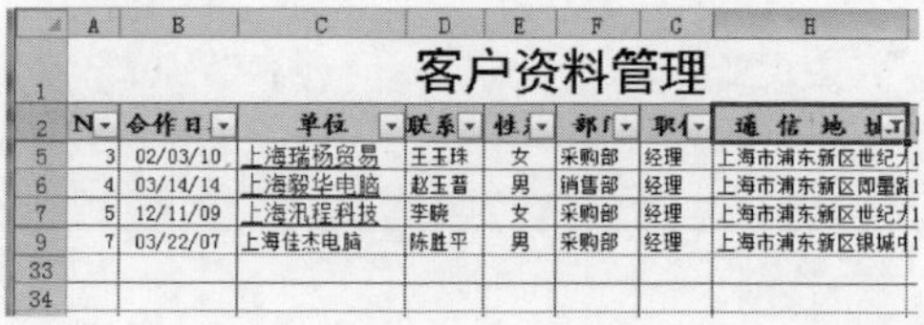

图 8-24

8.1.4 保护客户资料管理表

关 键 点：为重要的数据设置工作簿保护

操作要点："文件"→"信息"→"保护工作簿"

应用场景：为了保护客户资料表格，可以为表格设置保护密码，只有拥有正确的密码才能够打开表格

❶ 选择"文件"→"信息"命令，如图 8-25 所示。

图 8-25

❷ 在右侧面板中单击"保护工作簿"下拉按钮，在弹出的下拉菜单中选择"用密码进行加密"选项，如图 8-26 所示，打开"加密文档"对话框。

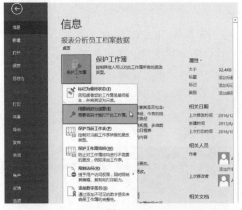

图 8-26

❸ 在"密码"文本框中输入密码，如图 8-27 所示。

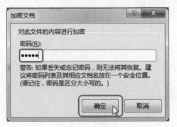

图 8-27

❹ 单击"确定"按钮，打开"确认密码"对话框，在"重新输入密码"文本框中输入密码，如图 8-28 所示。

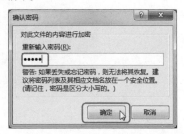

图 8-28

❺ 单击"确定"按钮，即可完成工作簿保加密护的操作，如图 8-29 所示。

图 8-29

❻ 当再次打开工作簿时，会弹出"密码"对话框。只有输入了正确的密码，单击"确定"按钮才能打开工作簿，如图 8-30 所示。

图 8-30

8.2 员工培训成绩统计分析

员工培训成绩统计是企业人力资源部门经常要进行的一项工作。那么在统计出数据表格后，少不了要对数据进行计算。

例如，在如图 8-31 所示的统计表中，要计算每位培训者的总成绩、平均成绩，同时还要对其合格情况进行综合性判断，利用 Excel 中提供的函数、统计分析工具等可以达到这些统计目的。

图 8-31

8.2.1 计算总成绩、平均成绩、合格情况、名次

关 键 点：计算总成绩、平均成绩，判断合格情况等

操作要点：SUM 函数、AVERAGE 函数、AND 函数、OR 函数、RANK 函数

应用场景：SUM 函数求和、AVERAGE 函数求平均值、IF 函数根据分数判断合
格情况

1. 计算总成绩

❶选中 K4 单元格，在编辑栏中首先输入
"=SUM()"，如图 8-32 所示。

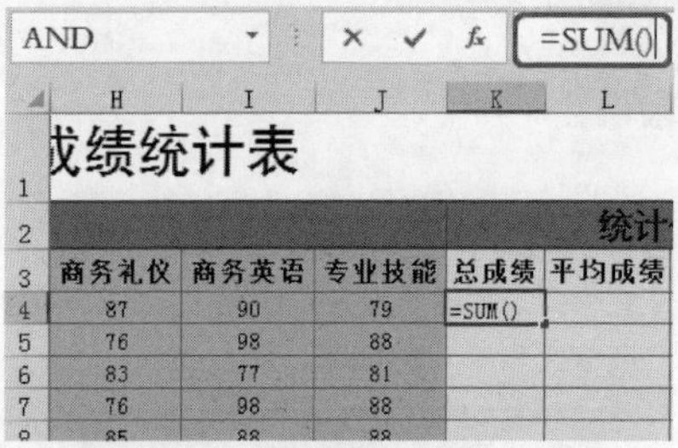

图 8-32

❷光标定位到括号中间，然后选中 D4:J4 单元
格区域，添加单元格引用范围，如图 8-33 所示。

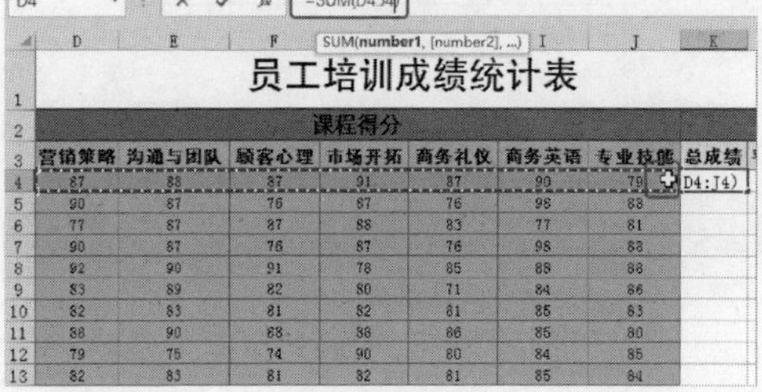

图 8-33

❸按 Enter 键，得出计算结果，如图 8-34 所示。

图 8-34

 专家提醒

选中单元格后，在"公式"选项卡的
"函数库"组中单击"自动求和"按钮，也
可在单元格中插入"=SUM()"，然后根据需
要选择参与运算的数据源即可。

2. 计算平均成绩

❶单击选中 L4 单元格，在编辑栏中首先输入
"=AVERAGE()"，光标定位到括号中间，然后选中
D4:J4 单元格区域，添加单元格引用范围，如图 8-35
所示。这个公式表示求 D4:J4 的平均值。

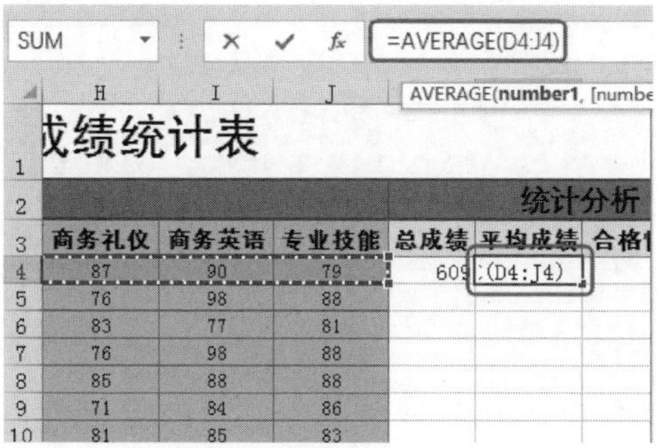

图 8-35

② 为了让平均值只保留两位小数，可以在外层使用 ROUND 函数。选中 L4 单元格，将光标定位到 "=" 号后，输入 "ROUND("，接着再将光标定位到 "（D4:J4）" 后面，再输入 "，2）"，如图 8-36 所示。

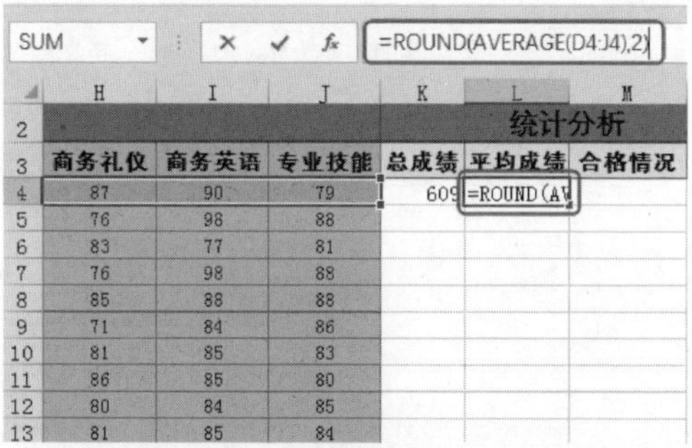

图 8-36

③ 按 Enter 键，得出计算结果，如图 8-37 所示。（因为当前的平均值正好为整数，如果有多位小数，则会自动保留两位小数）。

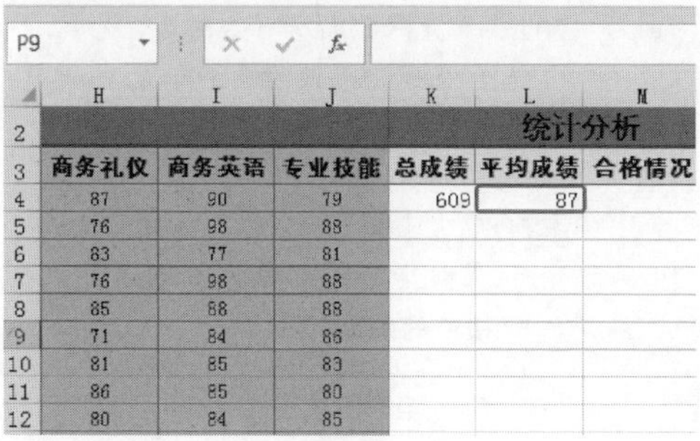

图 8-37

④ 选中 K4:L4 单元格区域，将鼠标指针放在 L4 单元格的右下角，光标会变成 "十" 字形状，如图 8-38 所示。

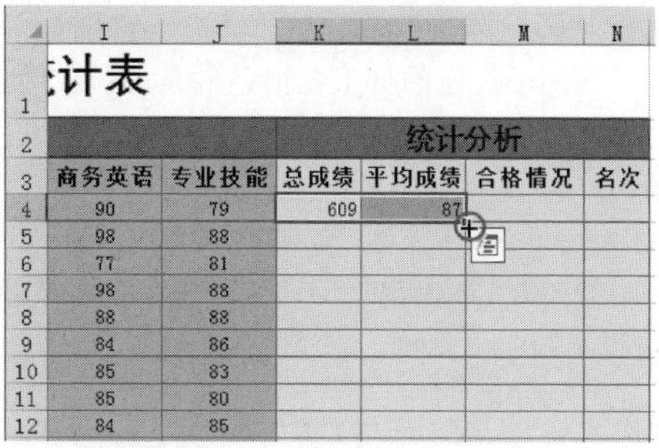

图 8-38

⑤ 按住鼠标左键不放，向下拖动填充公式，如图 8-39 所示，到达最后一条记录后释放鼠标，快速得出其他员工的总成绩和平均成绩的计算结果，效果如图 8-40 所示。

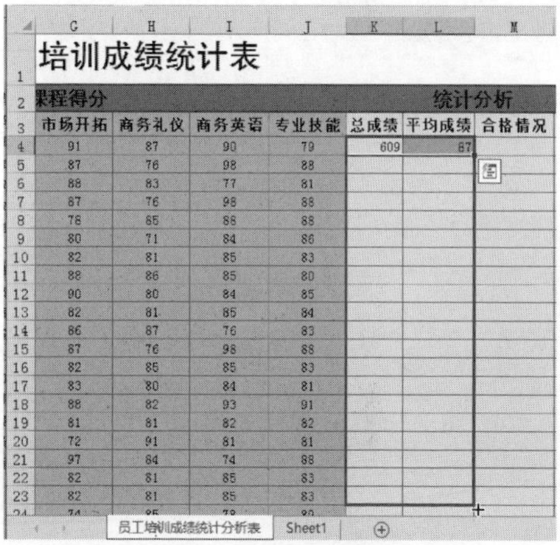

图 8-39

图 8-40

3. 判断合格情况

本例中设定的员工合格条件是单科成绩全部 >80，或者总成绩 >600，反之则需要二次培训。

❶ 选中 M4 单元格，在编辑栏中输入公式：
=IF(OR(AND(D4>80,E4>80,F4>80,G4>80,H4>80,I4>80,J4>80),K4>600)," 合格 "," 二次培训 ")

如图 8-41 所示。

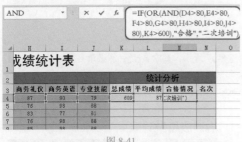

图 8-41

❷ 按 Enter 键，得到结果，如图 8-42 所示。

❸ 将鼠标指针放在 M4 单元格的右下角，光标会变成 "十" 字形状，利用公式填充功能向下复制公式，得出其他员工的合格情况，如图 8-43 所示。

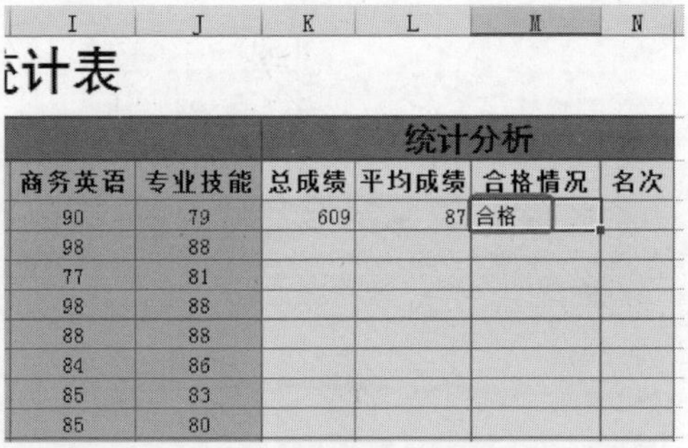

图 8-42

图 8-43

公式分析

=IF(OR(AND(D4>80,E4>80,F4>80,G4>80,H4>80,I4>80,J4>80),K4>600)," 合格 "," 二次培训 ")

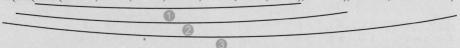

❶ "AND(D4>80,E4>80,F4>80,G4>80,H4>80,I4>80,J4>80)" 这一部分判断括号中给定的条件是否全部满足，全部满足时方能判定为 TRUE。因为 AND 函数是来判断所有条件是否为真。

❷ "OR(❶,K4>600)" 这一部分判断 ❶ 和 "K4>600" 是否有一个条件为真，如果有一个条件为真就返回 TRUE。因为 OR 函数就是起到判断所有条件是否者有一个满足条件，如果有一个条件为真就返回 TRUE。

❸ "IF(❷," 合格 "," 二次培训 ")"，这一部分用于条件判断，只要 ❷ 返回的是真，就返回 "合格" 文字，否则返回 "二次培训" 文字。IF 函数用于根据指定的条件来判断其 "真"（TRUE）、"假"（FALSE），根据逻辑计算的真假值，从而返回相应的内容。

4. 根据总成绩排出名次

计算出总成绩后，利用 RANK 函数可以对总成绩的高低进行排名，以直观显示出每位员工的名次。

❶ 选中 N4 单元格，在编辑栏中输入公式：
=RANK(K4,$K$4:$K$25)

如图 8-44 所示。

❷ 按 Enter 键，得到结果是判断 K4 单元格的值

在 $K$4:$K$25 单元格区域中所有值中所排的名次，如图 8-45 所示。

| SUM | ▾ | × | ✓ | f_x | =RANK(K4,$K$4:$K$25) |

	I	J	K	L	M	N
2				统计分析		
3	商务英语	专业技能	总成绩	平均成绩	合格情况	名次
4	90	79	609	87	合格	$25)
5	98	88	602	86	合格	
6	77	81	580	82.86	二次培训	
7	98	88	602	86	合格	
8	88	88	612	87.43	合格	
9	84	86	575	82.14	二次培训	
10	85	83	577	82.43	合格	
11	85	80	605	86.43	合格	
12	84	85	567	81	二次培训	
13	85	84	578	82.57	合格	
14	76	83	586	83.71	二次培训	
15	98	88	602	86	合格	

图 8-44

	J	K	L	M	N
2			统计分析		
3	专业技能	总成绩	平均成绩	合格情况	名次
4	79	609	87	合格	2
5	88	602	86	合格	
6	81	580	82.86	二次培训	
7	88	602	86	合格	
8	88	612	87.43	合格	
9	86	575	82.14	二次培训	
10	83	577	82.43	合格	
11	80	605	86.43	合格	
12	85	567	81	二次培训	

图 8-45

❸ 利用公式向下填充功能，得出其他员工的名次，如图 8-46 所示。

	H	I	J	K	L	M	N
3	商务礼仪	商务英语	专业技能	总成绩	平均成绩	合格情况	名次
4	87	90	79	609	87	合格	2
5	76	98	88	602	86	合格	5
6	83	77	81	580	82.86	二次培训	14
7	76	98	88	602	86	合格	5
8	85	88	88	612	87.43	合格	1
9	71	84	86	575	82.14	二次培训	19
10	81	85	83	577	82.43	合格	17
11	36	85	80	605	86.43	合格	3
12	80	84	85	567	86.43	二次培训	22
13	81	85	84	578	82.57	合格	16
14	36	76	83	586	83.71	二次培训	10
15	37	98	88	602	86	合格	5
16	85	85	83	581	83	合格	13
17	80	84	81	580	82.86	二次培训	14
18	81	90	81	603	86.14	合格	4
19	82	82	82	571	81.57	合格	21
20	81	83	83	577	81.86	二次培训	20
21	84	74	86	583	83.29	二次培训	12
22	79	85	83	577	83.57	合格	11
23	85	83	83	577	82.43	合格	17
24	76	85	87	586	83.86	二次培训	10
25	80	85	83	591	84.43	合格	8

图 8-46

🔍 **公式分析**

◆ RANK 函数：表示返回一列数字的数字排位。数字的排位是其相对于列表中其他值的大小（如果要对列表进行排序，则数字排位可作为其位置）。

RANK(number,ref,[order])

■ number：必需。要找到其排位的数字。

■ ref：必需。数字列表的数组，对数字列表的引用。ref 中的非数字值会被忽略。

◆ =RANK(K4,$K$4:$K$25)

要排位的数据为 K4 单元格数据，排位的数据列表 K4:K25 单元格区域，即判断 K4 单元格数据在 K4:K25 这个数值集中的排位。

8.2.2 特殊标记出成绩大于 90 分的员工

关 键 点： 应用条件格式将满足条件的单元格设置格式

操作要点： 1. "开始" → "格式"组→ "条件格式"功能按钮

2. "突出显示单元格规则" → "大于"

3. "新建规则"命令

应用场景： 想要突出显示有单科成绩大于 90 分的员工，要达到这种显示效果，可以利用"条件格式"功能来实现

1. 设置大于 90 的分数值显示特殊格式

通过"条件格式"功能的快捷设置法可以实现在分数值大于 90 时就显示特殊的格式。

❶选中 D4:J25 单元格区域，在"开始"选项

卡的"样式"组中单击"条件格式"下拉按钮，如图 8-47 所示。

❷ 在打开的下拉菜单中选择"突出显示单元格规则" → "大于"命令，如图 8-48 所示，打开"大于"对话框。

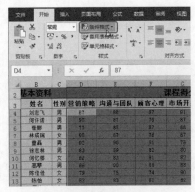

图 8-47

图 8-48

③ 在"为大于以下值的单元格设置格式"数值框中输入"90",如图 8-49 所示。

图 8-49

④ 单击"确定"按钮,返回到工作表中,即可看到大于的 90 的分单元格特殊显示,如图 8-50 所示。

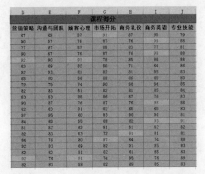

图 8-50

2. 当有一项分数值大于 90 分时,其姓名显示特殊格式

前面操作中介绍的方法只能对单元格的数据进行判断,满足条件的单元格会显示特殊的格式,而通过如下介绍的另一种方法可以实现对数值判断,然后让特殊格式显示在人员姓名上。

❶ 选中"姓名"列的单元格区域,在"开始"选项卡的"样式"组中单击"条件格式"按钮,打开下拉菜单,选择"新建规则"命令,如图 8-51 所示,打开"新建格式规则"对话框。

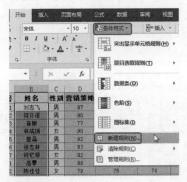

图 8-51

❷ 在"选择规则类型"栏下,选中"使用公式确定要设置格式的单元格"。然后在"为符合此公式的值设置格式"文本框中输入公式:

=OR(D4>90,E4>90,F4>90,G4>90,H4>90,I4>90,J4>90)

单击"格式"按钮,如图 8-52 所示,打开"设置单元格格式"对话框。

图 8-52

❸ 切换至"填充"选项卡,在"背景色"列表框中选择"黄色",如图 8-53 所示。

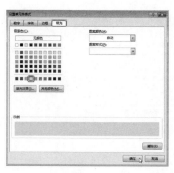

图 8-53

④ 单击"确定"按钮，返回"新建格式规则"对话框，如图 8-54 所示。

图 8-54

⑤ 单击"确定"按钮，返回工作表，成绩大于 90 分的员工填充了黄色背景特殊显示，如图 8-55 所示。

	B	C	D	E
3	姓名	性别	营销策略	沟通与团队
4	刘志飞	男	87	88
5	何许诺	男	90	87
6	崔娜	男	77	87
7	林成瑞	女	90	87
8	童磊	男	92	90
9	徐志林	男	83	89
10	何忆婷	女	82	83
11	高擎	男	88	90
12	陈佳佳	女	79	75
13	陈怡	女	82	83
14	周蓉	女	83	83
15	夏越	女	90	87
16	韩文信	男	82	83
17	葛丽	女	87	85
18	张小河	男	84	80
19	韩熹	女	81	82
20	刘江波	男	82	83
21	王磊	男	84	76
22	郝艳艳	女	82	83
23	陶莉莉	女	82	83

图 8-55

读书笔记

8.2.3 给优秀成绩插红旗

关 键 点：学习使用条件格式设置中的"图标集"规则

操作要点：1. "开始"→"格式"组→"条件格式"功能按钮

2. "图标集"→"三色旗"

应用场景：根据每位员工的总成绩，可以根据分值区间设置显示不同的图标。例如，为总成绩在 600 分以上的单元格内添加红色旗帜

① 选中 K4:K25 单元格，在"开始"选项卡的"样式"组中单击"条件格式"按钮，打开下拉菜单，选择"图标集"→"其他规则"命令，如图 8-56 所示，打开"新建格式规则"对话框。

② 在"编辑规则说明"栏中，单击"图标样式"下拉按钮，在下拉列表中选择"三色旗"选项，如图 8-57 所示。

③ 在"图标"组中，单击绿旗下拉按钮，在展开的图标列表中选择"红旗"选项，如图 8-58 所示。

④ 继续单击"类型"下拉按钮，在展开的列表中选择"数字"选项，在"值"数值框中输入"600"，如图 8-59 所示。

⑤ 在"图标"栏中，单击黄旗下拉按钮，在展开的图标列表中选择"无单元格图标"选项，如图 8-60 所示。

213

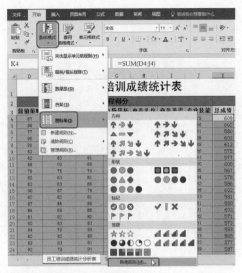

图 8-56

图 8-59

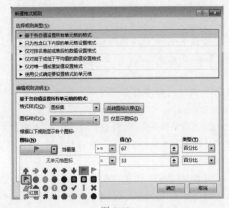

图 8-57

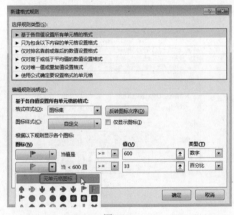

图 8-60

❻ 按照相同的方法，设置最后一个旗也为"无单元格图标"，如图 8-61 所示。

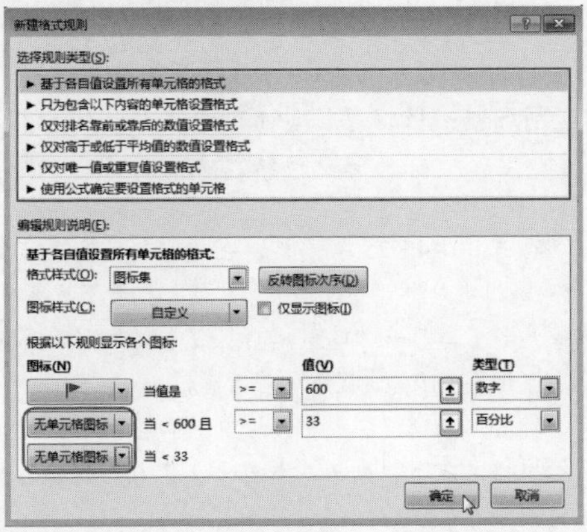

图 8-58

图 8-61

❼ 单击"确定"按钮，返回工作表中，即可看到选中的单元格区域中，总分大于600的插上了小红旗，如图8-62所示。

	F	G	H	I	J	K
1	员工培训成绩统计表					
2		课程得分				
3	顾客心理	市场开拓	商务礼仪	商务英语	专业技能	总成绩
4	87	91	87	90	79	▶ 609
5	76	87	76	98	88	▶ 602
6	87	88	83	77	81	580
7	76	87	76	98	88	▶ 602
8	91	78	85	88	88	▶ 612
9	82	80	71	84	86	575
10	81	82	81	85	83	577
11	88	88	86	85	80	▶ 605
12	74	90	80	84	85	567
13	81	82	81	85	84	578
14	88	86	87	76	83	586
15	76	87	76	98	88	▶ 602
16	81	82	85	85	83	581
17	80	83	80	84	81	580
18	85	88	82	93	91	▶ 603
19	82	81	81	85	82	571
20	83	72	91	81	81	573
21	80	97	84	74	88	583
22	89	82	81	85	83	585
23	81	82	81	86	83	577

图8-62

8.2.4 筛选查看培训合格情况

关键点： 了解高级筛选的应用

操作要点： "数据"→"排序和筛选"组→"高级筛选"功能按钮

应用场景： 根据员工的合格情况可以筛选出所有要参加"二次培训"的员工记录。除此之外，如果要筛选出某个部门需要参加"二次培训"的员工也可以使用"高级筛选"功能

1. 筛选出所有需要二次培训的员工

❶ 选中A3:O3单元格区域，切换到"数据"选项卡，在"排序和筛选"组中单击"筛选"按钮，如图8-63所示，为表格添加自动筛选。

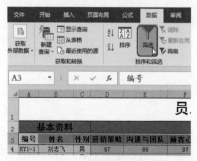

图8-63

❷ 单击"合格情况"列标识右侧的下拉按钮，

在展开的下拉菜单中取消选中"全选"复选框，只选中"二次培训"前面的复选框，如图8-64所示。

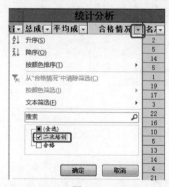

图8-64

❸ 单击"确定"按钮即可筛选出需要"二次培训"的员工，如图8-65所示。

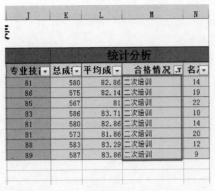

统计分析				
专业技	总成绩	平均成	合格情况	名次
81	580	82.86	二次培训	14
86	575	82.14	二次培训	19
85	567	81	二次培训	22
83	586	83.71	二次培训	10
81	580	82.86	二次培训	14
81	573	81.86	二次培训	20
88	583	83.29	二次培训	12
89	587	83.86	二次培训	9

图 8-65

2. 筛选出指定部门需要二次培训的员工

如果要将满足多个条件的记录筛选出来，可以使用"高级筛选"功能。本例要筛选出"销售部"中需要"二次培训"的员工记录，操作如下。

❶ 选中包括列标识在内的数据区域，切换到"数据"选项卡，在"排序和筛选"组中单击"高级"按钮，如图 8-66 所示，打开"高级筛选"对话框。

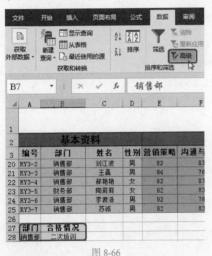

图 8-66

❷ 设置列表区域为 A3:O25，条件区域为 A27:B28，复制到区域为 A30 单元格，如图 8-67 所示。

❸ 单击"确定"按钮即可筛选指定部门需要二次培训的员工，如图 8-68 所示。

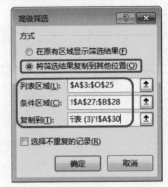

图 8-67

27	部门合格情况							
28	销售部	二次培训						
30	编号	部门	姓名	性别	总成绩	平均成绩	合格情况	名次
31	RY2-2	销售部	陈佳佳	女	567	81	二次培训	22
32	RY2-4	销售部	周蓓	女	586	83.71	二次培训	10
33	RY2-7	销售部	葛蕾	女	580	82.86	二次培训	14
34	RY3-2	销售部	刘江波	男	573	81.86	二次培训	20
35	RY3-3	销售部	王磊	男	583	83.29	二次培训	12
36	RY3-6	销售部	李君洁	男	587	83.86	二次培训	9

图 8-68

读书笔记

8.2.5 LOOKUP 筛选查看任意培训者成绩

关 键 点： 使用 LOOKUP 函数查询
操作要点： 先对"姓名"列执行排序，使用 LOOKUP 函数建立公式
应用场景： 如果参于培训的员工过多，要想查看任意员工的成绩，可以建立一个查询表，只要输入员工的姓名就可以查询到该员工的各项成绩

❶ 选中“姓名”列的任意单元格，在“数据”选项卡的“排序和筛选”组中单击“升序”按钮，如图 8-69 所示。

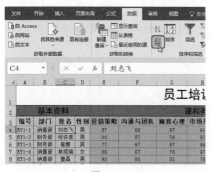

图 8-69

❷ 执行升序操作后，“姓名”按升序排列的结果如图 8-70 所示。

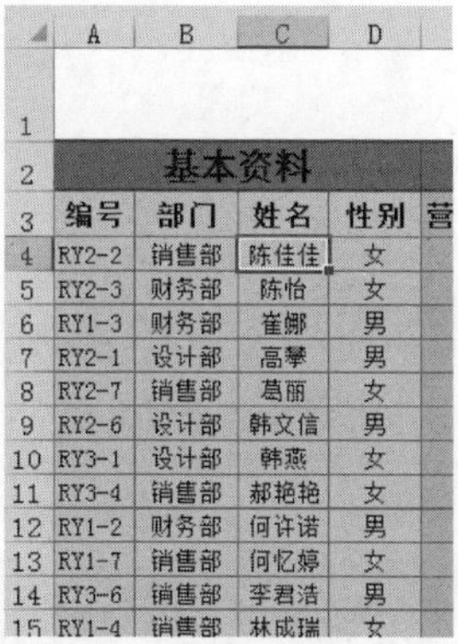

图 8-70

❸ 复制表格的列标识，并粘贴到 D27 单元格中（也可以粘贴到其他空白位置或新的工作表中），并在 D28 单元格中输入任意一位员工的姓名，如图 8-71 所示。

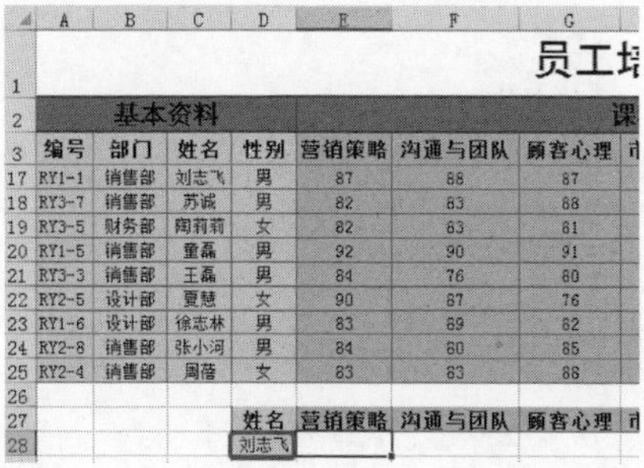

图 8-71

❹ 选中 E28 单元格在编辑栏中输入公式：

=LOOKUP($D$28,$C$3:$C$25,E3:E25)

如图 8-72 所示。

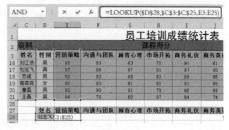

图 8-72

专家提醒

LOOKUP 函数具有两种语法形式：向量形式和数组形式。向量是只含一行或一列的区域。在单行区域或单列区域（称为“向量”）中查找值，然后返回第二个单行区域或单列区域中相同位置的值。本例使用的是向量型语法。

LOOKUP 的数组形式在数组的第一行或第一列中查找指定的值，并返回数组最后一行或最后一列内同一位置的值。

❺ 按 Enter 键，即可查看“刘志飞”的第一项成绩，如图 8-73 所示。

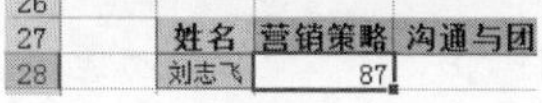

图 8-73

❻ 选中 D28 单元格，将光标定位到 D28 单元格右下角，当其变为黑色“十”字形时，按住鼠标左健向右拖动，到达目标位置后，释放鼠标即可返回“刘志飞”的全部成绩，如图 8-74 所示。

❼ 要查看其他员工的成绩时，只需要在 D28 单元格中输入员工的姓名，并按 Enter 键，即可查看该员工的全部成绩，如图 8-75 所示。

图 8-74

图 8-75

公式分析

◆ LOOKUP 函数：LOOKUP(lookup_value,lookup_vector,[result_vector])

可从单行或单列区域或者从一个数组返回值。本节中使用的是向量形式的 LOOKUP 函数。

■ lookup_value：必需。LOOKUP 在第一个向量中搜索的值。lookup_value 可以是文本、数字、逻辑值、名称或对值的引用。

■ lookup_vector：必需。只包含一行或一列的区域。lookup_vector 中的值可以是文本、数字或逻辑值。

■ result_vector：可选。只包含一行或一列的区域。result_vector 参数必须与 lookup_vector 参数大小相同。其大小必须相同。

◆ =LOOKUP($D$28,$C$3:$C$25,E3:E25)

即在 C$3:$C$25 列中查询 $D$28 值，找到后返回对应在 E3:E25 上的值。

此公式中"$D$28""C$3:$C$25"使用的是绝对引用方式，因为无论公式怎么复制，查找对象与用于查找的区域是始终不发生变化。可变区域只有"E3:E25"，因为这个区域是用于返回值的区域，这个区域是要发生变化的。随着公式向右复制，"F3:F25"会依次更改为"G3:G25""H3:H25"……，即依次返回 F 列、G 列……上的值，即每位培训者的各个项目的成绩。

8.3 ▶ 自动化到期提醒设计

自动化到期提醒设计，常常出现在值班人员安排表、试用期记录、合同到期提醒等表格设计中，根据记录的日期，以及系统当前的日期，当日期满足条件时就能特殊显示，以达到提醒的目的。

8.3.1 值班人员提醒表

关 键 点：在"数据验证"功能中应用"公式"设置验证条件
操作要点："数据"→"数据工具"组→"数据验证"功能按钮
应用场景：制作好值班人员安排表后，为了能够及时提醒，可通过设置使表中第二天需要值班的记录特殊显示，便于人力资源部门及时通知值班人员

1. 建立值班安排表

本例中建立的值班安排表需要注意两个要点，值班日期不能重复；二是工作日值班与周六日值班的时间不同。基于以上两个要点，可以使用数据有效性功能与公式来辅助完成该表格的建立。

❶ 新建工作表，重命名为"值班提醒表"，并输入表格的基本数据，如图 8-76 所示。

图 8-76

❷选中"值班日期"列的单元格区域,在"数据"选项卡的"数据工具"组中单击"数据验证"按钮,如图8-77所示,打开"数据验证"对话框。

图 8-77

❸在"允许"下拉列表中选择"自定义",在"公式"编辑栏中输入公式"=COUNTIF(B:B,B3)=1",如图8-78所示。

图 8-78

❹单击"出错警告"标签,设置"样式"为"信息",并设置提示信息的标题与错误信息,如图8-79所示。

图 8-79

COUNTIF 函数用于计算区域中满足指定条件的单元格个数。即依次判断所输入的数据在 B 列中出现的次数是否等于 1,如果等于 1 允许输入,否则不允许输入。

❺设置完成后,单击"确定"按钮,返回工作表中,当输入与前面有任何重复的日期时都会弹出错误提示,如图8-80所示。

图 8-80

❻选中 C3 单元格,在编辑栏中输入:

=IF(MOD(B3,7)<2,"9:00~17:00","23:00~7:00")

按 Enter 键,即可计算第一位员工的值班时间,如图8-81所示。

图 8-81

公式分析

◆ MOD 函数：MOD(number,divisor)

表示返回两数相除的余数。结果的符号与除数相同。

◆ =IF(MOD(B3,7)<2,"9:00~17:00","23:00~ 7:00")

用 MOD 函数求 B3 单元格日期的星期数与 7 相除的余数，当余数小于 2 时，则表明该记录为周六日值班，输出值为 "9:00 ～ 17:00"；反之则是工作日值班，输出值为 "23:00 ～ 7:00"。

❼ 选中 C3 单元格，向下填充公式，则根据值班日期批量返回其他员工的值班时间，如图 8-82 所示。

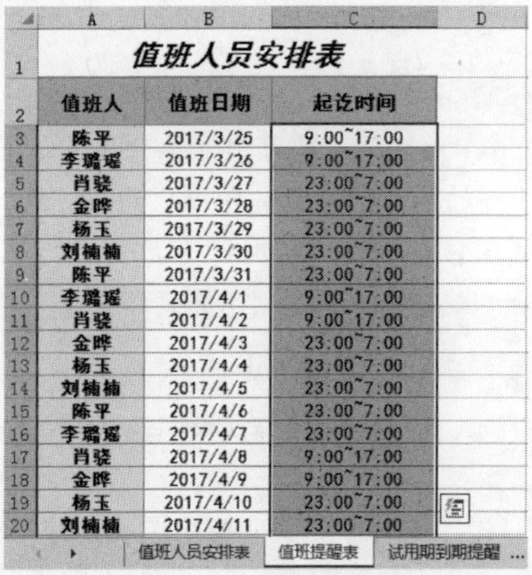

值班人员安排表

值班人	值班日期	起讫时间
陈平	2017/3/25	9:00~17:00
李璐瑶	2017/3/26	9:00~17:00
肖骁	2017/3/27	23:00~7:00
金晔	2017/3/28	23:00~7:00
杨玉	2017/3/29	23:00~7:00
刘楠楠	2017/3/30	23:00~7:00
陈平	2017/3/31	23:00~7:00
李璐瑶	2017/4/1	9:00~17:00
肖骁	2017/4/2	9:00~17:00
金晔	2017/4/3	23:00~7:00
杨玉	2017/4/4	23:00~7:00
刘楠楠	2017/4/5	23:00~7:00
陈平	2017/4/6	23:00~7:00
李璐瑶	2017/4/7	23:00~7:00
肖骁	2017/4/8	9:00~17:00
金晔	2017/4/9	9:00~17:00
杨玉	2017/4/10	23:00~7:00
刘楠楠	2017/4/11	23:00~7:00

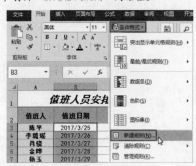

图 8-82

2. 设置单元格格式实现自动提醒

本例中需要根据每位员工的值班日期，使用“条件格式”新建规则，将日期在系统日期后一天的单元格数据以特殊格式进行标记。

❶ 选中“值班日期”列的单元格区域，在“开始”选项卡的“样式”组中单击“条件格式”按钮，打开下拉菜单，选择“新建规则”命令，如图 8-83 所示，打开“新建格式规则”对话框。

图 8-83

❷ 在列表框中选择“使用公式确定要设置格式的单元格”规则，并设置公式为“=B3=TODAY()+1”，如图 8-84 所示。

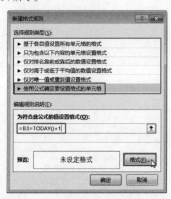

图 8-84

❸ 单击“格式”按钮，打开“设置单元格格式”对话框。在“字体”标签下设置满足条件时显示的特殊格式，如图 8-85 所示。

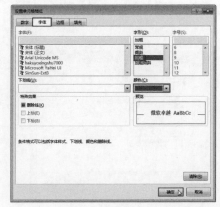

图 8-85

❹ 依次单击“确定”按钮，返回到工作表中，即可看到当前日期的后一日会显示特殊格式，以达到提醒的目的，如图 8-86 所示。

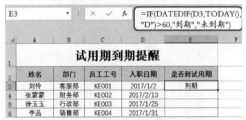

图 8-86

专家提醒

TODAY 函数用于返回系统当前的日期，将 B3 单元格中的值班日期和系统日期相比较，如果相同的话，则将值班日期加上 1 天，得到的日期对应在单元格中显示特殊格式。

8.3.2 试用期到期提醒设计

关 键 点： 根据员工试用期设置到期提醒
操作要点： DATEDIF 函数、IF 函数
应用场景： 根据系统当前的日期和员工入职日期，计算每位员工的试用期到期日期

企业招聘新员工时，规定了两个月的试用期，试用期结束后方能决定是否让员工转正。因此人力资源部门可以创建一个试用期到期提醒，对试用期员工进行考核决定转正或是对试用期不合格者予以辞退。

❶ 当前的"试用期到期提醒"工作表已记录了姓名、部门、员工工号、入职日期等基本数据。

❷ 选中 E3 单元格，在编辑栏中输入公式：

=IF(DATEDIF(D3,TODAY(),"D")>60," 到期 "," 未到期 ")

按 Enter 键，即可判断第一位员工试用期是否到期，如图 8-87 所示。

图 8-87

公式分析

◆ DATEDIF 函数：DATEDIF(start_date,end_date,unit)

用于计算两个日期之间的年数、月数和天数。

■ start_date：用于表示时间段的第一个（即起始）日期的日期。

■ end_date：用于表示时间段的最后一个（即结束）日期的日期。

■ unit：为所需信息的返回时间单位代码。代码 Y 表示返回两个日期之间的年数。代码 M 表示返回两个日期之间的月数。代码 D 表示返回两个日期之间的天数。代码是 YM 表示忽略两个日期的年数和天数，返回之间的月数。代码是 YD 表示忽略两个日期的年数，返回之间的天数。代码是 MD 表示忽略两个日期的月数和天数，返回之间的年数。

◆ =IF(DATEDIF(D3,TODAY(),"D")>60," 到期 "," 未到期 ")

计算 D3 单元格日期与当前日期的差值，因为参数为"D"，因此差值取天数，当二者的差值天数大于 60 天时，返回"到期"文字，否则返回"未到期"文字。

❸ 选中 E3 单元格，向下填充公式，批量判断其他员工的试用期是否到期，如图 8-88 所示。

	A	B	C	D	E
1	试用期到期提醒				
2	姓名	部门	员工工号	入职日期	是否到试用期
3	刘伶	客服部	KE001	2017/1/2	到期
4	张蒙蒙	财务部	KE002	2017/2/13	未到期
5	徐玉玉	行政部	KE003	2017/1/25	到期
6	李晶	销售部	KE004	2017/1/31	未到期
7	钟玉兰	人事部	KE005	2017/2/9	未到期
8	郝丽丽	行政部	KE006	2017/2/13	未到期
9	王志飞	客服部	KE007	2017/1/19	到期
10	黄斌	人事部	KE008	2017/1/22	到期
11	鲍鹏飞	销售部	KE009	2017/2/16	未到期
12	崔梦阳	客服部	KE010	2017/2/27	未到期
13	李旸	研发部	KE011	2017/1/15	到期
14	张翠红	销售部	KE012	2017/3/17	未到期
15	刘雨欣	销售部	KE013	2017/3/19	未到期
16	程佳佳	销售部	KE014	2017/3/24	未到期

图 8-88

❹ 选中 E3:E16 单元格区域，在"开始"选项卡的"样式"选项组中单击"条件格式"按钮，打开下拉菜单，选择"突出显示单元格规则"→"等于"命令，如图 8-89 所示，打开"等于"对话框。

图 8-89

8.3.3 合同到期提醒

关 键 点：根据当前日期和合同到期日期计算到期日
操作要点：TODAY 函数、IF 函数
应用场景：员工正式加入企业后，都会签订劳动合同，通常为期是 1 年，1 年之后根据需要续签劳动合同，人力资源部门可以创建合同到期提醒，在合同快到期的时间段里准备新的合同

❶ 当前的"合同到期提醒"表格中已经记录了员工姓名、合同签订日、合同到期日等基本数据，如图 8-92 所示。

❷ 选中 F3 单元格，在编辑栏输入公式：
=IF((E3-TODAY())<=0," 到期 ",E3-TODAY())

❺ 在"为等于以下值的单元格设置格式"文本框中输入"到期"，如图 8-90 所示。

图 8-90

❻ 单击"确定"按钮，返回工作表中，即可看到所有值等于"到期"的单元格都以特殊格式显示，如图 8-91 所示。

	A	B	C	D	E
1	试用期到期提醒				
2	姓名	部门	员工工号	入职日期	是否到试用期
3	刘伶	客服部	KE001	2017/1/2	到期
4	张蒙蒙	财务部	KE002	2017/2/13	未到期
5	徐玉玉	行政部	KE003	2017/1/25	到期
6	李晶	销售部	KE004	2017/1/31	未到期
7	钟玉兰	人事部	KE005	2017/2/9	未到期
8	郝丽丽	行政部	KE006	2017/2/13	未到期
9	王志飞	客服部	KE007	2017/1/19	到期
10	黄斌	人事部	KE008	2017/1/22	到期
11	鲍鹏飞	销售部	KE009	2017/2/16	未到期
12	崔梦阳	客服部	KE010	2017/2/27	未到期
13	李旸	研发部	KE011	2017/1/15	到期
14	张翠红	销售部	KE012	2017/3/17	未到期
15	刘雨欣	销售部	KE013	2017/3/19	未到期
16	程佳佳	销售部	KE014	2017/3/24	未到期

图 8-91

按 Enter 键，即可判断第 1 位员工合同是否到期，如图 8-93 所示。

❸ 选中 F3 单元格，将光标定位到 F3 单元格右下角，向下拖动鼠标填充公式，即可得到所有员工合同到期情况，如图 8-94 所示。其中，到期的显示

"到期"文字，若未到期显示剩余天数。

	A	B	C	D	E	F
1	合同到期提醒					
2	员工工号	姓名	所属部门	签订合同日期	合同到期日期	合同到期提醒
3	NL001	吴佳娜	人事部	2016/6/1	2018/6/1	
4	NL002	项筱筱	行政部	2016/3/15	2018/3/15	
5	NL003	刘琰	人事部	2016/6/16	2018/6/16	
6	NL004	蔡晓燕	行政部	2016/2/10	2018/2/10	
7	NL005	吴春华	行政部	2016/6/13	2018/6/13	
8	NL006	柳蕙	行政部	2016/11/1	2018/11/1	
9	NL007	简佳丽	行政部	2016/6/8	2018/6/8	
10	NL008	李敏	行政部	2016/1/3	2018/1/3	
11	NL009	彭宇	人事部	2016/4/15	2018/4/15	
12	NL010	刘源	财务部	2016/11/1	2018/11/1	
13	NL011	陶菲	财务部	2016/2/11	2018/2/11	
14	NL012	汪涛	行政部	2016/4/1	2018/4/1	
15	NL013	宋佳佳	行政部	2016/1/4	2018/1/4	
16	NL014	卢明宇	研发部	2016/1/24	2018/1/24	
17	NL015	周松海	研发部	2016/2/12	2018/2/12	

合同到期提醒

图 8-92

F3 =IF((E3-TODAY())<=0,"到期",E3-TODAY())

	B	C	D	E	F
1	合同到期提醒				
2	姓名	所属部门	签订合同日期	合同到期日期	合同到期提醒
3	吴佳娜	人事部	2016/6/1	2018/6/1	70
4	项筱筱	行政部	2016/3/15	2018/3/15	
5	刘琰	人事部	2016/6/16	2018/6/16	
6	蔡晓燕	行政部	2016/2/10	2018/2/10	
7	吴春华	行政部	2016/6/13	2018/6/13	
8	柳蕙	行政部	2016/11/1	2018/11/1	
9	简佳丽	行政部	2016/6/8	2018/6/8	
10	李敏	行政部	2016/1/3	2018/1/3	
11	彭宇	人事部	2016/4/15	2018/4/15	
12	刘源	财务部	2016/11/1	2018/11/1	
13	陶菲	财务部	2016/2/11	2018/2/11	

图 8-93

	B	C	D	E	F
1	合同到期提醒				
2	姓名	所属部门	签订合同日期	合同到期日期	合同到期提醒
3	吴佳娜	人事部	2016/6/1	2018/6/1	70
4	项筱筱	行政部	2016/3/15	2018/3/15	到期
5	刘琰	人事部	2016/6/16	2018/6/16	85
6	蔡晓燕	行政部	2016/2/10	2018/2/10	到期
7	吴春华	行政部	2016/6/13	2018/6/13	82
8	柳蕙	行政部	2016/11/1	2018/11/1	223
9	简佳丽	行政部	2016/6/8	2018/6/8	77
10	李敏	行政部	2016/1/3	2018/1/3	到期
11	彭宇	人事部	2016/4/15	2018/4/15	23
12	刘源	财务部	2016/11/1	2018/11/1	223
13	陶菲	财务部	2016/2/11	2018/2/11	到期
14	汪涛	行政部	2016/4/1	2018/4/1	9
15	宋佳佳	行政部	2016/1/4	2018/1/4	到期
16	卢明宇	研发部	2016/1/24	2018/1/24	到期
17	周松海	研发部	2016/2/12	2018/2/12	到期
18	姜维	研发部	2016/1/21	2018/1/21	到期

图 8-94

读书笔记

公式分析

=IF((E3-TODAY())<=0," 到期 ",E3-TODAY())

表示如果 E3 单元格的日期减去今天日期小于等于 0，则显示"到期"，否者显示出 E3 单元格日期减去今天日期得到的天数。

读书笔记

第9章

企业日常费用报销与费用支出管理

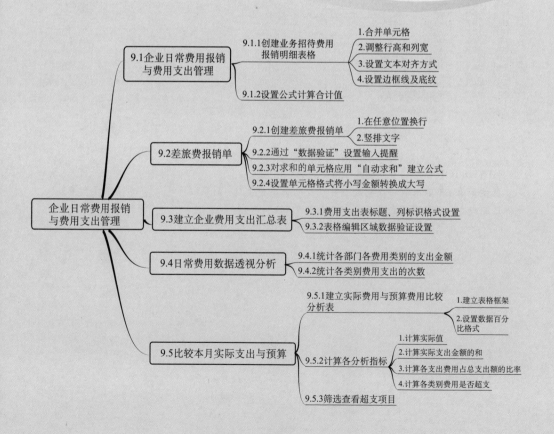

企业日常费用报销与费用支出管理

- 9.1企业日常费用报销与费用支出管理
  - 9.1.1创建业务招待费用报销明细表格
    - 1.合并单元格
    - 2.调整行高和列宽
    - 3.设置文本对齐方式
    - 4.设置边框线及底纹
  - 9.1.2设置公式计算合计值
- 9.2差旅费报销单
  - 9.2.1创建差旅费报销单
    - 1.在任意位置换行
    - 2.竖排文字
  - 9.2.2通过"数据验证"设置输入提醒
  - 9.2.3对求和的单元格应用"自动求和"建立公式
  - 9.2.4设置单元格格式将小写金额转换成大写
- 9.3建立企业费用支出汇总表
  - 9.3.1费用支出表标题、列标识格式设置
  - 9.3.2表格编辑区域数据验证设置
- 9.4日常费用数据透视分析
  - 9.4.1统计各部门各费用类别的支出金额
  - 9.4.2统计各类别费用支出的次数
- 9.5比较本月实际支出与预算
  - 9.5.1建立实际费用与预算费用比较分析表
    - 1.建立表格框架
    - 2.设置数据百分比格式
  - 9.5.2计算各分析指标
    - 1.计算实际值
    - 2.计算实际支出金额的和
    - 3.计算各支出费用占总支出额的比率
    - 4.计算各类别费用是否超支
  - 9.5.3筛选查看超支项目

9.1 企业日常费用报销与费用支出管理

所谓日常费用是指企业在日常运作过程中产生的相关费用，如购买办公用品、差旅费、餐饮费、福利采买等，这些费用具有费用金额小、易发性等特点。而业务招待费用报销明细表可以用于记录员工由于工作业务而产生的款项。为了使费用清晰明了，可以在 Excel 中制作业务招待费用报销明细表。

利用 Excel 软件可以很好地对日常支出的各种费用进行记录管理，并进行相关的分析操作。

9.1.1 创建业务招待费用报销明细表格

关 键 点：行高列宽的调整、表格边框底纹设置、表格文本对齐方式设置
操作要点：1."开始"→"对齐方式"组→"合并后居中"功能按钮
2. 拖动直观调整行高和列宽
3."开始"→"字体"组→"填充颜色"功能按钮
4."设置单元格格式"对话框
应用场景：拟订好业务招待费用报销明细表的元素后，可以通过行高列宽的调整、边框底纹等设置格式化表格

1. 合并单元格

❶ 新建工作表，将其重命名为"业务招待费用报销明细表"，在表格中建立相应列标识，并输入表格数据，效果如图 9-1 所示。

图 9-1

❷ 选中标题单元格区域，在"开始"选项卡的"对齐方式"组中单击"合并后居中"按钮，如图 9-2 所示，即可将标题行居中合并。

图 9-2

❸ 根据需要填写明细表中的相关文字即可。

2. 调整行高和列宽

表格的行高和列宽都是默认值，当默认的行高和列宽不满足当前表格的需求时，可以按照手动调整的方法实现快速直观调整。

❶ 将光标定位于第一行下方边缘线上，如图 9-3 所示可以看到双向对拉的指针样式，并显示默认的行高为 14.25，按住鼠标左键不放向下拖曳到合适位置，如图 9-4 所示。

❷ 释放鼠标即可调整行高到拖曳的位置。

图 9-3

图 9-4

知识扩展

要调整列宽时（默认列宽为 8.38），将鼠标指针指向列边线上，当看到双向对拉的指针样式时，按住鼠标左键不放向右拖动，如图 9-5 所示，即可调整列宽到拖曳的位置，如图 9-6 所示。

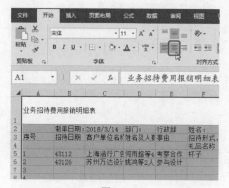

图 9-5

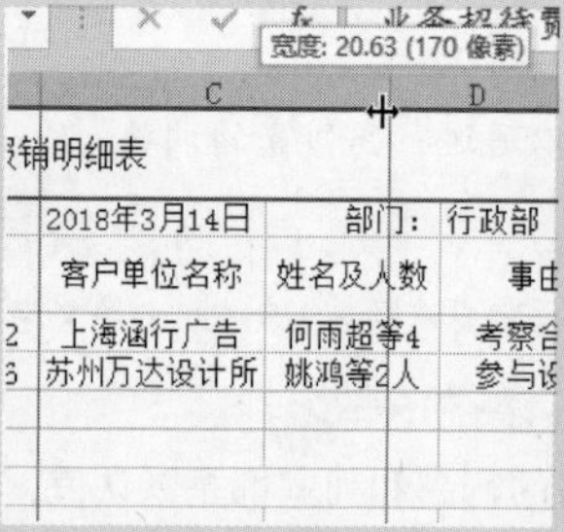

图 9-6

3. 设置文本对齐方式

❶ 选中要对齐文本的单元格区域，在"开始"选项卡的"对齐方式"组中单击"居中"按钮，如图 9-7 所示。

图 9-7

❷ 此时即可看到所有单元格区域中的文本显示为居中对齐，效果如图 9-8 所示。

图 9-8

❸ 最后依次为表格标题和正文文本设置字体格式和大小，效果如图 9-9 所示。

图 9-9

4. 设置边框线及底纹

表格编辑后如果想打印使用，需要为其添加边框。另外通过为特定区域添加底纹，可以达到特殊标注的作用。

❶ 选中需要设置边框的单元格区域，在"开始"选项卡的"字体"组中单击田按钮的下拉按钮，在下拉菜单中选择"其他边框"命令，如图 9-10 所示，打开"设置单元格格式"对话框。

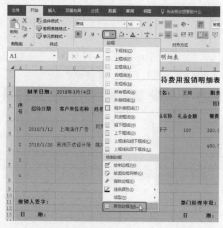

图 9-10

❷ 单击“颜色”设置框下拉按钮，在下拉菜单中选择线条颜色，在“样式”列表框中选择要应用于外边框的线条样式，然后在“预置”区域单击“外部框”，如图 9-11 所示；按相同的方法在“样式”列表框中单击要应用于内边框的线条样式，然后在“预置”区域单击“内部”，如图 9-12 所示。

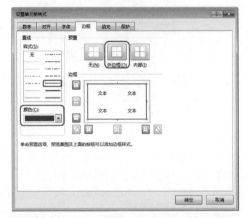

图 9-11

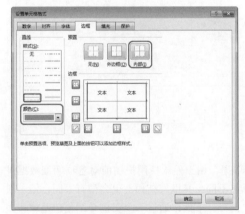

图 9-12

❸ 单击“确定”按钮，返回工作表中，即可看到为选定单元格区域设置了边框，如图 9-13 所示。

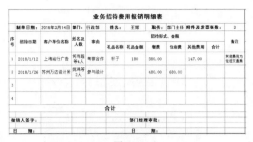

业务招待费用报销明细表											
	制单日期：	2018年3月14日	部门：	行政部	姓名：	王辉	职务：	部门主任	附件及发票张数：		3
序号	招待日期	客户单位名称	姓名及人数	事由	招待形式、金额						备注
					礼品名称	礼品金额	餐费	住宿费	其他费用	合计	
1	2018/1/12	上海涵行广告	何雨超等4人	考察合作	杯子	180	380.00		147.00		其他费用为往返交通费
2	2018/1/26	苏州万达设计所	姚鸿等2人	参与设计			480.00	680.00			
3											
4											
合计											
报销人签字：					部门经理审批：						
日　期：					日　期：						

图 9-13

❹ 选中要设置填充颜色的单元格区域，如 B3:L4 单元格区域后，在“开始”选项卡的“字体”组中单击“填充颜色”下拉按钮，打开下拉菜单，选择“浅蓝”命令，即可应用填充颜色，效果如图 9-14 所示。

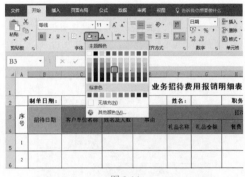

图 9-14

❺ 再按相同的方法设置相应区域为灰色填充效果，如图 9-15 所示。

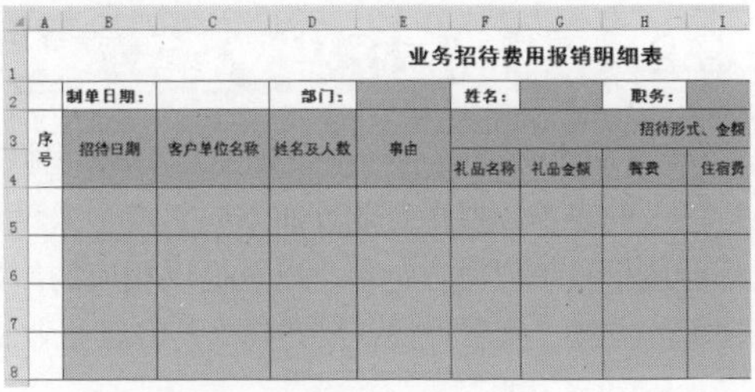

图 9-15

9.1.2 设置公式计算合计值

关 键 点： 根据各项业务费用计算合计费用

操作要点： TODAY 函数、SUM 函数

应用场景： 创建好业务招待费用报销明细表格后，可以在 Excel 中设置公式实现报销金额自动填写

❶选中 C2 单元格，在编辑栏中输入公式 "=TODAY()"，按 Enter 键，即可返回制单日期，如图 9-16 所示。

图 9-16

❷选中 K5 单元格，在编辑栏中输入公式 "=SUM(G5:J5)"，按 Enter 键，即可返回合计金额（由于没有填写报销人员的信息，所以返回值为空白），向下复制公式到 K8 单元格，效果如图 9-17 所示。

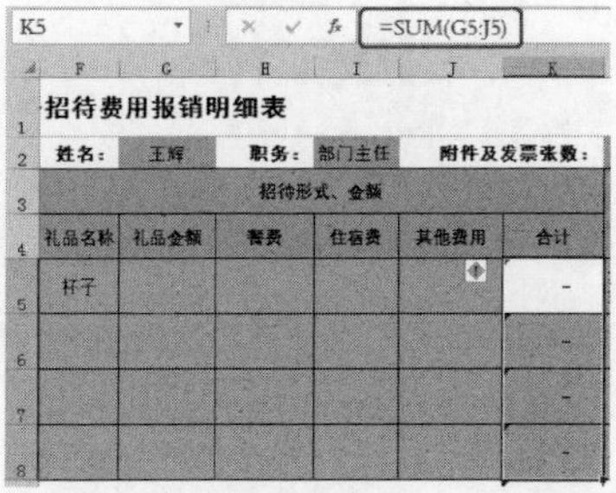

图 9-17

❸选中 K9 单元格，在编辑栏中输入公式 "=SUM(K5:K8)"，按 Enter 键，得出结果如图 9-18 所示。

图 9-18

❹公式设置完成后，报销人员只对灰色部分进行填写，其余部分不改动，效果如图 9-19 所示。

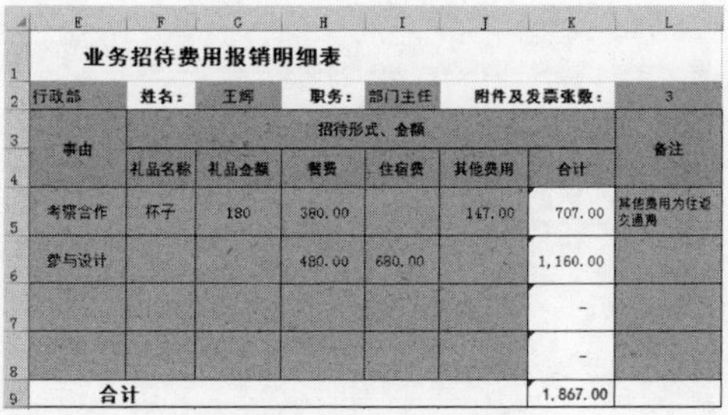

图 9-19

9.2 ▶ 差旅费报销单

"差旅费用报销单"是企业中常用的一种财务单据，用于差旅费用报销前对各项明细数据进行记录的表单。根据企业性质不同，或个人设计思路不同，其框架结构上也会稍有不同，但一般都会包括报销项目、金额，以及提供相应的原始单据等。下面以通过一个实例介绍创建差旅费报销单的方法，读者可举一反三建立与自己企业相匹配的差旅费报销单。

9.2.1 创建差旅费报销单

关 键 点：1. 在任意位置换行
　　　　　2. 竖排文字效果

操作要点：1. Alt+Enter 快捷键强制换行
　　　　　2. "开始"→"对齐方式"组→"方向"功能按钮

应用场景：将基本数据输入到单元格后，需要进行一系列设置与调整才能构建好表格的框架。例
　　　　　如，输入一些过长数据时可以在任意位置自动换行，有些单元格的数据需要竖排显示等

1. 在任意位置换行

在单元格中输入文本时，如果想换行，像编辑 Word 文档一样按 Enter 键是实现不了的。如果编辑的文本较多一些，可以利用 Alt+Enter 快捷键自由地在任意位置处换行。

❶ 选中 A1:I1 单元格区域，在"开始"选项卡的"对齐方式"组中单击"合并后居中"按钮，然后单击"顶端对齐"和"左对齐"按钮，如图 9-20 所示。

图 9-20

❷ 在 A1 单元格中双击鼠标定位光标，输入"填写说明："文字，如图 9-21 所示。到需要换行时按 Alt+Enter 快捷键，即可实现换行，如图 9-22 所示。

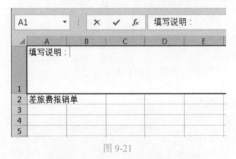

图 9-21

图 9-22

❸ 输入第二行文字"1. 本表自 2017 年 1 月 1 日起实行。"，如图 9-23 所示。

❹ 要换行时再次按 Alt+Enter 快捷键换行，输入其他行文字，直到完成所有文字输入，如图 9-24 所示。

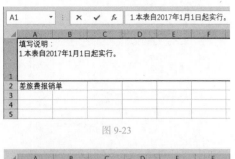

图 9-23

图 9-24

❺ 接着按照拟订好的项目，输入到表格中（内容的拟订可以根据自己的需要在草稿上先规划后，然后再录入表格），然后对需要合并的单元格区域进行合并，基本框架如图 9-25 所示。

图 9-25

2. 竖排文字

在单元格中输入文字默认是横向显示，当该单元格行较高、列较窄，文字适合竖向输入时，可以利用"文字方向"功能，更改横排文字为竖排文字。

❶ 选中 J4:J16 单元格区域，在"开始"选项卡的"对齐方式"组中单击"合并后居中"按钮，如图 9-26 所示。

图 9-26

❷选中 J4 单元格，在编辑栏中输入"附单据张"，如图 9-27 所示。

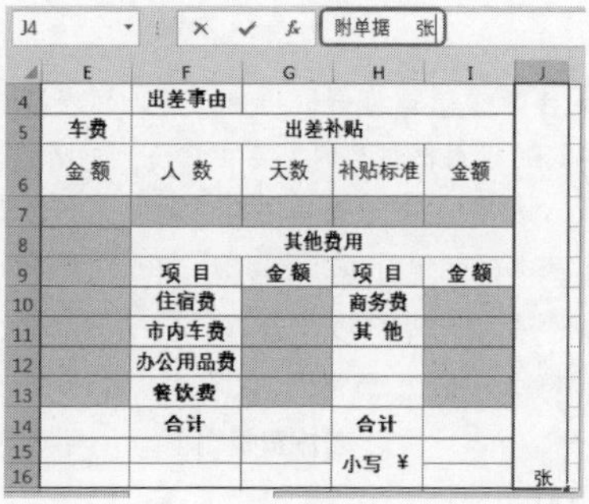

图 9-27

❸按 Enter 键，完成文本的输入。选中 J4 单元格，在"开始"选项卡的"对齐方式"组中单击"方向"按钮，打开下拉菜单。单击"竖排文字"命令，如图 9-28 所示，即可实现文字的竖向显示，如图 9-29 所示。

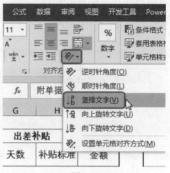

图 9-28

图 9-29

9.2.2 通过"数据验证"设置输入提醒

关 键 点：使用数据验证功能设置选中单元格时给出输入提示
操作要点："数据"→"数据工具"组→"数据验证"功能按钮
应用场景：通过设置数据验证可以实现对单元格中输入的数据从内容到范围进行限制，或设置选中时就显示输入提醒。因为制作完成的差旅费报销单需要分布到各个部门投入使用，因此通过数据验证功能实现选中单元格时给出输入提示是非常必要的

❶选中 A7:A13 和 C7:C13 单元格区域，在"数据"选项卡的"数据工具"组中单击"数据验证"按钮，如图 9-30 所示，打开"数据验证"对话框。

❷在"设置"选项卡下，在"允许"下拉列表中选择"日期"选项，在"数据"下拉列表中选择

"介于"选项，设置开始日期为"2017/1/1"，结束日期为"2017/12/30"，如图 9-31 所示。

❸单击"输入信息"选项卡，选中"设定单元格时显示输入信息"复选框，在"输入信息"文本框中输入"请规范填写。示例 2017/3/8"，如图 9-32 所示。

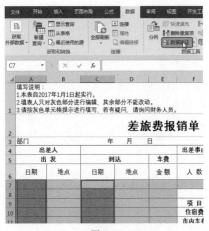

图 9-30

图 9-33

⑤单击"确定"按钮完成数据验证的操作。返回到工作表中,选中设置了数据验证的单元格,会立刻出现提醒,如图9-34所示。

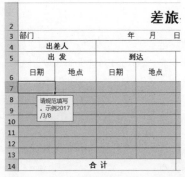

图 9-34

⑥当输入错误的时间时,系统会弹出提示框,单击"取消"按钮,如图9-35所示。

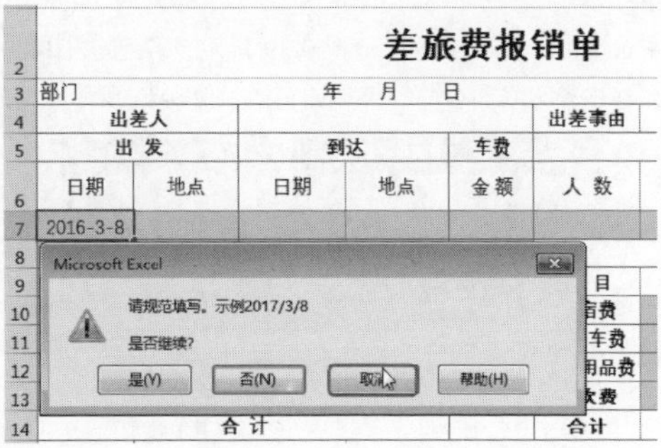

图 9-31

图 9-32

④单击"出错警告"选项卡,在"样式"下拉列表中选择"警告"选项,并在"错误信息"文本框中输入"请规范填写。示例 2017/3/8",如图9-33所示。

图 9-35

⑦按住 Ctrl 键不放,依次选中 E14、G14、I14、D15 和 I15 单元格,在"数据"选项卡的"数据工具"组中单击"数据验证"按钮,如图9-36所示,打开

"数据验证"对话框。

图 9-37

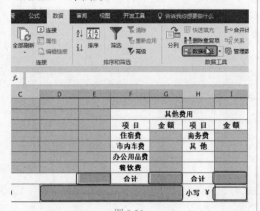

图 9-36

⑧ 单击"输入信息"选项卡，在"输入信息"文本框中输入"无需填写，公式自动计算"，如图9-37所示。

⑨ 单击"确定"按钮完成数据验证的操作，返回到工作表中，单击E14单元格，即出现输入提醒，如图9-38所示。

图 9-38

9.2.3 对求和的单元格应用"自动求和"建立公式

关 键 点：快速对指定单元格区域求和
操作要点："公式" → "编辑" 组 → "自动求和" 功能按钮
应用场景：Excel 中应用 SUM 函数来求和，可以在差旅费报销单中添加它

① 选中E14单元格，在"开始"选项卡的"编辑"组中单击"自动求和"下拉按钮，在打开的下拉菜单中选择"求和"命令，如图9-39所示，即可在E14单元格中输入求和公式"=SUM()"，如图9-40所示。

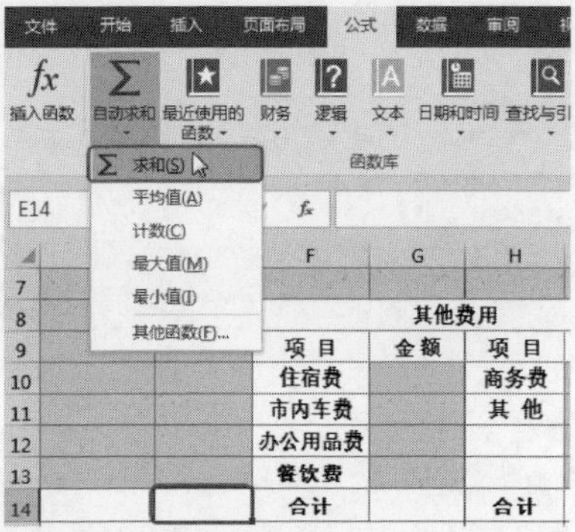

图 9-40

② 拖动鼠标选中参与计算的单元格区域E7:E13，如图9-41所示。

③ 按 Enter 键，完成公式的设置。因为当前E7:E13单元格区域无数据，所以计算结果为0，如图9-42所示。

图 9-39

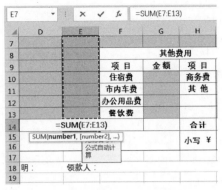

图 9-41

图 9-44

图 9-42

图 9-45

④ 按相同的方法在 G14 单元格设置自动求和公式 "=SUM(G10:G13)",如图 9-43 所示。在 I14 单元格设置自动求和公式 "=SUM(I10:I13)",如图 9-44所示。

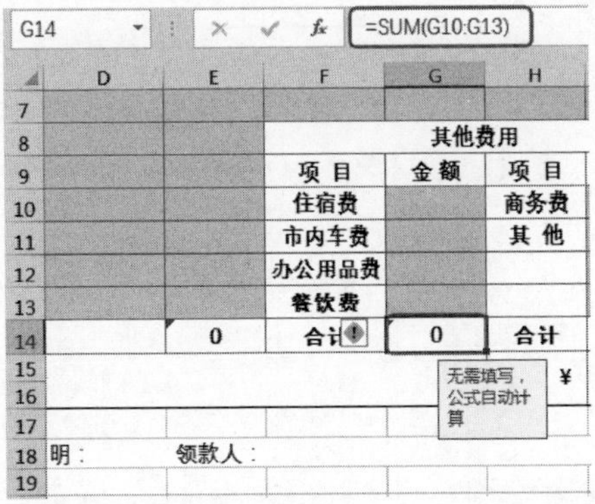

⑥ 例如,我们在单元格中输入数据,验证公式计算结果,如图 9-46 所示。

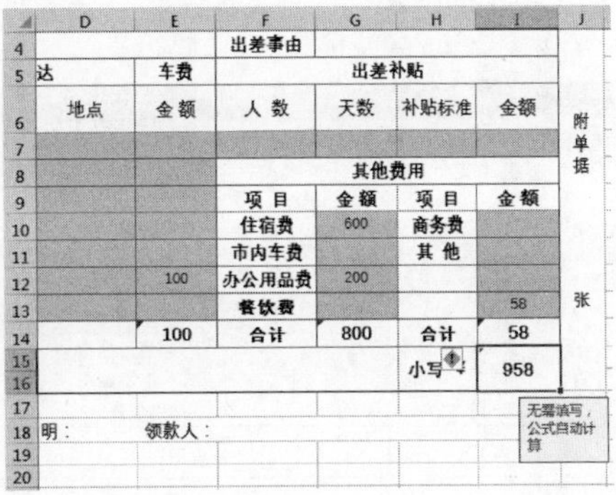

图 9-43

图 9-46

⑤ 在 I15 单元格设置求和公式 "=SUM(E14+G14+I14)",如图 9-45 所示。

💡 专家提醒

Excel 程序中除了对 SUM 函数设置了 "自动求和" 功能外,还有其他几个比较常用的函数,如平均值、计数、最大值、最小值等。当需要使用时也可以单击 "自动求和" 按钮,从中选择函数。

关键点：实现将输入的数字自动转换为大写人民币格式

操作要点："设置单元格格式"对话框→"特殊"→"中文大写数字"

应用场景：在收据单、报销单等表格中，需要有小写的数值总额，也需要有大小的数值总额。当需要使用大写金额时，如果手工输入，既费时，又容易出错。利用 Excel 的单元格格式设置功能可以将小写金额转换成大写格式

❶ 选中 D15 单元格，在编辑栏中输入公式"=I15"，如图 9-47 所示。

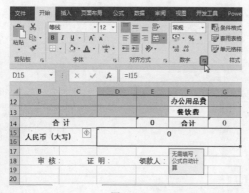

图 9-47

❷ 按 Enter 键得到结果，在"开始"选项卡的"数字"组中单击"数字格式"按钮，如图 9-48 所示，打开"设置单元格格式"对话框。

图 9-48

❸ 在"分类"列表框中选择"特殊"选项，在"类型"列表框中选择"中文大写数字"选项，如图 9-49 所示。

❹ 单击"确定"按钮，返回工作表中，即可看到原先的数字 0，变成了中文大写数字"零"，如图 9-50 所示。

图 9-49

图 9-50

❺ 例如，在单元格中输入数值验证，如图 9-51所示。

差旅费报销单

部门		年　月　日						
出差人				出差事由				
出　发		到　达		车费	出差补贴			
日期	地点	日期	地点	金额	人数	天数	补贴标准	金额
2018/1/21	上海	2018/1/21	北京	200	2	2	500元/人	
2018/1/22	北京分公司	2018/1/22	北京	1000		其他费用		
2018/1/23	上海	2018/1/23	上海	900	项目	金额	项目	金额
2018/1/24	广州	2018/1/24	北京	800	住宿费	800	商务费	1000
2018/1/25	深圳	2018/1/25	北京	550	市内车费	50	其他	
2018/1/26	上海分公司	2018/1/26	北京	100	办公用品费	200		
2018/1/27	北京	2018/1/27	北京	400	餐饮费	400		58
合　计				3750	合计	1250	合计	1058
报销总额	人民币（大写）		陆仟零伍拾捌				小写 ￥	6058

图 9-51

9.3 建立企业费用支出汇总表

企业费用支出记录表可以详细地记录一段时间企业日常管理中产生的费用支出。费用支出记录表的数据都来源于平时员工填写的报销单据。下面利用 Excel 2016 来创建日常费用支出记录表框架。

9.3.1 费用支出表标题、列标识格式设置

关 键 点：了解费用支出记录表包含哪些元素

操作要点：1. 设置单元格底纹

2. 数据对齐方式设置

应用场景：企业费用支出记录表明细数据包括费用类别、产生部门以及支出金额等。规划好后可填入表格中并进行格式设置

❶ 新建工作表，将其重命名为“费用支出记录表”，在表格中建立相应列标识，并设置表格的文字格式、边框底纹格式等，如图 9-52 所示。

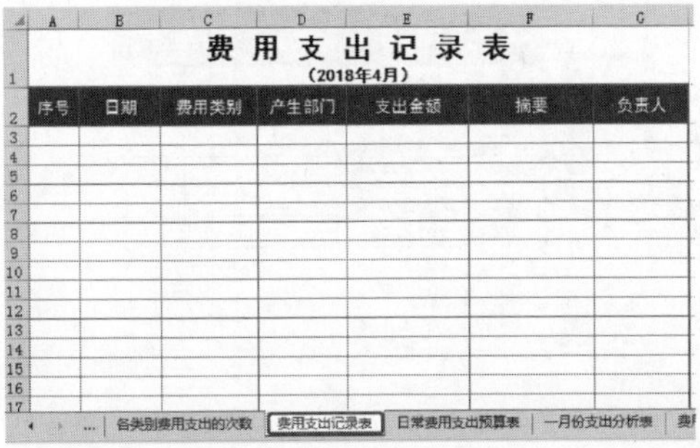

图 9-52

❷ 输入基本数据到工作表中，并对表格进行格式设置，效果如图 9-53 所示。

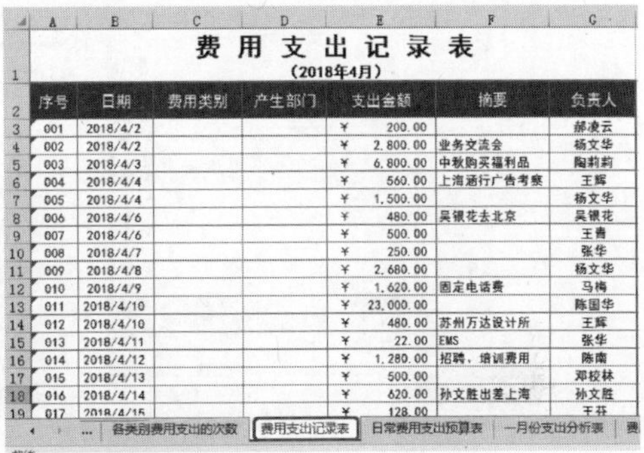

费用支出记录表
（2018年4月）

序号	日期	费用类别	产生部门	支出金额	摘要	负责人
001	2018/4/2			¥ 200.00		郝凌云
002	2018/4/2			¥ 2,800.00	业务交流会	杨文华
003	2018/4/3			¥ 6,800.00	中秋购买福利品	陶莉莉
004	2018/4/4			¥ 560.00	上海通行广告考察	王辉
005	2018/4/4			¥ 1,500.00		杨文华
006	2018/4/6			¥ 480.00	吴银花去北京	吴银花
007	2018/4/6			¥ 500.00		王青
008	2018/4/7			¥ 250.00		张华
009	2018/4/8			¥ 2,680.00		杨文华
010	2018/4/9			¥ 1,620.00	固定电话费	马梅
011	2018/4/10			¥ 23,000.00		陈国华
012	2018/4/10			¥ 480.00	苏州万达设计所	王辉
013	2018/4/11			¥ 22.00	EMS	张华
014	2018/4/12			¥ 1,280.00	招聘、培训费用	陈南
015	2018/4/13			¥ 500.00		郑校林
016	2018/4/14			¥ 620.00	孙文胜出差上海	孙文胜
017	2018/4/15			¥ 128.00		王芬

图 9-53

9.3.2 表格编辑区域数据验证设置

关 键 点：通过数据验证设置实现可选择性输入

操作要点：“数据”→“数据工具”组→“数据验证”功能按钮

应用场景：为了实现快速录入数据，可以设置“费用类别”与“产生部门”列的数据验证，以实现选择输入

❶ 在工作表的空白处输入所有费用类别的名称，选中“费用类别”列单元格区域，在“数据”选项卡下的“数据工具”组中单击“数据验证”按钮，如图 9-54 所示，打开“数据验证”对话框。

❷ 在“允许”列表中选择“序列”，如图 9-55 所示，单击“来源”编辑框右侧的“拾取器”按钮，在工作表中选择之前输入费用类别的单元格区域作为序列的来源，如图 9-56 所示。

❸ 选择来源后，单击按钮，返回到“数据验证”对话框中，可以看到“来源”框中显示的单元格区域，如图 9-57 所示。

❹ 切换到“输入信息”选项卡，在“输入信息”编辑框中输入选中单元格时显示的提示信息，如图 9-58 所示。

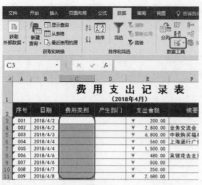

图 9-54

图 9-58

❺ 单击"确定"按钮,返回工作表中,选中"费用类别"列任意单元格时,会显示提示信息并显示下拉按钮,如图 9-59 所示;单击下拉按钮,打开下拉菜单,显示可供选择的费用类别,如图 9-60 所示。

图 9-55

图 9-56

图 9-57

图 9-59

图 9-60

❻ 选中"产生部门"列单元格区域,在"数据"选项卡下的"数据工具"组中单击"数据验证"按钮,打开"数据验证"对话框。在"允许"列表中选

择"序列"，在"来源"设置框中输入各个部门（注意用半角逗号隔开），如图 9-61 所示。

图 9-61

⑦切换到"输入信息"选项卡，设置选中单元格时显示的提示信息，如图 9-62 所示。

图 9-62

⑧单击"确定"按钮，返回工作表中，选中"费用产生部门"列单元格时会显示提示信息并显示下拉按钮，如图 9-63 所示，单击按钮即可从下拉列表中选择部门，如图 9-64 所示。

图 9-63

图 9-64

9.4 日常费用数据透视分析

利用数据透视表来对费用记录表进行分析，可以得到多种不同的统计结果。有了这些统计数据，则可以方便工作人员对其日常费用支出的规划。

9.4.1 统计各部门各费用类别的支出金额

关 键 点：按部门统计支出费用总额
操作要点："插入"→"表格"组→"数据透视表"功能按钮
应用场景：通过创建数据透视表并添加分析字段，可以快速统计出各部门各费用类别的支出总额

①选中"费用支出记录表"表格中任意单元格区域。在"插入"选项卡的"表格"组中单击"数据

透视表"按钮，如图 9-65 所示。

②打开"创建数据透视表"对话框，在"选择

一个表或区域"框中显示了当前要建立为数据透视表的数据源，如图 9-66 所示。

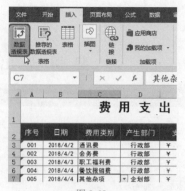

图 9-65

图 9-66

③ 保持默认选项，单击"确定"按钮，即可新建工作表显示出空白的数据透视表。在新建的工作表标签上双击鼠标，输入名称为"各部门各费用类别的支出金额统计"，如图 9-67 所示。

图 9-67

④ 在字段列表中选中"费用类别"字段，按住鼠标左键拖动至"行标签"列表中；选中"产生部门"字段，按住鼠标左键拖动至"列标签"列表中；

选中"支出金额"字段，按住鼠标左键拖动至"数值"列表中，统计结果如图 9-68 所示。

图 9-68

⑤ 选中数据透视表任意单元格，在"数据透视表工具－设计"选项卡的"数据透视表样式"组中单击"其他"下拉按钮，在打开的下拉列表中单击需要的样式，如图 9-69 所示。

图 9-69

⑥ 执行上述操作后即可让数据透视表应用样式，如图 9-70 所示。从数据透视表中可以很清楚地看出"企划部"的"其他杂项"费用最高，以及整个"企划部"支出的费用也是最高的。

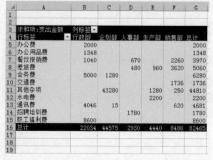

图 9-70

238

9.4.2　统计各类别费用支出的次数

关　键　点：重新更改数据透视表的值汇总方式
操作要点："值字段设置"对话框
应用场景：将默认的求和汇总方式更改为计数汇总方式，即可分析出各个费用类别的支出次数

❶ 选中"费用支出记录表"表格中任意单元格区域。在"插入"选项卡的"表格"组中单击"数据透视表"按钮，如图 9-71 所示。

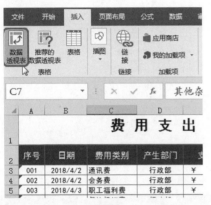

图 9-71

❷ 打开"创建数据透视表"对话框，在"选择一个表或区域"框中显示了当前要建立为数据透视表的数据源，如图 9-72 所示。

图 9-72

❸ 保持默认选项，单击"确定"按钮，即可新建工作表显示出空白的数据透视表，在新建的工作表标签上双击，输入名称为"各类别费用支出的次数"，如图 9-73 所示。

图 9-73

❹ 设置"费用类别"字段为"行标签"字段，设置"支出金额"字段为"数值"字段（默认汇总方式为"求和"），如图 9-74 所示。

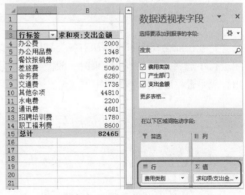

图 9-74

❺ 在"数值"列表框中选择"支出金额"数值字段，打开下拉菜单，选择"值字段设置"命令，如图 9-75 所示，打开"值字段设置"对话框。

❻ 选择"值汇总方式"选项卡，在列表中可以选择汇总方式，如此处单击"计数"，在"自定义名称"设置框中输入"费用支出次数"，如图 9-76 所示。

❼ 单击"确定"按钮，即可更改默认的求和汇

总方式为计数，即统计出各个类别费用的支出次数，如图9-77所示。可以看出"其他杂项"费用支出次数最多。

图 9-76

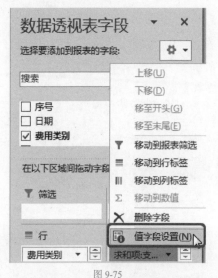

图 9-75

图 9-77

9.5　比较本月实际支出与预算

企业一般会在期末或期初对各类别的日常支出费用进行预算，例如，本例中对本月的预算费用进行了规划，那么本月结束时一般需要将实际支出费用与预算费用进行比较，从而得出实际支出金额是否超出预算金额等相关结论。

9.5.1　建立实际费用与预算费用比较分析表

关 键 点：了解费用分析表格包含的元素

操作要点：1."开始"→"数字"组→"数字格式"功能按钮

　　　　　2. 百分比数值格式设置方法

应用场景：当前费用的实际支出数据都记录到"费用支出记录表"工作表中之后，可以建立表格来分析比较本月份中各个类别费用实际支出与预算金额

1. 建立表格框架

重命名 Sheet3 工作表，输入各个费用类别，建立相关列标识并设置表格的格式。

❶ 在 Sheet3 工作表标签上双击，将其重命名为

"费用支出分析表"。

❷ 输入表格标题、费用类别及各项分析列标识，对表格字体、对齐方式、底纹和边框进行设置，设置后如图9-78所示。

图 9-78

2. 设置数据百分比格式

① 选中 D 列要显示百分比值的单元格区域, 在 "开始" 选项卡的 "数字" 组中单击 "数字格式" 按钮, 如图 9-79 所示, 打开 "设置单元格格式" 对话框。

图 9-79

② 在 "分类" 列表中选择 "百分比", 并设置小数位数为 2, 如图 9-80 所示。

图 9-80

读书笔记

9.5.2 计算各分析指标

关 键 点: 了解名称定义在公式设置中的应用

操作要点: SUMIF 函数、ABS 函数的应用

应用场景: 用户可以根据当月的各项费用类别支出额, 和公司的预算支出额进行比较, 查看实际和预算额是否超支, 还可以根据总支出额来了解不同费用类型花费的占比数据

1. 计算实际值

在 "费用支出记录表" 中定义名称, 接下来统计各个类别费用实际支出时需要使用 "费用支出记录表" 中相应单元格区域的数据, 因此可以首先将要引用的单元格区域定义为名称, 这样可以简化公式的输入。

① 切换至 "费用支出记录表", 选择 "费用类别" 列的单元格区域, 在名称编辑框中定义其名称为 "费用类别", 如图 9-81 所示。

② 选择 "支出金额" 列的单元格区域, 在名称编辑框中定义其名称为 "支出金额", 如图 9-82 所示。

图 9-81

③ 选中 C3 单元格，输入公式：

=SUMIF(费用类别 ,A3, 支出金额)

按 Enter 键，即可统计出 "职工福利费" 实际支出金额，如图 9-83 所示。

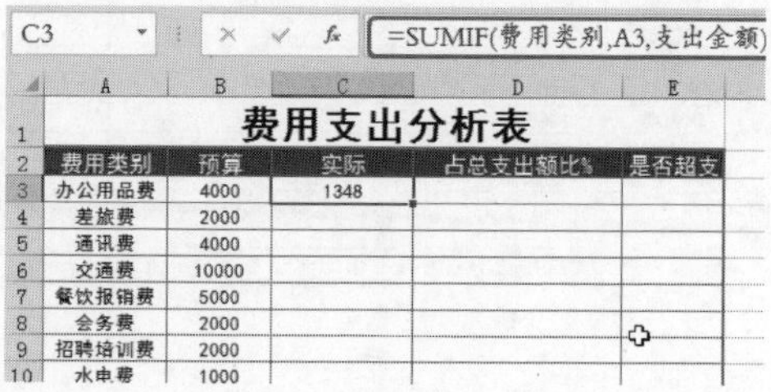

图 9-83

④ 选中 C3 单元格，光标定位到右下角，拖动填充柄向下复制公式，得到各类别费用的实际金额，如图 9-84 所示。

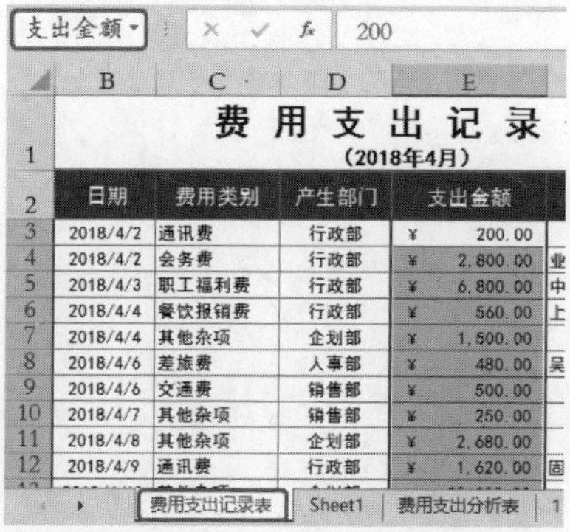

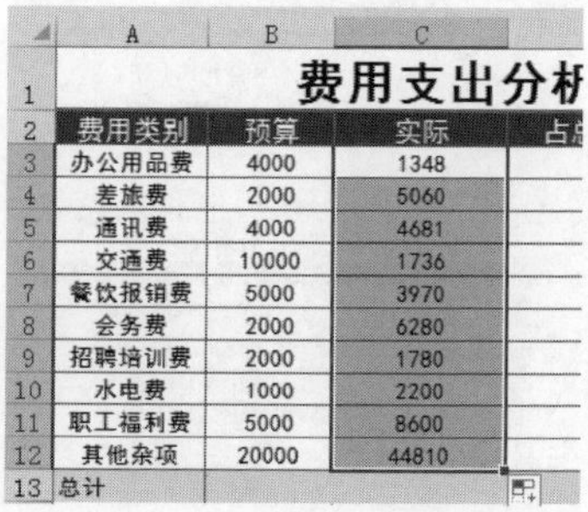

图 9-82

图 9-84

公式分析

◆ SUMIF 函数：SUMIF(range,criteria,[sum_range])

使用 SUMIF 函数可以对报表范围中符合指定条件的值求和。

■ range：必需。根据条件进行计算的单元格的区域。

■ criteria：必需。用于确定对哪些单元格求和的条件，其形式可以为数字、表达式、单元格引用、文本或函数。

■ sum_range：可选。要求和的实际单元格。

◆ =SUMIF(费用类别 ,A3, 支出金额)
　　　　　　　①　　　②　　　③

① "费用类别"（前面为单元格区域定义了这个名称，所以用这个单元格区域时只要使用这个名称即可）为第一个用于条件判断的区域。

② "A3" 为判断条件。

③ "支出金额" 为实际求和区域。

上述公式表示在 "费用类别" 单元格区域寻找所有与 A3 中指定的相同的费用类别，找到后把对应在 "支出金额" 单元格区域上的值进行求和运算。

2. 计算实际支出金额的和

❶ 选中 C13 单元格，在"公式"选项卡的"函数库"组中单击"自动求和"按钮，如图 9-85 所示。

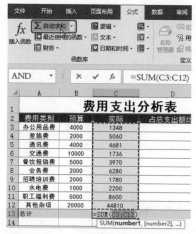

图 9-85

❷ 按 Enter 键，即可计算出实际支出金额的总计金额，如图 9-86 所示。

	A	B	C
2	费用类别	预算	实际
3	办公用品费	4000	1348
4	差旅费	2000	5060
5	通讯费	4000	4681
6	交通费	10000	1736
7	餐饮报销费	5000	3970
8	会务费	2000	6280
9	招聘培训费	2000	1780
10	水电费	1000	2200
11	职工福利费	5000	8600
12	其他杂项	20000	44810
13	总计		80465

图 9-86

3. 计算各支出费用占总支出额的比率

根据 C 列中的实际支出额，将每种费用类型支出额和总支出额进行对比，计算出各费用类别占总支出额的比值。

❶ 选中 D3 单元格，输入公式：

=IF(OR(C3=0,$C$13=0)," 无 ",C3/$C$13)

按 Enter 键，即可计算出各支出费用占总支出额的比率，如图 9-87 所示。

❷ 选中 D3 单元格，光标定位到右下角，拖动填充柄向下复制公式，得到各类别费用的支出金额占总支出金额的百分比，如图 9-88 所示。

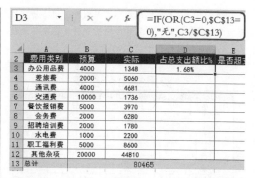

	A	B	C	D	E
2	费用类别	预算	实际	占总支出额比%	是否超
3	办公用品费	4000	1348	1.68%	
4	差旅费	2000	5060		
5	通讯费	4000	4681		
6	交通费	10000	1736		
7	餐饮报销费	5000	3970		
8	会务费	2000	6280		
9	招聘培训费	2000	1780		
10	水电费	1000	2200		
11	职工福利费	5000	8600		
12	其他杂项	20000	44810		
13	总计		80465		

图 9-87

	A	B	C	D
2	费用类别	预算	实际	占总支出额比%
3	办公用品费	4000	1348	1.68%
4	差旅费	2000	5060	6.29%
5	通讯费	4000	4681	5.82%
6	交通费	10000	1736	2.16%
7	餐饮报销费	5000	3970	4.93%
8	会务费	2000	6280	7.80%
9	招聘培训费	2000	1780	2.21%
10	水电费	1000	2200	2.73%
11	职工福利费	5000	8600	10.69%
12	其他杂项	20000	44810	55.69%
13	总计		80465	

图 9-88

4. 计算各类别费用是否超支

根据各费用类别的实际支出额和预算支出额的差值，来判断支出额是否超支。如果差值为正值即表示有"结余"，如果是负值，即表示为"超支"。

❶ 选中 E3 单元格，输入公式：

=IF((B3-C3)>0," 结余 "&ABS(B3-C3)," 超支 "&ABS(B3-C3))

按 Enter 键，即可判断各类别费用是超支，还是有所结余，如图 9-89 所示。

	A	B	C	D	E	F
1			费用支出分析表			
2	费用类别	预算	实际	占总支出额比%	是否超支	
3	办公用品费	4000	3348	4.06%	结余652	
4	差旅费	2000	5060	6.14%		
5	通讯费	4000	4681	5.68%		
6	交通费	10000	1736	2.11%		
7	餐饮报销费	5000	3970	4.81%		
8	会务费	2000	6280	7.62%		
9	招聘培训费	2000	1780	2.16%		
10	水电费	1000	2200	2.67%		
11	职工福利费	5000	8600	10.43%		

图 9-89

② 选中 E3 单元格，光标定位到右下角，拖动填充柄向下复制公式，得到各类别费用的支出金额是超支，还是有所结余，如图 9-90 所示。

	费用支出分析表			
	A	B	C	D	E
1					
2	费用类别	预算	实际	占总支出额比	是否超支
3	办公用品费	4000	3348	4.06%	结余652
4	差旅费	2000	5060	6.14%	超支3060
5	通讯费	4000	4681	5.68%	超支681
6	交通费	10000	1736	2.11%	结余8264
7	餐饮报销费	5000	3970	4.81%	结余1030
8	会务费	2000	6280	7.62%	超支4280
9	招聘培训费	2000	1780	2.16%	结余220
10	水电费	1000	2200	2.67%	超支1200
11	职工福利费	5000	8600	10.43%	超支3600
12	其他杂项	20000	44810	54.34%	超支24810

图 9-90

9.5.3 筛选查看超支项目

关 键 点：筛选出超支的项目
操作要点："数据"→"排序和筛选"组→"筛选"功能按钮
应用场景：根据 E 列中得到的超支情况，可以将所有超支的项目单独筛选出来显示

通过筛选功能可以实现快速筛选出所有超支项目，以便在下期预算时有所控制。

① 选中数据编辑区域任意单元格。在"数据"选项卡的"排序和筛选"组中单击"筛选"按钮，如图 9-91 所示，为表格列标识右侧添加自动筛选按钮。

图 9-92

③ 按 Enter 键，即可实现筛选出"是否超支"列中包含"超支"文字的记录，即找出所有超支的项目，如图 9-93 所示。

② 单击"是否超支"列标识右侧下拉按钮，打开下拉菜单，在搜索筛选框中输入"超支"，如图 9-92所示。

图 9-91

图 9-93

第

企业员工档案管理与人事分析

10

章

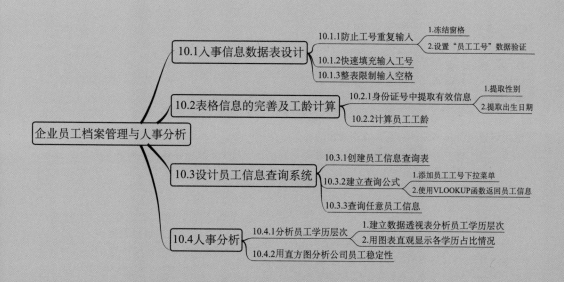

10.1 人事信息数据表设计

人事信息数据表是每个公司都必须建立的基本表格，基本每一项人事工作都与此表有所关联。完善的人事信息（如年龄结构、学历层次、人员流失情况等）不但便于对一段时期的人事情况进行准确分析，同时也可以为公司各个岗位提供统一的姓名和标识，保证每位员工的数据都能实现快速查询。

人事信息通常包括员工工号、姓名、性别、所属部门、身份证号、出生日期、学历、入职时间、工龄和联系方式等。在建立人事信息表前需要将该张表格包含的要素拟订出来，以完成对表格框架的规划。表格设计效果如图 10-1 所示。

人事信息数据表

员工工号	姓名	所属部门	性别	身份证号码	出生日期	学历	职位	入职时间	工龄	联系方式
NL001	刘源	行政部	男	342701197802138572	1978-02-13	大专	行政副总	2009/5/8	8	13026541239
NL002	刘晓芸	人事部	女	340025199103170540	1991-03-17	大专	HR专员	2012/6/4	5	15854236952
NL003	陈可	行政部	女	342701197908148521	1979-08-14	大专	网络编辑	2010/11/5	7	13802563265
NL004	沈佳宜	行政部	女	340025197905162522	1979-05-16	大专	行政文员	2013/3/12	5	13505532689
NL005	谢雯雯	行政部	女	342001198011202528	1980-11-20	本科	主管	2015/3/5	3	15855142635
NL006	章宇	人事部	男	340042197610160517	1976-10-16	本科	HR经理	2010/6/18	7	15855168963
NL007	盛念慈	行政部	女	340025196902268563	1969-02-26	本科	网络编辑	2014/2/15	4	13985263214
NL008	吴小英	行政部	女	340222196312022562	1963-12-02	初中	保洁	2010/6/3	7	15946231586
NL009	刘长城	行政部	男	340222196805023652	1968-05-02	高中	网管	2013/4/8	4	15855316360
NL010	胡桥	行政部	女	340042198810160527	1988-10-16	大专	网管	2013/5/6	4	15842365410
NL011	殷格	行政部	女	342122199111035620	1991-11-03	本科	网管	2013/6/11	4	13925012504
NL012	叶林文	行政部	女	342222198902252520	1989-02-25	本科	网络编辑	2015/1/2	3	15956232013
NL013	盛杰	人事部	男	340025197902281235	1979-02-28	大专	HR专员	2011/4/18	6	13855692134
NL014	王兴荣	研发部	男	340001196803088452	1968-03-08	本科	研究员	2015/3/12	3	15855178563
NL015	江伟	行政部	女	342701198904018543	1989-04-01	本科	网络编辑	2011/7/10	6	13822236958
NL016	王丹丹	人事部	女	340025199203240647	1992-03-24	本科	HR专员	2013/1/27	5	13956234587

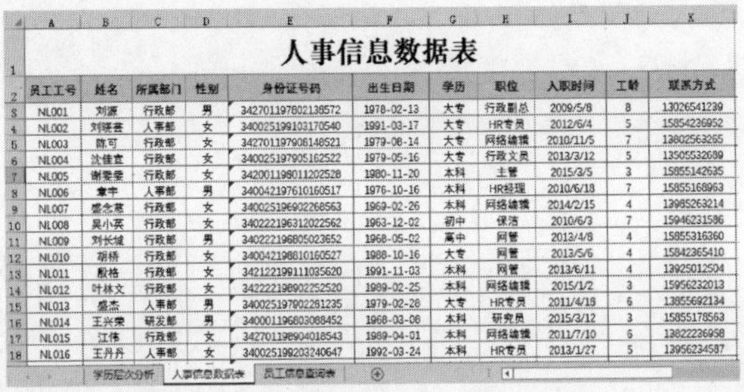

图 10-1

10.1.1 防止工号重复输入

关 键 点： 1. 冻结窗格方便数据查看

2. 数据验证避免输入重复数据

操作要点： 1.“视图”→“窗口”组→“冻结窗格”功能按钮

2. COUNTIF 函数设置数据验证

应用场景： 员工工号作为员工在企业中的标识，是唯一的，又是相似的。在手动输入员工工号时，为避免输入错误，可以为“员工工号”列设置数据验证，从而有效避免重复工号的输入

1. 冻结窗格

❶ 创建工作薄，在 Sheet1 工作表标签上双击，重新输入名称为“人事信息数据表”，输入标题和列标识，并进行字体、边框、底纹等设置，从而让表格更加易于阅读，如图 10-2 所示。

❷ 选中 A3 单元格，在“视图”选项卡的“窗口”组中单击“冻结窗格”下拉按钮，打开下拉菜单。单击“冻结拆分窗格”命令，如图 10-3 所示。

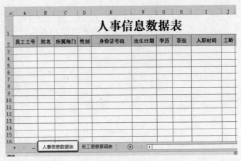

图 10-2

图 10-3

❸ 此时向下拖动滚动条时，列标识始终显示，
如图 10-4 所示。

图 10-4

❹ 选中 A3:A57 单元格区域（选中区域由实际情
况决定），在"开始"选项卡的"数字"组中单击"数
字格式"下拉按钮，在打开的下拉菜单中选择"文本"
命令，如图 10-5 所示，即可设置数据为文本格式。

图 10-5

2. 设置"员工工号"数据验证

❶ 保持目标单元格区域选中状态，在"数据"

选项卡的"数据工具"组中单击"数据验证"下拉按
钮，在打开的下拉菜单中选择"数据验证"命令，如
图 10-6 所示，打开"数据验证"对话框。

图 10-6

❷ 单击"允许"下拉按钮，在下拉列表中选择
"自定义"选项，如图 10-7 所示，接着在"公式"文
本框中输入公式"=COUNTIF($A$3:$A$57,A3)=1"，
如图 10-8 所示。

图 10-7

图 10-8

❸切换到"输入信息"选项卡,在"标题"文本框中输入"输入工号",在"输入信息"文本框中输入"请输入员工的工号!",如图10-9所示。

图 10-9

❹切换到"出错警告"选项卡,在"样式"下拉列表中选择"停止",接着在"标题"文本框中输入"重复信息",在"错误信息"文本框中输入"输入信息重复,请重新输入!",如图10-10所示。

图 10-10

❺单击"确定"按钮,返回工作表中,此时为选中的单元格设置了数据有效性,选中任意单元格,可以看到提示信息,如图10-11所示。

图 10-11

🔍 **公式分析**

◆ COUNTIF 函数:COUNTIF(range,criteria)

用于统计满足某个条件的单元格的数量。

- range:要计算其中非空单元格数目的区域。
- criteria:以数字、表达式或文本形式定义的条件。

◆ =COUNTIF($A$3:$A$57,A3)=1

此公式表示依次判断所输入的值在前面的单元格区域是否是第 1 次出现,如果是第 1 次出现,返回结果为 1,表示不重复,则允许输入;否则会弹出提示框阻止输入。

10.1.2 快速填充输入工号

关 键 点:学习快速填充输入

操作要点:填充柄

应用场景:如果员工序号具有序列性的话,可以使用填充柄快速填充。本例员工工号的设计原则为"公司标识+序号"的编排方式,首个编号为NL001,后面的编号依次递增

❶ 选中 A3 单元格，输入"NL001"，按 Enter 键，如图 10-12 所示。

图 10-12

❷ 选中 A3 单元格，将光标定位于其右下角，当其变为黑色"十"字形时，向下拖动填充柄填充序列，如图 10-13 所示，到目标位置释放鼠标，即可快速填充员工工号，如图 10-14 所示。

图 10-13

图 10-14

📎 专家提醒

因为前面设置了"员工工号"一列的数据验证，在填充工号时不会出现重复情况，那么如果是手动输入工号，当工号重复时就会弹出如图 10-15 所示的警告提示，单击"取消"按钮，撤销输入。

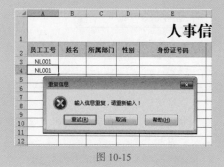

图 10-15

10.1.3 　整表限制输入空格

关 键 点：使用数据验证限制输入空格

操作要点：SUBSTITUTE 函数设置数据验证

应用场景：在实际工作中，人事信息数据表数据的输入与维护可能不是一个人，为了防止一些错误输入，一般会采用设定数据验证来限制输入或给出输入提示。下面设置整表的数据验证，以防止输入空格。因为空格的存在会破坏数据的连续性，给后期数据的统计、查找等带来阻碍

❶ 选中 B3:K57 单元格区域（除"员工编号"列与列标识），在"数据"选项卡的"数据工具"组中单击"数据验证"下拉按钮，在打开的下拉菜单中选择"数据验证"命令，如图 10-16 所示，打开"数据验证"对话框。

❷ 单击"允许"下拉按钮，在下拉列表中选择"自定义"选项，接着在"公式"文本框中输入公式 "=SUBSTITUTE(B2," ","")=B2"，如图 10-17 所示。

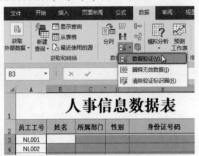

图 10-16

图 10-17

❸ 切换到"出错警告"选项卡，设置出错警告信息，如图 10-18 所示。

图 10-18

❹ 单击"确定"按钮，返回工作表中，当在选择的单元格区域输入空格时就会弹出提示对话框，如图 10-19 所示，单击"取消"按钮，重新输入即可。

图 10-19

❺ 信息输入完成过后，达到如图 10-20 所示的效果。

图 10-20

专家提醒

● 在输入基本数据时，性别、出生日期列不需要手工输入，建立公式通过已输入的身份证号码自动返回。

● 在输入身份证号码时，如果直接输入则会显示为科学计数的方式（因为当输入的数据达到 12 位时，会自动显示为科学计数的数据），因此在输入前先选中目标单元格，然后设置单元格的格式为"文本"格式，再输入时则会正确显示。

Excel表格制作与数据处理从入门到精通

公式分析

◆ SUBSTITUTE 函数：SUBSTITUTE(text, old_text,new_text,[instance_num])

用于在文本字符串中用 new_text 替代 old_text。

- text：必需。要替换其中字符的文本，或对含有文本（需要替换其中字符）的单元格的引用。

- old_text：必需。需要替换的文本。

- new_text：必需。用于替换 old_text 的文本。

- instance_num：可选。指定要用 new_text 替换 old_text 的事件。如果指定了 instance_num，则只有满足要求的 old_text 被替换。否则，文本中出现的所有 old_text 都会更改为 new_text。

◆ =SUBSTITUTE(B2," ","")=B2

"=SUBSTITUTE(B2," ","")" 表示把 B2 单元格中的空格替换为空值；然后判断是否与 B2 单元格中的数据相等，如果不相等，表示所输入的数据中有空格，那么此时就会弹出阻止提示对话框。

10.2 表格信息的完善及工龄计算

身份证号码是人事信息中一项重要数据，在建表时一般都需要设置此项标识。身份证号码包含了持证人的多项信息，第 7～14 位表示出生年月日，第 17 位表示性别，奇数为男性、双数则为女性。

10.2.1 身份证号中提取有效信息

关 键 点：用公式从身份证号码提取性别和出生日期

操作要点：MOD 函数、MID 函数、CONCATENATE 函数

应用场景：根据身份证号码第 17 位数字的奇偶性判断员工性别，通过函数可以提取员工出生日期

1. 提取性别

❶选中 D3 单元格，在编辑栏中输入公式：
=IF(MOD(MID(E3,17,1),2)=1," 男 "," 女 ")

按 Enter 键，即可从第 1 位员工的身份证号码中判断出该员工的性别，如图 10-21 所示。

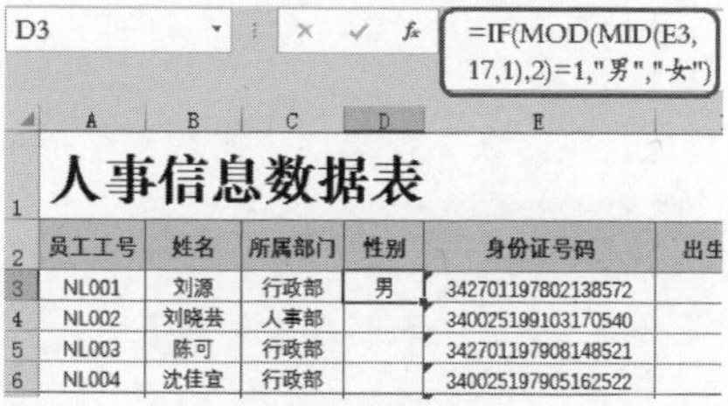

❷选中 D3 单元格，将光标定位到 D3 单元格右下角，当其变为黑色 "十" 字形时，向下拖动填充柄填充公式直到 D57 单元格，释放鼠标，快速得出每位员工的性别，如图 10-22 所示。

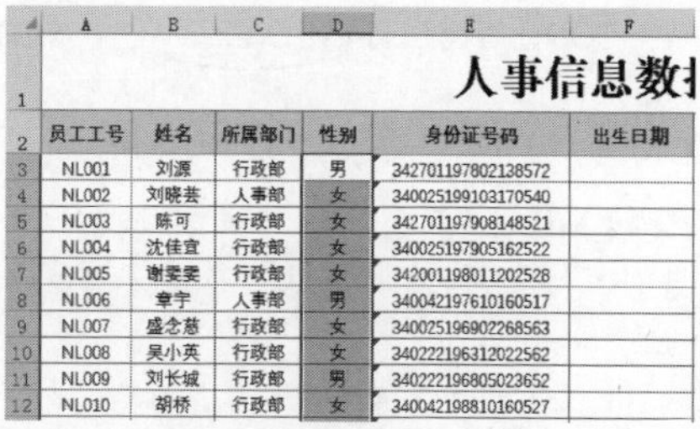

图 10-21

图 10-22

公式分析

◆ MOD 函数：MOD(number,divisor)

用于返回两数相除的余数。结果的符号与除数相同。

- number：计算余数的被除数。
- divisor：除数。

◆ MID 函数：MID(text,start_num,num_chars)

用于返回文本字符串中从指定位置开始的特定数目的字符，该数目由用户指定。

- text：包含要提取字符的文本字符串。
- start_num：指定从哪个位置开始提取。
- num_chars：指定希望 MID 从文本中返回字符的个数。

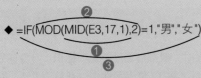

◆ =IF(MOD(MID(E3,17,1),2)=1,"男","女")

① 从 E3 单元格的第 17 位开始提取，共提取 1 位，即提取身份证号中的第 17 位数字。

② 判断 ① 提取的值是否能被 2 整除，整除返回结果为 0，不能整除返回结果为 1。即判断其是奇数还是偶数。

③ 如果不能整除返回"男"，否则返回"女"。

2. 提取出生日期

❶ 选中 F3 单元格，在编辑栏中输入公式：

=CONCATENATE(MID(E3,7,4),"-",MID(E3,11,2),"-",MID(E3,13,2))

按 Enter 键，即可从第 1 位员工的身份证号码中判断出该员工的出生日期，如图 10-23 所示。

图 10-23

❷ 选中 F3 单元格，将光标定位到 F3 单元格右下角，当其变为黑色"十"字形时，向下拖动填充柄进行公式填充直到 F57 单元格，释放鼠标，快速得出每位员工的出生日期，如图 10-24 所示。

C	D	E	F	G	H
			人事信息数据表		
所属部门	性别	身份证号码	出生日期	学历	职位
行政部	男	342701197802138572	1978-02-13	大专	行政副总
人事部	女	340025199103170540	1991-03-17	大专	HR专员
行政部	女	342701197908148521	1979-08-14	大专	网络编辑
行政部	女	340025197905162522	1979-05-16	大专	行政文员
行政部	女	342001198011202528	1980-11-20	本科	主管
人事部	男	340042197610160517	1976-10-16	本科	HR经理
行政部	女	340025196902268563	1969-02-26	本科	网络编辑
行政部	女	340222196312022562	1963-12-02	初中	保洁

图 10-24

公式分析

◆ CONCATENATE 函数：CONCATENATE (text1,[text2],...)

用于将两个或多个文本字符串联接为一个字符串。

- text1：要联接的第一个项目。项目可以是文本值、数字或单元格引用。

=CONCATENATE(MID(E3,7,4),"-", MID(E3,11,2),"-",MID(E3,13,2))

① MID(E3,7,4) 表示从身份证号码第 7 位开始提取，并提取 4 位字符，也就是年份值。MID(E3,11,2) 和 MID(E3,13,2) 是分别从第 11 位和第 13 位开始提取，依次提取两个字符，即月份和出生日。

② 使用 CONCATENATE 函数将上一步中提取出来的年、月、日数据相连接，得到完整的出生年月日。

10.2.2 计算员工工龄

关 键 点: 使用公式根据入职时间计算工龄
操作要点: DATEDIF 函数
应用场景: 根据已填入的入职时间,通过函数计算出员工的工龄,并且随着时间的变化,工龄也会自动重新统计。

❶ 选中 J3 单元格,在编辑栏中输入公式:
=DATEDIF(I3,TODAY(),"Y")

按 Enter 键,即可从第一位员工的入职时间中计算出该员工的工龄,如图 10-25 所示。

❷ 选中 J3 单元格,将光标定位到 J3 单元格右下角,当其变为黑色"十"字形时,向下拖动填充柄填充公式到 J57 单元格,即可得到每位员工的工龄,如图 10-26 所示。

人事信息数据表

	性别	身份证号码	出生日期	学历	职位	入职时间	工龄
3	男	342701197802138572	1978-02-13	大专	行政副总	2009/5/8	8
4	女	340025199103170540	1991-03-17	大专	HR专员	2012/6/4	
5	女	342701197908148521	1979-08-14	大专	网络编辑	2010/11/5	
6	女	340025197905162522	1979-05-16	大专	行政文员	2013/3/12	
7	女	342001198011202528	1980-11-20	本科	主管	2015/3/5	
8	男	340042197610160517	1976-10-16	本科	HR经理	2010/6/18	
9	女	340025196902268563	1969-02-26	本科	网络编辑	2014/2/15	
10	女	340222196312022562	1963-12-02	初中	保洁	2010/6/3	
11	男	340222196805023652	1968-05-02	高中	网管	2013/4/8	

图 10-25

人事信息数据表

	身份证号码	出生日期	学历	职位	入职时间	工龄
3	342701197802138572	1978-02-13	大专	行政副总	2009/5/8	8
4	340025199103170540	1991-03-17	大专	HR专员	2012/6/4	5
5	342701197908148521	1979-08-14	大专	网络编辑	2010/11/5	7
6	340025197905162522	1979-05-16	大专	行政文员	2013/3/12	4
7	342001198011202528	1980-11-20	本科	主管	2015/3/5	2
8	340042197610160517	1976-10-16	本科	HR经理	2010/6/18	7
9	340025196902268563	1969-02-26	本科	网络编辑	2014/2/15	4
10	340222196312022562	1963-12-02	初中	保洁	2010/6/3	7
11	340222196805023652	1968-05-02	高中	网管	2013/4/8	4
12	340042198810160527	1988-10-16	大专	网管	2013/5/6	4

图 10-26

公式分析

◆ DATEDIF 函数: DATEDIF(start_date,end_ date,unit)
用于计算两个日期之间的年数、月数和天数。

■ start_date: 用于表示时间段的起始日期。

■ end_date: 用于表示时间段的结束日期。

■ unit: 为所需信息的返回时间单位代码。代码 Y 表示返回两个日期之间的年数; 代码 M 表示返回两个日期之间的月数; 代码 D 表示返回两个日期之间的天数; 代码 YM 表示忽略两个日期的年数和天数,返回之间的月数; 代码 YD 表示忽略两个日期的年数,返回之间的天数; 代码 MD 表示忽略两个日期的月数和天数,返回之间的年数。

◆ =DATEDIF(I3,TODAY(),"Y")
计算出从 I3 单元格的日期到今天日期之间的差值。"Y"这个参数用于决定提示取差值中的整年数。

10.3 设计员工信息查询系统

如果企业员工较多,在人事信息数据表中查询任意某位员工的数据信息会不太容易。我们可以利用 Excel 中的函数功能建立一个查询表,当需要查询某位员工的数据时,只需要输入其工号即可快速查询。

员工信息查询表的数据基于员工人事信息数据表,所以这里要考虑到公式的可扩展性。

10.3.1 创建员工信息查询表

关 键 点：规划员工信息查询表包含的元素
操作要点：1. "开始"→"剪贴板"组→"复制"功能按钮
　　　　　2. "选择性粘贴"→"转置"
应用场景：员工信息查询表数据来自于人事信息数据表，所以选择在同一个工作簿中插入新工作表来建立查询表

❶ 插入新工作表并命名为"员工信息查询表"，在工作表头输入表头信息。切换到"人事信息数据表"，选中 B2:K2 单元格区域，在"开始"选项卡的"剪贴板"组中单击"复制"按钮，如图 10-27 所示。

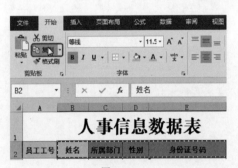

图 10-27

❷ 切换回"员工信息查询表"工作表，选中要放置粘贴内容的单元格区域，在"开始"选项卡的"剪贴板"组中单击"粘贴"下拉按钮，在打开的下拉菜单中选择"选择性粘贴"命令，如图 10-28 所示，打开"选择性粘贴"对话框。

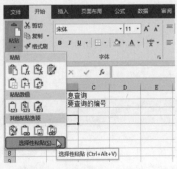

图 10-28

❸ 在"粘贴"区域选择"数值"单选按钮，接

着选中"转置"复选框，单击"确定"按钮，如图 10-29 所示。

图 10-29

❹ 返回工作表中，即可将复制的列标识转置为行标识显示，如图 10-30 所示。

	A	B	C	D
1		员工信息查询		
2		请选择要查询的编号		
3				
4		姓名		
5		所属部门		
6		性别		
7		身份证号码		
8		出生日期		
9		学历		
10		职位		
11		入职时间		
12		工龄		
13		联系方式		
14				
15				

图 10-30

❺ 选中"人事信息数据表"中复制得到的数据，在"字体"和"对齐方式"选项组，分别设置表格的字体格式、边框颜色及单元格背景色，并对表格标题部分进行字体设置，得到如图 10-31 所示的查询表。

图 10-31

读书笔记

10.3.2 建立查询公式

关键点：1. 数据验证建立编号查询标识

2. 使用 VLOOKUP 函数建立公式查询员工信息

操作要点：1. "数据" → "数据工具" 组 → "数据验证" 功能按钮

2. VLOOKUP 函数

应用场景：创建好员工信息查询表后，需要创建下拉列表选择员工工号，还需要使用函数根据员工工号查询员工的部门、姓名等其他相关信息

1. 添加员工工号下拉菜单

❶ 选中 D2 单元格，在 "数据" 选项卡的 "数据工具" 组中单击 "数据验证" 下拉按钮，在打开的下拉菜单中选择 "数据验证" 命令，如图 10-32 所示，打开 "数据验证" 对话框。

图 10-32

❷ 单击 "允许" 下拉按钮，在下拉列表中选择 "序列"，接着在 "来源" 设置框中输入 "= 人事信息数据表 !A3:A49"，如图 10-33 所示。

❸ 切换到 "输入信息" 选项卡，设置选中该单元格时显示的提示信息，如图 10-34 所示，设置完成后单击 "确定" 按钮。

图 10-33

图 10-34

❹ 返回工作表中，选中的单元格就会显示提示信息，提示从下拉列表中单击员工工号，如图10-35所示。

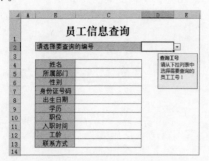

图 10-35

❺ 单击 D2 单元格右侧的下拉按钮，即可在下拉列表中单击员工的工号，如图10-36所示。

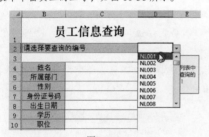

图 10-36

2. 使用 VLOOKUP 函数返回员工信息

❶ 选中 C4 单元格，在编辑栏输入公式：
=VLOOKUP($D$2,人事信息数据表 !$A$3:$L$92,ROW(A2))

按 Enter 键，即可根据选择的员工工号返回员工所属部门，如图10-37所示。

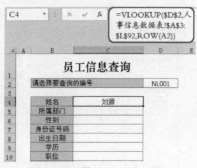

图 10-37

❷ 选中 C4 单元格，将光标定位到单元格右下角，当其变为黑色"十"字形时向下拖动至 C13 单元格中，释放鼠标即可返回各项对应的信息，如图 10-38 所示。

图 10-38

❸ 选中 C11 单元格，在"开始"选项卡的"数字"组中单击"数字格式"下拉按钮，打开下拉菜单。单击"短日期"选项，如图10-39所示。即可将其显示为正确的日期格。

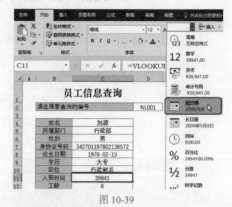

图 10-39

专家提醒

在复制公式时，如果公式中对数据使用的是相对引用方式，则随着公式的复制，引用位置也发生相应的变化；如果不希望数据源区域在公式复制时发生变化，则对其使用绝对引用方式，在单元格的行号列标前添加"$"则表示绝对引用。例如，本例的公式对不需要变化的区域使用了绝对引用，对需要变化的区域使用了相对引用。

公式分析

◆ ROW 函数：ROW([reference])

用于返回引用的行号。

■ reference：可选。需要得到其行号的单元格或单元格区域。如果省略 reference，则假定是对函数 ROW 所在单元格的引用。

◆ VLOOKUP 函数：VLOOKUP(lookup_value,table_array,col_index_num,[range_lookup])

在表格或数值数组的首列查找指定的数值，并返回表格或数组中指定列所对应位置的数值。

■ lookup_value：表示要在表格或区域的第一列中搜索的值。

■ table_array：表示包含数据的单元格区域。可以使用对区域或区域名称的引用。

■ col_index_num：表示 table_array 参数中必须返回的匹配值的列号。

■ range_lookup：可选。一个逻辑值，指定希望 VLOOKUP 查找精确匹配值还是近似匹配值。

◆ =VLOOKUP($D$2,人事信息数据表！$A$3:$L$92,ROW(A2))

① ROW(A2) 返回 A2 单元格所在的行号，因此当前返回结果为 2。

② VLOOKUP 函数表示在人事信息数据表的 $A$3:$L$92 单元格区域的首列中寻找与 D2 单格中相同的工号，找到后返回对应在第 2 列中的值，即对应的姓名。此公式中的查找范围与查找条件都使用了绝对引用方式，即在向下复制公式时都是不改变的，唯一要改变的是用于指定返回"人事信息数据表中 $A$3:$L$92"单元格区域哪一列值的参数，本例中使用了 ROW(A2) 来表示，当公式复制到 C5 单元格时，ROW(A2) 变为 ROW(A3)，返回值为 3；当公式复制到 C6 单元格时，ROW(A2) 变为 ROW(A4)，返回值为 4，依次类推，这样就能依次返回指定编号人员的各项档案信息了。

10.3.3 查询任意员工信息

关 键 点：根据编号查询对应员工信息
操作要点：选择要查看的员工编号
应用场景：当在员工信息查询表中建立公式后，此时就可以更改任意员工的编号根据公式返回该工号下对应的员工信息

❶ 单击 D2 单元格下拉按钮，在其下拉列表中选择其他员工工号，如 NL020，系统即可自动更新出员工信息，如图 10-40 所示。

❷ 单击 D2 单元格下拉按钮，在其下拉列表中选择其他员工工号，如 NL036，系统即可自动更新出该员工信息，如图 10-41 所示。

图 10-40

图 10-41

根据创建的人事信息数据表，可以建立数据透视表对员工的学历层次和员工的稳定性进行分析。

10.4.1 分析员工学历层次

关 键 点： 用数据透视表分析员工学历分布情况

操作要点： 1."插入"→"表格"组→"数据透视表"功能按钮

　　　　　　2.设置数据透视表值显示方式为"列汇总的百分比"

应用场景： 数据透视表是 Excel 用来分析数据的利器，而图表更是可以直观地呈现数据间的关系。建立了员工人事信息数据表后，可以对本企业员工学历层次进行分析

1. 建立数据透视表分析员工学历层次

❶ 选中 G3:G32 单元格区域，在"插入"选项卡的"表格"组中单击"数据透视表"按钮，如图 10-42 所示，打开"创建数据透视表"对话框。

❷ 在"选择一个表或区域"框中显示了选中的单元格区域，创建位置默认选择"新工作表"，如图 10-43 所示。

❸ 单击"确定"按钮，即可在新工作表中创建数据透视表，数据透视表默认为空白状态。在字段列表中选中"学历"字段，按住鼠标左键将其拖动到"行"标签区域中；然后再次选中"学历"字段，按住鼠标左键将其拖动到"值"标签区域中，得到的统计结果如图 10-44 所示。

图 10-43

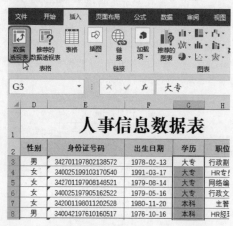

图 10-42

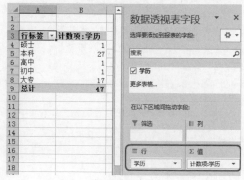

图 10-44

❹ 在"值"列表框中选择"学历"数值字段，

在打开的下拉菜单中选择"值字段设置"，如图10-45所示，打开"值字段设置"对话框。

图 10-45

⑤ 单击"值显示方式"选项卡，单击"值显示方式"设置框下拉按钮，在下拉列表中选择"列汇总的百分比"显示方式，然后在"自定义名称"文本框中输入名称"人数"，如图10-46所示。

图 10-46

⑥ 完成以上设置后，单击"确定"按钮，返回工作表中，即可得到如图10-47所示的数据透视表。

	A	B	C
3	行标签	计数项:学历	
4	硕士	2.13%	
5	本科	57.45%	
6	高中	2.13%	
7	初中	2.13%	
8	大专	36.17%	
9	总计	100.00%	
10			

学历层次分析　人事信息数据表

图 10-47

2. 用图表直观显示各学历占比情况

① 选中数据透视表任意单元格，在"数据透视表工具-分析"选项卡的"工具"组中单击"数据透视图"按钮，如图10-48所示，打开"插入图表"对话框。

图 10-48

② 选择合适的图表类型，如"饼图"，如图10-49所示，选中饼图并单击"确定"按钮，即可在工作表中插入数据透视图，如图10-50所示。

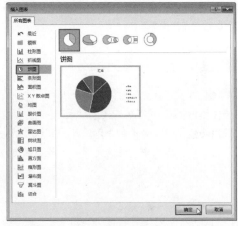

图 10-49

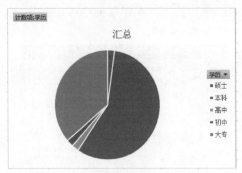

图 10-50

③ 选中图表，单击"图表元素"按钮，在弹出的菜单中选择"数据标签"复选框，即可为饼图默认添加百分比类的数据标签，效果如图10-51所示。

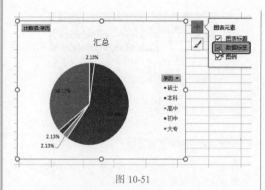

图 10-51

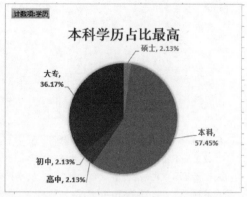

图 10-52

❹ 输入图表标题，并进行一定的美化，得到如图 10-52 所示的图表。

10.4.2 用直方图分析公司员工稳定性

关 键 点：了解直方图的应用方法

操作要点："插入"→"图表"组→"插入统计图表"功能按钮

应用场景：对工龄进行分段统计，可以分析公司员工的稳定性。而在人事信息数据表中，通过计算的工龄数据可以快速创建直方图，直观显示各工龄段人数情况

❶ 切换到"人事信息数据表"中，选中"工龄"列下的单元格区域，在"插入"选项卡的"图表"组中单击"插入统计图表"下拉按钮，在打开的下拉菜单中选择"直方图"命令，如图 10-53 所示，即可在工作表中插入直方图。

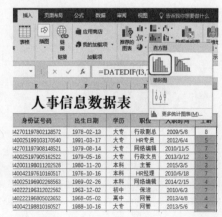

图 10-53

❷ 调整图表的纵横比，然后双击水平坐标轴，

如图 10-54 所示，打开"设置坐标轴格式"窗格。

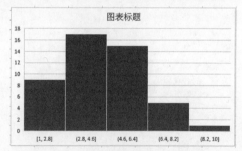

图 10-54

❸ 单击"箱宽度"单选框，在数值框中输入"2"。单击"箱数"单选按钮，在数值框中输入"4"，如图 10-55 所示。

专家提醒

箱数就是柱子的数量，柱子越多就会对数据进行更细致地画分。这个数量也可以按需进行设置，当默认的箱数值不是自己需要的时候，可以自定义设置。

图 10-55

❹ 执行上述操作后，可以看到图表变为 4 个柱子，且工龄按两年分段，如图 10-56 所示。

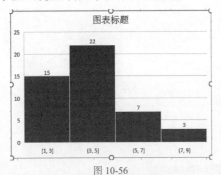

图 10-56

❺ 输入能直观反应图表主题的标题，并美化图表，最终效果如图 10-57 所示。从图表中可以直观看到工龄段在 3～5 年的员工最多。

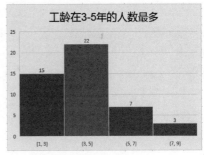

图 10-57

读书笔记

第 **11** 章

企业员工考勤、加班管理

```
企业员工考勤、加班管理
├─ 11.1 整理考勤机数据
│   ├─ 11.1.1 导入考勤机数据
│   │   ├─ 1.考勤机自动产生异常数据
│   │   └─ 2.手动计算考勤异常数据
│   └─ 11.1.2 整理异常数据
│       ├─ 1.手动筛选考勤异常记录
│       └─ 2.计算异常旷工
├─ 11.2 建立整月考勤表
│   ├─ 11.2.1 建立考勤表的表头
│   ├─ 11.2.2 设置条件格式显示周末
│   └─ 11.2.3 填制考勤表
├─ 11.3 建立考勤统计表
│   ├─ 11.3.1 统计各员工本月出勤数据
│   └─ 11.3.2 计算满勤奖、应扣工资
├─ 11.4 本月各部门缺勤情况比较分析
│   ├─ 11.4.1 建立数据透视表分析各部门缺勤情况
│   └─ 11.4.2 建立数据透视图直观比较缺勤情况
├─ 11.5 分析本月出勤情况
│   ├─ 11.5.1 分析各工作天数对应人数的占比情况
│   └─ 11.5.2 分析全月出勤率走势
│       ├─ 1.计算出勤率
│       └─ 2.建立全月出勤率走势折线图
├─ 11.6 加班数据统计
│   ├─ 11.6.1 返回加班类型
│   └─ 11.6.2 加班时数统计
└─ 11.7 计算加班费
```

11.1 整理考勤机数据

考勤机用来记录公司员工上下班打卡的信息。一般在月末时都需要将考勤机数据导入计算机并作为原始数据对本月的考勤情况进行核对、汇总、统计，从而制作出本月的考勤表。

11.1.1 导入考勤机数据

关 键 点：了解考勤机数据的导入
操作要点：使用函数手动统计考勤异常数据
应用场景：使用考勤机导入原始考勤数据后，可以在建立考勤表时利用其数据创
建完整的月度考勤表

1. 考勤机自动产生异常数据

考勤机会自动产生异常统计表，包括迟到、早退和旷工的各类情况。

❶ 如图 11-1 所示为考勤机中导入的考勤数据。

	A	B	C	D	E	F
1	员工编号	姓名	部门	刷卡日期	上班卡	下班卡
2	PL001	陶含月	行政部	2018/3/1	7:51:52	17:19:15
3	PL001	陶含月	行政部	2018/3/2	7:42:23	17:15:08
4	PL001	陶含月	行政部	2018/3/5	8:10:40	17:19:15
5	PL001	陶含月	行政部	2018/3/6	7:51:52	17:19:15
6	PL001	陶含月	行政部	2018/3/7	7:49:09	17:20:21
7	PL001	陶含月	行政部	2018/3/8	7:58:11	16:55:31
8	PL001	陶含月	行政部	2018/3/9	7:56:53	18:30:22
9	PL001	陶含月	行政部	2018/3/12	7:52:38	17:26:15
10	PL001	陶含月	行政部	2018/3/13	7:52:21	16:50:09
11	PL001	陶含月	行政部	2018/3/14	7:53:23	
12	PL001	陶含月	行政部	2018/3/15	7:51:35	17:21:12
13	PL001	陶含月	行政部	2018/3/16	7:50:36	17:00:23
14	PL001	陶含月	行政部	2018/3/19	7:52:38	17:26:15
15	PL001	陶含月	行政部	2018/3/20	7:52:38	19:22:00
16	PL001	陶含月	行政部	2018/3/21	7:52:38	17:26:15
17	PL001	陶含月	行政部	2018/3/22	7:52:38	17:26:15
18	PL001	陶含月	行政部	2018/3/23	7:52:38	17:26:15
19	PL001	陶含月	行政部	2018/3/26	7:52:38	17:05:10

考勤机数据

图 11-1

❷ 如图 11-2 所示为考勤机生成的异常数据记录，这里的记录一般是对迟到、早退和未打卡的情况进行反馈。

2. 手动计算考勤异常数据

上面的"异常统计表"可以作为本月考勤表的部分参数数据。在"考勤机数据"表中还可以利用公式进行更加灵活地判断。如可以将一整天未有打卡记录的处理为"旷工"，将迟

图 11-2

到 40 分钟处理为旷工半天等。下面介绍具体处理步骤。

❶ 选中 G2 单元格，在编辑栏中输入公式：
=IF(E2>TIMEVALUE("08:00"),"迟到 ","")

按 Enter 键，再向下复制公式，可以获取所有员工的迟到情况，如图 11-3 所示。

G2		× ✓ fx	=IF(E2>TIMEVALUE("08:00"),"迟到 ","")		
	D	E	F	迟到情况	早退情况	旷工情况
1	刷卡日期	上班卡	下班卡	迟到情况	早退情况	旷工情况
2	2018/3/1	7:51:52	17:19:15			
3	2018/3/2	7:42:23	17:15:08			
4	2018/3/5	8:10:40	17:19:15	迟到		
5	2018/3/6	7:51:52	17:19:15			
6	2018/3/7	7:49:09	17:20:21			
7	2018/3/8	7:58:11	16:55:31			
8	2018/3/9	7:56:53	18:30:22			
9	2018/3/12	7:52:38	17:26:15			
10	2018/3/13	7:52:21	16:50:09			
11	2018/3/14	7:53:23				
12	2018/3/15	7:51:35	17:21:12			

考勤机数据　考勤异常（自动）

图 11-3

◆ TIMEVALUE 函数：TIMEVALUE(time_text)

返回由文本字符串表示的时间的十进制数字。

■ time_text：一个文本字符串，代表以任一 Excel 时间格式表示的时间。如文本字符串 "6:45 PM" 和 "18:45" 都可以被转换为可计算的二进制数。

◆ =IF(E2>TIMEVALUE("08:00"),"迟到","")

❶ TIMEVALUE("08:00") 返回当前时间的十进制数字。

❷ 使用 IF 函数判断 E2 单元格的上班时间是否大于 ❶ 步中的时间，即 8:00。如果是则返回"迟到"，否则返回空值。

❷ 选中 H2 单元格，在编辑栏中输入公式：

=IF(F2="","",IF(F2<TIMEVALUE("17:00"),"早退",""))

按下 Enter 键，再向下复制公式，即可获取所有员工的早退情况，如图 11-4 所示。

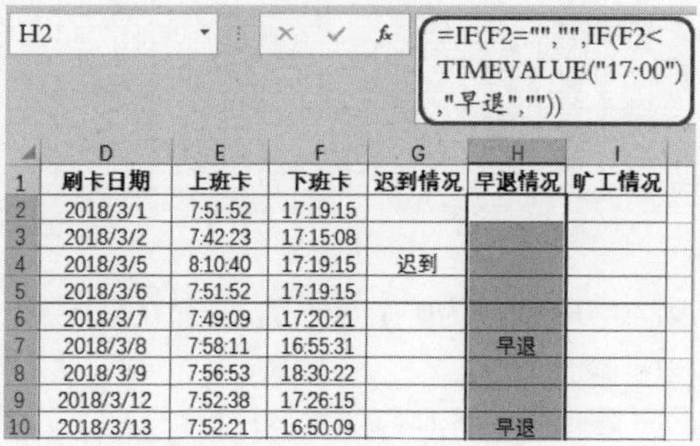

	D	E	F	G	H	I
1	刷卡日期	上班卡	下班卡	迟到情况	早退情况	旷工情况
2	2018/3/1	7:51:52	17:19:15			
3	2018/3/2	7:42:23	17:15:08			
4	2018/3/5	8:10:40	17:19:15	迟到		
5	2018/3/6	7:51:52	17:19:15			
6	2018/3/7	7:49:09	17:20:21			
7	2018/3/8	7:58:11	16:55:31		早退	
8	2018/3/9	7:56:53	18:30:22			
9	2018/3/12	7:52:38	17:26:15			
10	2018/3/13	7:52:21	16:50:09		早退	

图 11-4

❸ 选中 I2 单元格，在编辑栏中输入公式：

=IF(COUNTA(E2:F2)<2,"旷工","")

按下 Enter 键，再向下复制公式，即可获取所有员工的旷工情况，如图 11-5 所示。

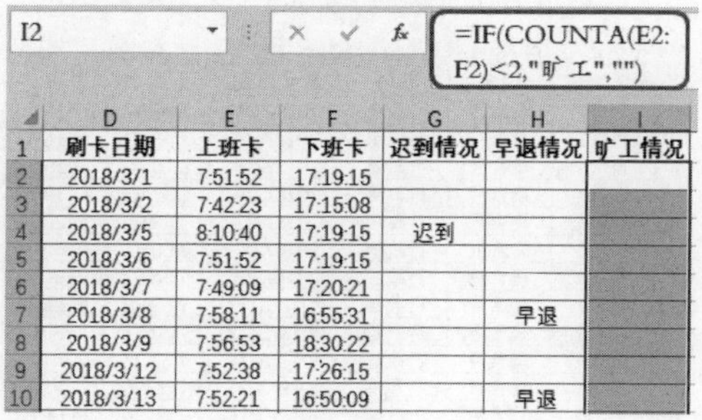

	D	E	F	G	H	I
1	刷卡日期	上班卡	下班卡	迟到情况	早退情况	旷工情况
2	2018/3/1	7:51:52	17:19:15			
3	2018/3/2	7:42:23	17:15:08			
4	2018/3/5	8:10:40	17:19:15	迟到		
5	2018/3/6	7:51:52	17:19:15			
6	2018/3/7	7:49:09	17:20:21			
7	2018/3/8	7:58:11	16:55:31		早退	
8	2018/3/9	7:56:53	18:30:22			
9	2018/3/12	7:52:38	17:26:15			
10	2018/3/13	7:52:21	16:50:09		早退	

图 11-5

=IF(F2="","",IF(F2<TIMEVALUE("17:00"),"早退",""))

❶ 首先判断 F2 单元格的下班时间是否为空，如果是空则返回空值，如果不是则执行 "IF(F2<TIMEVALUE("17:00"),"早退","")" 这一部分。

❷ 当 ❶ 步结果不为空值，则判断 F2 中的时间是否小于下班时间"17:00"，如果是，则返回"早退"，不是则返回空值。

◆ COUNTA 函数：COUNTA(value1,[value2],...)

用于计算范围中不为空的单元格的个数。

■ value1：必需。为所要计数的单元格区域。

◆ =IF(COUNTA(E2:F2)<2,"旷工","")

COUNTA 函数判断 E2:F2 单元格中空值的个数是否小于 2。如果是返回"旷工"，否则返回空值。

11.1.2 整理异常数据

关 键 点： 1. 筛选异常数据
2. 使用公式统计异常旷工记录

操作要点： 1. "数据"→"排序和筛选"组→"高级"功能按钮
2. IF 函数
3. TIMEVALUE

应用场景： 公司规定当迟到超过 40 分钟时，做旷工半天处理，设计公式进行整理

1. 手动筛选考勤异常记录

由于考勤数据较多（整月中每一位员工就有 20 多条考勤记录），因此可以使用筛选功能将所有考勤异常的记录都筛选出来。

❶ 新建工作表并在工作表标签上双击，将其重命名为"考勤异常（手动）"，并在 A1:C4 单元格区域建立筛选条件。

❷ 在"数据"选项卡的"排序和筛选"组中单击"高级"按钮，如图 11-6 所示，打开"高级筛选"对话框。

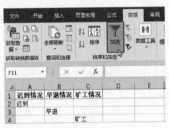

图 11-6

❸ 设置筛选方式为"将筛选结果复制到其他位置"，再分别设置列表区域、条件区域和复制到的位置，如图 11-7 所示。

图 11-7

❹ 单击"确定"按钮，即可筛选出迟到、早退和旷工的员工记录，如图 11-8 所示。

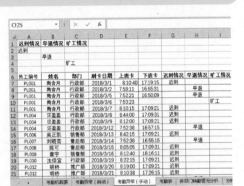

图 11-8

2. 计算异常旷工

如果超过规定上班时间即是"迟到"，但是迟到的时间太多则做异常旷工处理。本例中约定：如果员工迟到的时间超过 40 分钟的话，则以该名员工"旷工半天"处理。

❶ 选中 J7 单元格，在编辑栏中输入公式：

=IF(E7-TIMEVALUE("8:00")>TIMEVALUE("0:40")," 旷 (半)","")

按 Enter 键后即可判断第一位员工是否旷工半天，如图 11-9 所示。

图 11-9

❷ 向下复制公式依次判断出其他员工是否旷工半天，效果如图 11-10 所示。

	上班卡	下班卡	迟到情况	早退情况	旷工情况	是否旷工半天处理
6						
7	8:10:40	17:19:15	迟到			
8	7:58:11	16:55:31		早退		
9	7:52:21	16:50:09		早退		
10	7:53:23				旷工	
11	8:10:15	17:09:21	迟到			
12	8:44:00	17:09:31	迟到			旷(半)
13	8:12:00	17:09:21	迟到			
14	7:52:38	16:57:15		早退		
15	8:42:15	17:09:21	迟到			旷(半)
16	7:52:38	16:55:15		早退		
17	8:05:05	17:09:31	迟到			
18	8:12:40	18:16:11	迟到			
19	8:22:15	17:09:21	迟到			

图 11-10

读书笔记

公式分析

=IF(E7-TIMEVALUE("8:00")>TIMEVALUE("0:40")," 旷（半）","")

❶ E7 为上班打卡时间，这个时间减去上班时间即为迟到时间。

❷ 判断 ❶ 步结果是否大于 40。

❸ 使用 IF 函数对 ❷ 步得到的结果进行判断，如果是则返回"旷（半）"，否则返回空。

11.2 建立整月考勤表

第 11.1 节是通过考勤机导入数据整理出来员工考勤数据，本节会根据考勤机中的数据建立考勤表，记录 2018 年 3 月份中每位员工的考勤情况（即员工上班的天数、迟到、早退、旷工、病假、事假、休假的天数等）。在后面的小节中还会利用到考勤表中的数据统计满勤奖、应扣工资等，而且在第 12 章中计算员工薪酬还需要使用到考勤统计表中的数据。

11.2.1 建立考勤表的表头

关 键 点：自定义日期的显示格式

操作要点：1. "设置单元格格式"→"日期"选项

　　　　　2. TEXT 函数

应用场景：考勤表的基本元素包括员工的工号、部门以及姓名和整月的考勤日期

❶ 在 Sheet1 工作表标签上双击，将其重命名为"考勤表"。在工作表中创建如图 11-11 所示的表格。

❷ 在 D3 单元格中输入"2018/3/1"，在"开始"选项卡的"数字"组中单击"数字格式"按钮，打开"设置单元格格式"对话框。在"分类"列表中选中"日期"选项，设置"类型"为"3/14"，表示只显示日，如图 11-12 所示。

❸ 单击"确定"按钮，可以看到 D3 单元格显示指定日期格式，如图 11-13 所示。

	A	B	C	D	E
1	2018年3月份考勤表				
2					
3	工号	部门	姓名		
4	PL001	行政部	陶含月		
5	PL002	财务部	左亮亮		
6	PL003	财务部	郑伟萍		
7	PL004	行政部	汪盈盈		
8	PL005	销售部	王婷		
9	PL006	销售部	吴正凯		
10	PL007	售后部	刘晓芸		

考勤表　各部门缺勤情况分析

图 11-11

Excel 表格制作与数据处理从入门到精通

④ 再向右批量填充日期至 3 月份的最后一天（即 31 号），如图 11-14 所示。

⑤ 选中 D2 单元格，在编辑栏中输入公式：
=TEXT(D3,"AAA")

按 Enter 键，返回的是 D3 单元格日期对应的星期数，如图 11-15 所示。

图 11-12

图 11-13

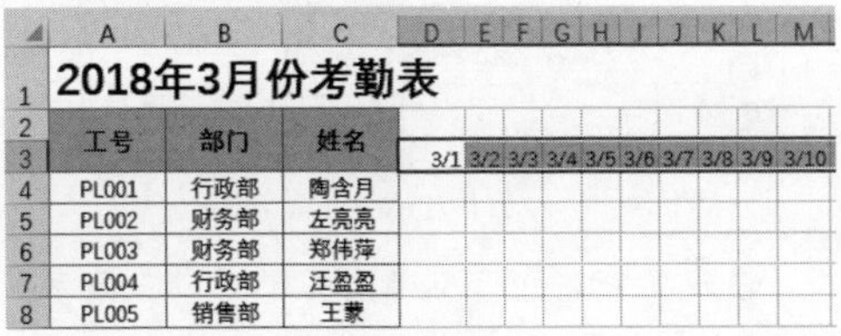

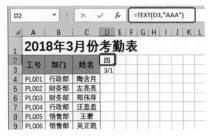

图 11-15

⑥ 选中 D2 单元格，拖动右下角的填充柄向右复制公式，一直拖动到当月的最后一天，可依次返回各日期对应星期数，如图 11-16 所示。

图 11-16

公式分析

◆ TEXT 函数：TEXT(value,format_text)

通过格式代码向数字应用格式，进而更改数字的显示方式。

■ value 为数值、计算结果为数字值的公式，或对包含数字值的单元格的引用。

■ format_text 为"单元格格式"对话框中"数字"选项卡上"分类"框中的文本形式的数字格式。

◆ =TEXT(D3,"AAA")

AAA 是指返回日期对应的文本值，即星期数。

图 11-14

11.2.2 设置条件格式显示周末

关 键 点：让周六和周日日期以特殊格式显示

操作要点："开始"→"样式"组→"条件格式"功能按钮

应用场景：创建了考勤表后，将"星期六""星期日"显示为特殊颜色，可以方便员工填写实际考勤数据

❶ 选中 D3：AG3 单元格，在"开始"选项卡的"样式"组中单击"条件格式"按钮，在打开的下拉菜单中选择"新建规则"命令，如图 11-17 所示，打开"新建格式规则"对话框。

❷ 选择"使用公式确定要设置格式的单元格"规则类型，设置公式为"=D$3="六"，如图 11-18 所示。

图 11-17

图 11-18

❸ 单击"格式"按钮，打开"设置单元格格式"对话框。切换到"填充"选项卡，设置特殊背景色，如图 11-19 所示。还可以切换到"字体"和"边框"选项卡下设置其他特殊格式。

图 11-19

❹ 依次单击"确定"按钮完成设置，返回工作表中可以看到所有"周六"都显示为绿色，如图 11-20 所示。

图 11-20

❺ 继续选中显示日期的区域，打开"新建格式规则"对话框。选择"使用公式确定要设置格式的单元格"规则类型，设置公式为"=D$3="日"，如图 11-21 所示。按照和步骤 ❸ 相同的办法设置填充颜色为红色即可。

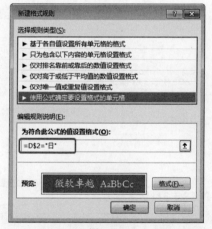

图 11-21

❻ 设置完成后，可以看到所有"周日"显示为红色，如图 11-22 所示。

图 11-22

关 键 点： 以考勤机数据为基本依据填制考勤表

操作要点： 手动填写员工的考勤情况

应用场景： 考勤异常可能是因为出差或请假等，此时需要手动输入考勤情况

　　"考勤表"里的数据是人事部门的工作人员根据"考勤异常"表的情况手动填入的，如图 11-23 所示，无异常的即为正常出勤，有异常的就手动填写下来。而旷工的产生有的是特殊情况，例如，有的是因为事假、病假，出差没有打卡记录时也会返回"旷工"文字，所以可以手动将这些情况下的旷工改为"出差""事假""病假"等文字。

图 11-23

11.3　建立考勤统计表

　　对员工的本月出勤情况进行统计后，接着需要进行统计分析，如统计各员工本月请假天数、迟到次数等，最终需要计算应扣工资及满勤奖等数据。

11.3.1　统计各员工本月出勤数据

关 键 点： 从"考勤统计表"中统计各项出勤数据

操作要点： 1. NETWORKDAYS 函数

　　　　　　2. EOMONTH 函数

　　　　　　3. DATE 函数

　　　　　　4. COUNTIF 函数

应用场景： 建立考勤表之后，根据本月的实际情况对员工的出勤情况进行统计，包括应出的天数、实际出勤天数、各种假别对应天数，有了这些数据的统计才能计算应扣工资

❶ 新建工作表，将其重命名为"考勤统计表"。建立表头，将员工基本信息数据复制进来，并输入规划好的统计计算列标识，设置好表格的填充及边框效果，如图 11-24 所示。

❷ 选中 D3 单元格，在编辑栏中输入公式：=NETWORKDAYS(DATE(2018,3,1),EOMONTH(DATE(2018,3,1),0))

　　按下 Enter 键后再向下复制公式，即可得到应该出勤的天数，如图 11-25 所示。

图 11-24

图 11-25

❸ 选中 E3 单元格，在编辑栏中输入公式：“=COUNTIF(考勤表 !D4:AG4,"")”

按 Enter 键统计出第一位员工的实际出勤天数，如图 11-26 所示。

=COUNTIF(考勤表!D4:AG4,"")

员工出勤情况统计

员工工号	部门	姓名	应该出勤	出勤	迟到	早退	事假
PL001	行政部	陶含月	22	16			
PL002	财务部	左亮亮					
PL003	财务部	郑伟萍					
PL004	行政部	汪盈盈					
PL005	销售部	王蒙					
PL006	销售部	吴正凯					
PL007	售后部	刘晓芸					
PL008	售后部	陈可					
PL009	销售部	章宇					
PL010	行政部	沈佳宜					

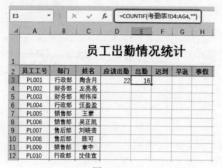

图 11-26

❹ 选中 F3 单元格，在编辑栏中输入公式：=COUNTIF(考勤表 !$D4:$AG4,F$2)

按 Enter 键即可统计出第一位员工的迟到天数，如图 11-27 所示。

=COUNTIF(考勤表!$D4:$AG4,F$2)

员工出勤情况统计

员工工号	部门	姓名	应该出勤	出勤	迟到	早退	事假
PL001	行政部	陶含月	22	16	2		
PL002	财务部	左亮亮					
PL003	财务部	郑伟萍					
PL004	行政部	汪盈盈					
PL005	销售部	王蒙					
PL006	销售部	吴正凯					
PL007	售后部	刘晓芸					
PL008	售后部	陈可					

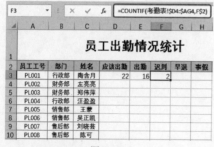

图 11-27

❺ 选中 F3 单元格，拖动右下角的填充柄至 L3 单元格，统计出的第一位员工早退、事假、病假等的次数，如图 11-28 所示。

❻ 选中 F3:L3 单元格区域，向下拖动右下角的填充柄即可一次性统计出每位员工出勤天数、其他各假别天数、迟到早退次数等，如图 11-29 所示。

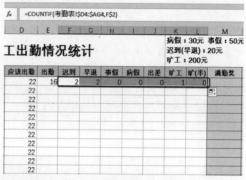

=COUNTIF(考勤表!$D4:$AG4,F$2)

工出勤情况统计

病假：30元 事假：50元
迟到(早退)：20元
旷工：200元

应该出勤	出勤	迟到	早退	事假	病假	出差	旷工	旷(半)	满勤奖
22	16	2	2	0	0	0	1	0	
22									
22									
22									
22									
22									
22									
22									
22									
22									
22									

图 11-28

员工出勤情况统计

病假：30元
迟到(早退)：
旷工：200元

员工工号	部门	姓名	应该出勤	出勤	迟到	早退	事假	病假	出差	旷工	旷(半)
PL001	行政部	陶含月	22	16	2	2	0	0	0	1	0
PL002	财务部	左亮亮	22	22	0	0	0	0	0	0	0
PL003	财务部	郑伟萍	22	22	0	0	0	0	0	0	0
PL004	行政部	汪盈盈	22	18	1	1	1	0	0	0	1
PL005	销售部	王蒙	22	22	0	0	0	0	0	0	0
PL006	销售部	吴正凯	22	21	0	0	0	0	0	0	1
PL007	售后部	刘晓芸	22	21	0	1	0	0	0	0	0
PL008	售后部	陈可	22	21	1	0	0	0	0	0	0
PL009	销售部	章宇	22	21	1	0	0	0	0	0	0
PL010	行政部	沈佳宜	22	21	1	0	0	0	0	0	0
PL011	销售部	刘长城	22	22	0	0	0	0	0	0	0

图 11-29

公式分析

◆ NETWORKDAYS 函数：NETWORKDAYS (start_date,end_date,[holidays])

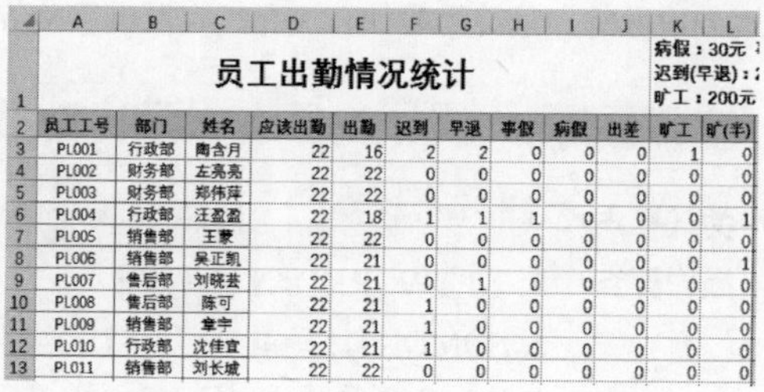

返回参数 start_date 和 end_date 之间完整的工作日数值。工作日不包括周末和专门指定的假期。

- start_date：必需。一个代表开始日期的日期。
- end_date：必需。一个代表终止日期的日期。

◆ EOMONTH 函数：EOMONTH(start_date, months)

返回某个月份最后一天的序列号，该月份与 start_date 相隔（之后或之前）指示的月份数。

- start_date：必需。一个代表开始日期的日期。注意日期不能是文本格式的。如果不是单元格的引用，可以使用 DATE 来构建日期。
- months：必需。start_date 之前或之后的月份数。months 为正值将生成未来日期；为负值将生成过去日期。

③

◆ =NETWORKDAYS(DATE(2018,3,1),EOMONTH(DATE(2018,3,1),0))

①　　　　　　　　　②

❶ DATE(2018,3,1) 是指返回日期"2018,3,1"的日期序列号。

❷ EOMONTH(DATE(2018,3,1) 是指返回"2018,3,1"这个日期对应月份最后一天的序列号。

❸ 返回两个日期的工作日数。

公式分析

=COUNTIF(考勤表!$D4:$AG4,F$2)

统计出考勤表的 $D4:$AG4 单元格区域中，F2 单元格中"迟到"的次数。

11.3.2　计算满勤奖、应扣工资

关 键 点：学习满勤奖和应扣工资的计算方法

操作要点：根据各类假别天数、旷工天数计算奖金和应扣工资

应用场景：根据考勤统计结果，可以计算出满勤奖与应扣工资，这是本月财务部门进行工资核算时需要使用的数据

❶ 选中 M3 单元格，在编辑栏中输入公式"=IF(E3=D3,300,"")"，按 Enter 键。选中 M3 单元格，拖动右下角填充柄向下复制公式，依次得到每位员工的满勤奖金，如图 11-30 所示。

❷ 选中 N3 单元格，在编辑栏中输入公式"=F3*20+G3*20+H3*50+I3*30+K3*200+L3*100"，按 Enter 键。选中 N3 单元格，拖动右下角填充柄向下复制公式依次得到每位员工的应扣合计金额，如图 11-31 所示。

图 11-30

图 11-31

根据创建好的考勤统计表，可以通过建立数据透视表和数据透视图来对各项数据进行分析，例如，分析各部门的缺勤情况，通过图表直观显示各部门出勤情况。

11.4.1 建立数据透视表分析各部门缺勤情况

关　键　点：通过为数据透视表设置不同字段达到不同分析目的
操作要点："插入"→"表格"组→"数据透视表"功能按钮
应用场景：在建立了考勤统计表之后，可以利用数据透视表来分析各部门请假状况，以便于企业人事部门对员工请假情况做出控制

❶ 在"考勤统计表"中单击除表头之外的其他所有数据编辑区，在"插入"选项卡的"表格"组中单击"数据透视表"按钮，如图 11-32 所示，打开"创建数据透视表"对话框。

❷ 在"选择一个表或区域"框中显示了选中的单元格区域，如图 11-33 所示。

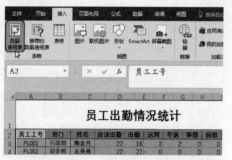

图 11-32

❸ 保持默认设置，单击"确定"按钮，即可新建工作表显示数据透视表，在工作表标签上双击鼠标，输入新名称为"各部门缺勤情况分析"；设置"所在部门"字段为行标签，设置"事假""病假""迟到""旷工"字段为值字段，如图 11-34 所示。

行标签	求和项:事假	求和项:病假	求和项:旷工	求和项:迟到
财务部	0	0	0	4
行政部	1	0	1	4
售后部	0	0	2	1
推广部	1	0	2	0
销售部	0	1	0	5
总计	2	1	5	13

... | 考勤表 | 各部门缺勤情况分析 | 考勤统计表 | ⊕

图 11-34

❹ 在数据透视表中选中 B3 单元格，然后在编辑栏中重新为其定义名称。如输入"事假人数"，如图 11-35 所示。

B3		✕ ✓ fx	事假人数

行标签	事假人数	求和项:病假	求和项:旷工
财务部	0	0	0
行政部	1	0	1
售后部	0	0	2
推广部	1	0	2
销售部	0	1	0
总计	2	1	5

图 11-35

创建数据透视表

请选择要分析的数据
⦿ 选择一个表或区域(S)
　　表/区域(T)：考勤统计表!$A$2:$N$28
○ 使用外部数据源(U)
　　选择连接(C)...
　　连接名称：
○ 使用此工作簿的数据模型(D)
选择放置数据透视表的位置
⦿ 新工作表(N)
○ 现有工作表(E)
　　位置(L)：
选择是否想要分析多个表
☐ 将此数据添加到数据模型(M)

确定　取消

图 11-33

⑤ 单击"确定"按钮，即可统计出各个部门事假的人数。

⑥ 按相同的方法为"求和项：病假""求和项：迟到""求和项：旷工"字段重新命名，数据透视表的统计效果如图 11-36 所示。

行标签	事假人数	病假人数	旷工人数	迟到人数
财务部	0	0	0	0
行政部	1	0	1	4
售后部	0	0	2	1
推广部	1	0	2	3
销售部	0	1	0	5
总计	2	1	5	13

图 11-36

11.4.2 建立数据透视图直观比较缺勤情况

关 键 点： 用数据透视图直观比较各部门的出勤状况
操作要点： "数据透视表工具 - 分析"→"工具"组→"数据透视图"功能按钮
应用场景： 创建了统计各部门出勤数据的数据透视表后，再创建图表来直观反应数据将非常方便

❶ 选中数据透视表任意单元格，在"数据透视表工具 - 分析"选项卡的"工具"组中单击"数据透视图"按钮，如图 11-37 所示，打开"插入图表"对话框。

❷ 选择图表类型为堆积条形图，如图 11-38 所示。

图 11-37

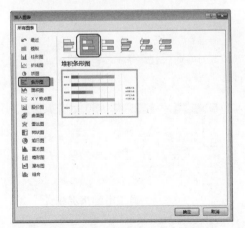

图 11-38

❸ 单击"确定"按钮，即可新建数据透视图。新建图表后，可以在图表标题编辑框中重新输入图表名称，其效果如图 11-39 所示。

❹ 选中图表，单击"图表元素"按钮，在打开的下拉菜单中选择"数据标签"右侧按钮，如图 11-40 所示。

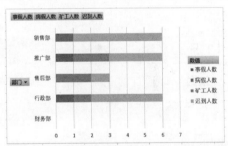

图 11-39

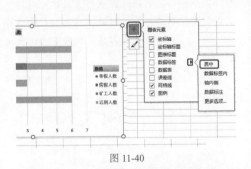

图 11-40

❺ 在子菜单中选择数据标签显示的位置（单击鼠标即可应用），如这里选择"居中"，效果如图 11-41 所示。

273

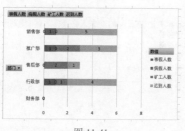

图 11-41

⑥ 选中图表，单击"图表样式"按钮，打开下拉列表，在"样式"栏中选择想使用的图表样式（单击即可应用），效果如图 11-42 所示。

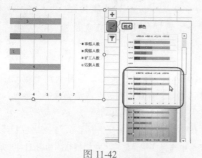

图 11-42

⑦ 设置完成后的图表如图 11-43 所示。从图表中可以直观看到"销售部"与"行政部"的迟到情况最为严重，"财物部"出勤状况最好。

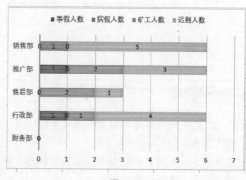

图 11-43

11.5 ▶ 分析本月出勤情况

根据各部门员工的出勤天数，可以通过创建数据透视表和图表来分析整月出勤情况。

11.5.1 ▶ 分析各工作天数对应人数的占比情况

关 键 点： 统计公司各工作天数对应的人数
操作要点： 设置数据透视表的值显示方式为"列汇总的百分比"
应用场景： 创建数据透视表，可以统计出各个出勤天数对应的人数，并对各出勤天数的人数占总人数的百分比情况做出统计

① 在"考勤统计表"中选中"出勤"列的数据，在"插入"选项卡的"表格"组中单击"数据透视表"按钮，如图 11-44 所示，打开"创建数据透视表"对话框。

② 单击"确定"按钮创建数据透视表。将其工作表标签重命名为"分析各工作天数对应人数的占比情况"，分别设置"出勤"字段为"行标签"与"值"标签字段，如图 11-45 所示。数据表中统计的是各个工作天数对应的人数。

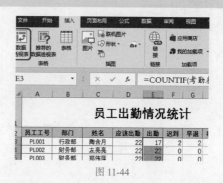

图 11-44

图 11-45

图 11-46

③ 在"数值"列表框中单击数值字段，在打开的菜单中选择"值字段设置"命令，打开"值字段设置"对话框。选择"值显示方式"选项卡，并在下拉列表中选中"列汇总的百分比"，在"自定义名称"文本框中重新定义字段的名称，如图 11-46 所示。

④ 单击"确定"按钮，即可显示出各个工作天数对应人数的占比情况，如图 11-47 所示。即工作天数为 22 天的比例最大，占 34.62%。

	A	B
2		
3	行标签 ▾	工作天数对应的人数
4	17	7.69%
5	18	7.69%
6	19	3.85%
7	20	15.38%
8	21	30.77%
9	22	34.62%
10	总计	100.00%

图 11-47

11.5.2 分析全月出勤率走势

关 键 点：1. 每日出勤率的统计
　　　　　2. 用图表分析全月出勤率
操作要点："插入"→"图表"组→"折线图"功能按钮
应用场景：可以对本月的各日出勤率进行统计，然后建立图表直观显示出全月出勤率走势情况

1. 计算出勤率

❶ 新建工作表，将其重命名为"3月出勤率走势"。根据实际情况创建如图 11-48 所示的表格。

	A	B	C	D	E	F	G	H
1	*3月出勤率统计*							
2	日期	1日	2日	3日	4日	5日	6日	7日	8日
3	应到人数	30	30	30	30	30	30	30	30
4	实到人数	30	21	27	26	28	29	29	24
5	出勤率								

图 11-48

❷ 选中 B5 单元格，在编辑栏中输入公式"=B4/

B3"，按 Enter 键，即可计算出"1 日"的出勤率，如图 11-49 所示。

B5					f_x		=B4/B3	
	A	B	C	D	E	F	G	H	J
1	*3月出勤率统计*								
2	日期	1日	2日	3日	4日	5日	6日	7日	8日	9日
3	应到人数	30	30	30	30	30	30	30	30	30
4	实到人数	30	21	27	26	28	29	29	26	29
5	出勤率	1								

图 11-49

❸ 选中 B5 单元格，向右复制公式到 V5 单元格。然后设置返回的数据为百分比格式并且包含两位小数，如图 11-50 所示。

图 11-50

2. 建立全月出勤率走势折线图

❶ 选中 A2:V2、A5:V5 单元格区域，在"插入"选项卡的"图表"组中单击"折线图"按钮，在打开的下拉菜单中选择"折线图"命令，如图 11-51 所示，即可创建折线图，如图 11-52 所示。

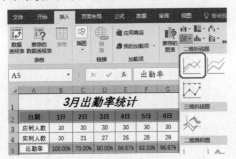

图 11-51

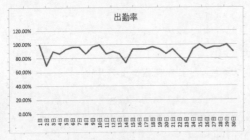

图 11-52

❷ 双击图表中的数据系列（本图表中只有一个数据系列），打开"设置数据系列格式"窗格。在"标签"下选中"内置"单选按钮，然后在下拉列表中设置标记类型为正方形，如图 11-53 所示。

❸ 选中绘图区，在"图表工具 - 格式"选项卡

的"形状样式"组中单击"形状填充"按钮，打开下拉菜单。单击"灰色"，如图 11-54 所示，即可为图表绘图区应用填充颜色。

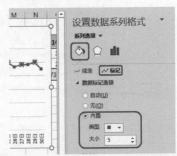

图 11-53

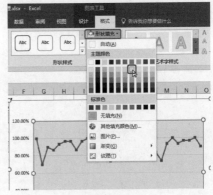

图 11-54

❹ 在图表标题编辑框中重新输入图表名称，并设置图表中文字格式。设置完成后图表如图 11-55 所示。从图表中可以直观比较全月中各日出勤率。

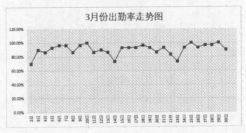

图 11-55

11.6 加班数据统计

加班记录表是按加班人、开始时间、结束时间逐条记录的。加班记录表的数据都来源于平时员工填写的加班申请表，在月末时将这些审核无误的审核表汇总到一张 Excel 表格中。利用这些原始数据可以进行加班费的核算。

11.6.1 返回加班类型

关 键 点：用公式自动返回加班类型
操作要点：WEEKDAY 函数
应用场景：根据每位员工的加班日期，可以设置公式返回加班类型是"平常日"
　　　　　还是"公休日"

❶ 在 Sheet2 工作表标签上双击鼠标，重新输入名称为"加班记录表"。在表格中建立相应列标识，并进行文字格式、边框底纹等的美化设置，如图 11-56 所示。

图 11-56

❷ 输入加班人与加班日期基本数据到工作表中，选中 D3 单元格，在编辑栏中输入公式：

=IF(WEEKDAY(C3,2)>=6," 公休日 "," 平常日 ")

按 Enter 键，即可根据加班时间返回加班类型，如图 11-57 所示。

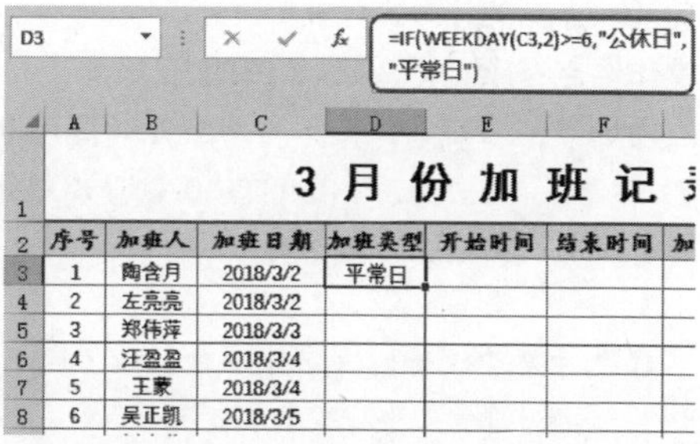

❸ 选中 D3 单元格，拖动右下角的填充柄向下复制公式，可返回 C 列中填入的所有加班日期对应的加班类型，如图 11-58 所示。

图 11-57

图 11-58

公式分析

◆ WEEKDAY 函数：WEEKDAY(serial_number, [return_type])

返回对应于某个日期的一周中的第几天。默认情况下，天数是 1（星期日）到 7（星期六）范围内的整数。

■ serial_number：一个序列号，代表尝试查找的那一天的日期。必须是标准的日期，文本日期无法返回正确值。

- return_type：用于确定返回值类型的数字，是可选参数。

◆ =IF(WEEKDAY(C3,2)>=6,"公休日","平常日")

① WEEKDAY(C3,2)>=6 判断 C3 单元格中的日期数字是否 ≥ 6（参数 "2" 代表数字 1 到数字 7，即星期一到星期日）。

② 如果①步中得到的数字 ≥ 6 即返回 "公休日"，如果小于 6 则返回 "平常日"。

11.6.2　加班时数统计

关 键 点：统计加班时数
操作要点：HOUR 函数、MINUTE 函数
应用场景：根据每位员工的加班开始时间和结束时间，可以统计出总加班小时数。利用 MINUTE 函数可以统计加班时长的分钟数，再使用 HOUR 函数统计为小时数

① 选中要输入时间的 E3:F32 单元格区域，在 "开始" 选项卡的 "数字" 组中单击 "数字格式" 按钮，打开 "设置单元格格式" 对话框。在 "分类" 列表中选择 "时间"，并在 "类型" 框中选择时间格式，如图 11-59 所示。

图 11-59

② 单击 "确定" 按钮完成设置，再输入时间时，就会显示为如图 11-60 所示的格式。

③ 选中 G3 单元格，在编辑栏中输入公式：

=(HOUR(F3)+MINUTE(F3)/60)-(HOUR(E3)+MINUTE(E3)/60)

按 Enter 键，即可计算出第一条记录的加班小时数，如图 11-61 所示。

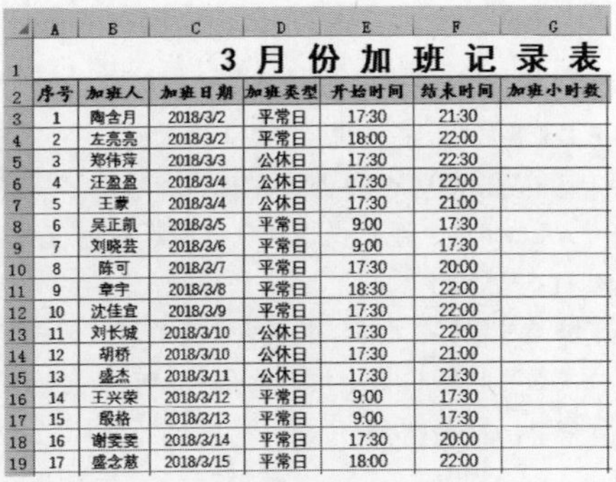

图 11-60

④ 选中 G3 单元格，拖动右下角的填充柄向下复制公式，即可计算出各条记录的加班小时数，效果如图 11-62 所示。

图 11-61

图 11-62

公式分析

◆ HOUR 函数：HOUR(serial_number)

返回时间值的小时数。即一个介于 0（12:00 A.M.）～ 23（11:00 P.M.）之间的整数。

■ serial_number：时间值，其中包含要查找的小时数。时间值有多种输入方式：带引号的文本字符串（如 "6:45 PM"）、十进制数（例如，0.78125 表示 6:45 PM）或其他公式或函数的结果（如 TIMEVALUE("6:45 PM")）。

◆ MINUTE 函数：MINUTE(serial_number)

返回时间值中的分钟。分钟是一个介于 0 ～ 59 之间的整数。

■ serial_number：一个时间值，其中包含要查找的分钟。时间值有多种输入方式：带引号的文本字符串（如 "6:45 PM"）、十进制数（例如，0.78125 表示 6:45 PM）或其他公式或函数的结果（如 TIMEVALUE("6:45 PM")）。

◆ =(HOUR(F3)+MINUTE(F3)/60)–(HOUR(E3)+MINUTE(E3)/60)

❶ MINUTE 函数提取 F3 单元格内时间的分钟数再除以 60，即转换为小时数。

❷ HOUR 函数提取 F3 单元格内时间的小时数。与 ❶ 步结果相加得出 F3 单元格中时间的小时数。

❸ 按相同方法也将 E3 单元格中的时间转换为小时数，然后取它们的差值即为加班小时数。

❺ 在"是否申请"列中可根据实际情况填写数据，例如，在首个单元格中输入"是"，然后利用填充的方法可以一次性填入"是"文字，效果如图 11-63 所示。

❻ 选中"处理结果"列单元格区域，并打开"数据验证"对话框。在"允许"列表中选择"序列"，在"来源"设置框中输入"付加班工资，补休"（逗号在英文状态下输入），如图 11-64 所示。

图 11-63

图 11-64

⑦ 切换到"输入信息"选项卡，设置选中单元格时显示的提示信息，如图 11-65 所示。

图 11-65

⑧ 单击"确定"按钮回到工作表中，选中"处理结果"列单元格时会显示提示信息并显示下拉按钮，如图 11-66 所示。单击按钮，即可从下拉列表中选择处理结果，如图 11-67 所示。

	E	F	G	H	I
1	分 加 班 记 录 表				
2	开始时间	结束时间	加班小时数	是否申请	处理结果
3	17:30	21:30	4	是	
4	18:00	22:00	4	是	
5	17:30	22:30	5	是	
6	17:30	22:00	4.5	是	
7	17:30	21:00	3.5	是	

选择处理结果！

图 11-66

	E	F	G	H	I
1	分 加 班 记 录 表				
2	开始时间	结束时间	加班小时数	是否申请	处理结果
3	17:30	21:30	4	是	付加班工资
4	18:00	22:00	4	是	
5	17:30	22:30	5	是	付加班工资
6	17:30	22:00	4.5	是	补休
7	17:30	21:00	3.5	是	
8	9:00	17:30	8.5	是	

图 11-67

11.7 ▶ 计算加班费

关 键 点: 对每位人员的加班时长
进行汇总统计并计算加班费
操作要点: SUMIFS 函数
应用场景: 一位员工可能会对应多条加班记录，同时不同的加班类型其对应的加班工资也有所不同。因此，在完成了加班记录表的建立后，可以建立一张表统计每位员工的加班时长并计算加班费

本例中规定：如果加班类型是"平常日"加班，则加班费是每小时 50 元；如果加班类型是"公休日"加班，则加班费是每小时 80 元。

❶ 在 Sheet3 工作表标签上双击，重新输入名称为"加班费计算表"。输入表格的基本数据，规划好应包含的列标识，并对表格进行文字格式、边框底纹等的美化设置，设置后表格如图 11-68 所示。

	A	B	C	D
1	加班费计算表		工作日加班：50元/小时	
			节假日加班：80元/小时	
2	加班人	节假日加班小时数	工作日加班小时数	加班费
3				
4				
5				
6				
7				
8				
9				
10				
11				
12				

加班记录表　加班费计算表

图 11-68

②切换到"加班记录表",选中 B 列中的加班人数据，如图 11-69 所示，在名称框中输入"加班人"，按 Enter 键，即可完成该名称的定义。

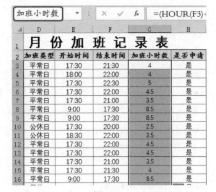

| 加班人 | ▼ | ┆ | × ✓ | fx | 陶含月 |

A	B	C	D	E
1			3 月 份 加	
2	序号	加班人	加班日期	加班类型	开始时间
3	1	陶含月	2018/3/2	平常日	17:30
4	2	左亮亮	2018/3/2	平常日	18:00
5	3	郑伟萍	2018/3/3	平常日	17:30
6	4	汪盈盈	2018/3/4	平常日	17:30
7	5	王蒙	2018/3/4	平常日	17:30
8	6	吴正凯	2018/3/5	平常日	9:00
9	7	刘晓芸	2018/3/6	平常日	9:00
10	8	陈可	2018/3/7	公休日	17:30
11	9	章宇	2018/3/8	公休日	18:30
12	10	沈佳宜	2018/3/9	平常日	17:30
13	11	刘长城	2018/3/10	平常日	17:30
14	12	胡桥	2018/3/10	平常日	17:30

图 11-69

③选中 D 列中的加班类型数据，在名称框中输入"加班类型"，如图 11-70 所示，按 Enter 键，即可完成该名称的定义。

| 加班类型 | ▼ | ┆ | × ✓ | fx | =IF(W.. |

A	B	C	D	E
1			3 月 份 加	
2	序号	加班人	加班日期	加班类型	开始加
3	1	陶含月	2018/3/2	平常日	17:30
4	2	左亮亮	2018/3/2	平常日	18:00
5	3	郑伟萍	2018/3/3	平常日	17:30
6	4	汪盈盈	2018/3/4	平常日	17:30
7	5	王蒙	2018/3/4	平常日	17:30
8	6	吴正凯	2018/3/5	平常日	9:00
9	7	刘晓芸	2018/3/6	平常日	9:00
10	8	陈可	2018/3/7	公休日	17:30
11	9	章宇	2018/3/8	公休日	18:30
12	10	沈佳宜	2018/3/9	平常日	17:30
13	11	刘长城	2018/3/10	平常日	17:30
14	12	胡桥	2018/3/10	平常日	17:30
15	13	盛杰	2018/3/11	平常日	17:30
16	14	吴兴茸	2018/3/12	平常日	9:00

图 11-70

④选中 G 列中的加班小时数数据，在名称框中输入"加班小时数"，按 Enter 键，即可完成该名称的定义，如图 11-71 所示。

⑤选中 I 列中的处理结果数据，在名称框中输入"处理结果"，按 Enter 键，即可完成该名称的定义，如图 11-72 所示。

| 加班小时数 | ▼ | ┆ | × ✓ | fx | =(HOUR(F3)+ |

D	E	F	G	H
1	月 份 加 班 记 录 表			
2	加班类型	开始时间	结束时间	加班小时数	是否申请
3	平常日	17:30	21:30	4	是
4	平常日	18:00	22:00	4	是
5	平常日	17:30	22:30	5	是
6	平常日	17:30	22:00	4.5	是
7	平常日	17:30	21:00	3.5	是
8	平常日	9:00	17:30	8.5	是
9	平常日	9:00	17:30	8.5	是
10	公休日	17:30	20:00	2.5	是
11	公休日	18:30	22:00	3.5	是
12	平常日	17:30	22:00	4.5	是
13	平常日	17:30	22:00	4.5	是
14	平常日	17:30	21:00	3.5	是
15	平常日	17:30	21:30	4	是
16	平常日	9:00	17:30	8.5	是

图 11-71

| 处理结果 | ▼ | ┆ | × ✓ | fx | 付加班工资 |

E	F	G	H	I
1	分 加 班 记 录 表			
2	开始时间	结束时间	加班小时数	是否申请	处理结果
3	17:30	21:30	4	是	付加班工资
4	18:00	22:00	4	是	付加班工资
5	17:30	22:30	5	是	付加班工资
6	17:30	22:00	4.5	是	付加班工资
7	17:30	21:00	3.5	是	付加班工资
8	9:00	17:30	8.5	是	补休
9	9:00	17:30	8.5	是	付加班工资
10	17:30	20:00	2.5	是	付加班工资
11	18:30	22:00	3.5	是	付加班工资
12	17:30	22:00	4.5	是	付加班工资
13	17:30	22:00	4.5	是	付加班工资
14	17:30	21:00	3.5	是	付加班工资
15	17:30	21:30	4	是	付加班工资

图 11-72

⑥选中 B3 单元格，在编辑栏中输入公式
=SUMIFS(加班小时数,加班类型,"公休日",处理结果,"付加班工资",加班人,A3)

按 Enter 键，即可计算出第一位员工节假日的加班小时数，如图 11-73 所示。

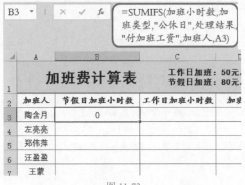

| B3 | ▼ | ┆ | × ✓ | fx | =SUMIFS(加班小时数,加班类型,"公休日",处理结果,"付加班工资",加班人,A3) |

A	B	C
1	加班费计算表		工作日加班：50元/... 节假日加班：80元/...
2	加班人	节假日加班小时数	工作日加班小时数	加...
3	陶含月	0		
4	左亮亮			
5	郑伟萍			
6	汪盈盈			
7	王蒙			

图 11-73

◆SUMIFS 函数：SUMIFS(sum_range,criteria_range1,criteria1,[criteria_range2,criteria2],...)
对多个条件进行判断，并对满足所有条件的数据进行求和计算。

- sum_range：（必需）要求和的单元格区域。
- criteria_range1：（必需）用于第一个条件判断的区域。
- criteria1：（必需）第一个判断条件。
- criteria_range2,criteria2,...：第二个判断条件的区域与第二个判断条件。

◆=SUMIFS(加班小时数 , 加班类型 ,"公休日", 处理结果 ,"付加班工资", 加班人 ,A3)

①用于求和的区域。
②第一个用于条件判断的区域和第一个条件。
③第二个用于条件判断的区域和第二个条件。
④第三个用于条件判断的区域和第三个条件。
同时满足②③④ 3 个条件时，将对应在①单元格区域上的值进行求和。

⑦选中 C3 单元格，在编辑栏中输入公式
=SUMIFS(加班小时数 , 加班类型 ,"平常日", 处
理结果 ,"付加班工资", 加班人 ,A3)
按 Enter 键，即可计算出第一位员工工作日加班
的加班小时数，如图 11-74 所示。

图 11-74

⑧选中 B3:C3 单元格区域，光标定位于该单元
格区域右下角的填充柄上，向下复制公式即可得出
每位员工的节假日加班与工作日加班的小时数，如
图 11-75 所示。

⑨选中 D3 单元格，在编辑栏中输入公式
"=B3*80+C3*50"，按 Enter 键，即可计算出第
一位员工的加班费。向下复制公式即可得出每位员工

的加班费，如图 11-76 所示。

图 11-75

图 11-76

第12章

企业员工薪酬福利管理

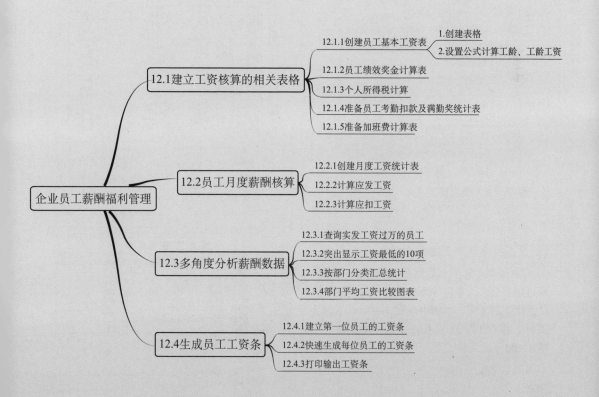

企业员工薪酬福利管理

- 12.1建立工资核算的相关表格
  - 12.1.1创建员工基本工资表
    - 1.创建表格
    - 2.设置公式计算工龄、工龄工资
  - 12.1.2员工绩效奖金计算表
  - 12.1.3个人所得税计算
  - 12.1.4准备员工考勤扣款及满勤奖统计表
  - 12.1.5准备加班费计算表
- 12.2员工月度薪酬核算
  - 12.2.1创建月度工资统计表
  - 12.2.2计算应发工资
  - 12.2.3计算应扣工资
- 12.3多角度分析薪酬数据
  - 12.3.1查询实发工资过万的员工
  - 12.3.2突出显示工资最低的10项
  - 12.3.3按部门分类汇总统计
  - 12.3.4部门平均工资比较图表
- 12.4生成员工工资条
  - 12.4.1建立第一位员工的工资条
  - 12.4.2快速生成每位员工的工资条
  - 12.4.3打印输出工资条

12.1 建立工资核算的相关表格

计算员工的薪酬是财务部门每月的工作，薪酬的管理要结合员工各项所得工资（如根据销售记录计算销售提成，根据考勤表计算满勤奖等）和应扣除项目（考勤扣款、个人所得税等），合计后才能得到最终的工资。并且，工资表生成后，还可以从不同角度分析员工的薪资情况，如部门工资合计统计、查看高低工资等。最终的工资条中一般都会包含多项明细核算，如基本工资、工龄工资、各项补贴、加班工资、考勤扣款、个人所得税等，这些数据都需要创建表格来管理，然后在月末将其汇总到工资表中，从而得出最终的应发工资。

12.1.1 创建员工基本工资表

关 键 点：了解基本工资表包含的元素、工龄和工龄工资的计算方法
操作要点：已知入职时间计算工龄和工龄工资
应用场景：员工基本工资表用来统计每一位员工的基本信息、入职时间和基本工资，然后根据入职时间和工龄工资的计算规则，统计每个员工的工龄并计算工龄工资

1. 创建表格

❶新建工作表，并将其命名为"基本工资表"，输入表头、列标识，并设置表格的边框、底纹等，如图 12-1 所示。

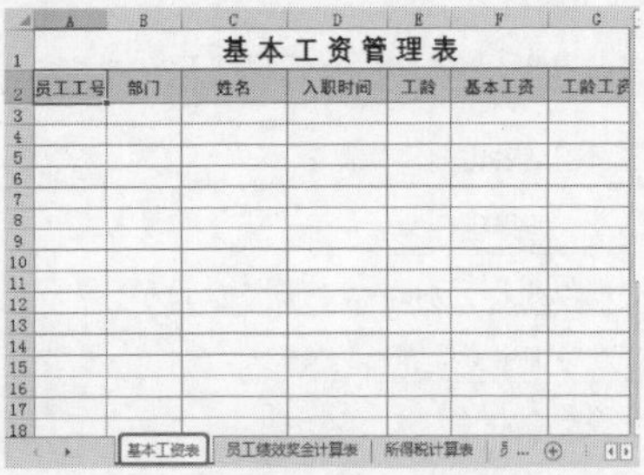

图 12-1

❷根据实际情况输入"员工工号""姓名""部门""入职时间""工龄""基本工资""工龄工资"数据，如图 12-2 所示。

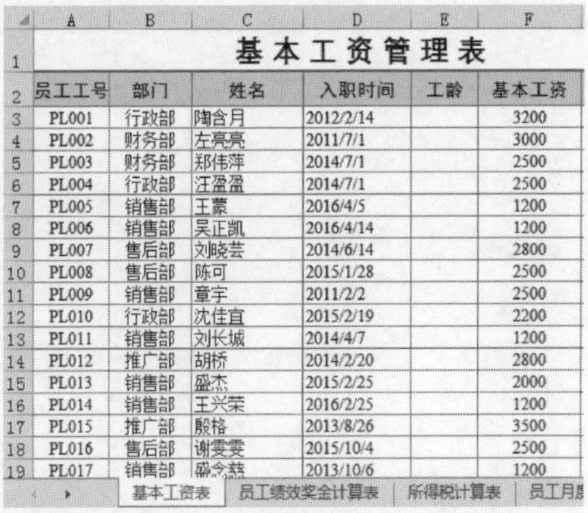

2. 设置公式计算工龄、工龄工资

"入职时间"列的数据是已知的基本信息，通过建立公式，可以计算出工龄，并通过工龄计算出工龄工资。本例中规定：一年以下的员工，工龄工资为 0，一年以上的工龄，每一年增加 100 元的工龄工资。

图 12-2

❶选中 E3 单元格，输入公式"=YEAR(TODAY())-YEAR(D3)"，按 Enter 键，即可计算出第一位员工的工龄，如图 12-3 所示。

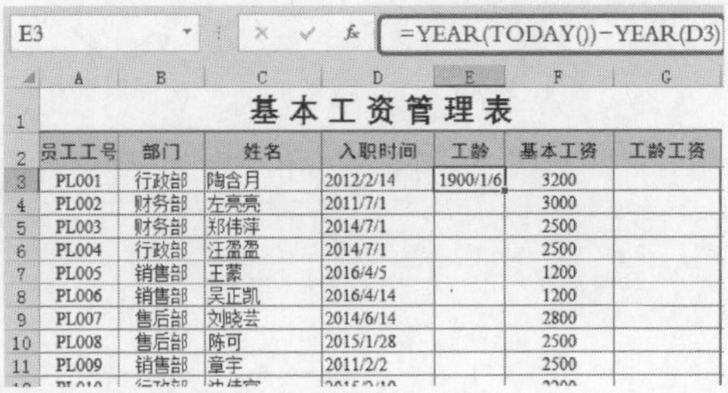

E3			×	✓	fx	=YEAR(TODAY())-YEAR(D3)

基本工资管理表

员工工号	部门	姓名	入职时间	工龄	基本工资	工龄工资
PL001	行政部	陶含月	2012/2/14	1900/1/6	3200	
PL002	财务部	左英亮	2011/7/1		3000	
PL003	财务部	郑伟萍	2014/7/1		2500	
PL004	行政部	汪盈盈	2014/7/1		2500	
PL005	销售部	王蒙	2016/4/5		1200	
PL006	销售部	吴正凯	2016/4/14		1200	
PL007	售后部	刘晓芸	2014/6/14		2800	
PL008	售后部	陈可	2015/1/28		2500	
PL009	销售部	章宇	2011/2/2		2500	
PL010	行政部	沈住宜	2015/2/19		2200	

图 12-3

❷由于公式返回的是日期的序列号，因此需要通过单元格设置，使工龄正常显示。选中 E3 单元格，在"开始"选项卡的"数字"组中单击"数字格式"下拉按钮，在打开的下拉菜单中选择"常规"即可正确显示工龄，如图 12-4 所示。

图 12-4

❸选中 E3 单元格，拖动右下角的填充柄向下填充公式，批量计算其他员工的工龄，效果如图 12-5 所示。

	A	B	C	D	E	F
1			基 本 工 资 管 理 表			
2	员工工号	部门	姓名	入职时间	工龄	基本工资
3	PL001	行政部	陶含月	2012/2/14	6	3200
4	PL002	财务部	左亮亮	2011/7/1	7	3000
5	PL003	财务部	郑伟萍	2014/7/1	4	2500
6	PL004	行政部	汪盈盈	2014/7/1	4	2500
7	PL005	销售部	王蒙	2016/4/5	2	1200
8	PL006	销售部	吴正凯	2016/4/14	2	1200
9	PL007	售后部	刘晓芸	2014/6/14	4	2800
10	PL008	售后部	陈可	2015/1/28	3	2500
11	PL009	销售部	章宇	2011/2/2	7	2500
12	PL010	行政部	沈佳宜	2015/2/19	3	2200
13	PL011	财务部	刘长城	2014/4/7	4	1200
14	PL012	推广部	胡桥	2014/2/20	4	2800
15	PL013	销售部	盛杰	2015/2/25	4	2000
16	PL014	销售部	王兴荣	2016/2/25	2	1200
17	PL015	推广部	殷格	2013/8/26	5	3500
18	PL016	售后部	谢雯雯	2015/10/4	3	2500
19	PL017	销售部	邵念慈	2013/10/6	5	1200

图 12-5

❹选中 G3 单元格，在编辑栏中输入"=IF(E3<=1,0,(E3-1)*100)"，按 Enter 键，即可计算出第一位员工的工龄工资，如图 12-6 所示。

G3					=IF(E3<=1,0,(E3-1)*100)	
	B	C	D	E	F	G
1		基 本 工 资 管 理 表				
2	部门	姓名	入职时间	工龄	基本工资	工龄工资
3	行政部	陶含月	2012/2/14	6	3200	500
4	财务部	左亮亮	2011/7/1	7	3000	
5	财务部	郑伟萍	2014/7/1	4	2500	
6	行政部	汪盈盈	2014/7/1	4	2500	
7	销售部	王蒙	2016/4/5	2	1200	
8	销售部	吴正凯	2016/4/14	2	1200	
9	售后部	刘晓芸	2014/6/14	4	2800	
10	售后部	陈可	2015/1/28	3	2500	
11	销售部	章宇	2011/2/2	7	2500	
12	行政部	沈佳宜	2015/2/19	3	2200	

图 12-6

❺选中 G3 单元格，拖动右下角的填充柄向下填充公式，批量计算其他员工的工龄工资，如图 12-7 所示。

	B	C	D	E	F	G
1		基 本 工 资 管 理 表				
2	部门	姓名	入职时间	工龄	基本工资	工龄工资
3	行政部	陶含月	2012/2/14	6	3200	500
4	财务部	左亮亮	2011/7/1	7	3000	600
5	财务部	郑伟萍	2014/7/1	4	2500	300
6	行政部	汪盈盈	2014/7/1	4	2500	300
7	销售部	王蒙	2016/4/5	2	1200	100
8	销售部	吴正凯	2016/4/14	2	1200	100
9	售后部	刘晓芸	2014/6/14	4	2800	300
10	售后部	陈可	2015/1/28	3	2500	200
11	销售部	章宇	2011/2/2	7	2500	600
12	行政部	沈佳宜	2015/2/19	3	2200	200
13	财务部	刘长城	2014/4/7	4	1200	300
14	推广部	胡桥	2014/2/20	4	2800	300
15	销售部	盛杰	2015/2/25	4	2000	200
16	销售部	王兴荣	2016/2/25	2	1200	100
17	推广部	殷格	2013/8/26	5	3500	400
18	售后部	谢雯雯	2015/10/4	3	2500	200
19	销售部	邵念慈	2013/10/6	5	1200	400

图 12-7

12.1.2 员工绩效奖金计算表

关 键 点：绩效奖金的计算

操作要点：通过销售业绩计算绩效奖金

应用场景：除了基本工资和工龄工资外，绩效奖金也是工资中最重要的一部分，因此，对员工的绩效奖金也需要建立一张表格来独立管理。在进行工资核算时，也会引用此表中的数据

企业规定，不同数值范围内的销售业绩对应不同的提成率，具体如下：当销售金额小于 20000 时，提成比例为 3%；当销售金额在 20000～50000 之间时，提成比例为 5%；当销

售金额大于 50000 时，提成比例为 8%。

① 新建工作表，并将其命名为"员工绩效奖金计算表"。输入表格标题、列标识，并对表格字体、对齐方式、底纹和边框等进行设置，如图 12-8 所示。

	A	B	C	D	E
1	员工绩效奖金计算表				
2	员工工号	部门	姓名	销售业绩	绩效奖金
3					
4					
5					
6					
7					
8					
9					
10					
11					
12					
13					
14					
15					

基本工资表　员工绩效奖金计算表　所得税计算表

图 12-8

② 输入基本信息，包括员工的员工工号、姓名、部门、销售业绩以及绩效奖金等，如图 12-9 所示。

	A	B	C	D	E
1	员工绩效奖金计算表				
2	员工工号	部门	姓名	销售业绩	绩效奖金
3	PL005	销售部	王蒙	64000	
4	PL006	销售部	吴正凯	25900	
5	PL009	销售部	章宇	123000	
6	PL011	销售部	刘长城	225900	
7	PL013	销售部	盛杰	208900	
8	PL014	销售部	王兴荣	122000	
9	PL017	销售部	盛念慈	32000	
10	PL019	销售部	江伟	6900	
11	PL021	销售部	叶宏文	90600	
12	PL022	销售部	王晟成	220000	
13	PL023	销售部	杨林	128000	
14	PL025	销售部	吴丹晨	235500	
15	PL026			45800	

基本工资表　员工绩效奖金计算表　所得税计算表

图 12-9

③ 选中 E3 单元格，在编辑栏中输入公式：
=IF(D3<=20000,D3*0.03,IF(D3<=50000,D3*0.05,D3*0.08))

按 Enter 键，即可计算出第一位员工的绩效奖金，如图 12-10 所示。

E3		× ✓ fx	=IF(D3<=20000,D3*0.03,IF(D3<=50000,D3*0.05,D3*0.08))			
	A	B	C	D	E	F	G
1	员工绩效奖金计算表						
2	员工工号	部门	姓名	销售业绩	绩效奖金		
3	PL005	销售部	王蒙	64000	5120		
4	PL006	销售部	吴正凯	25900			
5	PL009	销售部	章宇	123000			
6	PL011	销售部	刘长城	225900			
7	PL013	销售部	盛杰	208900			
8	PL014	销售部	王兴荣	122000			
9	PL017	销售部	盛念慈	32000			
10	PL019	销售部	江伟	6900			

图 12-10

④ 选中 E3 单元格，拖动右下角的填充柄到 E15 单元格，即可批量计算其他员工的绩效奖金，如图 12-11 所示。

	A	B	C	D	E
1	员工绩效奖金计算表				
2	员工工号	部门	姓名	销售业绩	绩效奖金
3	PL005	销售部	王蒙	64000	5120
4	PL006	销售部	吴正凯	25900	1295
5	PL009	销售部	章宇	123000	9840
6	PL011	销售部	刘长城	225900	18072
7	PL013	销售部	盛杰	208900	16712
8	PL014	销售部	王兴荣	122000	9760
9	PL017	销售部	盛念慈	32000	1600
10	PL019	销售部	江伟	6900	207
11	PL021	销售部	叶宏文	90600	7248
12	PL022	销售部	王晟成	220000	17600
13	PL023	销售部	杨林	128000	10240
14	PL025	销售部	吴丹晨	235500	18800

基本工资表　员工绩效奖金计算表　所得税计算表

图 12-11

12.1.3　个人所得税计算

关 键 点：根据起征点计算个人所得税

操作要点：1. IF 函数判断应发工资是否超过纳税起征点

2. 根据应纳税所得税额计算税率

3. 根据所得税额计算速算扣除数

应用场景：由于个人所得税的计算率涉及税率的计算、速算扣除数等，可以另建一张表格来进行计算。创建"所得税计算表"，并设置公式，自动返回应纳税所得额、税率、速算扣除数、应缴所得税等

用 IF 函数配合其他函数计算个人所得税。相关规则如下：起征点为 3500，税率及速算扣除数如表 12-1 所示。

表 12-1

应纳税所得额（元）	税率（%）	速算扣除数（元）
不超过 1500	3%	0
1500～4500	10%	105
4500～9000	20%	555
9000～35000	25%	1005
35000～55000	30%	2755
55000～80000	35%	5505
超过 80000	45%	13505

❶ 新建工作表，将其重命名为"所得税计算表"，在表格中建立相应列标识，并设置表格的文字格式、边框底纹格式等，设置后如图 12-12 所示。

![图 12-12]

图 12-12

❷ 根据实际情况输入"员工工号""姓名""部门"等基本数据（"应发工资"稍后计算得到），如图 12-13 所示。

![图 12-13]

图 12-13

❸ 选中 E3 单元格，在编辑栏中输入公式"=IF(D3>3500,D3-3500,0)"，按 Enter 键即可计算出应缴税所得额，如图 12-14 所示。

图 12-14

专家提醒

个人所得税的计算需要依据"应发工资"来进行计算，由于当前"应发工资"还未计算出来，所以可以在"所得税计算表"中先将公式建立好。待 12.2.2 小节中计算出了"应发工资"后，此数据会自动显示到"所得税计算表"中来，每位员工应缴纳的个人所得税则会自动计算出来。

❹ 选中 F3 单元格，在编辑栏中输入公式：
=IF(E3<=1500,0.03,IF(E3<=4500,0.1,IF(E3<=9000,0.2,IF(E3<=35000,0.25,IF(E3<=55000,0.3,IF(E3<=80000,0.35,0.45))))))

按 Enter 键即可计算出税率，如图 12-15 所示。

图 12-15

公式分析

=IF(E3<=1500,0.03,IF(E3<=4500,0.1,IF(E3<=9000,0.2,IF(E3<=35000,0.25,IF(E3<=55000,0.3,IF(E3<=80000,0.35,0.45))))))

这是一个 IF 函数多层嵌套的公式，看

似很长，但不难理解。当 E3<=1500 时返回 0.03；如果不是，则判断 E3<=4500；如果是返回 0.1，如果不是则判断 E3<=9000；如果是返回 0.2，然后按相同的方法依次写入判断条件与返回值。

❺ 选中 G3 单元格，在编辑栏中输入公式：

=VLOOKUP(F3,{0.03,0;0.1,105;0.2,555;0.25,1005;0.3,2755;0.35,5505;0.45,13505},2,)

按 Enter 键即可计算出速算扣除数，如图 12-16 所示。

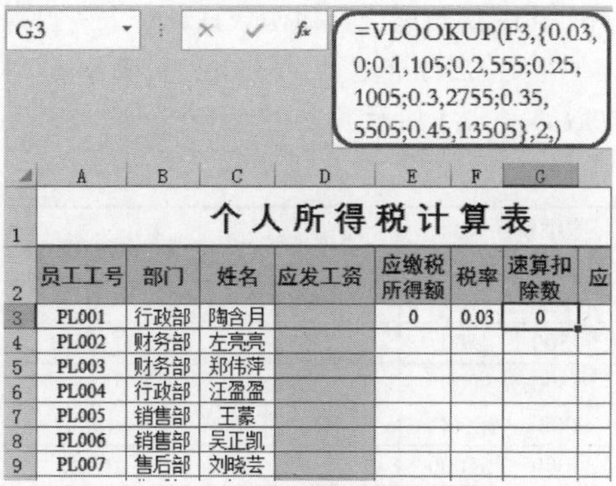

	A	B	C	D	E	F	G	
1	个人所得税计算表							
2	员工工号	部门	姓名	应发工资	应缴税所得额	税率	速算扣除数	应
3	PL001	行政部	陶含月		0	0.03	0	
4	PL002	财务部	左亮亮					
5	PL003	财务部	郑伟萍					
6	PL004	行政部	汪盈盈					
7	PL005	销售部	王蒙					
8	PL006	销售部	吴正凯					
9	PL007	售后部	刘晓芸					

图 12-16

公式分析

◆ VLOOKUP 函数：VLOOKUP(lookup_value, table_array,col_index_num,[range_lookup])

在表格或数值数组的首列查找指定的数值，并返回表格或数组中指定列所对应位置的数值。

- lookup_value：表示要在表格或区域的第一列中搜索的值。
- table_array：表示包含数据的单元格区域。可以使用对区域或区域名称的引用。
- col_index_num：表示 table_array 参数中必须返回的匹配值的列号。
- range_lookup：可选。一个逻辑值，指定希望 VLOOKUP 查找精确匹配值还是近似匹配值。

◆ =VLOOKUP(G3,{0.03,0;0.1,105;0.2,555; 0.25,1005;0.3,2755;0.35,5505;0.45,13505},2,)

大括号中的数据是一个常量数组，每一个分号间隔的两个值相当于数组的两列，在首列中查找值，然后返回第二列上的值。例如，当 G3 单元格中的值为 0.03 时，对应输出 0；当 G3 单元格中的值为 0.1 时，对应输出 105；当 G3 单元格中的值为 0.12 时，对应输出 555；当 G3 单元格中的值为 0.25 时，对应输出 1005；当 G3 单元格中的值为 0.3 时，对应输出 2775；当 G3 单元格中的值为 0.45 时，对应输出 13505。

❻ 选中 H3 单元格，在编辑栏中输入公式："=E3*F3-G3"，按 Enter 键即可计算出速算扣除数，如图 12-17 所示。

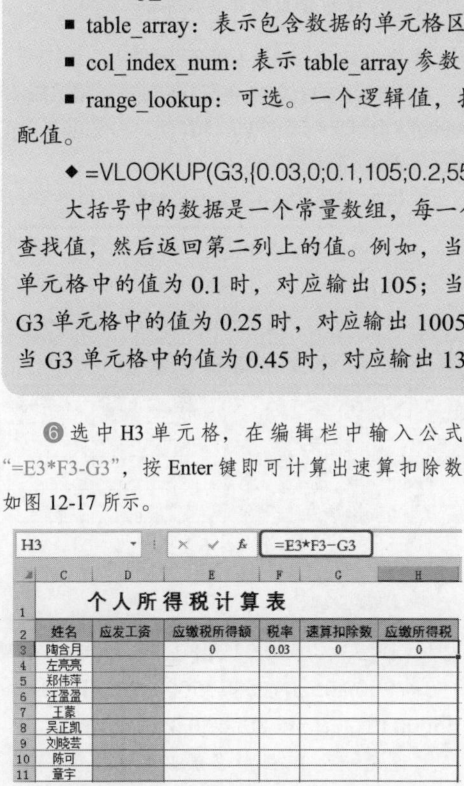

	C	D	E	F	G	H
1	个人所得税计算表					
2	姓名	应发工资	应缴税所得额	税率	速算扣除数	应缴所得税
3	陶含月		0	0.03	0	0
4	左亮亮					
5	郑伟萍					
6	汪盈盈					
7	王蒙					
8	吴正凯					
9	刘晓芸					
10	陈可					
11	章宇					

图 12-17

❼ 选中 E3:H3 单元格，拖动右下角的填充柄，向下填充公式批量计算其他员工的相应数据，如图 12-18 所示。

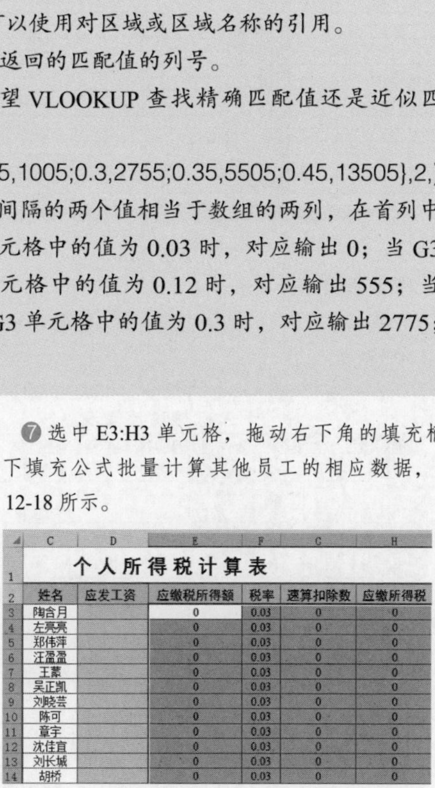

	C	D	E	F	G	H
1	个人所得税计算表					
2	姓名	应发工资	应缴税所得额	税率	速算扣除数	应缴所得税
3	陶含月		0	0.03	0	0
4	左亮亮		0	0.03	0	0
5	郑伟萍		0	0.03	0	0
6	汪盈盈		0	0.03	0	0
7	王蒙		0	0.03	0	0
8	吴正凯		0	0.03	0	0
9	刘晓芸		0	0.03	0	0
10	陈可		0	0.03	0	0
11	章宇		0	0.03	0	0
12	沈佳宜		0	0.03	0	0
13	刘长城		0	0.03	0	0
14	胡桥		0	0.03	0	0

图 12-18

❽ 选中 D3:D32 单元格区域，在公式编辑栏中输入公式"=员工月度工资表!I3"，按 Ctrl+Enter 快捷键，即可一次性返回员工的应发工资，由于"员工月度工资表"的 D 列中的应发工资还未计算出来，因此当前返回结果为 0，如图 12-19 所示，待"员工月度工资表"中的"应发合计"计算出后，此列会自动返回值，并且 E:H 列中的公式全部自动重算，返回正确的数值。

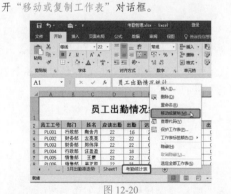

图 12-19

📝 专家提醒

如果"员工月度工资表"还未创建也没有关系，这里可以先不要设置"应发工资"列的公式，待后面创建了"员工月度工资表"并计算出"应发合计"后再返回此表中补充公式即可。

读书笔记

12.1.4 准备员工考勤扣款及满勤奖统计表

关 键 点： 准备"考勤统计表"便于统计考勤扣款及满勤奖
操作要点： 复制考勤统计表至当前工作簿
应用场景： 月末薪酬核算时需要使用到考勤扣款数据及满勤奖数据，因此当人事部门建立了考勤统计表后（第 11 章已进行介绍），可以将此表复制到当前工作簿中来，便于工资核算时使用

❶ 打开第 11 章的"考勤管理"工作簿，单击"考勤统计表"工作表标签并右击，在弹出的下拉菜单中选择"移动或复制"命令，如图 12-20 所示，打开"移动或复制工作表"对话框。

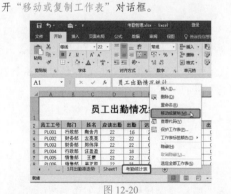

图 12-20

❷ 设置将选定工作表移至"薪酬福利管理"工作簿，设定复制到的位置为"移至最后"，并选中"建立副本"复选框，如图 12-21 所示。

图 12-21

❸ 单击"确定"按钮，即可将"考勤统计表"复制到"薪酬福利管理"工作簿的最末处，如图 12-22 所示。

图 12-22

专家提醒

跨工作簿移动或复制工作表时，必须要事先同时打开这两张工作簿，本例中需要首先同时打开"薪酬福利管理"工作簿和"考勤管理"工作簿。

12.1.5　准备加班费计算表

关 键 点： 准备"加班费计算表"便于统计加班费

操作要点： 复制加班费计算表至当前工作簿

应用场景： 为了统计员工的加班费需要建加班费计算表

加班费计算表根据加班类型统计了每位员工的加班费，如图 12-23 所示。后面统计员工月度薪酬时，应发工资需要加上这张表格中提取的加班费。

读书笔记

图 12-23

12.2　员工月度薪酬核算

工资表中数据包含应发工资和应扣工资两部分，应发工资和应扣工资中又各自包含多个项目。当准确好一些工资核算的相关表格后，则可以进行工资的核算了。

12.2.1　创建月度工资统计表

关 键 点： 了解员工月度工资表包含的元素

操作要点： 引用"基本工资表"中的员工基本信息

应用场景： 员工月度工资表中将对每位员工工资的各个明细项进行核算。因此首先要合理规划此表应包含的元素

❶ 新建工作表，将其重命名为“员工月度工资表”，在表格中建立相应列标识，并设置表格的文字格式、边框底纹格式等，设置后如图 12-24 所示。

❷ 选中 A3 单元格，在编辑栏中输入公式“=基本工资表!A3”，按 Enter 键，并向右复制公式到 C3 单元格，返回第一位职员的工号、部门、姓名，如图 12-25 所示。

3月份工资统计表

员工工号	部门	姓名	基本工资	工龄工资	绩效奖金	加班工资	满勤奖金	应发合计	请假迟到扣款	保险\公积金扣款	个人所得税

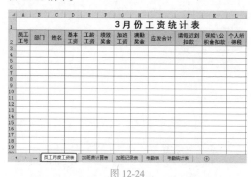

图 12-24

专家提醒

员工工号、姓名、部门这几项基本数据可以从“基本工资表”中获取，如果员工的基本数据有改变，可以都从“基本工资表”中修改，修改的数据会自动更新到“员工月度工资表”中来。

❸ 选中 A3:C3 单元格区域，向下拖动右下角的填充柄，实现从“基本工资表”中得到所有员工的基本数据，如图 12-26 所示。

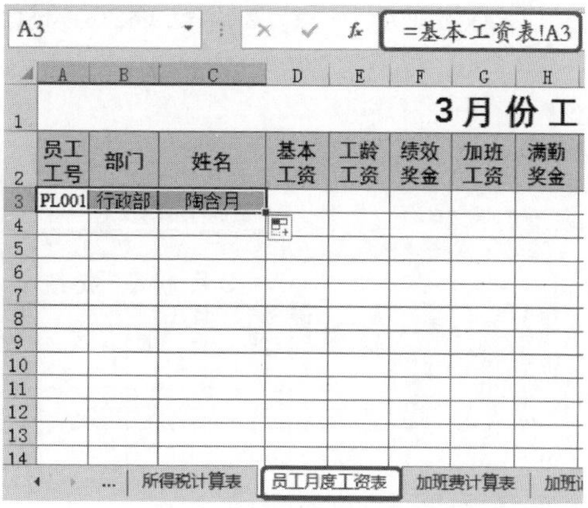

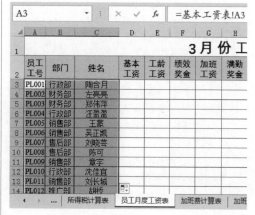

员工工号	部门	姓名	基本工资	工龄工资	绩效奖金	加班工资	满勤奖金
PL001	行政部	陶含月					

图 12-25

员工工号	部门	姓名	基本工资	工龄工资	绩效奖金	加班工资	满勤奖金
PL001	行政部	陶含月					
PL002	财务部	左亮亮					
PL003	财务部	郑伟萍					
PL004	行政部	汪盈盈					
PL005	销售部	王蒙					
PL006	销售部	吴正凯					
PL007	售后部	刘晓芸					
PL008	售后部	陈可					
PL009	销售部	章宇					
PL010	行政部	沈佳宜					
PL011	销售部	刘长城					
PL012	推广部	胡桥					

图 12-26

12.2.2 计算应发工资

关 键 点：计算应发工资明细项

操作要点：从各个工资核算的相关表格中匹配数据

应用场景：在员工月度工资表中，需要从之前建立的工资核算的相关表格中依次返回各项明细数据，如“基本工资”“工龄工资”来自于“基本工资表”，“绩效奖金”来自于“员工绩效奖金计算表”，“加班工资”来自于“加班费计算表”等

❶ 选中 D3 单元格，在编辑栏中输入公式：

=VLOOKUP(A3,基本工资表 !$A$2:$G$28,6,FALSE)

按 Enter 键，即可返回第一位职员的基本工资，如图 12-27 所示。

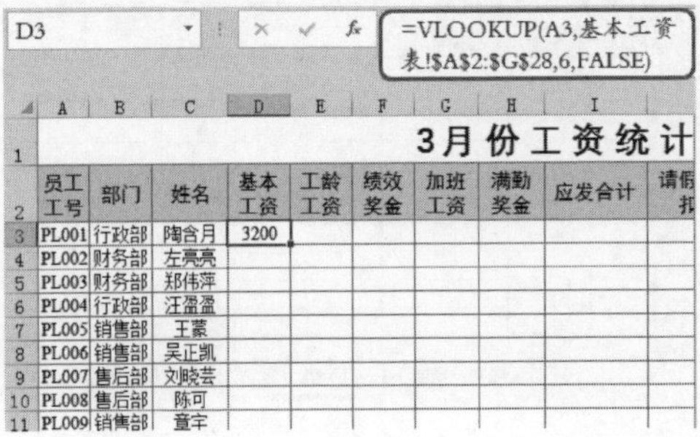

图 12-27

🔍 公式分析

=VLOOKUP(A3, 基 本 工 资 表 !$A$2:$G$28, 6,FALSE)

在"基本工资表 !$A$2:$G$28"单元格区域的首列中查找与 A3 匹配的编号，找到后返回该区域中对应在第 6 列上的值。

❷ 选中 E3 单元格，在编辑栏中输入公式：

=VLOOKUP(A3, 基本工资表 !$A$2:$G$28,7,FALSE)

按 Enter 键，即可返回第一位职员的工龄工资，如图 12-28 所示。

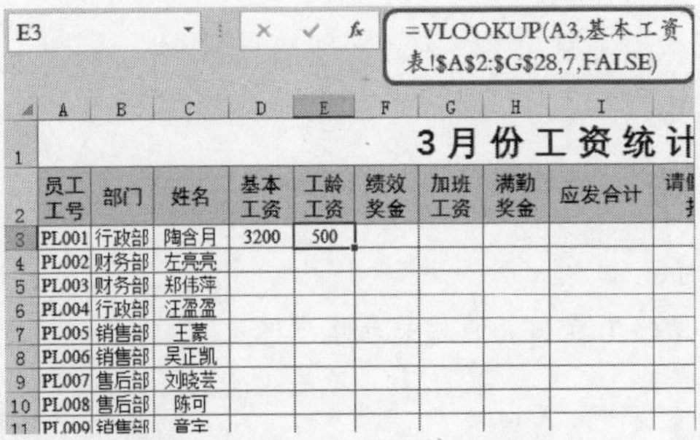

图 12-28

❸ 选中 F3 单元格，在编辑栏中输入公式：

=IFERROR(VLOOKUP(A3, 员工绩效奖金计算表 !$A$2:$E$15,5,FALSE),"")

按 Enter 键，即可返回第一位职员的绩效奖金，如图 12-29 所示。

图 12-29

🔍 公式分析

=IFERROR(VLOOKUP(A3, 员工绩效奖金计算表 !$A$2:$E$15,5,FALSE),"")

这个公式如果去掉外层的 IFERROR 部分则与前面的 VLOOKUP 函数使用方法一样。但因为"绩效奖金计算表"中并不是所有的员工都存在（一般只有销售部的人），所以会出现找不到的情况，当 VLOOKUP 函数找不到时将会返回错误值。为避免错误值显示在单元格，则在外面套 IFERROR 函数。此函数套在 VLOOKUP 函数的外面，起到的作用是判断 VLOOKUP 返回值是否为任意错误值，如果是，则返回空白。

❹ 选中 G3 单元格，在编辑栏中输入公式：

=VLOOKUP(A3,加班费计算表 !A2:E32,5,FALSE)

按 Enter 键，即可返回第一位职员的加班工资，如图 12-30 所示。

图 12-30

❺ 选中 H3 单元格，在编辑栏中输入公式：

=VLOOKUP(A3,考勤统计表 !A2:N28,13,FALSE)

按 Enter 键，即可返回第一位职员的满勤奖金，如图 12-31 所示。

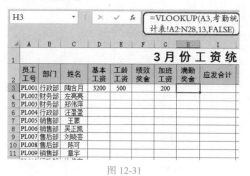

图 12-31

⑥ 选中 I3 单元格，在编辑栏中输入公式：
=SUM(D3:H3)

按 Enter 键，即可返回第一位职员应发合计工资，如图 12-32 所示。

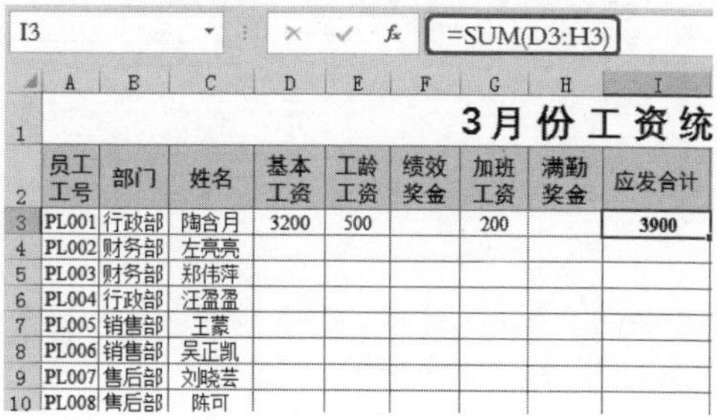

图 12-32

第12章

企业员工薪酬福利管理

12.2.3　计算应扣工资

关 键 点：计算应扣工资的明细项

操作要点：VLOOKUP 函数

应用场景：应扣工资包括请假迟到扣款、各项保险、公积金以及个人所得税扣款，需要使用 VLOOKUP 函数从各个工资核算的相关表格中匹配得到

工资中保险及公积金扣款约定如下。

✓ 养老保险个人缴纳比例为：（基本工资＋岗位工资＋工龄工资）*10%。

✓ 医疗保险个人缴纳比例为：（基本工资＋岗位工资＋工龄工资）*2%。

✓ 住房公积金个人缴纳比例为：（基本工资＋岗位工资＋工龄工资）*8%。

❶ 选中 J3 单元格，在编辑栏中输入公式：

=VLOOKUP(A3,考勤统计表 !A2:N28,14,FALSE)

按 Enter 键，即可返回第一位职员请假迟到扣款金额，如图 12-33 所示。

图 12-33

❷ 选中 K3 单元格，在编辑栏中输入公式：

=IF(E3=0,0,(D3+E3)*0.08+(D3+E3)*0.02+(D3+E3)*0.1)

按 Enter 键，即可返回第一位职员保险、公积金等扣款金额，如图 12-34 所示。

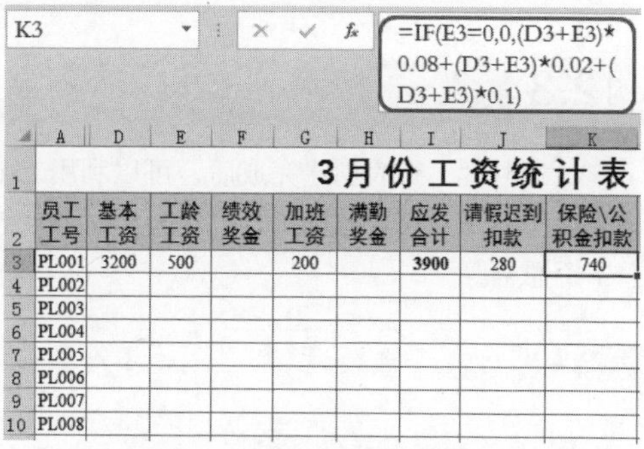

图 12-34

❸ 选中 L3 单元格，在编辑栏中输入公式：

=VLOOKUP(A3,所得税计算表 !A2:H28,8,FALSE)

按 Enter 键，即可返回第一位职员的个人所得税，如图 12-35 所示。

L3 =VLOOKUP(A3,所得税计算表!A2:H28,8,FALSE)

D	E	F	G	H	I	J	K	L
3月份工资统计表								
基本工资	工龄工资	绩效奖金	加班工资	满勤奖金	应发合计	请假迟到扣款	保险\公积金扣款	个人所得税
3200	500		200		3900	280	740	12

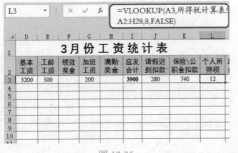

图 12-35

④ 选中 M3 单元格，在编辑栏中输入公式“=SUM(J3:L3)”，按 Enter 键，即可返回第一位职员应扣的合计金额，如图 12-36 所示。

M3 =SUM(J3:L3)

G	H	I	J	K	L	M
3月份工资统计表						
加班工资	满勤奖金	应发合计	请假迟到扣款	保险\公积金扣款	个人所得税	应扣合计
200		3900	280	740	12	1032

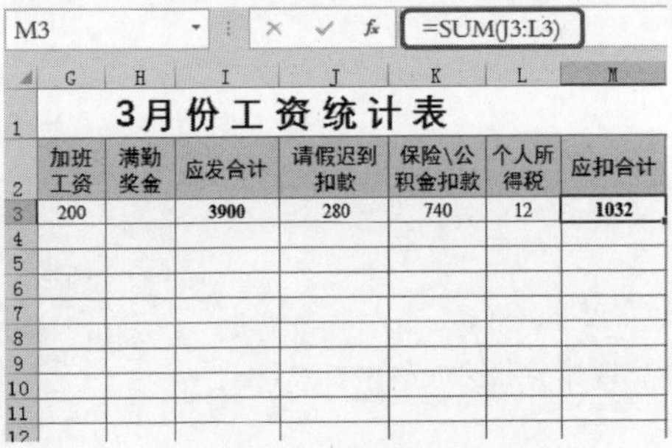

图 12-36

⑤ 选中 N3 单元格，在编辑栏中输入公式“=I3-M3”，按 Enter 键，即可返回第一位职员的实发工资，如图 12-37 所示。

N3 =I3−M3

I	J	K	L	M	N
份工资统计表					
应发合计	请假迟到扣款	保险\公积金扣款	个人所得税	应扣合计	实发工资
3900	280	740	12	1032	2868

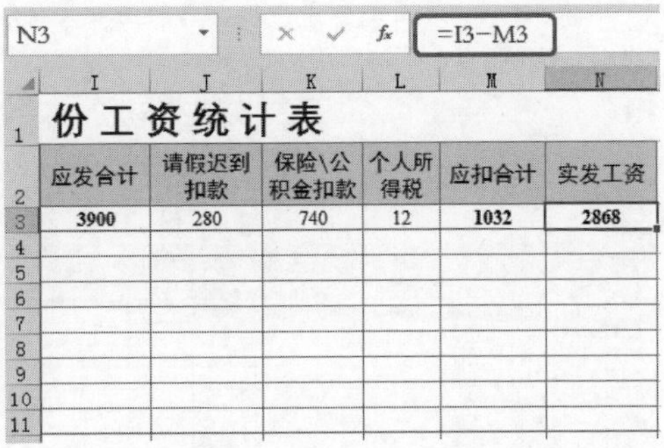

图 12-37

⑥ 选中 D3:N3 单元格区域，拖动右下角的填充柄，批量返回其他员工 3 月份的各项工资金额计算结果，效果如图 12-38 所示。

3月份工资统计表													
员工工号	部门	姓名	基本工资	工龄工资	绩效奖金	加班工资	满勤奖金	应发合计	请假迟到扣款	保险\公积金扣款	个人所得税	应扣合计	实发工资
PL001	行政部	陶含月	3200	500		200		3900	280	740	12	1032	2868
PL002	财务部	左亮亮	3000	600		200	300	4100	0	720	18	738	3362
PL003	财务部	郑伟萍	2500	300		250	300	3350	0	560	0	560	2790
PL004	行政部	汪盈盈	2500	300		225		3025	190	560	0	750	2275
PL005	销售部	王蕾	1200	100	5120	175	300	6895	0	260	234.5	494.5	6400.5
PL006	销售部	吴正凯	1200	100	1295	0		2595	100	260	0	360	2235
PL007	售后部	刘晓芸	2800	300		425		3525	20	620	0.75	640.8	2884.25
PL008	售后部	陈可	2500	200		200		2900	20	540	0	560	2340
PL009	销售部	童宇	2500	600	9840	280		13220	20	620	1425	2065	11155
PL010	行政部	沈佳宜	2200	200		225		2625	20	480	0	500	2125
PL011	销售部	刘长城	1200	300	18072	225	300	20097	0	300	3144.25	3444	16652.75
PL012	推广部	胡桥	2800	300		175		3275	90	620	0	710	2565
PL013	销售部	盛杰	2000	200	16712	200		19112	60	440	2898	3398	15714
PL014	销售部	王兴荣	1200	100	9760	0		11060	0	260	957	1217	9843
PL015	推广部	殷格	3500	400		425		4325	20	780	24.75	824.8	3500.25
PL016	售后部	谢雯雯	2500	200		200		2900	400	540	0	940	1960
PL017	销售部	盛念慈	1200	400	1600	320		3520	130	320	0.6	450.6	3069.4
PL018	行政部	吴小英	2000	100		360	300	2760	0	420	0	420	2340
PL019	销售部	江伟	1200	0	207	225	300	1932	0	0	0	0	1932

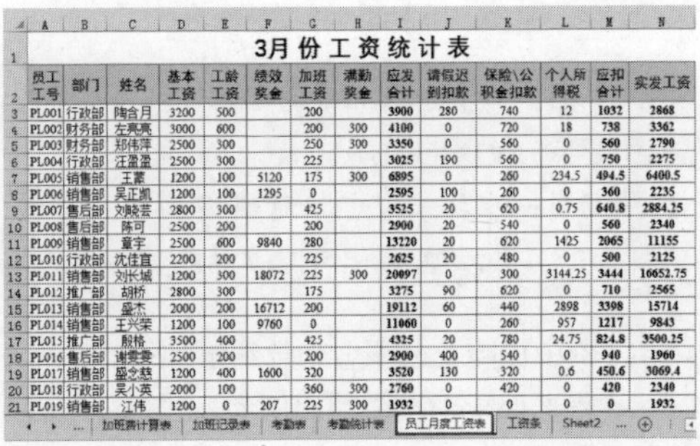

图 12-38

12.3 多角度分析薪酬数据

员工月度工资表创建完成后，可以利用 Excel 2016 中的筛选、分类汇总、条件格式、数据透视表等工具来对工资数据进行统计分析。如按查看工资过万的记录、查看工资最低的记录部门汇总工资总额等。

12.3.1 查询实发工资过万的员工

关 键 点： 设置数字筛选条件

操作要点： 1.“数据”→“排序和筛选”组→“筛选”功能按钮

2.“数字筛选”→“大于”命令

应用场景： 通过数据筛选功能可以实现按条件查询工资数据，例如，查询实发工资过万的员工

❶选中"员工月度工资统计表"任意单元格，在"数据"选项卡的"排序和筛选"组中单击"筛选"按钮，即可在列标识右侧添加筛选按钮，效果如图12-39所示。

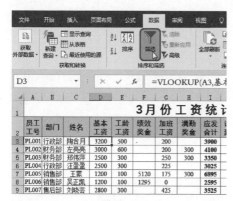

图12-39

❷单击"实发工资"单元格的下拉按钮，在弹出的菜单中选择"数字筛选"→"大于"命令，如图12-40所示，打开"自定义自动筛选方式"对话框。

❸在"大于"后的数值框中输入值"10000"，如图12-41所示。

❹单击"确定"按钮，返回到工作表中，即可筛选查看所有实发工资大于10000元的记录，如图12-42所示。

图12-40

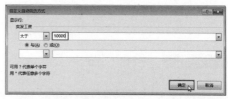

图12-41

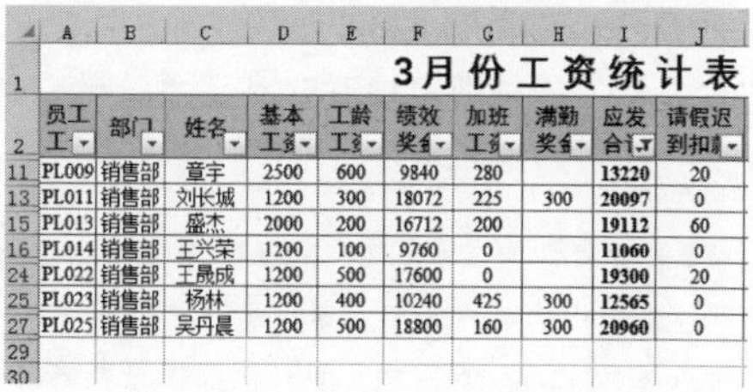

图12-42

12.3.2 突出显示工资最低的10项

关 键 点：突出显示设置

操作要点：1."开始"→"样式"组→"条件格式"按钮

2."最前/最后规则"→"最后10项"命令

应用场景：要实现突出显示工资最高的几项或最低的几项，以及高于平均值或低于平均值的项，都可以通过设置条件格式来实现

例如，下面要突出显示工资最低的10项。

❶选中"实发工资"列下的单元格区域，在"开始"选项卡的"样式"组中单击"条件格式"下拉按钮，在打开的下拉菜单中选择"最前/最后规则"→"最后10项"命令，如图12-43所示，打开"最后10项"对话框。

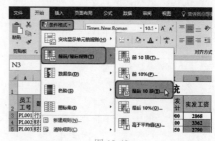

图12-43

②设置单元格的特殊显示格式，如"浅红填充色深红色文本"，如图 12-44 所示。

图 12-44

③单击"确定"按钮，返回到工作表中，即可看到所有实发工资最低的 10 项以特殊格式显示，如图 12-45 所示。

3月份工资统计表

基本工资	工龄工资	绩效奖金	加班工资	满勤奖金	应发合计	请假迟到扣款	保险\公积金扣款	个人所得税	应扣合计	实发工资
3200	500		200		3900	280	740	12	1032	2868
3000	600		200	300	4100	0	720	18	738	3362
2500	300		200	300	3350	0	560	0	560	2790
2500	300		225		3025	190	560	0	750	2275
1200	100	5120	175	300	6895	0	260	234.5	494.5	6400.5
1200	100	1295		0	2595	100	260	0	360	2235
2800	300		425		3525	20	540	0.25	610.8	2884.25
2500	300			20	2900	20	540	0	560	2340
2500	600	9840	280		13220	20	620	1425	2065	11155
2500	300			20	2625	20	480	0	500	2125
1200	300	18072	225	300	20097	0	0	3144.25	3444	16652.75
2800	300		175		3275	90	620	0	710	2565
2000	200	16712		200	19112	60	440	2898	3398	15714
1200	100	9760			11060	0	260	957	1217	9843
3500	400		425		4325	20	780	24.75	824.8	3500.25
2500	200			200	2900	400	540	0	940	1960
1200	400	1600	320		3520	130	320	0.6	450.6	3069.4
2000	100		360	300	2760	0	420	0	420	2340
1200	0	207	225	300	1932	0	0	0	0	1932
1200	0		360		3150	0	540	0	540	2610
1200	100	7248	175		8723	20	260	489.6	769.6	7953.4

图 12-45

12.3.3 按部门分类汇总统计

关 键 点：统计各部门的应发工资总和
操作要点："数据"→"分级显示"组→"分类汇总"功能按钮
应用场景：在进行分类汇总操作前，首先需要按目标字段进行排序。例如，如果要按部门进行分类汇总统计，就需要将数据源按部门升序或降序排列，即先将相同部门的记录排列在一起，然后再进行分类汇总操作

①选中"所属部门"列下的任意单元格，在"数据"选项卡的"排序和筛选"选项组中单击"升序"按钮，如图 12-46 所示，即可让数据源表格按照部门升序排列。

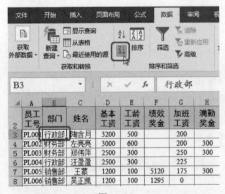

图 12-46

②选中任意单元格，在"数据"选项卡的"分级显示"组中单击"分类汇总"按钮，如图 12-47 所示，打开"分类汇总"对话框。

③单击"分类字段"下拉按钮，选择"所属部门"字段，在"选定汇总项"列表框中，选中"实发

工资"复选框，如图 12-48 所示。

图 12-47

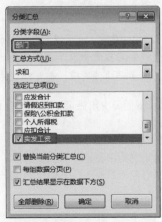

图 12-48

④ 单击"确定"按钮，返回到工作表中，即可让数据源表格实现按部门分类汇总统计，效果如图12-49所示。

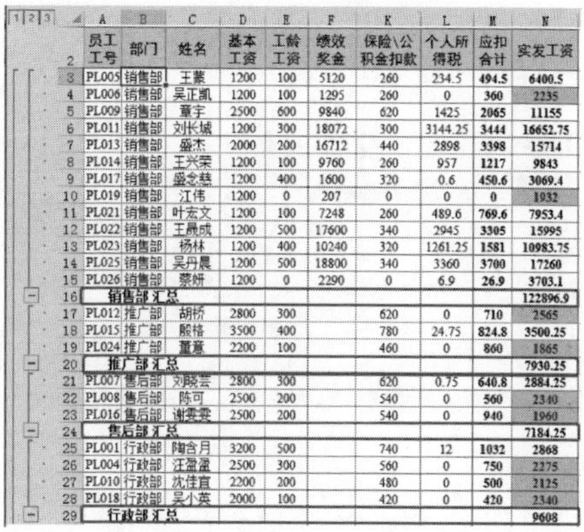

图 12-49

12.3.4 部门平均工资比较图表

关　键　点：使用图表比较各部分的平均工资

操作要点：1."插入"→"表格"组→"数据透视表"功能按钮

　　　　　　　2."数据透视表工具-分析"→"工具"组→"数据透视图"功能按钮

应用场景：要建立部门薪酬比较图表，可以先建立数据透视表对部门薪酬进行汇总统计，然后利用统计后的数据创建数据透视图

❶ 选中任意单元格，在"插入"选项卡的"表格"组中单击"数据透视表"按钮，如图12-50所示，打开"创建数据透视表"对话框。

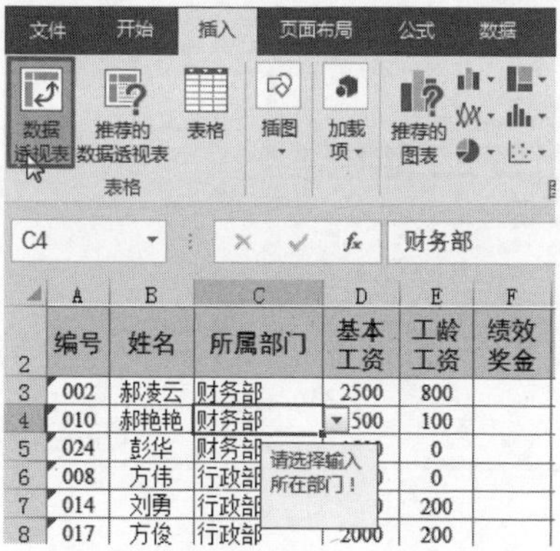

图 12-50

❷ 在"表/区域"中默认选中了当前表格的所有数据单元格，如图12-51所示。

❸ 单击"确定"按钮，即可在新工作表中创建数据透视表，将表格重命名为"部门平均薪酬比较

图表"，在字段列表中选中"所属部门"字段，拖至"行"标签中，选中"实发工资"字段为拖至"值"标签中，效果如图12-52所示。

❹ 选中B4单元格后右击，在弹出的快捷菜单中选择"值汇总依据"→"平均值"命令，如图12-53所示。完成设置后，即可计算出各个部门的平均工资。

图 12-51

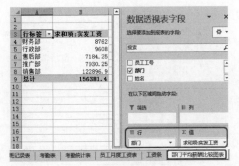

图 12-52

图 12-53

⑤ 选中 B4:B9 单元格区域，在"开始"选项卡的"数字"组中单击"数字格式"下拉按钮，打开下拉菜单，单击"会计专用"命令，如图 12-54 所示，设置后数据显示如图 12-55 所示。

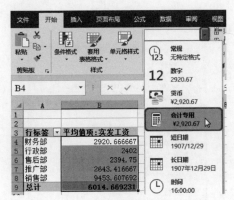

图 12-54

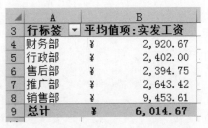

图 12-55

⑥ 选中数据透视表任意单元格，在"数据透视表工具 – 分析"选项卡的"工具"组中单击"数据透视图"按钮，如图 12-56 所示，打开"插入图表"对话框。

图 12-56

⑦ 选择合适的图表类型，如图 12-57 所示，单击"确定"按钮，即可在工作表中插入默认的图表，如图 12-58 所示。

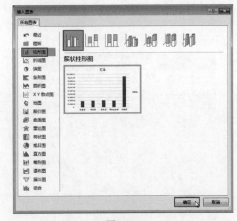

图 12-57

⑧ 编辑图表标题，通过套用图表样式快速美化图表，从图表中可以直观查看数据分析的结论，如图 12-59 所示。

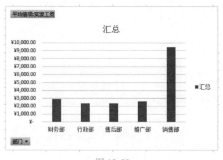

图 12-58

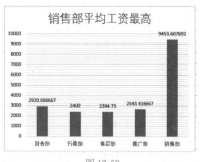

图 12-59

12.4 ▶ 生成员工工资条

工资表做好以后，一方面用作存档，另一方面还需要打印工资条发给员工，它是员工领取工资的一个详单，便于员工详细地了解本月应发工资明细与应扣工资明细。

在生成员工工资条的时候，要注意的方面有：

- 工资条利用公式返回，保障其重复使用性与拓展性。
- 打印效果也要设置得当。

12.4.1 建立第一位员工的工资条

关 键 点：学习工资条的制作方法
操作要点：使用 VLOOKUP 函数根据员工工号依次返回各个工资明细项
应用场景：工资条的数据主要引用的是工资表的数据，通过建立公式可快速生成员工工资条

❶ 在"员工月度工资表"工作表中，选中从第 2 行开始的包含列标识的数据编辑区域，在名称编辑框中定义其名称为"工资表"，如图 12-60 所示。按 Enter 键，即可完成名称的定义。

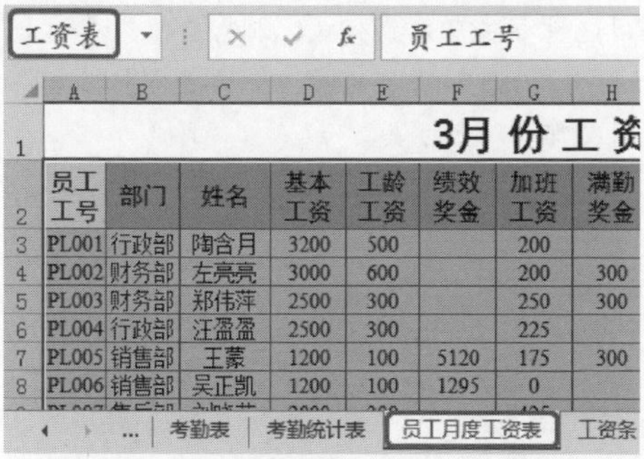

图 12-60

❷ 新建工作表并重命名为"工资条"，在 B2 单元

格中输入第一位员工的编号。选中 D2 单元格，在编辑栏中输入公式 "=VLOOKUP(B2,工资表,3,FALSE)"，按 Enter 键，即可返回第一位员工的姓名，如图 12-61 所示。

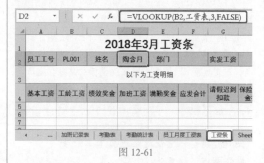

图 12-61

❸ 选中 F2 单元格，在编辑栏中输入公式 "=VLOOKUP(B2,工资表,2,FALSE)"，按 Enter 键，即可返回第一位员工的所属部门，如图 12-62 所示。

　　为工资表的数据区域定义名称是为了方便公式对数据源的引用，"工资条"表格中多处应用公式都使用"工资统计表"中的数据区域，为了方便公式跨表对数据源引用，则可以将使用数据区域先定义为名称，然后将名称直接应用于公式中，从而简化公式。

图 12-62

　　④选中 H2 单元格，在编辑栏中输入公式"=VLOOKUP(B2,工资表,14,FALSE)"，按 Enter 键，即可返回第一位员工的实发工资，如图 12-63 所示。

图 12-63

　　⑤选中 A5 单元格，在编辑栏中输入公式"=VLOOKUP($B2,工资表,COLUMN(D1),FALSE)"，按 Enter 键，即可返回第一位员工基本工资，如图 12-64 所示。

　　⑥选中 A5 单元格，将光标定位到该单元格右下角，出现黑色"十"字形时按住鼠标左键向右拖动至

L5 单元格，释放鼠标即可一次性返回第一位员工的应扣工资明细等，如图 12-65 所示。

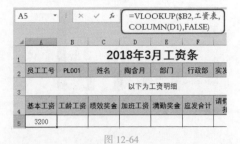

图 12-64

图 12-65

公式分析

　　=VLOOKUP($B2,工资表,COLUMN(D1), FALSE)

　　COLUMN(D1) 返回值为 4，而"应发合计"正处于"工资表"（之前定义的名称）单元格区域的第 4 列中。之所以这样设置，是为了接下来复制公式的方便，当复制 A5 单元格的公式到 B5 单元格中时，公式更改为"=VLOOKUP($B2,工资表,COLUMN(E1),FALSE)"，COLUMN(E1) 返回值为 5，而"工龄工资"正处于"工资表"单元格区域的第 5 列中，依次类推。如果不采用这种办法来设置公式，则需要依次手动更改 VLOOKUP 函数的第 3 个参数，即指定要返回哪一列上的值。

12.4.2　快速生成每位员工的工资条

关 键 点：批量快速生成员工工资条
操作要点：填充
应用场景：当生成了第一位员工的工资条后，则可以利用填充的办法来快速生成每位员工的工资条

300

选中 A2:I6 单元格区域，将光标定位到该单元格区域右下角，当其变为黑色"十"字形时，如图 12-66 所示，按住鼠标左键向下拖动，释放鼠标即可得到每位员工的工资条，如图 12-67 所示。拖动到什么位置释放鼠标，要根据当前员工的人数来决定，即通过填充得到所有员工的工资条后释放鼠标。

图 12-66

图 12-67

12.4.3　打印输出工资条

关 键 点： 打印工资条之前先预览
操作要点："文件"→"打印"命令
应用场景： 完成工资条的建立后，一般都需要进行打印输出。在打印之前需要进行页面设置，例如，一般工资条比较宽，跨度大，如果采用默认的"纵向"设置，则会有较大一部分无法打印出来

❶ 单击"文件"选项卡，在左侧窗格中单击"打印"命令，可以看到打印预览的效果（有部分数据未能显示），如图 12-68 所示。

❷ 在左侧的"设置"栏中，单击"纸张方向"右侧下拉按钮，在下拉列表中选择"横向"，可以看到打印预览达到比较满意的效果，如图 12-69 所示。准备好纸张即可执行打印了。

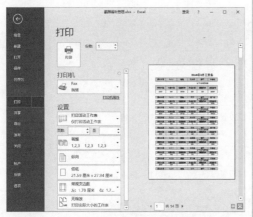

图 12-68

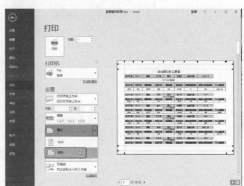

图 12-69

第

13

企业产品进销存管理与分析

章

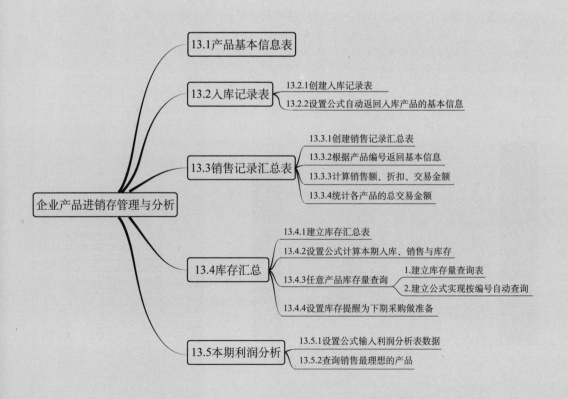

企业产品进销存管理与分析

- 13.1产品基本信息表
- 13.2入库记录表
  - 13.2.1创建入库记录表
  - 13.2.2设置公式自动返回入库产品的基本信息
- 13.3销售记录汇总表
  - 13.3.1创建销售记录汇总表
  - 13.3.2根据产品编号返回基本信息
  - 13.3.3计算销售额、折扣、交易金额
  - 13.3.4统计各产品的总交易金额
- 13.4库存汇总
  - 13.4.1建立库存汇总表
  - 13.4.2设置公式计算本期入库、销售与库存
  - 13.4.3任意产品库存量查询
    - 1.建立库存量查询表
    - 2.建立公式实现按编号自动查询
  - 13.4.4设置库存提醒为下期采购做准备
- 13.5本期利润分析
  - 13.5.1设置公式输入利润分析表数据
  - 13.5.2查询销售最理想的产品

13.1 产品基本信息表

产品基本信息表中显示的是企业当前入库或销售的所有商品的列表,当增加新产品或减少老产品时,都需要在此表格中增加或删除。将这些数据按编号一条条记录到 Excel 报表中,则可以很方便地对后面入库记录表与销售记录汇总表进行统计。

❶新建工作簿,并将其命名为"企业进销存管理与分析"。在 Sheet1 工作表标签上双击,将其重命名为"产品基本信息表"。

❷设置好标题、列标识等,其中包括产品编码、系列、名称、规格、出入库单价等基本信息。建立好如图 13-1 所示的商品列表。

产品编号	系列	产品名称	规格	进货单价	零售单价
CN11001	纯牛奶	有机牛奶	盒	6.5	9
CN11002	纯牛奶	脱脂牛奶	盒	6	8
CN11003	纯牛奶	全脂牛奶	盒	6	8
XN13001	鲜牛奶	高钙鲜牛奶	瓶	3.5	5
XN13002	鲜牛奶	高品鲜牛奶	瓶	3.5	5
SN18001	酸奶	酸奶(原味)	盒	6.5	9.8
SN18002	酸奶	酸奶(红枣味)	盒	6.5	9.8
SN18003	酸奶	酸奶(椰果味)	盒	7.2	9.8
SN18004	酸奶	酸奶(芒果味)	盒	5.92	6.6
SN18005	酸奶	酸奶(菠萝味)	盒	5.92	6.6
SN18006	酸奶	酸奶(苹果味)	盒	5.2	6.6
SN18007	酸奶	酸奶(草莓味)	盒	5.2	6.6
SN18008	酸奶	酸奶(葡萄味)	盒	5.2	6.6
SN18009	酸奶	酸奶(无蔗糖)	盒	5.2	6.6
EN12001	儿童奶	有机奶	盒	7.5	12.8
EN12002	儿童奶	佳智型(125ML)	盒	7.5	12.8
EN12003	儿童奶	佳智型(190ML)	盒	7.5	12.8

图 13-1

13.2 入库记录表

建立了产品基本信息表后,接着可以创建表格将入库的信息统计到一张工作表中,并进行相关的计算。入库记录表中关于产品基本信息的数据可以从之前创建的"产品基本信息表"中利用公式获取。

13.2.1 创建入库记录表

关 键 点: 了解入库记录表包含哪些元素
操作要点: 表格外观样式的设置
应用场景: 建立企业入库记录表,应包括产品的编号、系列、名称、规格、单价、入库数量、入库金额等信息

新建工作表,将其重命名为"入库记录表"。输入表格标题、列标识,对表格字体、对齐方式、底纹和边框进行设置,设置后的效果如图 13-2 所示。

编号	系列	产品名称	规格	入库数量	入库单价	入库金额

图 13-2

读书笔记

关 键 点：引用其他工作表数据返回产品基本信息
操作要点：VLOOKUP 函数
应用场景：利用公式可以根据"产品基本信息表"中的数据，返回入库产品的编号、系列、名称、规格、入库数量等信息

① 选中 A2 单元格，在编辑栏中输入公式：

=IF(产品基本信息表!B3="","",产品基本信息表!B3)

按 Enter 键即可从"产品基本信息表"中返回产品编号，向下填充公式，效果如图 13-3 所示。

（图 13-3 表格，编辑栏显示）
=IF(产品基本信息表!B3=
"","",产品基本信息表!B3)

	编号	系列	产品名称	规格	入库数量	入库单价	入库
2	CN11001						
3	CN11002						
4	CN11003						
5	XN13001						
6	XN13002						
7	SN16001						
8	SN16002						
9	SN18003						
10	SN18004						
11	SN18005						

入库记录表 销售单据

图 13-3

公式分析

=IF(产品基本信息表!B3="","",产品基本信息表!B3)

"产品基本信息表!B3="""首先判断 B3 单元格的编号是否为空，如果为空则返回空值。如果不为空则返回"产品基本信息表"中 B3 单元格的编号值。

② 选中 B2 单元格，在编辑栏中输入公式：

=VLOOKUP($A2,产品基本信息表!$B$2:$G$100,COLUMN(B1),FALSE)

按 Enter 键可根据 A2 单元格中的编号返回系列，如图 13-4 所示。

（图 13-4 表格，B2 编辑栏显示）
=VLOOKUP($A2,产品基本信息表!$B$2:$G$100,COLUMN(B1),FALSE)

	A	B	C	D	E	F	G
1	编号	系列	产品名称	规格	入库数量	入库单价	入库金
2	CN11001	纯牛奶	有机牛奶	盒			
3	CN11002						
4	CN11003						
5	XN13001						
6	XN13002						
7	SN18001						
8	SN18002						
9	SN18003						

图 13-4

③ 选中 B2:D2 单元格区域，将光标定位到该单元格区域右下角，出现黑色"十"字形时按住鼠标左键向下拖动。释放鼠标即可完成公式复制，效果如图 13-5 所示。

	A	B	C	D	入库
1	编号	系列	产品名称	规格	
2	CN11001	纯牛奶	有机牛奶	盒	
3	CN11002	纯牛奶	脱脂牛奶	盒	
4	CN11003	纯牛奶	全脂牛奶	盒	
5	XN13001	鲜牛奶	高钙鲜牛奶	瓶	
6	XN13002	鲜牛奶	高品鲜牛奶	瓶	
7	SN18001	酸奶	酸奶（原味）	盒	
8	SN18002	酸奶	酸奶（红枣味）	盒	
9	SN18003	酸奶	酸奶（椰果味）	盒	
10	SN18004	酸奶	酸奶（芒果味）	盒	
11	SN18005	酸奶	酸奶（菠萝味）	盒	
12	SN18006	酸奶	酸奶（苹果味）	盒	
13	SN18007	酸奶	酸奶（草莓味）	盒	
14	SN18008	酸奶	酸奶（葡萄味）	盒	
15	SN18009	酸奶	酸奶（无蔗糖）	盒	

入库记录表 销售单据

图 13-5

公式分析

◆ VLOOKUP 函数：VLOOKUP(lookup_value, table_array,col_index_num,[range_lookup])

在表格或数值数组的首列查找指定的数值，并返回表格或数组中指定列所对应位置的数值。

■ lookup_value：表示要在表格或区域的第一列中搜索的值。

- table_array：表示包含数据的单元格区域。可以使用对区域或区域名称的引用。
- col_index_num：表示 table_array 参数中必须返回的匹配值的列号。
- range_lookup：可选。一个逻辑值，指定希望 VLOOKUP 查找精确匹配值还是近似匹配值。

◆ COLUMN 函数：COLUMN(reference)

返回所选择的某一个单元格的列数。

- reference：为需要得到其列标的单元格或单元格区域，若省略表示返回 COLUMN 所在单元格的列数。

◆ =VLOOKUP($A2, 产品基本信息表 !$B$2: $G$100,COLUMN(B1),FALSE)

❶ COLUMN(B1) 返回 B1 单元格引用的列号，返回数字 2。

❷ 使用 VLOOKUP 在产品基本信息表的 $B$2:$G$100 单元格区域中寻找与 A2 单元格中相同的值。找到则返回对应在第 2 列上的值，为对应的系列。

当公式向右复制时，COLUMN(B1) 会依次变为 COLUMN(C1)、COLUMN(D1)，即自动为 VLOOKUP 函数指定返回哪一列上的值。

❹ 根据当前入库的实际情况，输入入库数量（这项数据需要手工输入，其他数据可以通过前面设置的公式自动返回）。输入完成后，效果如图 13-6 所示。

图 13-6

❺ 选中 F2 单元格，在编辑栏中输入公式：

=VLOOKUP($A2, 产品基本信息表 ! $B$2:$G$100,5, FALSE)（返回对应在"产品基本信息表"中第 5 列的数据，也就是"进货单价"，这里是"入库单价"）

按 Enter 键可根据 A2 单元格中的编号返回入库单价，如图 13-7 所示。

❻ 选中 G2 单元格，在编辑栏中输入公式"=E2* F2"，按 Enter 键即可计算出入库金额，如图 13-8 所示。

❼ 选中 F2:G2 单元格区域，将光标定位到该单元格区域右下角，出现黑色"十"字形时按住鼠标左键向下拖动。释放鼠标即可完成公式复制，结果如图 13-9 所示。

图 13-7

图 13-8

	C	D	E	F	G
1	产品名称	规格	入库数量	入库单价	入库金额
2	有机牛奶	盒	22	6.5	143
3	脱脂牛奶	盒	22	6	132
4	全脂牛奶	盒	22	6	132
5	高钙鲜牛奶	瓶	22	3.5	77
6	高品鲜牛奶	瓶	22	3.5	77
7	酸奶（原味）	盒	60	6.5	390
8	酸奶（红枣味）	盒	22	6.5	143
9	酸奶（椰果味）	盒	10	7.2	72
10	酸奶（芒果味）	盒	25	5.92	148
11	酸奶（菠萝味）	盒	25	5.92	148
12	酸奶（苹果味）	盒	20	5.2	104
13	酸奶（草莓味）	盒	20	5.2	104
14	酸奶（葡萄味）	盒	20	5.2	104
15	酸奶（无蔗糖）	盒	10	5.2	52
16	有机奶	盒	30	7.5	225
17	佳智型（125ML）	盒	15	7.5	112.5
18	佳智型（190ML）	盒	15	7.5	112.5

图 13-9

读书笔记

13.3 销售记录汇总表

销售记录汇总表包括在售产品的各项基本信息（可以从“产品基本信息表”中获取）、产品的价格和销售数据，还可以计算出产品的总销售额，有折扣的商品还可以根据折扣率计算折后金额。

13.3.1 创建销售记录汇总表

关 键 点： 了解销售记录汇总表包含哪些元素

操作要点： 创建销售记录汇总表的表格框架

应用场景： 新建工作表，根据每日的销售单据将销售数据汇总录入到该表格中，需要手工录入的信息采用手工录入，设置了公式的单元格区域则自动返回数据

❶ 新建工作表，将其重命名为“销售记录汇总”。输入表格标题、列标识，对表格字体、对齐方式、底纹和边框进行设置，如图 13-10 所示。

	A	B	C	D	E	F	G	H
1	日期	单号	产品编号	系列	产品名称	规格	数量	销售单价
2								
3								
4								
5								
6								
7								
8								
9								
10								
11								
12								
13								
14								
15								
16								
17								
18								

入库记录表 | 销售单据 | 销售记录汇总 | 库 ...

图 13-10

❷ 设置好格式后，根据每日销售的各张单据在表格中依次录入销售日期、单号（如果一张单据中有多项产品则全部输入相同单号）、产品编号、数量等基本信息，效果如图 13-11 所示。

	A	B	C	D	E	F	G	H	I
1	日期	单号	产品编号	系列	产品名称	规格	数量	销售单价	销售额
2	7/1	0800002	XN13001				19		
3	7/1	0800004	XN13002				12		
4	7/1	0800004	EN12004				10		
5	7/1	0800004	EN12005				10		
6	7/1	0800004	RN14003				4		
7	7/1	0800002	HN15001				13		
8	7/1	0800001	EN12003				12		
9	7/1	0800001	SN18005				12		
10	7/1	0800003	SN18002				25		
11	7/1	0800001	SN18006				5		
12	7/1	0800004	SN18001				5		
13	7/1	0800003	CN11002				25		
14	7/1	0800001	CN11001				6		
15	7/2	0800007	XN13001				10		
16	7/2	0800005	EN12004				5		
17	7/2	0800008	EN12004				15		
18	7/2	0800009	EN12004				10		
19	7/2	0800009	RN14004				2		

入库记录表 | 销售单据 | 销售记录汇总 | 库存 ...

图 13-11

13.3.2 根据产品编号返回基本信息

关 键 点： 利用公式根据产品编号返回基本信息

操作要点： VLOOKUP 函数

应用场景： 在“销售记录汇总表”中，基本的销售数据是必须手工填写的，由于前面我们已经创建了“产品基本信息表”，因此可以在录入产品编号后，通过设置公式来实现自动返回“系列”“产品名称”“规格”“销售单价”等其他基本数据，从而实现表格的自动处理效果

❶ 选中 D2 单元格，在编辑栏中输入公式：

=VLOOKUP($C2, 产品基本信息表 !$B$2:$G$100, COLUMN(B1),FALSE)

按 Enter 键即可返回系列，如图 13-12 所示。

D2　=VLOOKUP($C2,产品基本信息表!$B$2:$G$100,COLUMN(B1),FALSE)

	日期	单号	产品编号	系列	产品名称	规格	数量
2	7/1	0800002	XN13001	鲜牛奶			19
3	7/1	0800004	XN13002				12
4	7/1	0800004	EN12004				10
5	7/1	0800004	EN12005				10
6	7/1	0800004	RN14003				4
7	7/1	0800002	HN15001				13
8	7/1	0800001	EN12003				12
9	7/1	0800001	SN18005				12
10	7/1	0800003	SN18002				25
11	7/1	0800001	SN18006				5

图 13-12

❷ 选中 D2 单元格，将光标定位到该单元格区域右下角，向右复制公式至 F2 单元格，可一次性返回指定编号商品的系列、产品名称、规格，如图 13-13 所示。

	日期	单号	产品编号	系列	产品名称	规格
2	7/1	0800002	XN13001	鲜牛奶	高钙鲜牛奶	瓶
3	7/1	0800004	XN13002			
4	7/1	0800004	EN12004			
5	7/1	0800004	EN12005			
6	7/1	0800004	RN14003			
7	7/1	0800002	HN15001			
8	7/1	0800001	EN12003			
9	7/1	0800001	SN18005			
10	7/1	0800003	SN18002			
11	7/1	0800001	SN18006			

图 13-13

专家提醒

此处公式与 13.2.2 小节中介绍的公式一样，如果还未理解此公式用法，则可以上翻参考公式分析。

❸ 选中 D2:F2 单元格区域，将光标定位到该单元格区域右下角，出现黑色“十”字形时按住鼠标左键向下拖动。释放鼠标即可完成公式复制，效果如图 13-14 所示。

	日期	单号	产品编号	系列	产品名称	规格
2	7/1	0800002	XN13001	鲜牛奶	高钙鲜牛奶	瓶
3	7/1	0800004	XN13002	鲜牛奶	高品鲜牛奶	瓶
4	7/1	0800004	EN12004	儿童奶	骨力型（125ML）	盒
5	7/1	0800004	EN12005	儿童奶	骨力型（190ML）	盒
6	7/1	0800004	RN14003	乳饮料	果蔬酸酸乳（草莓味）	盒
7	7/1	0800002	HN15001	花色牛奶	红枣早餐奶	盒
8	7/1	0800001	EN12003	儿童奶	佳智型（190ML）	盒
9	7/1	0800001	SN18005	酸奶	酸奶（菠萝味）	盒
10	7/1	0800003	SN18002	酸奶	酸奶（红枣味）	盒
11	7/1	0800001	SN18006	酸奶	酸奶（苹果味）	盒
12	7/1	0800004	SN18001	酸奶	酸奶（原味）	盒
13	7/1	0800003	CN11002	纯牛奶	脱脂牛奶	盒
14	7/1	0800001	CN11001	纯牛奶	有机牛奶	盒
15	7/2	0800007	XN13001	鲜牛奶	高钙鲜牛奶	瓶
16	7/2	0800005	EN12004	儿童奶	骨力型（125ML）	盒

图 13-14

❹ 选中 H2 单元格，在编辑栏中输入公式：

=VLOOKUP(C2, 产品基本信息表 !$B$2:$G$100, 6,FALSE)

按 Enter 键即可从“产品基本信息表”中返回销售单价，如图 13-15 所示。

H2　=VLOOKUP(C2,产品基本信息表!$B$2:$G$100,6,FALSE)

	单号	产品编号	系列	产品名称	规格	数量	销售单价
2	0800002	XN13001	鲜牛奶	高钙鲜牛奶	瓶	19	5
3	0800004	XN13002	鲜牛奶	高品鲜牛奶	瓶	12	5
4	0800004	EN12004	儿童奶	骨力型（125ML）	盒	10	12.8
5	0800004	EN12005	儿童奶	骨力型（190ML）	盒	10	13.5
6	0800004	RN14003	乳饮料	果蔬酸酸乳（草莓味）	盒	4	4
7	0800002	HN15001	花色牛奶	红枣早餐奶	盒	13	13.5
8	0800001	EN12003	儿童奶	佳智型（190ML）	盒	12	12.8
9	0800001	SN18005	酸奶	酸奶（菠萝味）	盒	12	6.6
10	0800003	SN18002	酸奶	酸奶（红枣味）	盒	25	9.8
11	0800001	SN18006	酸奶	酸奶（苹果味）	盒	5	6.6

图 13-15

关 键 点：计算各条销售记录的销售额、折扣和交易金额
操作要点：LOOKUP 函数
应用场景：填入各销售单据的销售数量与销售单价后，需要计算出各条记录的销售金额、折扣金额（是否存此项，可根据实际情况而定），以及最终的交易金额

为了让单笔购买金额达到一定金额时给予相应的折扣，这里假设一个单号的总金额小于 500 无折扣，500～1000 给 95 折，1000 以上给 9 折。

❶选中 I2 单元格，在编辑栏中输入公式 "=G2*H2"，按 Enter 键即可计算出销售额，如图 13-16 所示。

图 13-16

❷选中 J2 单元格，在编辑栏中输入公式：
=LOOKUP(SUMIF($B:$B,$B2,$I:$I),{0,500,1000},{1,0.95,0.9})

按 Enter 键即可计算出折扣，如图 13-17 所示。

图 13-17

公式分析

◆ LOOKUP 函数：LOOKUP(lookup_value, lookup_vector, [result_vector])
可从单行或单列区域或者从一个数组返回值，本节中使用的是向量形式的 LOOKUP 函数。

■ lookup_value：LOOKUP 在第一个向量中搜索的值。Lookup_value 可以是文本、数字、逻辑值、名称或对值的引用。

■ lookup_vector：只包含一行或一列的区域。lookup_vector 中的值可以是文本、数字或逻辑值。

■ result_vector：可选参数。只包含一行或一列的区域。result_vector 参数必须与 lookup_vector 参数大小相同。

◆ =LOOKUP(SUMIF($B:$B,$B2,$I:$I), {0,500,1000},{1,0.95,0.9})
　　　　　　　　❶　　　　　　　　　　　❷

❶ SUMIF($B:$B,$B2,$I:$I) 利用 SUMIF 函数将 B 列中满足 $B2 单元格的单号对应在 $I:$I 区域中的销售额进行求和运算。当公式向下复制时，会依次判断 B3、B4、B5 单元格的编号，即找相同编号，是相同编号的就把它们的金额进行汇总计算。

❷ LOOKUP 函数的 {0,500,1000} 和 {1,0.95, 0.9} 参数，在前一个数组中判断金额区间，在后一数组中返回对应的折扣。即销售金额小于 500 时没有折扣，返回为 "1"；销售总金额 500～1000 给 95 折，返回 0.95；销售总金额 1000 以上给 9 折，返回 0.9。

③ 选中 K2 单元格，在编辑栏中输入公式 "=I2*J2"，按 Enter 键即可计算出交易金额，如图 13-18 所示。

④ 选中 I2:K2 单元格区域，将光标定位到该单元格区域右下角，出现黑色 "十" 字形时按住鼠标左键向下拖动。释放鼠标即可完成公式复制，效果如图 13-19 所示。

| K2 | | | | × ✓ fx | =I2*J2 |

	F	G	H	I	J	K
1	规格	数量	销售单价	销售额	折扣	交易金额
2	瓶	19	5	95	1	95
3	瓶	12	5			
4	盒	10	12.8			
5	盒	10	13.5			
6	盒	4	4			
7	盒	13	13.5			
8	盒	12	12.8			
9	盒	12	6.6			
10	盒	25	9.8			
11	盒	5	6.6			

图 13-18

	E	F	G	H	I	J	K
1	产品名称	规格	数量	销售单价	销售额	折扣	交易金额
2	高钙鲜牛奶	瓶	19	5	95	1	95
3	高品鲜牛奶	瓶	12	5	60	1	60
4	骨力型 (125ML)	盒	10	12.8	128	1	128
5	骨力型 (190ML)	盒	10	13.5	135	1	135
6	果蔬酸酸乳 (草莓味)	盒	4	4	16	1	16
7	红枣早餐奶	盒	13	13.5	175.5	1	175.5
8	佳智型 (190ML)	盒	12	12.8	153.6	1	153.6
9	酸奶 (菠萝味)	盒	12	6.6	79.2	1	79.2
10	酸奶 (红枣味)	盒	25	9.8	245	1	245
11	酸奶 (苹果味)	盒	5	6.6	33	1	33
12	酸奶 (原味)	盒	5	9.8	49	1	49
13	脱脂牛奶	盒	25	8	200	1	200
14	有机牛奶	盒	6	9	54	1	54
15	高钙鲜牛奶	盒	10	5	50	0.95	47.5
16	骨力型 (125ML)	盒	5	12.8	64	0.95	60.8
17	骨力型 (125ML)	盒	15			1	
18	骨力型 (125ML)	盒	10	12.8	128	1	128
19	果蔬酸酸乳 (菠萝味)	盒	2	4	8	1	8

图 13-19

13.3.4 统计各产品的总交易金额

关 键 点： 分类汇总统计各产品的总交易额

操作要点： 1. 分类汇总之前先对 "产品名称" 排序
2. "数据" → "分级显示" 组→ "分类汇总" 功能按钮

应用场景： 建立完成销售记录汇总表后，可以利用相关分析工具进行统计分析操作，从而得出有用的分析结论。例如，下面使用分类汇总统计各产品的总交易金额

① 在 "销售记录汇总" 表中，将光标定位到 "产品名称" 列标识下任意单元格，在 "数据" 选项卡的 "排序和筛选" 组中单击 "升序" 或 "降序" 按钮，即可对 "产品名称" 列数据进行升序或降序排列。

② 对 "产品名称" 列数据进行排序后，继续在 "数据" 选项卡的 "分级显示" 组中单击 "分类汇总" 按钮，如图 13-20 所示，打开 "分类汇总" 对话框。

③ 在 "分类字段" 下拉列表中选择 "产品名称"，接着在 "汇总方式" 下拉列表中选择 "求和"。在 "选定汇总项" 列表框中，选中 "产品名称" 和 "交易金额" 复选框，如图 13-21 所示。

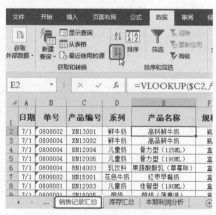

图 13-20

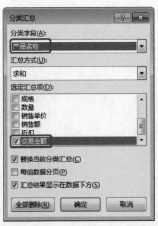

图 13-21

❹设置完成后，单击“确定”按钮，即可根据设置的分类汇总的条件，汇总出各产品名称的交易金额，如图 13-22 所示。

	A	B	C	D	E	F	G	H	I	J	K
1	日期	单号	产品编号	系列	产品名称	规格	数量	销售单价	销售额	折扣	交易金额
2	7/3	0800012	HN15005	花色牛奶	朱古力牛奶	盒	2	25	50	1	50
3	7/3	0800013	HN15005	花色牛奶	朱古力牛奶	盒	2	25	50	1	50
4	7/3	0800015	HN15005	花色牛奶	朱古力牛奶	盒	2	25	50	0.95	47.5
5	7/6	0800030	HN15005	花色牛奶	朱古力牛奶	盒	10	25	250	1	250
6	7/8	0800018	HN15005	花色牛奶	朱古力牛奶	盒	4	25	100	1	100
7	7/10	0800020	HN15005	花色牛奶	朱古力牛奶	盒	5	25	125	1	125
8	7/11	0800053	HN15005	花色牛奶	朱古力牛奶	盒	5	25	125	1	125
9	7/13	0800062	HN15005	花色牛奶	朱古力牛奶	盒	10	25	250	1	250
10	7/14	0800065	HN15005	花色牛奶	朱古力牛奶	盒	5	25	125	0.95	118.75
11					朱古力牛奶 汇总						1116.25
12	7/3	0800011	RN14010	乳饮料	真果粒（椰果味）	盒	2	4.5	9	1	9
13					真果粒（椰果味） 汇总						9
14	7/2	0800007	RN14009	乳饮料	真果粒（芦荟味）	盒	2				
15	7/3	0800011	RN14009	乳饮料	真果粒（芦荟味）	盒	12	4.5	54	1	54
16	7/5	0800023	RN14009	乳饮料	真果粒（芦荟味）	盒	2	4.5	9	1	9
17	7/10	0800045	RN14009	乳饮料	真果粒（芦荟味）	盒	18	4.5	81	1	81
18	7/12	0800056	RN14009	乳饮料	真果粒（芦荟味）	盒	10	4.5	45	1	45
19	7/15	0800068	RN14009	乳饮料	真果粒（芦荟味）	盒	14	4.5	63	1	63
20					真果粒（芦荟味） 汇总						252
21	7/3	0800011	RN14008	乳饮料	真果粒（草莓味）	盒	10	4.5	45	1	45
22	7/5	0800022	RN14008	乳饮料	真果粒（草莓味）	盒	5	4.5	22.5	1	22.5
23	7/10	0800044	RN14008	乳饮料	真果粒（草莓味）	盒	5	4.5	22.5	1	22.5
24	7/12	0800055	RN14008	乳饮料	真果粒（草莓味）	盒	2	4.5	9	1	9
25	7/12	0800060	RN14008	乳饮料	真果粒（草莓味）	盒	16	4.5	72	1	72
26	7/15	0800068	RN14008	乳饮料	真果粒（草莓味）	盒	4	4.5	18	1	18
27	7/15	0800072	RN14008	乳饮料	真果粒（草莓味）	盒	5	4.5	22.5	1	22.5
28					真果粒（草莓味） 汇总						211.5

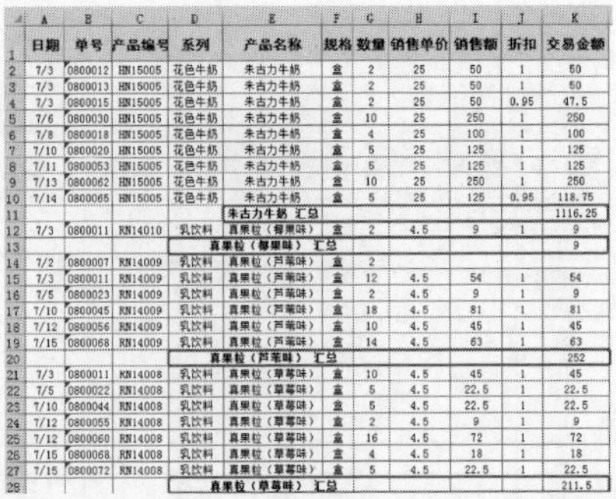

图 13-22

13.4 库存汇总

库存数据的管理牵涉到上期库存、本期入库、本期销售、本期库存等数据。有了这些数据之后，就可以利用公式自动地计算各产品的库存数据。

13.4.1 建立库存汇总表

关 键 点： 规划“库存汇总”表包括的元素

操作要点： 根据“产品基本信息表”返回编号、系列、规格以及产品名称

应用场景： 库存数据的管理牵涉到上期库存、本期入库、本期销售、本期库存等数据。有了这些数据之后，则可以利用公式自动地计算各产品的库存数据

❶新建工作表，将其重命名为“库存汇总”，并设置表格的格式。设置后表格如图 13-23 所示。

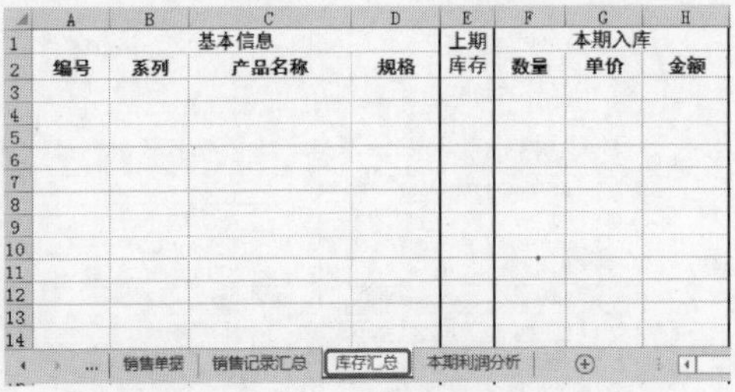

图 13-23

❷选中 A3 单元格，在编辑栏中输入公式：

=IF(产品基本信息表 !B3="","", 产品基本信息表 !B3)

按 Enter 键即可从“产品基本信息表”中返回产品编号，如图 13-24 所示。

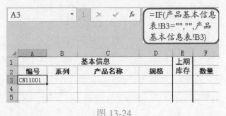

图 13-24

❸选中 A3 单元格，将光标定位到该单元格区域右下角，向右复制公式至 D3 单元格，可一次性从“产品基本信息表”中返回编号、系列、产品名称、规格。选中 A3:D3 单元格区域，将光标定位到该单元格区域右下角，出现黑色“十”字形时按住鼠标

左键向下拖动。释放鼠标即可完成公式复制，效果如图 13-25 所示。

④ 根据当前的实际情况，输入上期库存，效果如图 13-26 所示。

图 13-25

图 13-26

13.4.2　设置公式计算本期入库、销售与库存

关 键 点：计算本期入库、本期销售和本期库存数据

操作要点：VLOOKUP 函数、SUNIF 函数

应用场景：根据入库记录表、产品基本信息表和销售记录汇总表依次返回入库数量和单价、出库数量和单价，并计算入库金额、本期销售金额和本期库存金额等数据

① 选中 F3 单元格，在编辑栏中输入公式：

=IF($A3="","",VLOOKUP($A3,入库记录表!$A$1:$E$38,5,FALSE))

按 Enter 键即可从"入库记录表"中统计出第一种产品的入库总数量，如图 13-27 所示。

图 13-27

② 选中 G3 单元格，在编辑栏中输入公式：

=VLOOKUP($A3,产品基本信息表!$B$2:$G$100,5,FALSE)

按 Enter 键即可从"产品基本信息表"中统计出

第一种产品的单价，如图 13-28 所示。

图 13-28

③ 选中 H3 单元格，在编辑栏中输入公式"=F3*G3"，按 Enter 键计算出第一种产品的入库总金额，如图 13-29 所示。

④ 选中 I3 单元格，在编辑栏中输入公式：

=SUMIF(销售记录汇总 !$C$2:$C$269,A3, 销售记录汇总 !$G$2:$G$269)

按 Enter 键即可从"销售记录汇总"中统计出第一种产品的销售总数量，如图 13-30 所示。

	基本信息			上期	本期入库		
1	系列	产品名称	规格	库存	数量	单价	金额
3	纯牛奶	有机牛奶	盒	70	22	6.5	143
4	纯牛奶	脱脂牛奶	盒	60			
5	纯牛奶	全脂牛奶	盒	110			
6	鲜牛奶	高钙鲜奶	瓶	101			
7	鲜牛奶	高品鲜牛奶	瓶	60			
8	酸奶	酸奶（原味）	盒	65			
9	酸奶	酸奶（红枣味）	盒	60			
10	酸奶	酸奶（椰果味）	盒	12			
11	酸奶	酸奶（芒果味）	盒	0			
12	酸奶	酸奶（菠萝味）	盒	52			
13	酸奶	酸奶（苹果味）	盒	8			
14	酸奶	酸奶（草莓味）	盒	0			

H3 fx =F3*G3

图 13-29

I3 fx =SUMIF(销售记录汇总!$C$2:$C$269,A3,销售记录汇总!$G$2:$G$269)

	本信息		上期	本期入库			本期销售	
1	产品名称	规格	库存	数量	单价	金额	数量	单价
3	有机牛奶	盒	70	22	6.5	143	87	
4	脱脂牛奶	盒	60					
5	全脂牛奶	盒	110					
6	高钙鲜奶	瓶	101					
7	高品鲜牛奶	瓶	60					
8	酸奶（原味）	盒	65					
9	酸奶（红枣味）	盒	60					
10	酸奶（椰果味）	盒	12					
11	酸奶（芒果味）	盒	0					

图 13-30

公式分析

◆ SUMIF 函数：SUMIF(range,criteria,[sum_range])

可以对报表范围中符合指定条件的值求和。

■ range：用于条件判断的单元格的区域。

■ criteria：用于确定对哪些单元格求和的条件，其形式可以为数字、表达式、单元格引用、文本或函数。

■ sum_range：要求和的实际单元格。

◆ =SUMIF(销售记录汇总 !$C$2:$C$234, A3, 销售记录汇总 !$G$2:$G$234)

在"销售记录汇总 !$C$2:$C$234"单元格区域中寻找与 A3 单元格相同的编号，找到后把对应在"销售记录汇总 !$G$2:$G$234)"单元格区域上的值相加。

⑤ 选中 J3 单元格，在编辑栏中输入公式：
=VLOOKUP($A3, 产品基本信息表 !$B$2:$G$100, 6,FALSE)

按 Enter 键即可从"产品基本信息表"中统计出第一种产品的单价，如图 13-31 所示。

J3 fx =VLOOKUP($A3,产品基本信息表!$B$2:$G$100,6,FALSE)

	规格	上期库存	数量	单价	金额	数量	单价	金额
3	盒	70	22	6.5	143	87	9	
4	盒	60						
5	盒	110						
6	瓶	60						
7	瓶	101						
8	盒	60						
9	盒	65						
10	盒	60						
11	盒	12						
12	盒	0						
13	盒	52						
14	盒	8						

图 13-31

⑥ 选中 K3 单元格，在编辑栏中输入公式"=I3*J3"，按 Enter 键计算出第一种产品的销售总金额，如图 13-32 所示。

K3 fx =I3*J3

	A	B	C	E	I	J	K
1		基本信息				本期销售	
2	编号	系列	产品名称	上期库存	数量	单价	金额
3	CN11001	纯牛奶	有机牛奶	70	87	9	783
4	CN11002	纯牛奶	脱脂牛奶	60			
5	CN11003	纯牛奶	全脂牛奶	110			
6	XN13001	鲜牛奶	高钙鲜奶	101			
7	XN13002	鲜牛奶	高品鲜牛奶	60			

图 13-32

⑦ 选中 L3 单元格，在编辑栏中输入公式"=E3+F3-I3"，按 Enter 键即可计算出本期库存数量，如图 13-33 所示。

L3 fx =E3+F3-I3

	规格	上期库存	数量	单价	金额	数量	单价	金额	数量	单价	金额
1			本期入库			本期销售			本期库存		
3	盒	70	22	6.5	143	87	9	783	5		
4	盒										
5	盒										
6	瓶										

图 13-33

⑧ 选中 M3 单元格，在编辑栏中输入公式：
=VLOOKUP($A3, 产品基本信息表 !$B$2:$G$100, 5,FALSE)

按 Enter 键即可从"产品基本信息表"中统计出第一种库存产品的单价，如图 13-34 所示。

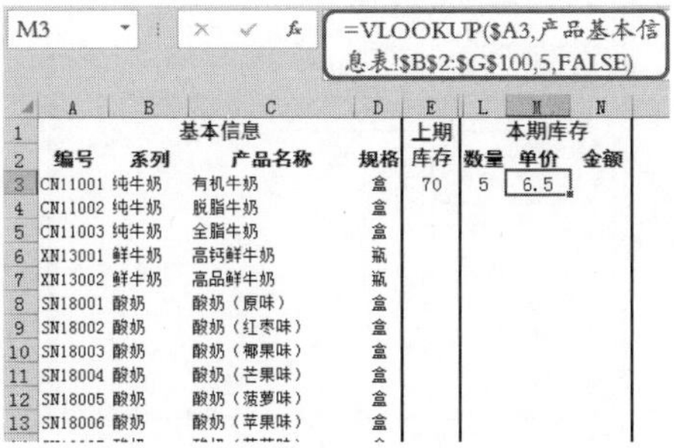

图 13-34

⑨选中 N3 单元格，在编辑栏中输入公式"=L3*M3"，按 Enter 键计算出第一种产品的库存金额金额，如图 13-35 所示。

⑩选中 F3:N3 单元格区域，将光标定位到该单元格区域右下角，出现黑色"十"字形时按住鼠标左键向下拖动。释放鼠标即可完成公式复制，效果如图 13-36 所示。

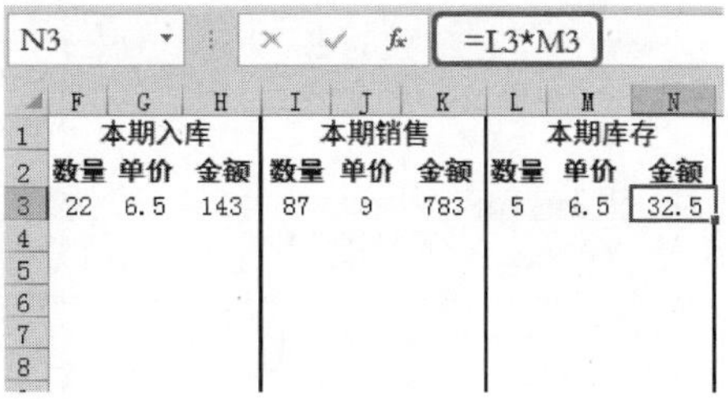

图 13-35

图 13-36

13.4.3 任意产品库存量查询

关键点：1.使用"数据验证"实现查询编号选择
　　　　2.根据产品编号查询库存信息
操作要点：1."数据"→"数据工具"组→"数据验证"功能按钮
　　　　2.VLOOKUP 函数
应用场景：建立产品库存量查询表，可以帮助管理人员第一时间查询任意产品的库存信息，有了这个查询表，比从有众多数据的库存汇总表中查找要简便快捷得多

1. 建立库存量查询表

①新建一张工作表，并重命名为"任意产品库存量查询"，在新建工作表中创建如图 13-37 所示的表格框架，并设置表格的格式，美化表格。

②选中 C2 单元格，在"数据"选项卡的"数据工具"组中单击"数字验证"按钮，打开"数据验证"对话框。

③在"允许"下拉菜单中选择"序列"，如图 13-38 所示，单击"来源"框右侧的 ⬆ 按钮回到"产品基本信息表"工作表中选择"产品编号"列的单元格区域，如图 13-39 所示。

图 13-37

图 13-38

图 13-39

④ 单击▣按钮，返回"数据验证"对话框，如图 13-40 所示，切换至"输入信息"选项卡，在"输入信息"文本框中输入提醒信息，如图 13-41 所示。

⑤ 单击"确定"按钮，完成数据验证的设置，返回"任意产品库存量查询"工作表中，选中 C2 单元格，单击右侧的下拉按钮即可实现在下拉菜单中选择产品的编号，如图 13-42 所示。

图 13-41

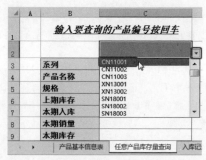

图 13-42

2. 建立公式实现按编号自动查询

① 选中 C3 单元格，在编辑栏中输入公式：
=VLOOKUP($C$2,产品基本信息表 !B:G,ROW(A2), FALSE)

按 Enter 键，返回与 C2 单元格产品编号对应的系列值，如图 13-43 所示。

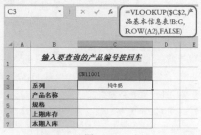

图 13-43

② 选中 C3 单元格，拖动右下角的填充柄到 C5 单元格（因为这几项信息在"产品基本信息表"中是连接的），即可一次性返回该产品的其他相关信息，如图 13-44 所示。

	A	B	C
1		*输入要查询的产品编号按回车*	
2			CN11001
3		系列	纯牛奶
4		产品名称	有机牛奶
5		规格	盒
6		上期库存	
7		本期入库	

图 13-44

❸ 选中 C6 单元格，在编辑栏中输入公式 "=VLOOKUP($C$2, 库存汇总 !A:N,5,FALSE)"（上期库存位于 A:N 区域的第 5 列），按 Enter 键，返回与 C2 单元格产品编号对应的上期库存值，如图 13-45 所示。

C6		✕ ✓ fx	=VLOOKUP($C$2,库存汇总!A:N,5,FALSE)		
	A	B	C	D	E
1		*输入要查询的产品编号按回车*			
2			CN11001		
3		系列	纯牛奶		
4		产品名称	有机牛奶		
5		规格	盒		
6		上期库存	70		
7		本期入库			
8		本期销量			

图 13-45

❹ 中 C7 单元格，在编辑栏中输入公式 "=VLOOKUP($C$2, 库存汇总 !A:N,6,FALSE)"（本期入库量位于 A:N 区域的第 6 列），按 Enter 键，返回与 C2 单元格产品编号对应的本期入库值，如图 13-46 所示。

C7		✕ ✓ fx	=VLOOKUP($C$2,库存汇总!A:N,6,FALSE)		
	A	B	C	D	E
1		*输入要查询的产品编号按回车*			
2			CN11001		
3		系列	纯牛奶		
4		产品名称	有机牛奶		
5		规格	盒		
6		上期库存	70		
7		本期入库	22		
8		本期销量			

图 13-46

❺ 选中 C8 单元格，在编辑栏中输入公式 "=VLOOKUP($C$2, 库存汇总 !A:N,9,FALSE)"（本期销售量位于 A:N 区域的第 9 列），按 Enter 键，返回

与 C2 单元格产品编号对应的本期销量值，如图 13-47 所示。

❻ 选中 C9 单元格，在编辑栏中输入公式 "=VLOOKUP($C$2, 库存汇总 !A:N,12,FALSE)"（本期库存位于 A:N 区域的第 12 列），按 Enter 键，返回与 C2 单元格产品编号对应的本期库存值，如图 13-48 所示。

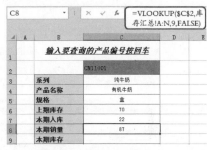

图 13-47

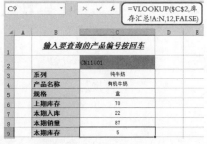

图 13-48

❼ 选中 C2 单元格，选择输入其他产品编号，即可实现其库存信息的自动查询，如图 13-49 所示。

	A	B	C	D	E
1		*输入要查询的产品编号按回车*			
2			SN18003		
3		系列	酸奶		
4		产品名称	酸奶（椰果味）		
5		规格	盒		
6		上期库存	12		
7		本期入库	10		
8		本期销量	22		
9		本期库存	0		
11					
	◀ ▶	产品基本信息表	任意产品库存量查询	...	⊕

图 13-49

13.4.4 设置库存提醒为下期采购做准备

关 键 点：利用条件格式为较低库存量做出标记

操作要点："开始"→"样式"组→"条件格式"功能按钮

应用场景：财务人员可以为每一种产品的库存设置一个安全库存量，当库存量低于或等于安全库存量时，系统自动进行预警提示。例如，下面将库存量小于 10 的设置库存预警

① 选中 L3:L39 单元格区域，切换到"开始"选项卡，在"样式"组中单击"条件格式"按钮，在打开的下拉菜单中选择"突出显示单元格规则"→"小于"命令，如图 13-50 所示，打开"小于"对话框。

图 13-51

图 13-50

② 设置单元格值小于 10 显示为"黄填充色深黄色文本"，如图 13-51 所示。

③ 单击"确定"按钮，返回工作表，可以看到所有小于 10 的单元格都显示为黄色，即表示库存不足，如图 13-52 所示。

		基本信息		上期		本期库存		
编号	系列	产品名称	规格	库存	数量	单价	金额	数量
CN11001	纯牛奶	有机牛奶	盒	70	5	6.5	32.5	
CN11002	纯牛奶	脱脂牛奶	盒	60	0	6	0	
CN11003	纯牛奶	全脂牛奶	盒	110	46	6	276	
XN13001	鲜牛奶	高钙牛奶	瓶	101	8	3.5	28	
XN13002	鲜牛奶	高品鲜牛奶	瓶	60	1	3.5	3.5	
SN18001	酸奶	酸奶（原味）	盒	65	11	6.5	71.5	
SN18002	酸奶	酸奶（红枣味）	盒	60	14	6.5	91	
SN18003	酸奶	酸奶（椰果味）	盒	12	0	7.2	0	
SN18004	酸奶	酸奶（芒果味）	盒	0	4	5.92	23.68	
SN18005	酸奶	酸奶（菠萝味）	盒	52	9	5.92	53.28	
SN18006	酸奶	酸奶（苹果味）	盒	8	21	5.2	109.2	
SN18007	酸奶	酸奶（草莓味）	盒	0	20	5.2	104	
SN18008	酸奶	酸奶（葡萄味）	盒	0	12	5.2	62.4	
SN18009	酸奶	酸奶（无蔗糖）	盒	20	3	5.2	15.6	
EN12001	儿童奶	有机奶	盒	28	21	7.5	157.5	
EN12002	儿童奶	佳智型（125ML）	盒	54	12	7.5	90	
EN12003	儿童奶	佳智型（190ML）	盒	38	28	7.5	210	
EN12004	儿童奶	骨力型（125ML）	盒	78	16	7.5	120	

图 13-52

13.5 本期利润分析

建立本期库存汇总表之后，通过这些数据可以分析产品的收入及成本情况，从而判断各产品的盈利情况。

13.5.1 设置公式输入利润分析表数据

关 键 点：创建本期利润分析表，并计算产品利润额

操作要点：VLOOKUP 函数引用相关数据

应用场景：在本期利润分析表中根据库存汇总表返回存货数量、销售成本，并根据产品基本信息表中的数据返回采购价格再计算存货占用资金

① 新建工作表，并将其重命名为"本期利润分析"。在表格中输入表格标题、列标识，并对表格字体、对齐方式、底纹和边框进行设置。

② 从"产品基本信息表"中复制当前销售的所有产品的基本信息到"本期利润分析"表中，表格如图 13-53 所示。

	A	B	C	D	E	F	销
1	编号	系列	产品名称	存货数量	采购价格	存货占用资金	
2	CN11001	纯牛奶	有机牛奶				
3	CN11002	纯牛奶	脱脂牛奶				
4	CN11003	纯牛奶	全脂牛奶				
5	XN13001	鲜牛奶	高钙鲜牛奶				
6	XN13002	鲜牛奶	高品鲜牛奶				
7	SN18001	酸奶	酸奶（原味）				
8	SN18002	酸奶	酸奶（红枣味）				
9	SN18003	酸奶	酸奶（椰果味）				
10	SN18004	酸奶	酸奶（芒果味）				
11	SN18005	酸奶	酸奶（菠萝味）				
12	SN18006	酸奶	酸奶（苹果味）				
13	SN18007	酸奶	酸奶（草莓味）				
14	SN18008	酸奶	酸奶（葡萄味）				
15	SN18009	酸奶	酸奶（无蔗糖）				
16	EN12001	儿童奶	有机奶				
17	EN12002	儿童奶	佳智型（125ML）				
18	EN12003	儿童奶	佳智型（190ML）				
19	EN12004	儿童奶	佳智型（125ML				

◀ ┈ 销售记录汇总 │ 库存汇总 │ **本期利润分析** │ ⊕

图 13-53

③ 选中 D2 单元格，在编辑栏中输入公式"=库存汇总!L3"，按 Enter 键计算出第一种产品的存货数量，如图 13-54 所示。

D2			× ✓ fx	=库存汇总!L3	

	A	B	C	D	E	F
1	编号	系列	产品名称	存货数量	采购价格	存货占用
2	CN11001	纯牛奶	有机牛奶	5		
3	CN11002	纯牛奶	脱脂牛奶			
4	CN11003	纯牛奶	全脂牛奶			
5	XN13001	鲜牛奶	高钙鲜牛奶			
6	XN13002	鲜牛奶	高品鲜牛奶			
7	SN18001	酸奶	酸奶（原味）			
8	SN18002	酸奶	酸奶（红枣味）			
9	SN18003	酸奶	酸奶（椰果味）			
10	SN18004	酸奶	酸奶（芒果味）			
11	SN18005	酸奶	酸奶（菠萝味）			
12	SN18006	酸奶	酸奶（苹果味）			

图 13-54

④ 选中 E2 单元格，在编辑栏中输入公式：

=VLOOKUP($A2,产品基本信息表!$B$2:$G$100,5,FALSE)

按 Enter 键即可从"产品基本信息表"中统计出第一种产品的采购单价，如图 13-55 所示。

⑤ 选中 F2 单元格，在编辑栏中输入公式"=D2*E2"，按 Enter 键返回第一种产品的存货占用资金额，如图 13-56 所示。

E2			× ✓ fx	=VLOOKUP($A2,产品基本信息表!$B$2:$G$100,5,FALSE)

	A	B	C	D	E	F
1	编号	系列	产品名称	存货数量	采购价格	存货占用资金
2	CN11001	纯牛奶	有机牛奶	5	6.5	
3	CN11002	纯牛奶	脱脂牛奶			
4	CN11003	纯牛奶	全脂牛奶			
5	XN13001	鲜牛奶	高钙鲜牛奶			
6	XN13002	鲜牛奶	高品鲜牛奶			
7	SN18001	酸奶	酸奶（原味）			
8	SN18002	酸奶	酸奶（红枣味）			
9	SN18003	酸奶	酸奶（椰果味）			
10	SN18004	酸奶	酸奶（芒果味）			

图 13-55

F2			× ✓ fx	=D2*E2	

	A	B	C	D	E	F
1	编号	系列	产品名称	存货数量	采购价格	存货占用资金
2	CN11001	纯牛奶	有机牛奶	5	6.5	32.5
3	CN11002	纯牛奶	脱脂牛奶			
4	CN11003	纯牛奶	全脂牛奶			
5	XN13001	鲜牛奶	高钙鲜牛奶			
6	XN13002	鲜牛奶	高品鲜牛奶			
7	SN18001	酸奶	酸奶（原味）			
8	SN18002	酸奶	酸奶（红枣味）			
9	SN18003	酸奶	酸奶（椰果味）			
10	SN18004	酸奶	酸奶（芒果味）			

图 13-56

⑥ 选中 G2 单元格，在编辑栏中输入公式"=库存汇总!I3*E2"，按 Enter 键返回第一种产品的销售成本，如图 13-57 所示。

G2			× ✓ fx	=库存汇总!I3*E2	

	B	C	D	E	F	G
1	系列	产品名称	存货数量	采购价格	存货占用资金	销售成本
2	纯牛奶	有机牛奶	5	6.5	32.5	565.5
3	纯牛奶	脱脂牛奶				
4	纯牛奶	全脂牛奶				
5	鲜牛奶	高钙鲜牛奶				
6	鲜牛奶	高品鲜牛奶				
7	酸奶	酸奶（原味）				
8	酸奶	酸奶（红枣味）				
9	酸奶	酸奶（椰果味）				

图 13-57

⑦ 选中 H2 单元格，在编辑栏中输入公式"=库存汇总!I3*库存汇总!J3"，按 Enter 键返回第一种产品的销售收入，如图 13-58 所示。

H2			× ✓ fx	=库存汇总!I3*库存汇总!J3	

	B	C	D	E	F	G	H
1	系列	产品名称	存货数量	采购价格	存货占用资金	销售成本	销售收入
2	纯牛奶	有机牛奶	5	6.5	32.5	565.5	783
3	纯牛奶	脱脂牛奶					
4	纯牛奶	全脂牛奶					
5	鲜牛奶	高钙鲜牛奶					
6	鲜牛奶	高品鲜牛奶					
7	酸奶	酸奶（原味）					
8	酸奶	酸奶（红枣味）					
9	酸奶	酸奶（椰果味）					
10	酸奶	酸奶（芒果味）					

图 13-58

⑧ 选中 I2 单元格，在编辑栏中输入公式 "=H2-G2"，按 Enter 键返回第一种产品的销售毛利，如图 13-59 所示。

	B	C	D	E	F	G	H	I
							fx	=H2-G2
1	系列	产品名称	存货数量	采购价格	存货占用资金	销售成本	销售收入	销售毛利
2	纯牛奶	有机牛奶	5	6.5	32.5	565.5	783	217.5
3	纯牛奶	脱脂牛奶						
4	纯牛奶	全脂牛奶						
5	鲜牛奶	高钙鲜牛奶						
6	鲜牛奶	高品鲜牛奶						

图 13-59

⑨ 选中 J2 单元格，在编辑栏中输入公式 "=TEXT(IF(I2=0,0,I2/G2),"0.00%")"，按 Enter 键返回第一种产品的销售利润率，如图 13-60 所示。

⑩ 选中 D2:J2 单元格区域，将光标定位到该单元格右下角，出现黑色 "十" 字形时，按住鼠标左键向下拖动，即可快速得到其他产品库存分析数据，如图 13-61 所示。

	B	C	D	E	F	G	H	I	J
								fx	=TEXT(IF(I2=0,0,I2/G2),"0.00%")
1	系列	产品名称	存货数量	采购价格	存货占用资金	销售成本	销售收入	销售毛利	销售利润率
2	纯牛奶	有机牛奶	5	6.5	32.5	565.5	783	217.5	38.46%
3	纯牛奶	脱脂牛奶							
4	纯牛奶	全脂牛奶							
5	鲜牛奶	高钙鲜牛奶							
6	鲜牛奶	高品鲜牛奶							
7	酸奶	酸奶（原味）							
8	酸奶	酸奶（红枣味）							

图 13-60

	B	C	D	E	F	G	H	I	J
1	系列	产品名称	存货数量	采购价格	存货占用资金	销售成本	销售收入	销售毛利	销售利润率
2	纯牛奶	有机牛奶	5	6.5	32.5	565.5	783	217.5	38.46%
3	纯牛奶	脱脂牛奶	0	6	0	492	656	164	33.33%
4	纯牛奶	全脂牛奶	46	6	276	516	688	172	33.33%
5	鲜牛奶	高钙鲜牛奶	8	3.5	28	402.5	575	172.5	42.86%
6	鲜牛奶	高品鲜牛奶	1	3.5	3.5	283.5	405	121.5	42.86%
7	酸奶	酸奶（原味）	11	6.5	71.5	741	1117.2	376.2	50.77%
8	酸奶	酸奶（红枣味）	14	6.5	91	442	666.4	224.4	50.77%
9	酸奶	酸奶（椰果味）	0	7.2	0	158.4	215.6	57.2	36.11%
10	酸奶	酸奶（芒果味）	4	5.92	23.68	124.3	138.6	14.28	11.49%
11	酸奶	酸奶（菠萝味）	9	5.92	53.28	402.6	448.8	46.24	11.49%
12	酸奶	酸奶（苹果味）	21	5.2	109.2	36.4	46.2	9.8	26.92%
13	酸奶	酸奶（草莓味）	20	5.2	104	0	0	0	0.00%
14	酸奶	酸奶（葡萄味）	12	5.2	62.4	41.6	52.8	11.2	26.92%
15	酸奶	酸奶（无蔗糖）	3	5.2	15.6	140.4	178.2	37.8	26.92%
16	儿童奶	有机奶	21	7.5	157.5	277.5	473.6	196.1	70.67%
17	儿童奶	佳智型（125ML）	12	7.5	90	427.5	729.6	302.1	70.67%
18	儿童奶	佳智型（190ML）	28	7.5	210	187.5	320	132.5	70.67%
19	儿童奶	骨力型（125ML）	16	7.5	120	840	1433.6	593.6	70.67%

图 13-61

公式分析

=TEXT(IF(I2=0,0,I2/G2),"0.00%")

IF 函数判断 I2 单元格中的销售毛利是否为 0，如果是则返回 0，不是则用 I2 单元格数据除以 G2 单元格数据。由于得到的计算结果为小数值，所以在外层套用 TEXT 函数，直接将计算结果转换为百分比格式。

也可以直接使用公式 "=IF(I2=0,0,I2/G2)"，计算完毕后，在 "开始" 选项卡的 "数字" 组中重新设置单元格的数字格式为百分比即可。

13.5.2 查询销售最理想的产品

关 键 点：筛选查询销售利润较大的产品记录
操作要点："数字筛选" → "前 10 项" 命令
应用场景：从本期利润表格中可以看出销售毛利列有负值，负值表示本期销售不理想，是销售成本大于销售收入。下面可以通过筛选查看销售最理想的 5 种产品

① 选中表格任意单元格，在 "数据" 选项卡的 "排序和筛选" 组中单击 "筛选" 按钮，为各个列标识添加自动筛选按钮。

② 单击 "销售毛利" 标识右侧的下拉按钮，在打开的下拉菜单中选择 "数字筛选" → "前 10 项"

命令，如图 13-62 所示，打开 "自动筛选前 10 项" 对话框。

③ 在第 2 个设置框中输入 "5"，如图 13-63 所示，单击 "确定" 按钮，即可筛选出前 5 名的销售毛利数据，如图 13-64 所示。

图 13-62

图 13-63

图 13-64

读书笔记

读书笔记